GROWING A REVOLUTION

BRINGING OUR SOIL BACK TO LIFE

발밑의 혁명
쟁기질과 비료에 내몰린 땅속 미생물들의 반란

지은이 데이비드 몽고메리
옮긴이 이수영
디자인 김미영
펴낸이 송병섭
펴낸곳 삼천리
등 록 제312-2008-121호(2008년 1월 3일)
주 소 10570 경기도 고양시 덕양구 신원로2길 28-12, 401호
전 화 02) 711-1197
팩 스 02) 6008-0436
이메일 bssong45@hanmail.net

1판 1쇄 2018년 7월 13일

값 22,000원
ISBN 978-89-94898-48-3 03470
한국어판 © 이수영 2018

발밑의 혁명

쟁기질과 비료에 내몰린
땅속 미생물들의 반란

데이비드 몽고메리 지음
이수영 옮김

삼천리

미래 세대가 먹고 살아갈 수 있도록
땅의 생명력을 되살리고 있는
혁신적인 농부들에게 바칩니다.

차 례

이 한 줌의 흙에 우리 생존이 달려 있다. 가꾸고 보살피면, 흙은 먹을거리와 땔감과 거처를 길러 내고 우리 주변에 아름다움을 펼쳐 놓는다. 낭비하면 흙은 무너지고 죽고 만다. 인류도 함께 사라질 것이다.

- 《베다》(산스크리트 경전, 기원전 1500년)

혁명이 끓어오르고 있다. 흙의 건강이라는 혁명이. 농업이 시작된 이래 여러 문명과 사회가 나타났다가 기억 속으로 스러져 간 건 그 토질이 악화된 뒤였다. 그러나 우리는 세계적인 차원에서 이런 역사를 되풀이할 필요가 없다. 토질 저하 문제는 인류가 맞닥뜨린 가장 긴급한 문제 가운데 가장 인식되지 못한 문제이기는 해도, 분명히 해결할 수 있는 문제이기도 하기 때문이다. 환경에 관해 낙관론을 펼칠 책을 읽을 준비가 되셨는지?

혁신적인 농부들의 운동이 자라나면서 이 혁명의 토대가 마련되었다. 그들은 관행적인 사고방식을 뒤집고 농법을 바꾸어 흙을 살지게 하고 있다. 집약적인 농사를 지으면서도 더 이상 흙을 망가뜨리지 않는다. 처음에 이 모든 이야기를 탐구하기 시작했을 때 솔직히 나는 회의적이었다. 하지만 자세히 알아 갈수록, 몇 가지 단순한 농법을 받아들이는 것만으로 변화 가능성이 있음을 확신하게 되었다. 이 농법들은 전통적인

9

지혜와 현대과학을 통합하는 새로운 농업 철학을 보여 주는 것이기도 하다.

이 책은 나의 여행기로서, 농부들을 만나 그들이 흙의 생명력을 되살리는 일을 농사의 중요한 부분으로 다져 온 내력을 알아 간 내용을 담았다. 그러나 재생농업을 실천하는 이 새로운 유형의 농부 이야기에 그치는 것은 아니다. 그들의 성공 비결은 수확량을 유지하거나 늘릴 뿐 아니라 수익을 증대시킨다는 데 있다. 늘어난 수입은 화석연료와 농약에 드는 비용을 줄인 데서 비롯된다. 이 값비싼 투자를 하지 않는 대신 다양한 토양 생물 군집을 풍성하게 가꿈으로써 작물이 자라나는 데 필요한 양분과 무기질, 그 밖의 화합물을 효율적으로 공급하는 동시에 해충과 병원균까지 막아 낼 수 있다.

이 원리는 혁명을 이끌어 나가는 진취적이고 현실적인 농부들의 농법에 근간이 된다. 대농장이든 작은 농장이든, 최첨단이든 낮은 수준의 기술이든, 관행농업이든 유기농업이든 상관없이 효과를 발휘한다. 흙의 건강을 중하게 여기는 그들의 농법은 전망이 밝다. 흙을 생각하고 다루는 우리의 방식을 바꾸면, 단순하고 비용효율적인 방법으로 세계를 먹여 살리고 지구온난화를 막고 땅을 되살리는 데 힘이 되기 때문이다.

애초에 지질학자인 내가 전 세계를 돌아다니며 농부들을 만난다는 건 생각지도 못한 일이었다. 더구나 그 탐험의 시작이 자연사박물관이라니…….

나는 커다란 박제 코끼리 뒤쪽으로 돌아가서 눈을 가늘게 뜨고 위쪽의 조명들을 쳐다보았다. 그리고 코끼리 발치에 있는 먹음직스런 블루 치즈를 나이프로 깊이 베었다. 아내 앤은 뷔페 저쪽 끝에 놓인 와인 잔을 향해 다가갔다. 우리는 국토를 가로지르는 비행의 여독에서 벗어나지 못한 상태로, 국립자연사박물관의 원형 홀에서 피로를 풀고 있었다. 이때만 해도, 잠시 뒤면 한 비료 산업 로비스트에게서 영감을 받아 책을 한 권 더 쓰겠다고 마음먹게 될 줄은 몰랐다. 오래도록 곰곰이 고민한 뒤에 집필을 시작하겠노라 그 자리에서 다짐한 책이다.

2008년이었다. 미국 국립연구회의(National Research Council)가 스미소니언의 새로운 전시 '파헤쳐 보아요! 흙의 비밀'(Dig It! The Secrets of Soil)과 공동으로 주최하는 학술회의에서 강연해 달라는 초청장을 받았다. 학술회의 목적은 토질 저하 문제와 관련해 인식을 높이려는 것이었는데, 지질학자인 내 관심사와 밀접한 주제였다. 또한 전시에 관한 자문도 요청받았다. 당연히 어떤 내용일지 호기심이 일었다.

그날 밤 가장 인상적인 전시는, 채취한 여러 종류의 흙이 견고한 목재 틀 안에 평판 모양으로 담겨 바닥부터 천장까지 벽을 차지하고 있는 모습이었다. 미국 각 주의 흙을 담은 50개의 흙 판이 나란히 이어져 거대한 조각보 같았다. 알파벳 순서로 배열된 흙 판들은 흙빛 무지개라 해도 좋을 것이, 애리조나의 황갈색 흙, 콜로라도의 커피색 흙, 다코타의 검은 흙, 하와이의 붉은 흙이 어우러졌다.

이런 배열 방식으로는 색깔의 패턴을 이해하기 어려웠다. 비로소 지리학적으로 이해할 수 있었던 건 일리노이, 인디애나, 아이오와 주의 검디검은 흙이 담긴 흙 판 세 개가 모인 곳에 이르러서였다. 그 뒤로 마음속의 눈을 미국 지도로 삼고 전시를 재배열했더니 모든 게 지리학적으로 선명하게 다가왔다. 평원의 검디검은 흙, 서부 사막의 황갈색 흙, 남동부의 녹슨 듯한 붉은 흙이 구별되었다. 이 다채로운 색깔의 벽에 흠뻑 도취된 나는, 다른 참석자들 가운데 얼마나 많은 이들이 미국 흙의 지역적 특성을 이해했는지 궁금해졌다. 사람들은 영상을 보고 버튼을 누르며 아이들의 눈높이에 맞춘 전시를 둘러보고 있었지만, 알파벳 순서로 배열된 전시는 이해하기 어려울 듯했다.

원형 홀로 돌아와 다른 참석자들과 어울리면서 우리는 행사 후원자인 비료협회가 넉넉하게 마련해 놓은 와인과 전채 요리를 맛보았다. 협회 측 발표자가 이야기를 시작하며 화학비료를 사용해야 하는 절실한 필요성을 구구절절 설명했다. 유기농업은 세계를 먹일 수 없을 거라고 그는 진지하게 말했다. 잘못 알고서 유기농법을 옹호하는 건 대규모 기아를 불러오는 일이다. 비료는 20세기에 작물 수확량을 곱절로 늘림으로써 세계를 구했다. 이제 화학비료는 다시 우리를 구원할 것이라는 말이었다. 내가 코끼리 배 아래로 홀 맞은편을 바라보자니, 협회가 눈에 띄게 펼쳐 놓은 "양분을 주고 가꾸고 기르자!"라는 슬로건이 15분 전보다 위험스러워 보였다.

그즈음 나는 바로 이 주제에 몰두하여, 유기농법으로 관행농업의 수확량과 맞먹는 결과를 낳은 사례를 보고한 기사와 논문을 읽고 있었다. 토질이 저하되고 양분이 없는 흙에서는 비료가 수확량을 높일 수 있지만, 기름진 땅에서는 그다지 도움이 되지 않는다는 걸 알았다. 종종 인용되는, 관행농장이 유기농장보다 수확량이 많다는 결론은, 땅의 상태나 농사를 짓는 이들의 특정한 농법에 따라 달라지는 것이 아닐까 의문이 들기 시작했다. 몇몇 연구에 따르면 유기농법은 관행농법만큼 생산적이었고, 비료 같은 값비싼 화학제품을 사용하지 않은 덕분에 더 많은 수익을 거두었다. 이런 연구 결과를 보니, 유기농 식품이 일반적으로 더 비싼 까닭이 기르는 데 더 많은 비용이 들기 때문인 건지, 사람들이 기꺼이 비싼 값을 치르려 하기 때문인 건지 궁금증이 일었다. 만약 후자 때문이라면, 수요 대비 공급을 늘림으로써 가격을 낮추고 더 많은 농부들이 유기농법을 선택함으로써 더 많은 사람들이 유기농 식품을 선택하게 할 수는 없는 것인가?

놀라울 것도 없지만, 이런 아이디어는 그날 저녁 프로그램에서 조명되지 않았다. 후원 기업 측 발표자의 장광설이 끝났을 때, 나는 내가 들은 내용과 읽은 내용 사이의 간극에 대해 고민하지 않을 수 없었다.

이튿날 미국 국립과학아카데미에서는 일군의 전문가들이 또 다른 그림을 펼쳐 보이며, 유기물을 보태어 지력(地力)을 높이는 일의 중요성을 강조했다. 세계적으로 유명한 과학자들은 점점 늘어나는 인구를 오랜 기간 동안 먹이려면 반드시 흙을 건강하게 지켜야 한다고 이야기했다. 공장에서 대량생산되는 비료에 우리를 의존시켜 온 값싸고 풍부한 화석연료를 다 태운 뒤에는 더욱 그렇다.

오하이오주립대학의 토양과학자 라탄 랄이 제시한 아이디어가 특히 나를 사로잡았다. 다름 아닌 탄소를 땅에 되돌려 주어서 대기 중의 탄소를 흡수하고 지력을 되살리는 것이다. 말투가 부드러운 이 신사는 짙은 색 양복과 넥타이 차림으로 특별히 혁명적으로 보이지 않았는데, 점점 더워지는 지구에서 토질을 유지하는 일이 시급하다고 힘주어 말했다. 그가 내놓은 메시지는 교수다운 태도만큼이나 급진적이었다. 그는 관행적인 농법이 탄소 함량이 풍부한 토양 유기물을 분해시켜서 땅심을 떨어뜨릴 뿐 아니라 세계적인 이산화탄소(CO_2) 배출에 기여한다고 주장했다. 농토에 유기물의 양을 늘려 더 많은 탄소를 되돌려 주면 흙은 더욱 살지고 따라서 식량 생산이 증대될 뿐 아니라 이산화탄소 배출을 상쇄하는 데 크게 도움이 된다고 했다.

물론 어려운 점은 있다. 그렇게 하려면 우리 농법에 전반적인 변화가 불가피하다. 나는 유기농업과 관행농업이라는 구분이 지나치게 단순한 건 아닌지 궁금해지기 시작했다. 아마 무기질 비료는 사용되는 방식에 따라 토질이 개선되기도 하고 악화되기도 한다는 점에서 다른 여러 도구와 비슷할 것이다. 흙을 건강하게 되살리려면, 농약을 포기하는 것보다 중요하게 흙의 침식을 막고 흙의 유기물을 풍부히 가꾸어 가는 농법에 기대야 하는 게 아닐까? 세계적인 차원에서 이렇게 할 방법을 고민할 때, 나는 내가 이미 라탄 랄을 뒤따르고 있으며 곧이어 전 세계 곳곳의 농장을 찾아다니는 여행에 나서게 될 것임을 까맣게 몰랐다. 끝 무렵에 나는 낙관의 근거를 발견했다. 우리가 토양을 악화시키는 대신 더욱 비옥하게 만드는 방식으로 농사 방법을 바꿀 수 '있음'을 알았기 때문이다. 그리고 그렇게 하면 세계를 먹이고 지구온난화라는 벅찬 문제를 해결하는 데 힘을 얻을 수 있겠다고 생각했다.

1장

옥토에서 폐허로

문명의 존립 자체가 흙에 달려 있다.
- 토머스 제퍼슨

비교적 간단하고 비용이 덜 드는 방법으로 세계의 인구를 먹이고 공해를 줄이며, 대기 중 탄소를 흡수하고 생물다양성을 보호하며 농부들이 돈을 더 많이 벌 수 있다고 하자. 이 말이 사실이라면 각국 정부는 앞 다투어 그 방법을 시행할 것으로 예상된다. 하지만 그런 방법이 이미 존재하는데도 각국 정부는 별 관심이 없다. 어쨌든 아직까지는 말이다.

왜 그럴까? 그것은 100년 동안의 사회적 통념과 막강한 사회적 이권에 도전하고, 모든 자원 가운데에서도 가장 업신여겨지는 자원인, 우리가 발을 딛고 있는 흙에 관해 생각하는 방식과 흙을 다루는 방식을 근본적으로 변화시키는 것이기 때문이다.

그러나 좋은 소식을 듣기에 앞서 먼저 우리의 현재와 과거를 살펴보자. 그것은 장밋빛 그림이 아니다. 우리는 이미 전 세계 농토의 적어도 3분의 1의 토질을 악화시켜 왔다. 무려 '3분의 1'이다. 이와 관련된 얘기를 거의 들어본 적이 없다 해도, 농지의 토질 저하는 세계적인 분쟁이나 폭발적으로 증가하는 인구, 기후변화, 신선한 물 부족 같은 문제들만큼이나 우리 문명을 크게 위협한다.

2015년에 세계적인 과학자 컨소시엄이 제출한 유엔식량농업기구(FAO) 보고서는, 토질 저하가 해마다 전 세계 작물 생산 능력의 0.5퍼센트 정도를 갉아먹는다고 추산했다. 어떻게 계산하든, 그런 추세가 오래도록 이어지면 심각한 결과를 낳을 수밖에 없다. 사실 우리는 이미 외국 기업들이 발전도상국의 농지를 사들이는 현실을 목격하고 있다. 그 나라 사람들이 먹을 것이 아니라 해외의 본국으로 수출할 식량을 재배하기 위해서이다. 식량 부족은 이미 나이지리아, 소말리아, 시리아처럼 가뭄과 분쟁이 끊이지 않는 지역에서 폭력을 부채질하고 있으니, 그런 현실은 세계의 안정을 위협한다.

흙(토양), 공기(기후), 불(에너지), 물이라는 고대 원소들 가운데, 공적인 담론과 정책에서 늘 간과되거나 부당한 대우를 받는 것은 흙이다. 그러나 우리는 기름진 땅을 궁극적인 전략 자원으로 고려할 수 있다. 흙은 석유처럼 대체제가 있는 것도 아니고, 민물처럼 짠물에서 증류해 낼 수 없으며, 공기처럼 필터로 걸러 정화할 수도 없다. 발아래에 있는 것의 소중함을 제대로 인식하지 못하기 때문에, 우리는 세계적인 규모로 종래의 실수를 되풀이하고 있는 것이다.

로마제국에서부터 마야문명, 폴리네시아의 이스터 섬에 이르기까지, 위대한 문명이 나타났다 가난해지고 결국 종말을 맞은 것은 겉흙을 잃은 뒤였고, 뒤이은 문명도 똑같은 길을 걸었다. 그러나 토양 악화가 인간 사회에 미치는 영향은 역사적 과거의 일로만 머물지 않는다. 한때 번성했던 이 사회들이 마주했던 과제를 오늘날 노스캐롤라이나에서부터 코스타리카, 인도, 아프리카에 이르기까지 우리 또한 직면하고 있다. 하루라도 빨리 해결책을 찾아 실행하지 않는다면, 우리는 각 지역의 선조들과 똑같이 세계적으로 심각한 환경에 맞닥뜨릴 것이다. 양분을 더 많이 잃어버린 흙으로 미래에 수십억 명이 더 늘어난 인구를 어떻게 먹일 것인가?

줄어드는 상수원과 사라지는 숲 같은 다른 환경 문제들과 달리, 토양 악화는 상대적으로 주목받지 못했다. 무척 천천히 진행되는 현상이다 보니 당면한 위기로 인식되기 어렵다. 여기에 문제가 있다. 지난날에는 에덴동산이었으나 오늘날 황폐해진, 서양 문명의 발원지들이 알려 주는 이야기는 역사에서 가장 인식되지 못한 교훈 가운데 하나이다. 곧 흙을 보살피지 않은 사회는 지속될 수 없다는 가르침이다. 우리에게는 피할 곳이 남아 있지 않으므로 과거의 실수를 되풀이할 여유가 없다. 농업에 적합한 모든 땅을 이미 오랜 기간에 걸쳐 농사를 짓고 개발하거나 토질을 떨어뜨리고 내팽개쳤기 때문이다.

그러나 오늘날 세계를 먹여 살리는 문제는 농업 문제로만 그치지 않는다. 경제와 분배 문제, 곧 정치 문제에 가닿는다. 기름진 땅의 상당 부분을 잃고서도 우리는 현재 모든 사람을 먹이기에 충분한 식량을 거두고 있다. 실제로는 아니더라도 이론상 그렇다. 하지만 비옥한 경작지가 점점 줄어드는 한편 세계의 인구가 계속 늘어난다면 언제까지나 수요에 맞출 수 있을 거라고 확신하기는 어렵다.

물론 세계적인 기아 문제에는 여러 차원의 문제가 있다. 인구 증가 말고도 토지 보유권 문제, 그리고 수확물 가운데 얼마를 가축을 먹이고 바이오연료로서 자동차를 움직이는 데 쓸 것인가의 문제이다. 그러나 내일의 세계에 식량을 공급하는 방법에 관한 고민에서 심하게 외면 받아 온 요소는, 땅이 농업 생산성을 되찾을 수 있는가의 문제이다. 우리는 정말로 토질이 악화된 농토를 다시 옥토로 되살릴 수 있을 것인가? 그렇다면 얼마나 많이, 얼마나 빠르게 되살릴 수 있을 것인가?

　세계 곳곳에서 성장하고 있는 농부들의 운동은 관행으로 이어 오던 방식에서 벗어나 땅에 생명력과 건강을 되살리고 있다. 아직 우리는 이 운동에 관해 많은 소식을 듣지 못했다. 판매하는 상품이 없는 이들은 전통적인 이해관계와는 다른 이야기를 들려준다. 이 운동이 탄력을 얻고 있는 이유는 이 방식을 채택한 농부들이 시간과 돈을 절약하고 있으며 많은 이들이 더 많이 수확하고 있기 때문이다. 이 농법은 다코타 주의 거대한 농장에서부터 아프리카의 작은 자급 농장에 이르기까지, 테크놀로지 수준이 서로 다른 큰 농장과 작은 농장 어디에서나 작동할 수 있다. 또한 제대로 그리고 전 세계 차원에서 실행된다면, 문명의 해묵은 문제 가운데 하나를 해결할 수 있을 것이다.

쟁기

　고백하건대 내가 환경에 관해 낙관적인 책을 쓰리라고는 결코 생각한 적이 없다. 오랜 시간 동안 나는 암록색의 생태 염세주의자로서 인류가 자초한 재앙을 향해 곤두박질치고 있다고 믿는 사람이었다. 여전히 그런 두려움을 다 떨쳐낼 수는 없지만, 장기적인 전망에 관해 훨씬 더 낙관하게 되었다. 지난 몇 해 동안 나는 전 세계를 두루 돌아다니며 선견지명을 갖고서 비옥하게 땅심을 돋우고 있는 농부들을 만났다. 이들의 경험담을 들으며 세계적인 차원에서 흙을 되살릴 수 있고, 더 나아가 매우 빨리 그렇게 할 수 있다고 믿게 되었다.

적어도 나는 그렇게 되길 희망한다. 우리가 마주한 문제는 값싼 석유의 종말, 끝없는 인구 증가, 다음 세기에도 계속될 기후변화가 합쳐져 있기 때문이다. 정치, 경제, 환경 이권 세력들이 대립되는 전망과 정책, 의제를 강요할 때, 농사가 어떻게 적응할 것인지는 여전히 불확실하다. 이 모든 것이 어떤 결과로 나타나든, 그것은 나라마다 운명을 결정하고 우리가 미래 세대에게 남겨 줄 세계를 규정할 것이다.

이 문제에 대해 내 관점이 변화하기 시작한 건 10년 전이었다. 당시 나는 동료들이 모욕적으로 여길 만한 일을 저질렀다. 흙에 관한 책을 쓰고 그 제목을 'Dirt'(한국어판,《흙》, 삼천리, 2010)라고 붙인 것이다. 알다시피 토양과학자들은 흙을 'dirt'라 일컫는 걸 불경스럽게 여긴다. 흙을 뜻하는 두 낱말 'soil'과 'dirt' 사이에는 매우 중요한 차이점이 존재하기 때문이다. 먼저 'soil'에는 생명력이 가득하지만 'dirt'는 그렇지 않다. 그런데 왜 나 같은 지질학자가 암석을 뒤덮고 있는 물질의 중요성을 다루는 책을 쓰고 불경스런 제목까지 붙인 것인가? 내 연구의 일차적인 초점은 자연 과정에 의해 경관이 어떻게 형성되고 사람들에 의해 어떻게 변화되는가였지만, 세계 곳곳의 자연 경관 변화를 검증하는 과정에서 토양 침식과 토질 저하가 인간 사회에 어떻게 영향을 끼치는지 알게 되었다.

몇몇 지질학자는 오늘날 자연 자체보다도 사람들이 흙을 직접적으로나 간접적으로나 더 많이 옮겨 놓는다고 주장한다. 지구과학자들은 인류세 또는 '인류의 시대'라는 새로운 시대 개념을 제안했다. 이 시대가 언제 시작됐는지에 관해서는 저마다 견해가 다르기는 하지만, 세계를 변화시킨 인류의 발명품 가운데 쟁기야말로 과거에도 현재도 가장 파괴적인 발명품 가운데 하나임은 명명백백하다.

그렇다. 독자가 읽은 대로이다. 쟁기! 문명을 발생시킨 농업 기원의 상징물로 우리가 알고 있는 것. 쟁기 덕분에 소수가 다수를 먹일 수 있었고 상업과 도시국가가 발생할 수 있었으며, 계급사회의 발판이 되어 성직자, 귀족, 정치인, 그 밖에 농사를 짓지 않는 나머지 사람들이 살아갈 수 있게 되었다. 한마디로, 땅이 바람과 비에 침식되기 쉽게 만든 게 쟁기라는 얘기다.

자연 상태의 초지나 숲에서는 맨땅을 거의 볼 수 없다는 사실을 떠올려 보라. 자연은 되도록 초목이라는 옷을 스스로 갖춰 입는데, 갈아엎은 지 얼마 되지 않은 들판처럼 초목이 사라진 땅은 흙이 형성되는 속도보다 빨리 흙이 사라지기 때문이다. 경운(耕耘)을 하면 쟁기가 지나갈 때마다 흙이 비탈 아래로 밀려 내려간다. 이처럼 세대를 이어 가며 쟁기질을 하면 비탈은 서서히, 때로는 좀 더 빠르게 겉흙의 자연적인 부존량을 잃게 된다. 따라서 비바람을 맞고 쟁기질이 이어지면서 한 번에 아주 조금씩 땅은 서서히 비옥함을 잃어 간다.

세계 곳곳의 서로 다른 환경에서 침식이 어떻게 지형을 형성하는지 연구하면서, 나는 사회의 번영이 그 땅의 상태를 거울처럼 비춰 준다는 걸 알았다. 아마존에서 현장연구를 수행하는 동안 그 핵심이 파악되었다. 우림 지역 안에서 자급 농사 목적으로 갓 개간된 곳을 차를 타고 지날 때, 나는 맨땅이 빠른 속도로 침식되어 양분 없는 풍화암이 드러난 모습을 보았다. 그런 상태라면 가난한 가족이 그 땅에서 거의 생계를 유지할 수 없다. 농부들은 곧 우림 지역의 다른 곳에서 새 땅을 개간하고, 목장 주인은 뒤이어 소 떼를 몰고 와서 버려진 들판에서 풀을 먹인다. 이는 끝이 보이지 않는 파괴의 악순환으로 이어진다. 남태평양의 섬 망가이아로 떠난 또 다른 여행에서는 심각하게 침식된 토양이 얼마 되지도 않는 사람들을 거의 먹이지도 못하는 모습을 보았다. 그들은 나날이 줄어만 가는 생산적인 땅을 둘러싸고 오랜 분쟁을 이어 왔다.

30년 동안 여섯 대륙을 다니며 진행한 현장연구를 통해, 나는 오랫동안 경작해 온 지역에서 겉흙이 사라지면 그 결과는 결핍뿐임을 깨달았다. 움푹 파인 골짜기나 산비탈에 숨길 수 없는 표식이 새겨져 있는데, 바로 밑흙이 표면에 드러나 있는 것이다. 흙에 양분이 거의 남아 있지 않기에 땅 위에 뭐라도 돋아나 있는 걸 찾아보기 어렵다.

그러나 그것을 알아채고 역전시킬 만한 가치가 있다. 흙을 되살리는 일은 물과 에너지, 기후뿐 아니라 온갖 중요한 환경 문제와 공중보건의 근본 문제를 다루는 데 도움이 되기 때문이다. 비료에 의존하는 데서 비롯되는 질소 오염은 미국 중서부에서 도시의 물 공급에 영향을 미치고, 미시시피 강 어귀에서부터 바다 멀리까지 멕시코만의 거대한 죽음의 해역을 낳고 있다. 농지에서 흘러 나가는 물에 과도하게 들어 있는 인 때문에 5대호에 녹조가 생겨 물고기가 죽는다. 살충제와 제초제는 벌레와 풀의 양분 공급원을 죽이므로 거기에 직간접으로 노출되면 꿀벌이나 왕나비 같은 꽃가루 매개자 군집이 파괴되고 작물 생산과 생물다양성을 심각하게 훼손한다. 농약에 전적으로 의존하면 인간의 건강에 직접 영향을 미쳐 우울증 위험성이 커진다. 특정 암은 농약에 노출되는 것과 관계가 있다. 건강하고 생명력 있게 흙을 되살리는 일은 광범위한 영향을 미쳐 이 모든 문제를 해결하는 데 도움을 준다. 그렇다면 그것은 얼마나 실현 가능한 것인가?

토양생물학

《흙》을 출간한 뒤로 나는 일일이 기억할 수도 없이 많은 영농 컨퍼런스에서 토양 유실과 토질 저하의 역사에 관해 강연해 달라는 초청을 받았다. 이 덕분에 컨퍼런스가 아니었다면 갈 일이 없었을 여러 곳을 여행할 기회를 얻었다. 지질학자는 대체로 평지의 농토보다는 산으로 가게 마련이기 때문이다. 또한 평소에는 만나보지 못했을 혁신적인 농부들을 만날 기회를 얻었다. 처음에는 이 기회가 무엇을 의미하는지 깨닫지 못했다. 하지만 토질이 악화된 땅을 되살려 놓는 농부들의 이야기를 하나씩 듣게 되면서, 이 긴급한 문제에 관한 농부들의 관점을 들여다보기 시작했다. 그 과정에서 나는 생각했던 것보다 많은 공통점을 농부들과 공유하고 있음을 깨닫기 시작했다. 많은 농부들이 나만큼이나 분명하게 경운의 파괴적인 영향을 인식하고 있었다.

2010년에 가이 스완슨은 캔자스 주 콜비에서 열리는 영농 컨퍼런스에서 강연해 달라고 나를 초정했다. 그가 운영하는 회사는 무경운 파종기의 부속 장치를 판매하여 농부들이 사용하는 비료의 양을 줄이는 데 도움을 준다. 무경운 농부들은 땅을 갈지 않는다. 그들은 특별한 파종기를 사용하여 흙에 옥수수 알 만한 작은 구멍을 낸다. 씨앗을 흙구멍 안에 떨어뜨리면, 주변의 흙을 파헤치는 것보다 훨씬 해가 적다.

스완슨의 방식은 막 파종한 씨앗 옆이나 아래쪽에 일정한 양의 비료를 주입함으로써 작물이 필요로 하는 곳, 오로지 그곳에만 양분을 주는 것이다. 이렇게 하면 농지 전체에 비료를 살포하는 것보다 훨씬 적은 양을 사용하게 된다. 농부들은 돈을 절약하고, 화학물질 유출로 인한 냇물과 호수, 대양 오염이 거의 일어나지 않는다. 서로에게 득이 되는 일인데, 물론 비료 회사는 여기에 포함되지 않는다. 스완슨은 언젠가 무경운 농법 컨퍼런스에서 발표하는 나를 본 적이 있었고, 무경운 농법으로의 전환과 정확한 비료 사용을 고민하는 잠재적 소비자들에게 문명을 파괴하는 흙의 침식 문제를 알려 달라고 요청한 것이다.

스완슨과 내가 누적 주행거리가 엄청난 흰색 임팔라 승용차를 타고 콜비로 접어들 때, 우리를 맞이하는 거대한 광고판과 마주쳤다. 과장스럽게 크고 히피처럼 보이는 예수가 밀밭에서 우리를 바라보고 있었다. 이곳의 청중이 미국의 저 서쪽 구석에서 온 교수를 받아들여 줄지 걱정되기 시작했다. 역사적으로 명멸해 간 모든 사회에서 쟁기가 땅을 망쳤다고 주장할 사람인데 말이다. 점심도 못 먹고 도망치듯 나오게 되는 건 아닐까?

나는 강연을 끝내고 앞에 펼쳐진 야구 모자들의 바다를 둘러보았다. 그 가운데에서 한 노인이 일어나더니 두 손을 주머니에 찔러 넣은 채, 나를 처음 보았을 때는 뭔가 들어줄 만한 말을 할지 의심스러웠다고 말했다. 나는 올 것이 왔구나 생각하고 마음을 다잡았다. 하지만 곧이어 그가 한 말은 놀라웠다. 내 말을 들을수록 맞는 말이라고 생각했다고 했다. 내가 하는 말이 곧 자기 농장에 관한 얘기임을 이해한 것이었다. 할아버지가 쟁기질했던 비옥한 겉흙은 이제 사라져 버렸다. 손자들이 그 땅을 일구면서 잘살아 가려면 무언가 바뀌어야 했다.

영농 컨퍼런스에서 강연할 때마다, 농부들은 자리를 박차고 나가거나 험한 욕을 퍼붓기는커녕 땅을 가는 것이 장기적으로 흙에 해를 끼칠 수 있다는 점을 금세 인정하곤 했다. 놀랄 만큼 많은 농부가 내 말이 사실이라는 걸 몸소 겪어 알고 있다고 했다. 노인들은 평생토록 토양의 질이 어떻게 떨어졌는지 경험담을 털어놓곤 했다. 몹시 느리게 변화하는 일이기에 한 해가 지났다고 곧 알아챌 수는 없지만, 평생을 돌아보면 분명한 사실이라고 말했다. 한 사람이 말을 끝내기 무섭게 다른 사람이 말을 이었다. 경운과, 비료와 농약의 지나친 사용을 오늘날 습관처럼 되풀이하기 때문에 토양이 악화된다는 걸 알겠다고 했다.

지나고 보니, 농부들이 토양 유실과 토질 저하라는 쌍둥이 문제를 인식하고 있다는 건 놀랄 일이 아니었다. 결국 땅에서 일하며 먹고사는 이들보다 누가 더 땅을 잘 알겠는가?

하지만 스완슨과 함께한 여행은 화학물질 투입을 줄여서 비용을 절약하고 따라서 돈을 벌려는 열의를 품은 농부들과 이야기를 나눈 기회로서 처음이었다. 대부분 테크놀로지와 정밀 시비(施肥)를 통해 덜 투자하고 더 많은 걸 거둘 수 있다는 사실에 만족했다. 너도나도 흙의 침식을 막고자 하는 열망을 드러냈고, 누구나 이듬해에 비료 값을 덜 쓰고도 수확량이 줄지 않을 수 있다는 사실을 기뻐했다. 그래서 나는 농부 한 사람 한 사람이 어떤 생각을 갖고 있는지에 더 관심을 기울이기 시작했는데, 농업이 오래도록 잘 이어져 가려면 그 생각이 중요하기 때문이다. 나는 농부들에게 무슨 농사를 짓는지, 그리고 어떻게 짓는지 질문했다. 곧이어 그들의 대답에서 공통된 맥락을 파악할 수 있었다.

스완슨과 내가 콜비를 벗어나 1930년대 더스트볼(Dust Bowl)의 중심부를 향해 남쪽으로 차를 타고 가는 길이었다. 번창한 존 디어(John Deere, 1837년 존 디어가 설립한 농기계 제조업체—옮긴이) 대리점도 보였고 허물어져 가는 대리점도 있었다. 캔자스 주 안에서도 어떤 지역이냐에 따라 이런 차이가 났다. 우리가 빠른 속도로 지나친 대리점 몇 곳은 깨끗하고 잘 관리된 마당에 반짝거리는 초록색 새 농기계를 줄지어 세워 놓았다. 허물어진 울타리 안쪽에 녹슨 농기계가 잔뜩 놓인 대리점들도 있었다. 스완슨에게 이 놀라운 차이에 관해 묻자, 잘되는 대리점이 위치한 카운티는 농부들이 무경운 농법으로 농사짓는 곳이라는 대답이 돌아왔다.

이 대답에 나는 희망이 부풀어 올랐다. 결국 교수들이 좋아하는 표현대로, 지배적인 패러다임을 바꿀 수 있는 유일한 방법은 선한 청지기(성경에 나오는 말로, 주인인 하느님이 맡겨 주신 것을 잘 관리하는 사람을 뜻한다─옮긴이)와 경제적인 이득을 무기로 농부들을 끌어들이는 거라는 생각이 들었다. 흙을 보살피고 개선하면 지갑에 돈이 두둑해진다는 걸 농부들이 깨닫게 될 때, 우리는 유사 이래 사회를 무너뜨려 온 토양 악화의 해묵은 악순환을 멈출 수 있을 것이다.

나는 회복탄력성이 높고 생산적이며 영속적인 농업을 일으키기 위해 무엇을 해야 하는지 궁금해졌다. 만병통치약 같은 단순한 영농 해법이 있을까 의문스러웠다. 그 해법이 유기농법이 아니라는 건 알았다. 대부분은 아니더라도 많은 유기농부들은 땅을 갈아서 잡초를 없애고 농사를 준비한다. 사회가 집중해야 할 기본 문제는, 모든 부류의 농부들이 한 가지 작물을 심고 거둔 뒤에 땅을 갈던 관행을 멈추고, 흙이 더 나아지도록 내버려 두어야 하며, 이를 계속 이어 가야 하는 것임을 깨달았다.

그리고 어떤 식으로든 변화는 올 것이고 이미 오기 시작했다. 저마다 어릴 때 살던 곳을 떠올려 보고, 그 뒤로 개발된 토지 면적을 생각해 보라. 과수원이든 밭이든, 구릉지든 평지든, 생산적인 농지였던 곳이 사라지고 교외 주택 단지와 스트립몰이 들어섰다.

1980년대에 대학을 갓 졸업하고 새내기 지질학자가 된 나는 샌프란시스코 만 지역의 지반공학기술 회사에서 구조점검원으로 일했다. 겉흙을 실어다 버리는 일이 도급업자가 하는 첫 번째 일임을 나는 금세 파악했다. 그렇게 해서 당시 비옥했던 농지가 오늘날의 실리콘밸리로 바뀌었다. 푸슬푸슬하고 건강한 흙은 건물 구조를 떠받치지 못한다. 땅이 단단하게 안정되어야 그 위에 건물을 올릴 수 있다. 그러니 상업 지구를 건설하려면 겉흙을 죄다 걷어내야 한다. 프로젝트를 거듭할수록 나는 양분이 많은 검은 흙이 트럭에 실려 매립토로 사용되기 위해 운반되는 모습을 지켜보았다. 개발된 토지는 앞으로 살아갈 세대를 위한 식량을 기르지 않는다. 그리고 인구는 더욱더 늘어 금세기 언젠가에는 전 세계 인구가 최대치를 유지할 것이다.

과거 여러 사회의 파국을 알고 농지의 무차별한 파괴를 지켜보면서 나는 인류가 미래에도 지금처럼 먹고살 수 있을지 심각한 의문이 들었다. 결국 자연은 수백 년이 걸려야 기름진 겉흙 2.5센티미터를 만들어 내는데, 우리는 아무 생각 없이 몇 세대 안에 겉흙을 모두 파괴하는 길을 밟아 온 것이다. 이는 분명 좋은 결말로 끝나지 않을 이야기 같았다. 그래서 아내가 내린 결론은 우리에게 텃밭이 필요하다는 것이었다.

내가 종신교수가 된 직후에 아내 앤과 나는 북부 시애틀에 주택을 구입했다. 마당은 추레하고 백년 묵은 듯한 풀밭이었고, 그 아래 흙은 지렁이 한 마리 살지 않는 듯 생기가 없었다. 하지만 앤이 꿈꾸던 텃밭을 일굴 공간이 있었고, 우리는 맨땅에서 다시 시작하기 위해 마당 탈바꿈 작전에 돌입했다. 나는 앤이 온갖 유기물을 집으로 날라 오는 걸 참을성 있게 견뎠다. 그걸로 뿌리덮개와 퇴비를 만들어 우리의 새 두둑이 될 흙을 살지게 하려는 것이었다. 이제 돌이켜보니 우리 텃밭의 두둑은 큰 농토의 축소판이었음을 알겠다. 몇 년이 지나서 우리는 결과를 확인하기 시작했다. 흙이 황갈색에서 초콜릿색으로 바뀌어 가면서, 생명이 땅에서 솟아나는 듯 지렁이며 노래기, 거미, 딱정벌레가 출몰했다. 곧이어 꽃가루 매개 곤충과 새들도 찾아왔다. 생명의 환호성이 발아래에서 솟아나 땅 위로 파문을 일으키며 우리 마당과 세계관을 변화시켜 갔다.

우리는 유기물을 보태 옥토를 만드는 방법 가운데 신뢰할 수 있는 것을 재발견하며, 자연과 '함께' 일하는 거의 잊혔던 길로 나아갔다. 정말 놀랍게도, 고대사회를 무너뜨렸던 토양 악화가 바로 내 뒤뜰에서 정반대의 길을 가고 있었다. 예측했던 것보다 훨씬 빠른 속도였다. 도시의 흙이 변화하는 모습을 직접 관찰하면서, 나는 토양생물학이 흙의 비옥도를 높이는 데 중요하다는 사실뿐 아니라 토양생물학을 이용하여 우리가 자연보다 '빠른' 속도로 흙을 되살릴 수 있음을 확인했다. 대학에서는 배우지 못한 사실이었다. 내가 배운 건 토양화학과 토양물리학이 흙의 비옥도를 결정하며, 자연이 흙을 만드는 속도는 몹시 더디다는 것이었다.

앤과 내가 우연찮게 흙을 되살리는 일을 시작하기 훨씬 전에, 네덜란드 사람들은 제방을 쌓아 바다로부터 땅을 지키기 시작했고, 더 나아가 바다 모래를 살지고 양분이 풍부한 검은 흙으로 바꾸어 지금도 유럽 최고 농토의 한 자락을 차지하게 만들었다. 그들의 비결은? 유기물을 땅에 돌려주는 것이다.

그리고 이 네덜란드의 혁신보다 훨씬 앞서, 아마존 인디언들은 기름지고 검은 '테라프레타' 흙을 만들었다. 화덕에서 나온 숯과 함께 유기 폐기물을 묻어 마을 주변의 땅에 비옥한 겉흙을 가꾸었는데, 그곳은 본디 척박한 땅이었다. 안데스산맥에서 잉카인들은 계단식 밭을 일구었고, 그곳의 흙은 수천 년 동안 농사를 지은 뒤인 지금도 자연 그대로의 산비탈보다 훨씬 비옥하다. 잉카의 비결도 다르지 않은 것 같다. 바로 유기물을 두둑에 되돌려주는 것이다. 아시아 곳곳에서 오래도록 이어 온 관습으로 똥거름과 분뇨 또는 '인분'을 밭에 뿌리는 것 또한 똑같은 원리이다. 이들 사회 모두 기름진 흙을 만들고 지속시켜 온 비결은 땅심을 기르는 농법이었다.

내 자신의 경험과 그런 역사의 사례들은, 토양 유기물을 보태 주면 흙을 살게 할 수 있고 그 속도는 자연보다 훨씬 빠르다는 걸 보여 준다. 그러나 정부의 농업 정책은 우리를 가로막고, 농부들이 발밑의 일꾼들을 활용하지 못하게 한다. 하지만 농법은 변할 수 있다는 걸 나는 알고 있다. 사실 과거에도 농법은 여러 번 변화되었다.

새로운 혁명

농업의 과거를 돌이켜보면, 혁신은 수없이 거듭 이어져 왔고 진정한 혁명은 몇 차례 일어났다. 그 덕분에 한 사람을 먹이는 데 필요한 땅의 면적이 크게 줄어들었다. 땅이 부양할 수 있는 사람 수는 놀랄 만큼 증가하고 농사를 짓는 사람의 비율은 감소했다. 생각건대, 비록 서로 다른 지역에서 다 다른 시기에 벌어지긴 했지만, 우리는 농업에서 이미 네 차례의 주요 혁명을 이루어 냈다.

첫 번째는 최초로 경작을 생각해 내고 그에 따라 쟁기와 가축 노동력을 도입한 일이다. 이렇게 해서 정주 마을이 생겨나고 마을들이 합쳐져 도시국가로, 더 나아가 거대한 제국으로 발전했다. 두 번째는, 역사적으로 시작된 시기는 조금씩 다르지만 세계 곳곳에서 농부들이 토지 관리법을 이용하여 토질을 개선한 것이다. 간단히 말하자면, 돌려짓기를 하면서 흙에 질소를 보태는 식물인 콩과 식물로 사이짓기를 하고 두엄을 주어 흙의 비옥도를 유지하거나 개선한 것이다. 유럽에서 이는 토지 보유의 급속한 변화를 자극하여 소작농을 도시로 내몰았고, 이들은 때마침 값 싼 도시 노동력의 준비된 공급원이 되어 산업혁명에 불을 지폈다.

농업의 세 번째 혁명은 기계화와 산업화로 기존의 농법을 뒤엎고 값 싼 화석연료와 비료를 다량 사용하는 방식으로 바뀐 것이다. 화학비료 는 유기물이 풍부한 무기질 흙을 대신하여 비옥함의 토대가 되었다. 이 방법으로 토질이 저하된 밭에서 수확량을 늘릴 수 있다고는 해도, 농사 를 짓는 데 더 많은 돈이 들고 더 많은 자본을 필요로 한다. 따라서 이 는 대농장의 성장을 촉진하고, 농촌 가정이 시골에서 썰물처럼 빠져나 가 도시 지역으로 이주하도록 부채질했다.

네 번째 혁명은 기술 진보인데 이를 배경으로 녹색혁명과 생명공학이 라는 것이 급성장했다. 이로써 수확량이 증대되고 식품 산업에 대한 기 업의 지배가 강화되었다. 그 수단인 독점적인 종자, 농약 제품, 상품작물 유통이 바로 오늘날 관행농업의 기초이다.

우리가 값싼 석유를 다 태우고 인구는 계속 증가하는 한편 토양 유 실과 기후변화가 지속된다면 미래는 어떤 모습일까? 세계 각국의 과학 자 수백 명이 참여한 최근의 한 연구는, 현대의 농법이 다시금 바뀌어야 만 사회가 머지않아 닥칠 재앙적인 식량 부족을 피할 수 있을 것이라고 결론지었다. 우리는 얼마나 걱정해야 하는 것일까? 메소포타미아, 고대 그리스, 또는 한때 번성했던 문명들이 땅의 양분을 잃고 무너져 간 사 실을 떠올려 보라. 이번에 우리가 던져야 할 질문은 농업이 어떠해야 하 는가이다. 우리가 화학적 대체재에 의존하지 않고 흙의 생명력을 가꾸 어 가려 한다면 말이다. 이 새로운 다섯 번째 농업혁명은 어떠해야 할 것인가?

선봉에 선 이들은 농업생태학, 보존농업, 재생농업, 갈색혁명 같은 다양한 명칭을 입에 올린다. 이런 접근법의 지지자 가운데 미래 농업에서 유기농법과 유전공학의 역할을 유달리 의심하는 이들도 있지만, 내게 더욱 강렬하게 다가온 것은 그들이 공통적으로 흙의 건강을 농법의 핵심에 둔다는 점이었다.[1]

유엔이 2015년을 '세계 흙의 해'로 선포하자, 흙을 주제로 한 컨퍼런스에서 강연해 달라는 초청장이 나에게 더 많이 도착했다. 불과 몇 해 전과 비교해 보아도 흙의 건강에 대한 관심이 농부들 사이에서 급속도로 높아졌다. 낙관주의의 씨앗이 뿌리를 내렸다는 걸 농부들의 이야기를 들으면서 알 수 있었다. 그들은 농사짓는 방식을 변화시키고 땅에 생명력과 비옥함을 되살리고 있었다. 얼마 지나지 않아서 나는 우리가 이번에는 제대로 할 수 있다고 생각하기 시작했다. 아마도 우리는 농사를 짓다가 결국 두 손 두 발 다 드는 케케묵은 방식을 근본적으로 바꿀 수 있을 것이다. 이것이 새로운 운동의 출발이 되어 해묵은 이야기의 결말을 한 농장 한 농장씩 다시 쓰게 할 수 있을 것인가?

흙의 건강에 초점을 맞춘 농업혁명은 어떤 모습일까 이해하기 위해, 나는 몇 대륙을 넘나들며 땅을 되살리고 있는 농부들을 찾아가는 여행을 시작했다. 거기서 배운 것들은 현대 농업의 핵심적인 신화를 부수며, 우리의 가장 성가신 문제들을 해결하는 데 도움이 될 단순하고 효과적인 방법을 알려 주었다. 개별적으로 그들의 사례는 농법의 변화가 관행농업과 유기농업 모두를 더욱 지속 가능한 농업으로 변화시킬 수 있음을 보여 준다. 전체적으로는 우리가 세계를 먹일 수 있고 지구온난화를 막을 수 있으며 땅을 되살릴 수 있음을 흥미롭게 보여 준다.

이야기가 하나로 합쳐지기 시작한 건 서로 다른 지역의 농부들이 흙을 되살리는 이유를 말해 주면서부터였다. 일반적으로 공통된 이유는 침식을 막기 위해서이다. 빠지지 않고 나오는 얘기는 물, 석유, 비료, 또는 살충제를 덜 소비하게 되어 돈을 절약한다는 것이다. 이들 목표는 고대사회를 멸망시킨 토양 악화의 악순환에서 벗어날 기회를 준다.

내가 만난 모든 농부들이 다 똑같은 방식으로 농사를 짓는 건 아니었다. 그들은 어떻게 농사를 짓는가? 저마다 다른 작물을 서로 다른 지역에서 서로 다른 흙과 서로 다른 기후 여건에서 재배했다. 가축을 키우며 농사짓는 이들도 있었다. 어떤 이들은 피복작물을 선호했다. 몇몇 농부는 초현대식 궤도 차량 운전석에 앉은 채 지평선까지 뻗어 있는 너른 들판에서 일했다. 열대지방에서 손으로 농사를 지으며 작은 땅뙈기에서 식구가 먹고살 만큼만 작물을 키우는 이들도 있었다. 저마다 처한 상황과 농법은 다양했지만, 그들은 모두 자연에 맞서는 게 아니라 자연과 '함께' 일하는 것을 농사로 여겼다. 그들의 농사 방식에 공통된 원리가 있다는 걸 깨달았을 때, 나는 새로운 농업혁명의 기초가 이미 마련되어 있음을 알았다.

이 여행 덕분에 유기농이냐 GMO냐, 관행농부냐 환경보호론자냐, 가축이냐 지구냐를 둘러싼 일반적인 논쟁을 둘러싼 관점을 다듬을 수 있었다. 농법의 일부 단순한 변화만으로도 관행농법이든 유기농법이든 모든 부류의 농부들에게 도움이 된다는 점을 새롭게 인식하게 되었다.

아마도 가장 인상적이었던 건 이 운동이 아래로부터 자라나고 있다는 사실이었을 것이다. 정부나 대학, 환경보호 단체가 아닌 개별 농부들이 불을 지폈다. 너무도 자연스럽게, 농부들은 자신에게 어떤 방식이 효과가 있었는지 또는 없었는지 경험담을 들려준다. 그리고 호기심이 많은 이웃들은, 이웃의 멍청이가 색다른 방식을 시도하고 자신보다 더 많이 수확하며 몇 해 동안 계속 돈을 잘 버는 걸 지켜본다. 그래서 나는 이번만큼은 우리가 토양 황폐화와 사회 몰락의 해묵은 악순환에서 실제로 벗어날 수 있고, 그 이유가 바로 여기 있다고 인식하게 되었다. 땅심을 돋우는 농법을 실천하는 것이 경제적으로도 합리적이라는 인식이 개별 농부들 사이에 퍼지고 있다. 이는 농부들의 으뜸가는 장기 자산인 땅의 비옥함에 재투자하는 농법이다.

내가 만난 농부들이 힘주어 전하는 분명한 메시지 하나는, 흙의 생산 능력은 빠르게 되살릴 수 있고 수익이 난다는 것이다. 하지만 그러려면 농사 방식이 바뀌어야 한다. 기꺼이 관행농법과 결별하는 것, 건강한 흙을 만들어 가는 것이 농부가 할 수 있는 최선의 투자라는 생각을 믿어 보는 것이다. 무엇보다도 까다로운 규제와 회의적인 기업, 이론적인 작물 자문가가 존재하는 현실에서 새로운 일을 시도하는 데는 용기가 필요한 것 같다. 누구도 이 농부들에게 변화를 권하지 않았다. 그들은 근본적으로 새로운 형태의 농업을 실현하겠다고 스스로 결정하고 있었다.

사회와 환경, 경제 배경이 서로 크게 다른 농부들이 내가 예상한 것보다 빠르게 땅을 치유하고 개선하는 모습을 보면서 나는 이 책을 쓸 힘을 얻었다. 이 여행에서 깨우친 것은, 기업농이 올리는 사이렌과 지속 가능한 농업의 선지자들 가운데 어떤 소리를 들을 것이냐, 또는 현대의 테크놀로지를 선택할 것이냐 산업 이전 시대의 농법으로 회귀할 것이냐의 문제가 아니라는 것이다. 그것은 지나치게 단순하고 방향을 잘못 가리키는 것이다. 가장 전도유망한 길은 농업 테크놀로지와 농업생태학이 결합하여 흙의 비옥함을 재건하는 데 있다. 고대의 통찰력과 현대 과학의 결합은 농업을 지속시키는 동시에 기후변화의 속도를 늦추는 데 도움이 되리라 확신한다.

다르게 생각하는 것의 힘과 가능성을 아는 개인들이 새로운 운동을 이끌어 가는 모습은 무척 인상적이다. 유전공학, 정밀 농업, 미생물 생태학에서 꾸준히 이루어진 기술 진보를 방법론으로 삼을 수 있는데, 저마다 장단점이 있다. 그러나 나는 다음 농업혁명의 기초가 뿌리 내리게 될 곳은 우리가 '흙에 관해 생각하는 방식'이라고 믿게 되었다. 이 사고방식이 다른 모든 것에, 특히 우리가 지식과 테크놀로지를 재량껏 사용하는 방식에 영향을 끼치기 때문이다.

토양 악화와 유기물의 손실은 오늘날 인류가 직면하고 있는 환경 위기 가운데 가장 인식이 덜 된 문제이다. 그러나 근본적으로 바꾸어 낼 수 있는 토대가 마련되었다. 농부들의 단기적인 이익이 장기적으로 흙의 비옥함을 보존하는 일과 보조를 맞추고 있기 때문이다.

가장 오래된 유명 예술 작품들에, 이미 오래전에 잊힌 다산의 신들이 묘사되어 있는 건 우연의 일치가 아니다. 수천 년 동안 사람들은 풍성하게 수확하려면 변덕스러운 신들의 비위를 맞춰야 한다고 믿었다. 그러나 고대 이집트, 그리스, 로마 시대 이후 오랜 세월에 걸쳐 흙의 비옥함을 바라보는 우리의 관점은 극적인 변화를 겪으며 진화해 왔다. 이제 그 관점을 다시 극적으로 바꾸어야만 우리는 문명의 농업적 토대가 침식되는 일을 피할 수 있을 것이다.

이미 진행되고 있다고는 해도 혁명은 아직 갈 길이 멀다. 모든 혁명이 그렇듯이, 막강한 이권과 관습적인 사고방식의 견고한 저항에 맞닥뜨리고 있다. 그러나 이 혁명이 성공한다면 인류의 가장 긴급한 문제들 가운데 하나, 다시 말해 우주의 이 외로운 암석에 사는 우리 모두를 꾸준히 먹여 살리는 문제를 해결할 수 있을 것이다.

2장

현대 농업의 신화

크고 갑작스런 변화만큼 인간의 마음에 고통스러운 것은 없다.
- 메리 셸리

전 세계 원유 공급량을 추정해 보면 우리는 원유 생산의 정점을 이미 지났거나 곧 지나게 된다. 세계 원유 공급량이 하향 곡선을 그리는데도 변함없이 원유에 의존한다는 건 갈수록 불합리한 처사이다. 아직 채굴하지 않은 셰일유와 오일샌드와 석탄의 매장량이 막대할지 모르지만, 분명히 공표된 추정에 따르면 현재 알려진 전 세계 화석연료 매장량의 4분의 1만 태워도 세계 기후가 바뀌어 작물 수확량이 재앙 수준으로 감소하고 농업이 와해될 수 있다.

2015년 과학저널 《네이처》에 실린 논문에 따르면, 기후변화를 매우 위험한 수준인 2℃ 상승에 못 미치게 유지하려면 전 세계 원유 매장량의 3분의 1, 천연가스 매장량의 절반, 그리고 석탄 매장량의 80퍼센트 넘게 사용을 삼가야 한다.

재앙을 피하기 위해서 땅속에 남겨 두어야 할 셰일유와 오일샌드와 석탄의 양이 얼마인지를 둘러싼 논쟁이 계속되어 온 건 익히 알려져 있다. 농업은 전 세계 화석연료 배출량에서 4분의 1 미만을 차지하지만, 어쨌거나 농사는 영향을 받을 수밖에 없다. 작물성장 실험 연구의 예측으로는, 세계 기온이 1℃씩 상승할 때마다 주요 곡물 수확량은 10퍼센트 감소한다.

우리는 그 결과를 이미 목격한 바 있다. 2003년 유럽에 발생한 열파로 작물 수확량은 최대 36퍼센트 줄어들었고, 여름 평균 기온은 이전 세기 장기적 평균보다 3.6℃ 높아졌다. 그러니 우리가 계속 화석연료를 태우며 대기 중에 이산화탄소를 내보내면, 인구는 점점 늘어나는데 수확량은 나날이 줄어들 가능성이 크다. 비료를 생산하고 농기계를 작동시키는 데 들어가는 화석연료 사용을 멈추어야 한다면, 우리는 오늘날 수확량을 떠받치기 위해 우리가 의존하고 있는 것을 포기해야 할 것이다. 이 딜레마는 비록 전 세계적 재앙까지는 아니더라도 지역적 불안과 분쟁에 대한 해법을 제시해 준다.

지난 세기 동안 테크놀로지가 농업을 재편성한 결과 현대 농업은 지속되기 어려운 지경에 이르렀다. 농업이 지속되려면 한 가지가 꼭 필요한데, 그것은 그리 머지않은 미래에 우리가 갖고 있지 않을 게 분명한, 바로 풍부하고 값싼 원유이다. 그것을 어떤 식으로 바라보든, 기후변화와 식량 부족 문제를 둘 다 해결하려면 우리는 농업을 화석연료에 지나치게 의존하는 방식에서 떼어놓아야 한다.

중요한 문제는 농업이 변화할 것이냐가 아니라, 농업이 변화한 뒤에 '어떤' 모습일 것이냐이고, 땅과 사회의 회복탄력성은 어느 정도일 것이냐이다. 전 세계의 식량 비축량이 한 해치에도 못 미치는 수준이 일상화된 시대에, 특정 지역의 흉작은 전 세계 식량 공급에 영향을 줄 수밖에 없다. 곧 농업의 회복탄력성이 식량안보와 사회 안정에 가장 중요하다는 것을 의미한다.

식량 폭동의 위협은 부정할 수 없는 현실이다. 오늘날 대부분의 도시는 약간의 식량 여분을 비축해 두고 있다. 역사가 보여 주는 바에 따르면 식량은 최후의 통화가 되는데, 식량과 현금 모두 공급이 부족할 때 현금 이상의 가치가 있다. 저 옛날 정부가 시민들에게 무료로 빵을 공급하지 못하자 폭동이 고대 로마를 휩쓸었다. 파리에서 일어난 식량 폭동은 프랑스혁명에 불을 붙였다. 그러나 이런 위기는 과거의 일로만 치부할 수 없다. 2008년에는 식량 폭동이 아시아, 아프리카, 중동 지역에서 일어났다. 2013년 가뭄이 할퀸 이집트, 터키, 시리아 지역에서 굶주린 사람들은 폭력을 수단으로 삼았고, 2015년 베네수엘라와 소말리아에서도 비슷한 일이 일어났다. 배를 곯은 사람들이 울타리나 국경을 존중할 리 없다.

확실하게 100억 명을 부양해야 하는 앞으로의 시험대를 통과하지 못하면, 비옥한 땅을 차지하려는 지역 분쟁이 벌어질 것임을 어렵지 않게 상상할 수 있다. 오늘날 세계적인 화약고 가운데 많은 곳이 토양 악화의 역사를 유산으로 받은 곳이다. 예를 들어 옥토를 둘러싼 분쟁은 성서 시대 이래 중동 지역에서 부족 간 적대감을 키워 왔다. 세계 인구가 나날이 늘어 가고, 우리가 계속 기름진 흙을 잃어 간다면 지역의 식량 부족은 불가피해 보인다.

토머스 맬서스 목사는 학구적인 19세기 영국의 성직자로서, 기하급수적으로 증가하는 인구가 결국은 산술급수적으로 증가하는 수확량을 능가하게 될 거라고 예측한 것으로 유명하다. 그가 옳다는 것을 우리가 증명할 수 있다고 해도, 상황은 아직까지 최고 염세주의자의 시나리오대로 펼쳐지지 않았다. 역사가 흘러오는 동안 거듭 이어진 농업혁명 덕분에 주기적인 기근과 재해에도 불구하고 수확량이 꾸준히 상승했기 때문이다.

우리는 여전히 마술을 부리듯 뚝딱 해결책을 내놓을 수 있을 것인가? 하지만 아직 존재하지도 않는 테크놀로지에 기대어 다가오는 문제를 해결하겠다는 건 어리석은 생각 아니겠는가? 특히 새로운 테크놀로지에 의존하는 대신, 이번만큼은 흙과 그 비옥함에 관한 생각의 근본적인 변화가 열쇠가 될 테니 말이다.

현대 농업의 신화들

한 사람을 먹여 살리는 데 필요한 땅의 면적은 점점 줄어, 오늘날 전 세계 농업에서 필요로 하는 땅은 1인당 0.5에이커(acre, 1에이커는 약 4,050제곱미터—옮긴이)도 되지 않는다. 저 옛날 수렵채취 시대로 돌아간다면, 한 사람이 먹고 사는 데 250에이커 넘는 땅이 필요했다. 1인당 필요한 땅 면적이 지금까지 그 수준이라면, 지구가 500개 있어야 오늘날의 전 세계 인구가 먹고 살 수 있다는 계산이 나온다. 농업 이전 시대의 식량 공급으로 돌아가는 일은 우리의 선택지가 아니다.

물론 단기간 수확량을 증대시키지만 장기적으로 토질을 떨어뜨리는 농법은 오래 지속될 수 없다. 결국은 윌 로저스(Will Rogers, 1879~1935, 미국의 배우이자 만담가이자 칼럼니스트—옮긴이)가 땅에 관해 던진 재담처럼 "이젠 뭐가 더 안 나"는 것이다. 세계 문명이 수십억 인구를 영구히 먹여 살릴 수 있으려면, 우리는 영속할 수 있는 집약농업 방법을 개발해야 한다. 문제는 이것이다. 어떻게 할 것인가?

이미 땅을 되살리고 있는 농부들의 말에 귀 기울이니, 나는 몇 가지 현대 농업의 주요 신화를 가려낼 수 있게 되었다. 농부들이 입을 모아 들려준 얘기는, 관행농법에서 멀어지면서 흙의 생명력을 키우고 농장의 수익을 회복했다는 것이다. 그들이 해준 이야기 덕분에, 기업에서 생산한 농약과 화학비료를 사용하는 농업이 오늘날 세계 인구 대부분을 먹여 살릴 수 있고 훨씬 효율적이며 내일의 세계를 먹일 유일한 방법이라는 생각을 깰 수 있었다. 보편적인 관념을 지탱하는 근거 가운데 그 어떤 것도 사실이 아니다. 자, 그런 관념을 하나하나 자세히 파헤쳐 보자.

"산업화되고 농화학에 바탕을 둔 농업이 전 세계를 먹여 살릴 수 있다"

유엔식량농업기구에 따르면, 가족농이 세계 식량의 80퍼센트를 생산하고 있다. 전 세계 모든 농장의 4분의 3에 가까운 72퍼센트가 1헥타르, 바꾸어 말하면 약 2.5에이커 또는 전형적인 도시의 한 블록 면적보다 적다. 다시 말해 인류의 상당수는 작은 농장에서 길러 낸 음식을 먹는 것이다. 물론 산업화된 대규모 농장이 있어 비교적 아주 적은 수의 사람들로도 선진국에 사는 이들의 먹을거리를 기를 수 있다. 오늘날 미국인 가운데 1퍼센트 정도만이 농부이다. 그러나 전 세계 농부의 대부분은 땅을 일구어 자신과 가족이 먹을 것을 길러 낸다. 그러니 산업화된 농업이 '선진국'을 먹여 살린다 해도 인류를 다 먹이는 것은 아니다. 우리 모두가 스스로 땅을 일구어 먹고살려고 하지 않는 한 대규모 농업은 필요하다. 하지만 농장 규모가 클수록 반드시 더 효율적인 것은 아니며, 이는 두 번째 신화와 연결된다.

"산업화되고 농화학에 바탕을 둔 농업이 더 효율적이다"

대부분의 산업은 대규모 경영을 위해 단위 생산량당 생산비를 낮추는 규모의 경제를 운용한다. 그러나 효율성은 생산 단위당 투입량을 기준으로 평가할 수도 있다. 1989년 권위 있는 미국 국립연구회의 연구 결과에 따르면, "훌륭하게 운영되는 대안적인 농사 방식은 관행농업보다 생산 단위당 합성 화학 살충제와 비료, 항생제를 거의 늘 덜 쓴다."[2]

그렇다면 대규모 농업이 단위면적당 더 많은 식량을 생산할까? 아니다. 특정 작물을 더 값싸게 생산할 수는 있지만 전반적으로 더 많은 식량을 생산하지는 않는다.

1970년대에 미국 농무부 장관 얼 버츠가 농부들에게 "규모를 키우지 않으려면 농사를 관두라"고 조언했을 때, 그 속뜻은 단위면적당 얼마나 많은 식량을 생산할 수 있느냐가 아니라 현대 상업화된 농업의 자본 요건을 말한 것이었다. 대부분의 생산공정과는 달리, 농업은 총생산량의 관점에서 볼 때 규모의 경제와 정반대이다. 기계화된 큰 농장이 더 많은 식량을 생산한다는 보편적인 오해를 부추기는 건 '개별' 작물의 단위면적당 수확량 때문이다. '다양한' 작물을 길러 내는 농장이 전체적으로 단위면적당 더 많은 식량을 생산한다.

농사에 관해서 우리는 규모가 크다는 것이 이처럼 더 효율적임을 뜻하지 않는다는 걸 수십 년 전부터 알고 있었다. 이는 공공연한 사실일 뿐 반체제적인 선동이 아니다. 1992년 미국 농업인구 조사 보고서에 따르면, 작은 농장은 큰 농장보다 단위면적당 곱절이 넘는 식량을 생산한다. 세계은행조차 식량안보가 긴급한 과제인 발전도상국에서 작은 농장이 농업 생산량을 증대시키는 방법이라고 본다.

또한 현대 농업의 효율성을 달리 바라본다면, 우리는 화석연료 10칼로리를 연소시켜서 식품 1칼로리를 재배한다. 이 때문에 우리는 원유를 먹고 있다는 말이 생겨났다. 하지만 사실은 우리가 천연가스를 먹고 있다고 말하는 게 더 정확할 것이다. 산업적 비료 생산은 당장 사용할 수 있는 값싼 에너지에 의존할 뿐 아니라, 공급 원료로서 엄청난 천연가스를 소비하기 때문이다. 어떤 유기체든 장기간 존속하려면, 당연히 식량을 구하는 데 소모하는 에너지보다 먹는 데서 얻는 에너지가 더 많아야 한다. 현대사회는 이 간단한 생존 능력 시험조차 버텨 내지 못하기에, 미래에 관심 있는 사람이라면 걱정이 앞설 수밖에 없다. 이는 다시 현대 농업의 세 번째 신화와 연결된다.

"집약적인 농화학제품 사용은 미래 세계를 먹여 살리는 데 필수적이다"

20세기 후반기를 특징지었던 작물 수확량 증가율이 최근 정체되기 시작했다. 단순히 비료를 더 많이 쓴다고 해서 수확량이 더 많아지지 않는 이유는, 우리가 이미 작물이 받아들일 수 있는 수준을 훨씬 넘어선 양을 투입하고 있기 때문이다. 비료에 대한 식물 반응은 토양 유기물이 거의 없는, 토질이 악화된 흙에서 가장 효과적으로 나타난다. 다시 말해, 이미 생명력이 있는 흙에 비료를 더해 봤자 사실상 작물 수확량을 증가시키지 못한다. 농화학제품의 집약적인 사용이 세계의 식량을 기르는 데 필수적이라는 주장은 종종 되풀이되는 것이지만, 이는 흙의 비옥함을 되살리는 농법을 채택함으로써 작물 수확량을 늘리고, 저투입 관행농장과 유기농장 모두에서 수확량을 북돋을 수 있다는 사실을 간과한 것이다.

앞서 말한 세 가지 신화 말고도 고민해 볼 만한 것들이 몇 가지 있다.

경운(耕耘)을 규칙적으로 반복하는 한, 유기농업은 관행농업만큼이나 오래 지속될 수 없다는 점이 증명될 것이다. 합성 화학제품을 투입하지 않고 농사를 지었던 고대사회들도 결국 무너지지 않았던가. 한편 오늘날 농부들이 논밭에 뿌리는 모든 화학비료를 대체할 만큼 충분한 유기물 두엄을 구할 수 있을 것인지의 문제가 있다. 아니면 다른 어떤 방법이 있을 것인가? 앞으로 살펴보겠지만, 실행 가능한 한 가지 방법은 피복작물, 특히 풋거름처럼 질소를 고정하는 작물을 기르는 것이다.

또한 세계적으로 작물 생산량이 눈에 띄게 늘어야 할 필요성이 예견되는데, 이는 세계 곳곳에서 소득이 증가하면서 곡물을 먹여 키운 육류와 가공식품으로 이루어진 서구식 식단이 더욱 보편화될 거라는 예상에 따른 것이다. 그런데 연구 결과와 대중매체의 보도에 따르면 현대에 만성 질환의 증가는 서구 식단과 밀접한 관계가 있다. 이에 따라 서구 세계에서 소비자 행동에 변화가 시작되었고, 다른 나라 사람들도 예상만큼 서구 식단을 받아들이지 않을 가능성이 커졌다. 선진국과 발전도상국 모두 적당히 육류를 소비하고 섬유질이 풍부한 채소와 곡물을 온전히 섭취하는 더욱 건강한 식단을 받아들인다면, 인류 전체를 먹여 살리고 지구의 건강을 증진하는 문제를 해결하는 데 크게 도움이 될 것이다.

세계 식량 필요량의 예상 증가치를 낮추는 또 다른 방법은 음식 쓰레기를 줄이는 일이다. 농약을 어마어마하게 쓰는데도 모든 작물의 30~40퍼센트는 해충과 질병 탓에 수확 전에 사라진다.[3] 전 세계에서 생산된 모든 식품 가운데 4분의 1 정도는 수확 후에 못쓰게 되거나 생산 단계와 소비 단계 사이에서 폐기된다. 이들을 합하면, 우리가 심은 작물의 절반은 누구의 입에도 들어가지 못하고 사라지는 셈이다. 미국에서만 해마다 약 6,033만 톤이 버려지는데, 이는 일상적으로 굶주리고 있는 미국인 5천만 명 넘게 먹일 수 있는 양이다.

이 모든 것이 의미하는 바는 무엇인가? 작물 수확량이라는 단순한 기준은, 늘어 가는 세계 인구를 충분히 먹여 살릴 식량 재배 전략을 평가할 렌즈로는 너무 작다는 것이다. 그렇다면 내일의 세계를 먹여 살리기 위해서 우리는 다른 어떤 요소들을 고려해야 할까? 당연히 가장 먼저 생각할 만한 일은 더 건강한 식단을 채택하고 쓰레기를 줄이는 일이다. 그러나 핵심은 더 적은 투입으로 더 많은 식량을 길러 내는 방법을 찾아내 실천하는 일이다. 우리는 농업이 환경에 끼치는 부담과 탄소 배출량을 줄이면서도 수확량을 유지해야 하고, 언제까지나 그렇게 해야 한다. 풍력과 태양열 같은 저탄소 에너지 사용으로 전환하는 일은 기술적으로나 경제적으로 실현 가능하지만 정치적으로는 아직 그렇지 않다. 세계에 충분한 식량을 공급하기 위해 얼마간 비료를 사용하는 것도 당연하겠지만, 비료를 거의 쓰지 않고도 그렇게 할 수 있는 방법을 찾아내야 할 것이다. 그리고 나는 우리가 그렇게 할 수 있다고 확신한다. 이미 그렇게 하고 있는 농부들을 만났으니까.

사실, 알면 알수록 나는 농업 정책 입안자들이 농화학과 생명공학만을 농업의 미래로 바라보는 것 같아서 더욱 당혹스러워졌다. 우리가 기술 진보를 이용하지 말자는 얘기가 아니다. 기술 진보를 맹신하는 탓에 효과적인 방책에 눈을 감아 버려서는 안 된다는 말이다. 흙의 생명력과 비옥함을 되살리는 건 지금 당장 가능한 일이다. 흙의 건강을 되찾는 데 효과가 있음이 입증된 기성의 테크놀로지와 농법을 이용하면 된다. 다만 이들 농법은 농업 정책 세계를 지배하는 종래의 입장을 단호히 반대할 뿐이다.

GMO

수십 년 전, 유전자 변형(GM) 작물 지지자들은 수확량 증가와 비료나 살충제 사용이 줄어들거라 장담했다. 그 말은 실현되었는가?

미국 국립연구회의 유전자조작작물위원회(Committee on Genetically Engineered Crops)의 2016년 보고서에 따르면 "미국에서 옥수수, 목화, 대두에 관한 전국 데이터를 볼 때, 유전자 조작 기술이 수확량 증가율에 미치는 유의미한 영향은 파악되지 않는다."[4] 보고서는 살충제 사용에 관해 엇갈린 내용을 담고 있다. 제초제에 내성을 갖는 작물들 때문에 1996년 이후로는 광범위(broad-spectrum, 잡초와 작물을 가리지 않고 작용한다는 뜻으로 '비선택성'이라고도 표현한다─옮긴이) 제초제인 글리포세이트의 사용이 눈에 띄게 늘어났다. 그 결과 글리포세이트에 내성이 있는 잡초가 퍼졌고, 지금은 다른 제초제들 또한 사용이 더 늘어났다. 이와는 대조적으로, 유전적으로 변형된 바실루스 투린지엔시스(Bt, Bacillus thuringiensis) 작물은 살충제 사용을 25퍼센트 넘게 감소시켰고, 환경적으로 가장 해로운 일부 살충제의 과도한 사용에 제동을 걸었다.[5] 그러나 유전자 변형 작물을 재배한 결과 미국에서 전체 살충제 사용은 7퍼센트 정도 증가했다고 2012년의 연구는 보고했다. 따라서 수확량은 늘고 살충제 사용은 줄어든다는 주장은 근거가 없는 것으로 보인다.

그러나 유전자 변형 작물이 환경에 이로운 면이 있다고 보고하는 연구들도 있다. 무엇보다도 글리포세이트를 사용하여 간단하고 융통성 있게 효과적으로 잡초를 억제함으로써 무경운 농법이 증가하여 토양 침식을 예방한다는 것이다. 또한 Bt 작물을 재배하면서, 일부 맹독성 광범위 살충제의 사용이 줄었다고 한다. 그러나 유전자 변형 작물은 예상치 못했던 새로운 문제도 낳았다. 유전자 변형 옥수수와 대두를 널리 재배한 뒤 수십 년이 흘렀을 뿐이지만, 제초제에 내성이 있는 잡초와 바실루스 투린지엔시스에 내성이 있는 게걸스러운 선충이 순식간에 심각한 문제로 등장하고 있다. 선충은 지렁이처럼 생긴 미생물로 식물 뿌리의 양분을 먹어 치운다. 한마디로, 오늘날 농부들은 더 많은 돈을 쓰고 더 열심히 일해도 결국 현상 유지에 급급하며, 이길 전망은 없으나 져서도 안 되는 싸움을 벌이고 있는 것이다.

그런데 농업의 미래를 둘러싼 논쟁이 왜곡되는 이유는, 유기농업이냐 아니면 GMO 같은 농업 기술상의 접근법이냐 사이의 단순한 선택 문제로 대두되는 데 있다. 이제 논쟁은, 양분의 순환과 흙의 건강에 바탕을 둔 농법이냐, 아니면 흙의 비옥함을 해치고 토질이 악화된 흙의 건강을 테크놀로지와 상업적 제품들로 대체하거나 보상하려는 농법이냐 사이의 철학적 대립으로 설명되어야 한다. 대부분의 경우에 후자는 특히 토질이 이미 저하되었을 때 단기간 동안 경제적인 논리에 들어맞는다. 진짜 딜레마는 우리가 처한 현대적 위기의 한가운데 놓여 있다. 농부들에게 제품을 공급하는 기업들의 당장의 경제적 관심이 농지의 건강과 비옥함을 유지하려는 우리의 집단적인 관심과 반드시 일맥상통하지는 않는다는 것이다.

어떻게 해야 농부들의 단기적인 이익이 사회의 장기적인 요구와 함께 갈 수 있을까? 그 방법은 바로 전통적인 관념을 현대의 농법에 맞게 혁신하여 새로운 농업 체제를 형성하는 것이다. 이를 위해 우리는 흙에 관한 또 다른 신화를 떠올릴 수밖에 없다. 토양 유기물이 식물에 양분을 공급하지는 않는다는 신화이다. 물론 토양 유기물은 양분을 직접 공급하지는 않는다. 식물은 광합성을 통해 대기로부터 탄소를 얻는다. 하지만 유기물은 간접적으로 토양에 서식하는 생물을 먹여 살리고, 오늘날 우리는 이 생물들이 식물의 양분과 건강에 꼭 필요한 역할을 한다는 걸 알고 있다.

이상하게 들릴지 모르지만, 흙의 생명력을 되살릴 가능성은 죽은 물질과 눈에 보이지 않는 것들, 다시 말해 유기물과 미생물을 우리가 어떻게 바라보는가와 맞닿아 있다.

3장

땅 밑 경제의 뿌리

성공적인 농부가 되려거든 먼저 흙의 본성을 알아야 한다.
— 크세노폰

역사의 상당 기간 동안 인류는 유기물이 어떻게 땅심을 돋우는지 보편적으로 알고 있었다. 농부와 철학자 모두 토양 유기물인 부엽토가 식물에 양분을 공급한다고 믿었다. 적어도 두 가지 중요한 발견이 이 오래 지속되어 온 믿음을 깨뜨리기까지는. 첫 번째는 광합성의 발견이다. 식물은 광합성을 통해 탄소를 획득하고, 따라서 식물 질량의 대부분은 흙이 아니라 공기에서 얻는다. 두 번째는 대부분의 부엽토는 불용성이어서 식물 뿌리로 흡수할 수 없다는 사실이다. 결국 토양 유기물은 식물에 영양을 공급하지 않는 것이다.

부엽토 이론을 대체한 것은 식물이 자양분을 꺼내 오는 화학적 저장소가 바로 흙이라는 생각이었다. 19세기 전반기에 독일 화학자 유스투스 폰 리비히는 주요 영양소를 흡수하지 못하면 식물 성장이 제약된다는 사실을 입증했다. 그는 비교적 부족한 성분을 보태 주면 식물 성장이 눈에 띄게 활력을 얻는다는 사실도 밝혀냈다. 토질이 저하된 땅에서 농사를 짓는 농부들이 칼슘, 인, 또는 칼륨을 보태 주니, 할아버지 시대 이후로 보지 못한 수준까지 작물 수확량을 되돌릴 수 있었다.

질산염과 인산염이 풍부한 구아노를 보태니 역시 효과가 뛰어났다. 새의 배설물인 구아노는 남태평양 섬들에서 무차별적으로 채굴되었다. 19세기 후반 들어 공급량이 고갈되기 시작하자, 유럽과 북아메리카 작물 수확량은 수백 년 동안의 토양 유실과 악화 탓에 위기를 맞았다. 작물에 충분한 질소를 공급하는 일이 최우선 과제가 되었다.

질소 기체(N_2)는 우리가 사는 세상을 감싸고 있다. 질소는 지구 대기에서 거의 80퍼센트를 차지한다. 그러니 식물은 필요한 질소 전체를 공기로부터 얻을 수 있지 않을까. 마찬가지로 식물은 광합성을 통해서 탄소를 고정하니 말이다. 그러나 질소 기체 분자 하나에 들어 있는 두 원자 사이의 삼중결합은 무척 안정적이다. 따라서 질소는 아미노산, 단백질, DNA를 만드는 데 필수적이지만, 생물학적으로 이용 가능한 질소는 많지 않다. 결국 질소는 식물, 특히 유기물이 거의 없는 흙에서 자라는 식물에게는 성장을 제약하는 요소가 되기 쉽다.

그러나 질소의 안정적 공급을 확보하는 일은 전략적인 동기에서도 비롯되었다. 질소는 고성능 폭약을 만드는 데도 필수적이기 때문이다. 1909년 두 명의 독일 과학자 프리츠 하버와 카를 보슈는 암모니아(NH_3)를 합성하는 방법을 알아냈다. 두 과학자는 수소 기체를 공급 원료로 사용하여, 촉매를 이용하고 고온에서 처리하는 고압 공정을 개발했다. 이 질소의 대량생산 능력은 제1차 세계대전의 악몽을 연장시키는 동시에 토양이 악화된 땅 곳곳에서 작물 수확량을 끌어올릴 수 있는 값싼 비료라는 기적을 만들어 냈다.

전후에 연합국들은 자국의 탄약 공장을 현대화할 수 있도록 하버-보슈법에 대한 비밀을 요구했다. 수십 년 뒤 제2차 세계대전이 끝나자, 바로 그 연합국들은 놀고 있는 군수품 공장을 비료 생산 시설로 전환했다. 냉전이 가열되었다면 일찌감치 뒤집어졌을지도 모를 변화였다. 값싼 비료를 쉽게 구할 수 있게 되고, 또 녹색혁명이 비료를 좋아하는 밀 품종과 쌀 품종을 탄생시키면서 전 세계의 작물 생산은 곱절로 늘었다.

비료는 땅심이 떨어진 농지에서 빠른 시간 안에 작물 수확량을 끌어올릴 수 있지만, 살지고 양분이 풍부한 흙에서는 수확량의 증가가 미미할 뿐이다. 있는 그대로 말하자면 비료로 투입한 질소의 절반 정도만 작물이 소비한다. 쓰이지 않은 부분은 그대로 남아 있다가 농지가 아닌 곳에서 문제를 일으킨다. 대부분의 화학비료는 목적상 물에 잘 녹기 때문에 언제든 지하수로 스며든다. 그래서 가을에 많은 비료를 뿌렸다면, 이듬해 봄에는 비료의 상당 부분이 강이나 저수지, 우물에 녹아 있을 것이다.

돌려줌의 법칙

하버와 보슈가 마개를 열어 질소라는 요정을 불러낸 직후, 관찰력이 뛰어난 영국의 농학자가 새로운 농업의 복음에 의문을 던지기 시작했다. 앨버트 하워드 경은 인도의 상업적 대농장을 위해 대규모 퇴비화 방법을 개발하는 작업에 오랫동안 매달려 왔다. 그 덕분에 그는 1930년대에 돌려줌의 법칙을 제안하면서, 유기물을 농지에 되돌려주는 일이 왜 땅심과 건강한 작물, 풍성한 수확에 꼭 필요한 것인지 설명했다. 양분이 식물에 어떻게 흡수되는지 거의 알려져 있지 않던 시대에, 하워드는 균근균(菌根菌, 기주식물과 함께 균근을 형성하는 사상균의 일종으로, 식물 뿌리에 침입한 뒤 식물의 광합성 산물을 이용하여 생활하면서 기주식물의 뿌리가 직접 닿지 않는 먼 곳의 토양 무기 성분을 공급받을 수 있도록 해준다—옮긴이)이 중요한 역할을 한다고 생각했다.

그가 경험해 보니, 잘 만들어진 퇴비는 균근균의 성장을 촉진했다. 그리고 균근이 많은 땅은 늘 건강한 작물을 한껏 길러 냈다. 이로써 하워드는 균류를 자연을 재생시키는 존재로 보게 되었다. 부패해 가는 유기물을 균근균이 먹고 뿌리를 확장시키는 역할을 함으로써 식물에 필수 영양소를 공급할 것이라 짐작했다. 하워드가 보기에 화학비료는 토양 유기물을 대체할 수 없었다. 몇 가지 영양소를 보태 주는 것만으로는, 균류가 모아서 식물에 전달하는, 흙에 존재하는 모든 무기 양분과 물질을 결코 공급할 수 없기 때문이다.

하워드는 일반적인 패턴을 파악했지만 균류가 어째서 식물의 양분 공급에 도움이 되는지 실제로 설명하지는 못했다. 하워드는 이타적인 균류의 놀라운 기여를 세상에 알렸지만, 농학자들에게 받아들여지지 않았다. 그러나 그는 농화학의 시류가 막다른 길로 접어들고 있다고 확신했다.

식물과 동물의 질병이 늘어나는 건 인공 물질의 사용과 어떻게든 관련이 있다는 믿음이 커지고 있다. 저 옛날 축산과 작물 재배의 혼합 농업 시절에 분무기 같은 건 없었고, 구제역 따위의 질병에 쓰러진 가축은 오늘날과 비교해 볼 때 상당히 적었다. 이 모든 차이를 불러온 실마리는 바로 균근류인데, 그것은 언제나 존재해 왔다. 그것이 인식되지 않은 이유는 시험 연구소들이…… 토양 양분만을 생각하고 식물과 흙이 작동하

는 방식에 관심을 기울이지 않았기 때문이다.[6]

하워드는 균류와 다른 미생물이 식물을 정확히 '어떻게' 이롭게 한다는 것인지 설명하지 못했기 때문에, 과학계는 사회의 통념에 맞선 그의 도전에 관심을 두지 않았다. 게다가 토질이 악화된 땅에서 줄어만 가는 작물 수확량을 되살리는 기적에 가까운 비료의 효과는 그 증거가 뚜렷하니 다른 설명이 필요없었다. 하워드의 생각을 순식간에 가려 버린 건, 녹색혁명이 내놓은, 비료를 많이 사용하여 작물 수확량을 증대시키는 방식이었다.

토양 생물

영향력이 큰 농업 신화가 또 있는데, 그 무고한 반쪽의 진실을 나는 대학에서 배웠다. 바로 화학과 물리학이 지력을 좌우한다는 것이다. 특히 흙의 비옥함은 그 양이온 교환 용량에 달려 있다고 배웠다. 칼륨(K^+)과 칼슘(Ca^{2+}) 같은 필수 영양소의 양전하를 띤 이온을 토양수가 가져갈 수 있도록 느슨하게 갖고 있는 용량을 말한다. 틀린 말은 아니지만, 이것만이 전부는 아니다.

농부들이 자신의 농지 상태를 알아보기 위해 시료를 민간 실험실로 보냈을 때, 그 의도는 작물 성장을 촉진시키기 위해서 무엇을 더 보태주어야 하는지 알아내는 것이었다. 하지만 표준적인 토양화학 실험은 흙 속의 물질 가운데 가용성 성분만을 측정할 뿐이다. 다시 말해 물이 흙을 지나며 흡수해서 식물에 전해 줄 수 있는 물질만을 측정한다.

토양 유기물 속에 꼭꼭 숨어 있는 영양소는 종래의 토양 실험에서 드러나지 않는다. 천천히 용해되는 무기질 속에 들어 있는 영양소 또한 전부 드러나는 게 아니다. 간혹 흙 속 영양소의 일부만이 교환 가능한 가용성 형태가 되어 식물이 사용할 수 있다. 1980년대 이후 토양생태학과 미생물학에서 이루어진 진보 덕분에, 우리는 미생물과 유기물이 어떻게 상호작용하면서 영양소 순환을 일으키고 지력에 영향을 미치는지 제대로 알게 되었다.

앨버트 하워드 경이나 미국을 건국한 철학자이자 농부들에게는 그다지 놀랄 일이 아니었을 것이다. 오늘날의 농부들에게도 새로운 사실이 아니다. 농부다운 농부라고 해서 살진 흙이 만들어지는 과정을 시시콜콜히 전부 알 수는 없겠지만, 그들은 만지고 눈으로 보면 양분이 풍부한지 금방 안다. 나는 농부들이 흙을 움켜쥐어 손가락으로 비벼 보며 스스로 묻는 모습을 익히 보아 왔다. 잘 부서지는가 아니면 풀풀 날리는가, 매끄러운가 아니면 굳어 있는가? 움켜쥐면 뭉쳐지는가 아니면 건드리기만 해도 먼지처럼 흩날리는가? 그리고 가장 중요하게는, 유기물을 얼마나 많이 함유하고 있는가?

어떤 면에서 흙이 건강한지 그렇지 않은지를 알아보는 건 어려운 일이 아니다. 흙이 검을수록 유기물과 탄소를 많이 함유하고 있다. 몇 세대 전에는 흙에 든 유기물의 양이 농지의 가격을 결정했다. 모든 농부는 유기물이 풍부한 흙이 더욱 비옥하다는 사실을 알고 있었다. 은행 또한 그 사실을 모를 리 없었다.

건강한 흙은 토양 생물, 유기물, 무기질의 특별한 혼합물인데, 마치 높디높은 산의 바위를 덮고 있는 이끼의 거대 버전처럼 우리 지구의 얇은 살갗을 형성하고 있다고 볼 수 있다. 일부는 유기물이고 일부는 무기물인 겉흙의 평균 깊이는 30~90센티미터 정도이다. 흙은 지구 반지름 6,300여 킬로미터 가운데 아주 얇은 부분에 지나지 않는데, 그 비율이 미미하다고 해서 그 중요성마저 보잘것없는 건 아니다. 풍화된 암석이 담요처럼 덮은 섬세한 표층 덕분에 우리 육지 세계는 거주할 수 있는 곳이 된다. 살아 있는 생물계와 지구의 암석 뼈대 사이의 역동적인 경계선으로서, 미생물이 더 고등한 생명체의 잔해를 순환시켜 새 생명을 위한 원료로 만드는 영역이 바로 흙이다.

육상 생물의 역사는 태양에너지를 수확하는 식물과, 영양소를 캐서 순환시키는 미생물이 함께 들려주는 이야기이다. 최초의 육상 식물은 약 4억5천만 년 전에 나타났다. 육상 식물에게는 처음부터 협력자가 있었는데, 뿌리와 한 몸이 되어 있는 균근균이 바로 그것이다.

오늘날의 식물처럼 최초의 식물도 주기적으로 죽은 뿌리와 낙엽을 떨구다가 결국은 죽었다. 그 모든 유기물질은 토양 생물의 먹이가 되었고, 토양 생물은 무기질 토양에서 더 많은 영양소를 캐내고 죽은 물질을 영양소로 재순환시켜 식물이 소비하도록 했다. 식물이 많아질수록 유기물이 더 많아졌고, 이 덕분에 흙은 양분이 풍부해지고 비옥해졌다. 곧이어, 그리고 그 이후로 오랫동안 암석 지대나 가장 건조한 지역, 또는 얼음으로 뒤덮인 지역을 제외한 모든 곳에 초목이 번성했다.

이 협력 관계가 왜 중요한 것일까? 식물이 어디서 그 구성 요소를 얻는지 생각해 보자. 식물은 태양에너지를 사용하여 공기 중의 이산화탄소를 물속의 수소와 결합시키고 당류인 탄수화물을 만든다. 또 공기 중의 질소를 간접적으로 얻는데, 특정한 뿌리혹에 사는 질소고정 박테리아의 도움을 받거나 뿌리로 흡수한 질산염으로부터 얻는 것이다. 식물이 성장하는 데 필요한 다른 요소들은 암석이나 부패해 가는 유기물에서 구한다. 균근균과 흙에 사는 미생물은 흙 입자와 암석 부스러기에서 무기질 영양소를 추출해 내고, 유기물을 분해하여 가용성 영양소로 만드는 데 도움을 줌으로써 식물이 뿌리로 빨아들일 수 있게 된다.

그러나 뿌리는 그저 빨대 노릇만 하지 않는다. 뿌리는 양방향 통행로와 같아서, 신중하게 협상되고 조정된 교환이 이루어지는 곳이다. 식물은 탄소가 풍부한 다양한 분자를 만들어 흙으로 내보내는데, 이는 식물 광합성 산출량의 3분의 1이 넘는다. 이처럼 식물 뿌리는 균류와 박테리아를 먹이고 이들은 흙, 다시 말해 암석 부스러기와 유기물의 결정질 구조로부터 영양소를 뽑아낸다.

미생물이 충분히 존재할 때 뿌리 삼출액은 오래가지 않는다. 몇 시간이면 미생물이 다 먹어 치워 소화시키고 다른 형태로 변형시켜 다시 내놓는다. 또한 흙에 서식하는 박테리아의 도움을 받아, 특정 균근균은 가는 실뿌리 같은 균사를 사용하여 생물학적으로 소중한, 이를테면 인 같은 특정 영양소를 암석이나 부패한 유기물에서 찾아내 흡수한다. 이렇게 흡수한 영양소는 이제 식물이 사용할 수 있는 형태가 되고, 이를 뿌리 삼출액과 교환한다. 이와 같은 교환 방식을 통해서 양쪽 모두 독창적인 '지하 경제'의 거래에서 이익을 얻는다.

이와 비슷하게, 뿌리가 떨군 죽은 세포는 며칠만 지나면 미생물이 소비하여 다시 가공한다. 여기서 나온 미생물 대사산물에는 식물 성장을 촉진하는 호르몬과 식물 건강을 북돋우고 식물 방어 메커니즘에 도움을 주는 화합물이 들어 있다. 일부는 안정적인 탄소가 풍부한 퇴적층을 형성함으로써 근권(根圈)이라는, 식물 뿌리 둘레의 생물학적으로 풍부한 권역에 유익한 박테리아 군집이 자리 잡도록 돕는다.

흥미로운 것은, 근권에 서식하는 박테리아가 식물 성장을 촉진하는 데 더 힘을 발휘하려면, 일단 임계 미생물 밀도에 도달하여 밀도 감지(quorum sensing, 미생물이 동종인 미생물의 밀도를 모니터하는 현상으로 각 미생물이 분비하는 신호 물질을 인지함으로써 일어난다—옮긴이)라는 절차를 작동시켜야 한다는 점이다. 동종 박테리아의 개체 수가 충분할 때 이 미생물들은 화합물의 분비를 조정하는데, 이것이 식물 성장 촉진을 돕는다. 하지만 토양 미생물 개체 수가 너무 적으면 미생물은 수도꼭지를 잠근다. 다시 말해 미생물이 효과가 있으려면 개체 수가 충분해야 식물을 호전시킬 수 있고, 식물은 건강한 삼출액을 내보내 미생물에게 보답한다. 따라서 식물은 충분한 삼출액을 흙으로 내보냄으로써 미생물 군집을 길러 내고, 미생물은 식물이 이용할 수 있는 화합물을 분비하는 것이다. 지하의 복잡성과 적응력은 지상의 그것과 꼭 닮았다. 식물은 꽃과 꽃가루 매개 곤충의 관계처럼 특별한 관계의 박테리아 군집과 균류를 끌어들이고 먹이기 때문이다.

그렇다면 흙에 사는 대부분의 박테리아는 어디에서 발견할 수 있을까? 당연히 먹이가 있는 곳, 바로 식물 뿌리 주변이다. 그리고 박테리아를 먹고사는 대부분의 원생생물과 선충은 어디에 있을까? 마찬가지로 뿌리 주변인데, 거기에 박테리아가 있기 때문이다. 이는 토양 먹이사슬의 또 다른 연결 고리이다. 부패한 유기물을 먹고사는 균류와 박테리아는 유기물을 섭취한 뒤 영양소로 가득해진다. 이들을 먹은 포식성 절지동물, 선충, 원생동물은 그 영양소를 식물이 섭취할 수 있는 형태로 흙 속에 배출한다. 이 미생물 포식자들은 질소, 인, 미량영양소(비교적 적은 양으로 식물체의 무기 영양에 이용되는 성분—옮긴이)가 풍부하기 때문에 질 좋은 미생물 거름을 만든다.

이렇게 토양 생물은 흙을 기름지게 한다. 칼슘, 마그네슘, 인, 칼륨, 나

트륨, 황 같은 주요 원소는 식물의 생육에 필요할 뿐 아니라 우리 인간에게도 필요한 것이다. 이 모든 것은 결국 흙이라는 경로를 통해 암석으로부터 얻어진다. 구리, 요오드, 망간, 몰리브데넘, 아연 같은 필수 미량영양소 또한 마찬가지다. 이 모든 과정에서 미생물은 식물이 이용할 수 있는, 광물에서 파생된 대부분의 영양소를 만드는 데 직접 관여한다. 그리고 여기에 관여하는 미생물이 많을수록 식물이 섭취할 수 있는 영양소도 많아진다.

전부는 아니라 해도 대부분의 흙은 건강한 식물을 길러 내는 데 필요한 대부분의 원소를 충분히 갖고 있다. 다만 그 원소들은 무기물 입자와 유기물에서부터 빠져나와 식물이 섭취할 수 있는 형태여야 한다. 미생물이 하는 일이 바로 이것이다. 미생물은 필수 미량영양소가 식물에 흡수되기 쉽게 만든다. 우리는 구리나 아연 같은 미량영양소를 영양소로 여기지 않는 경향이 있지만, 건강한 식물과 사람 모두에게 적게나마 꼭 필요한 것이다. 흙에 사는 미생물은 꼬마 화학자처럼 열심히 일하며 영양소를 식물이 섭취할 수 있는 형태로 바꾸어 놓는다. 그러나 토양 생물이 드물게 서식하는 흙에서는 주요 영양소가 식물의 근권 바깥에 머물러 있다. 마치 먼 바다에 좌초된 배에 실려 항구에서 하역되지 못하는 화물처럼.

미생물

박테리아에서부터 딱정벌레에 이르기까지 토양 생물이 일구는 땅속 사회는 유기물을 분해하여 유기 부산물과 대사산물을 만들어 내는데,

여기에는 질소와, 광물에서 파생된 원소들이 풍부하다. 토양 생물은 또한 식물이 스스로를 방어하는 능력에도 영향을 준다. 곤충과 초식동물이 잎사귀를 뜯어먹을 때, 일부 식물은 화합물을 삼출시키고 근권에 사는 미생물은 이를 대사한다. 그러면 식물은 미생물 대사산물을 사용하여 초식동물을 쫓아 버린다. 다시 말해 식물은 살충제의 생산을 미생물에게 아웃소싱하고 뿌리 삼출액으로 보상해 주는 것이다. 근권에 유익한 미생물이 바글바글하다면, 해충과 병원균은 빼곡한 테이블에서 앉을 자리를 찾아내기 어려울 것이다.

지구 표면에서 암석 풍화는 느린 속도로 일어나고, 생물학적으로 중요한 원소를 이용하는 데는 제약이 따른다. 다시 말해 이들 원소의 재순환은 풍부한 생명을 가꾸고 유지하는 데 필수적이다. 지질시대 동안 미생물이 개입된 처리 과정은 육지 생태계를 순환하는 구성 요소들을 정제하고 축적해 왔다. 토양 생물은 생태계의 바퀴를 끝없이 돌릴 뿐 아니라, 새로운 생명에 필수적인 영양소를 찾아내고 저장하며, 그 영양소가 흙에서 빠져나가지 않도록 관리한다.

비료를 다량 투입하면, 토양 미생물 군집을 변화시켜 흙이 산성을 띠게 되고 유익한 미생물을 해칠 수 있다. 작물은 비료를 통해서 질소를 얻을 수 있다지만, 제 몫을 해낼 적정한 토양 생물이 존재하지 않는다면 식물이 이용할 수 있는 형태로 미생물이 변환시켜 놓은 원소들도 쓰이지 못한 채 남아 있을 것이다. 또 필요한 모든 다량 영양소를 비료에서 공짜로 얻게 되면, 식물은 값비싼 삼출액 수도꼭지를 잠가 버리고 근권에 머무는 미생물들에게 정말로 필요한 기주식물 노릇을 하지 않는다. 그러면 작물은 식물로서 백수건달이나 다름없어질 테고, 토질이 악화된 농토는 질소비료에 더욱더 의존하게 된다. 한마디로 식물이 성장하

는 데 필요한 특정한 주요 원소들을 얻을 수 있는 반면에, 미생물 동맹
군을 잃을 수 있다는 의미이다. 미생물은 식물이 건강해지는 데 필요하
고 해충과 병원균에 맞서 굳건히 방어하게 해주는 무기질 다량 영양소
를 찾아내는 데 도움을 주는 존재이다.

앨버트 하워드 경이 돌려줌의 법칙을 처음 내놓고부터 50여 년이 지
난 뒤, 우리는 드디어 그 체계를 이해하게 되었다. 건강한 작물을 길러
내고 풍성하게 거두는 데 있어 토양 유기물이 하는 중심적인 역할은 바
로 생물학적 토대를 마련하는 것이다. 비옥도는 화학과 물리학만의 이
야기가 아니다. 토양생태학과 미생물이 이끄는 영양분 순환 또한 중요하
다. 표준적인 토양화학 실험은 비료를 보태 줄 필요가 있음을 알려 주기
는 하지만, 적정한 토양 생물이 존재하고 더 나아가 많이 존재한다면 그
또한 식물이 필요로 하는 것을 공급해 줄 수 있다. 합성 비료가 농업에
서 스테로이드처럼 작용하여, 단기간의 작물 수확량을 뒷받침하는 이
면에서 장기적으로 흙의 비옥도와 건강을 희생시킨다는 걸 알려 주는
증거가 늘고 있다. 비료와 농약은 마치 항생제와 같아서, 정말로 필요할
때는 하늘이 내린 선물과도 같지만 거기에 의존하여 늘 상용하는 건 어
리석은 일이다. 그런데 우리는 수십 년 동안 바로 그렇게 해왔다.

돌아보건대, 수확량을 높이기 위해 우리가 쟁기와 비료에 기댄 결과
토양 유기물은 감소하고 필수적인 미량영양소를 암석에서 추출하여 작
물에 전달하는 유익한 균류의 활동을 방해한 것이다. 우리가 균근균을
없애서 양분을 얻는 과정에서 균근균이 하는 역할을 빼앗거나 제약하
고 해충과 병원균 관리에 있어 미생물이 하는 역할을 위태롭게 만든다
면, 그 대신으로 비료와 살충제를 사용해야 한다.

그러나 우리가 유익한 미생물을 길러 낸다면 이를 뒤바꿀 수 있다. 이

렇게 하기 위한 열쇠는 토양 유기물을 늘려 미생물을 불러들이고 먹이는 농법일 것이다. 토양 유기물을 높은 수준으로 유지하는 농법으로 유익한 토양 생물이 다양하게 서식할 수 있고, 이는 또한 식물의 건강을 보장해 준다. 유기물이 풍부한 흙에는 식물에 기생하는 선충보다 이로운 토양선충이 많고, 병원균을 억제하는 박테리아 군집이 잘 증식한다. 그 흙이 더 기름진 흙임은 더 말할 필요가 없다.

지난 몇 해 동안 농업 컨퍼런스에 참여해 강연하면서 나는 옥토를 다시 만들어 가는 방법을 알고 있는 농부들을 만났다. 그들은 매우 생산적인 농업도 흙을 비옥하게 만들 수 있음을 보여 주었다. 현대 테크놀로지를 이용하여 전통적인 방식을 개량하고 땅심이 바닥난 농지의 생산성을 회복하면서도, 높은 수확량을 유지하는 동시에 에너지와 갖가지 투입량을 줄이는 것이다. 그들의 경험은 현재 관행농법의 상식에 도전하는 것이고, 흙의 건강을 가꾸는 농법이 수천 년 이어져 온 추세를 뒤바꿀 수 있음을 입증한다.

흙의 생명력을 유지하는 열쇠는 토양 생물 세계에 있다. 다시 말해 무기물과 유기물에서 얻은 양분을 미생물이 순환시키고 재순환시키는 데 있는 것이다. 여기서 반가운 소식이 있다. 미생물의 수명이 짧다는 건 흙의 생명력과 비옥함을 되살리는 일이, 그리고 지력이 떨어진 농장의 생산성을 높이는 일이 가능할 뿐 아니라 우리가 생각하는 것보다 훨씬 빨리 이루어질 수 있음을 뜻하기 때문이다.

4장
흙의 침식과 문명의 파국

흙을 파괴한 나라는 자멸하기 마련이다.
- 프랭클린 루스벨트

들판을 반쯤 가로질렀을 즈음 우리는 트럭을 멈추고 서둘러 내렸다. 두 눈이 그늘에 적응되어 있는 북서부 사람인 나는 8월의 태양을 손차양으로 가리고 몸을 굽혀 흙을 한 줌 집었다. 장석과 석영의 황갈색 알갱이들이 손가락 사이로 떨어졌다. 눈에 보이는 것이든 안 보이는 것이든 흙을 뭉치게 하는 유기물이나 생물은 전혀 없었다. 이상하게도 캔자스의 이 옥수수 밭을 보니 고등학교 시절 뻔질나게 다니던 캘리포니아 해변이 떠올랐다. 물론 땅에 굴러다니는 것이 맥주병이 아니라 옥수숫대라는 점은 달랐지만.

이곳이 언제나 그 모양이었던 건 아니다. 개척자들이 처음 캔자스에 와서 대초원의 두터운 뗏장을 갈아엎었을 때는 넉넉한 수확을 위해 비료를 줄 필요가 없었다. 당시에 만족스러운 작황을 내기 위해 필요한 거라고는 쟁기와 빗물, 그리고 고된 노동뿐이었다. 하지만 그 화창한 여름날 내가 집어든 생기 없는 황갈색 흙은 서부로 간 정착민들을 맞아 주던 기름진 검은 흙과는 도무지 닮은 구석이 없었다.

나는 지난날의 더스트볼이었던 곳의 중심부를 찾아가 가이 스완슨의 작업실에서 무경운 농법에 관해 강연을 한 적이 있다. 그 뒤 조용조용한 성격에 콧수염이 더부룩한 캔자스의 농부 조엘 매클루어는 내게 자신의 농장에 찾아와 달라고 청했다. 물려받은 '척박한 땅'을 개선하고 싶으니 한번 봐 달라는 것이었다.

스완슨의 임팔라 승용차를 타고 오클라호마를 향해 83번 고속도로를 달리던 중, 내가 본 지형 가운데 가장 평평한 곳을 지났다. 가든시티는 더스트볼 시기에 가장 컴컴했던 날들 동안 대낮에도 가로등을 켜야 했던 곳으로 유명하다. 가든시티를 지나니 아칸소 강의 마른 강바닥이 굽어보였고, 풀을 뜯는 버펄로를 형상화한 금속판 입상을 빠른 속도로 지나쳐 캔자스 주 리버럴에서 우회전한 뒤 다시 좌회전하여 모래흙이 날리는 도로로 접어들었다. 스완슨이 너른 들판을 가리켰는데, 1930년대부터 최근까지 줄곧 땅을 갈고 있는 곳이었다. 해마다 들판으로부터 엄청난 양의 모래와 흙이 날려서 카운티 당국에서 도로에 쌓인 흙을 치워야 통행할 수 있었다. 100년 전에는 말을 탄 사람이 키 큰 풀에 가려서 보이지 않을 정도였는데, 대초원의 집요한 바람 탓에 지금은 울타리를 따라 2미터에 가까운 높이로 모래 더미가 쌓여 있었다.

매클루어는 자신의 이동 주택으로 초대하여 점심을 대접했고, 우리는 점심을 먹고 나서 차를 타고 그의 밭과 흙을 보러 갔다. 생기 없는 해변 모래처럼 유기물이 0.5퍼센트도 없어 보이는 흙은, 버펄로가 풀을 뜯는 대초원에 원래 펼쳐져 있던 비옥한 검은 흙과 비교하면 정말로 '먼지'(dirt) 같았다. 한 세기 반 동안 농사를 지었을 뿐인데 흙은 완전히 망가졌다. 그럼에도 옥수수 수확량은 상당했다. 어마어마하게 비료를 쏟아 부은 덕분에 생명력 없는 그의 밭 흙도 작물을 길러 냈다. 손가락으로 흙을 비벼 보니 절망적인 미래가 선명히 보이는 듯했다. 값싼 원유의 종말은 공장에서 생산된 비료에 의지하고 있는 오늘날의 수확이 끝난다는 의미이다. 이 들판은 토질이 악화된 땅에서 식량 생산을 지속해야 하는 과제를 적나라하게 드러내고, 미국 농촌에 만연한 것이면서도 제대로 인식되지 못하고 있는 문제 하나를 생생히 보여 주었다.

대자본과 척박한 땅

말끔히 면도한 60대 초반의 가이 스완슨은 진짜 중서부식 이야기꾼이고 친화력이 높다. 느닷없이 지질학자에게 전화를 걸어 캔자스의 농부들에게 강연해 달라고 요청하는 게 자연스러운 사람이다. 무경운 농법에 대한 그의 열정은 역사를 거슬러 올라간다. 땅을 갈지 않는 농사는 그의 집안 전통이다.

스완슨이 자라난 구릉지대는 워싱턴 주 동부의 풀먼 시 근처였다. 그의 할아버지는 태평양 연안 북서부 지역에 무경운 밀 농법을 도입하는 데 힘썼다고 한다. 그는 1920년대에 말이 끄는 파종기를 사용하여 땅을 갈지 않고 가을밀을 심기 시작했다. 가을밀은 9월 말 마른 완두콩을 수확한 뒤에 심는 속성 작물이다. 파종기가 막히는 일이 없도록 마른 콩대를 걷어다가 고정식 탈곡기로 타작하고, 흙은 수확 후 잔여물 하나 없이 맨땅으로 남겨 두었다. 콩은 제2차 세계대전 때 군대를 먹이는 데 보탬이 되었다. 그러나 그의 아버지 대에서 땅심은 날로 떨어졌다. 어렸을 때 스완슨은 뭐가 잘못되었는지 알지 못했다. 마흔이 되어서야 농장 근처 언덕 위의 흙이 더 이상 양분이 풍부한 검은 겉흙이 아니고 토질이 나빠진 붉은 밑흙이라는 걸 깨달았다. 그리고 예순 나이의 그는 주변 농지에 여전히 겉흙이 남아 있다면 이웃들이 이런저런 작물을 재배할 수 있었을 거라고 향수에 젖어 이야기했다. 스완슨이 바라는 건, 할아버지의 무경운 농법을 새로 개선한 방법으로 흙을 되살리고 붉은 언덕에 다시 검은 흙을 되돌려 놓는 것이다.

작업실에서 스완슨은 자신이 비료 산업에 우호적이지 않다는 사실을 숨기지 않았다. 아니 비료 산업이 더 그를 싫어할지도 모른다고 했다. 비료 산업이 비료를 덜 팔도록 하는 게 그의 과업이기 때문이다. 그는 비료 산업을 지배하는 기업들이 독점적으로 작동하고 있다고 이야기 첫머리에 분명히 말했다. 미국에서 모든 패를 쥐고 있는 기업은 두 곳이다. 코크 퍼틸라이저는 질소비료 생산의 일인자이고, 카길에서 분리 독립한 모자이크 컴퍼니는 인산염과 탄산칼륨의 최대 생산자이다. 이 두 기업이 맘껏 배를 불릴 수 있는 이유는 오늘날 대부분의 농부들이 이 기업들의 제품에 의존하고 있기 때문이라고 그는 말했다. 그리고 보조금이 지원되는 작물보험에 돈을 내는 농부들과 정부가 결국은 수확량에 상관없이 비료 회사들만 돈을 벌게 해준다고 했다.

농부들이 고개를 끄덕이자 스완슨은 비료 회사 영업사원을 마약상에 빗댔다. 이 비유가 뜻밖이었던 것은, 청중의 대부분이 흰머리가 성성하고 남성 청중 가운데 몇 명만이 마흔 살 아래로 보였기 때문이다. 늙었든 젊었든, 그들은 중독의 사이클을 몸소 겪어 온 이들이었다. 비료 산업의 비즈니스 모델은 토양 양분의 결핍을 밑바탕에 깔고 있기 때문이다. 자연은 식물 영양에 관해 비료 산업과는 다른 해법을 내놓았고, 이 해법은 유구한 세월 동안 효력이 있었다. 거대하고 언제나 사용할 수 있는 양액조(養液槽, nutrient reservoir)는 식물에 영양을 확실히 공급하는 데 이상적이다. 부패하고 있는 유기물과 양분을 찾아 재순환시키는 미생물이 풍부한 흙이 하는 일이 바로 이것이다.

청바지를 입고 야구 모자를 쓴 이 농부들은 하나같이 곤경에 처해 있었다. 중간상인들 틈에 끼여서는, 상품시장에서 누구에게 판매해야 할지에 관해 재량권이 거의 없었고, 누구로부터 비료를 사야 하는지에 관해서도 선택권이 없었다. 자신들이 통제할 수 없는 시스템, 개인의 영향력을 발휘할 수 없는 시스템에 갇혀 있는 그들은, 비료에 돈을 쓰지 않을 가능성을 찾아서 스완슨의 작업실로 모인 것이었다. 그들은 판매 수익을 높일 길을 찾고 있었다. 투입 원가를 줄여 실리를 추구하고자 했다.

그래서 스완슨이 무경운 농법으로 자신의 농기계를 이용하면 비료와 경유의 사용을 절반으로 대폭 줄일 수 있다고 설명했을 때, 모든 이의 관심이 집중되었고 나 또한 그랬다. 비료와 경유는 현대 농업에서 가장 돈이 많이 들어가는 부분이기 때문이다. 이 두 가지는 비싸기도 하거니와, 농작물이 흡수하여 이용하는 질소와 인은 농부가 주는 양의 절반도 안 된다는 문제가 있다. 나머지의 상당 부분은 우리가 의도하지 않은 곳, 이를테면 우물이나 냇물, 이리 호, 또는 멕시코만으로 흘러든다. 결국 작물은 올해 사용하지 않은 비료를 이듬해에도 사용할 수 없다는 말이다. 농부들은 해가 바뀌면 다시 비료를 사야 한다.

정밀한 비료 투여의 이로움을 제대로 알려 주기 위해 스완슨은 숫자를 늘어놓았다. 무경운 관개지(灌漑地)에서 옥수수→옥수수→밀→옥수수→해바라기 순으로 돌려짓기를 할 때, 스완슨의 방식을 적용하니 관행농법으로 에이커당 200달러가 들던 비료 값이 100달러 미만으로 줄었다고 했다. 그리고 반은 밀, 반은 옥수수를 심은 건조지 농장에서는 에이커당 25~60달러를 절약했다는 것이다. 1만 에이커의 농장에 적용해 보면, 한 해에 25만 달러가 넘는 돈이 저축되는 셈이다.

이것만으로는 믿기 어렵다고 생각했던지, 스완슨은 동부 워싱턴 스포케인 강 근처의 관개지에서 이루어진 농장 차원의 실험 결과를 알려 주었다. 넓고 둥근 들판을 반으로 나누어 비료의 양과 투여 방법을 달리해 보았다. 한쪽은 농학자가 권고하는 대로 일반적으로 사용하는 질소비료를 에이커당 약 159킬로그램 투여했다. 다른 쪽은 스완슨의 정밀 투여 장비를 사용하여 질소비료를 에이커당 54킬로그램 정도만 투여했다. 양쪽을 찍은 사진을 보니 다 자란 작물들의 모습은 별반 차이가 없었다. 스완슨의 농법은 질소 사용량과 비료 값을 거의 3분의 2쯤 줄였는데 수확량은 전혀 줄지 않았다.

스완슨의 방식 같은 정밀 시비법은 비료가 가장 필요한 시점과 장소에 소량의 비료를 주는 것이다. 그의 방식이 효과를 얻으려면 무경운 파종기를 함께 사용해야 하는데, 이렇게 하면 관행적인 경운에 소모되는 경유의 반 정도만 쓰는 이득이 덤으로 따라온다. 흙에 작은 구멍을 내고 씨앗을 떨어뜨린 뒤 흙으로 덮는 무경운 농법은 지표면에 작물 잔여물을 남겨 둔다. 토양 미생물이 그 잔여물을 천천히 분해하여 양분을 용해 가능한 형태로 바꾸어 놓으면, 작물이 양분을 흡수하여 사용할 수 있다. 한 번이나 두 번 지나가면서 파종하고 비료를 주므로, 농부들은 시간과 돈을 상당히 절약한다.

스완슨의 간단한 레시피는 합리적이다. 땅을 갈지 말고 비료를 필요한 만큼 필요한 바로 그곳에만 주며 덜 사용하라는 것이다. 무경운 방식과 정밀한 양분 관리를 결합함으로써 농지에는 겉흙이 유지되고, 농부들이 주고자 하는 곳에 시비한 질소와 인산염도 제 구실을 다한다. 또한 흙은 10센티미터 깊이까지 빗물이나 관개용수를 머금게 되고, 이는 일반적으로 겨울밀을 에이커당 760킬로그램가량을 거둘 수 있다는 뜻이다.

땅 밑의 진실

비행기 창으로 내려다봐서는 서부 캔자스의 농지에 뭐가 잘못되었는지 알 수 없다. 겉흙과 유기물이 사라졌다는 물증을 확인하려면 땅속을 들여다봐야 한다. 스완슨에 따르면, 대초원 미개척지의 흙은 지난날 산성이 아니었는데 요즘은 산성이라고 한다. 이 근본적인 변화에 관심을 기울이는 이는 거의 없었지만 최근에 와서는 사뭇 달라졌다.

원시의 대초원에서는 생물량의 대부분이 땅속에 존재한다. 버펄로는 땅 위에 돋아난 초목을 뜯어먹지만, 한 곳에만 지나치게 오래 머무는 법이 없다. 어마어마한 규모의 버펄로 무리는 초지를 초토화시키며 영양분을 흡수한다. 그리고 똥을 남겨 무리가 지나가는 곳에 거름을 주고 풀이 다시 돋아난 뒤에야 돌아온다. 풀은 땅 위와 땅 밑을 가리지 않고 맹렬하게 다시 자라난다. 이 놀라운 회복탄력성의 비결은 지하 저장소, 다시 말해 탄소를 비축해 둔 식물 뿌리, 토양 유기물, 그리고 토양 생물에 있다. 대초원 풀들의 뿌리는 굵고 길이도 몇 미터씩 되는데, 흙을 붙들어 둘 뿐 아니라 에너지의 저장소이기도 하다. 버펄로가 지나간 자리에 남은 똥거름과 짓밟힌 유기물질은 땅속 배터리를 재충전시켜 재성장의 동력으로 삼는다.

카세트테이프를 빨리 감기하듯 시간을 성큼 거슬러 올라 곧장 정착민들의 시대를 들여다본다면, 정착민들은 땅을 길들이려 했고 버펄로를 살육했다. 평원을 갈아엎자 흙은 바람과 비로 침식되었고, 유기물의 부패가 가속화되었다. 버펄로가 사라지고 버펄로가 먹은 풀도 사라지면서 평원의 재충전 배터리는 방전되고 말았다.

미국 중서부 상공을 지나갈 때쯤 녹색과 갈색으로 기운 조각보 같은 농지가 비행기 창을 통해 내려다보인다. 그 풍경만으로는 덴버와 댈러스, 디트로이트 사이의 땅이 한때 북아메리카 버전의 아마존이고 세렝게티였다는 사실을 짐작할 길이 없다. 지역에서 원시의 경관은 많이 남아 있지 않기 때문이다. 너른 땅을 조각보처럼 나누어 들어선 농장들이, 자연의 동맥인 강줄기와, 그리고 구슬 꿰듯 도시를 이은 주간(州間) 고속도로라는 경제적 생명선들에 의해 갈라져 있을 뿐이다.

현대의 풍경에는 기하학이 두드러진다. 노스다코타와 사우스다코타의 가운데를 지나는 서경 100° 서쪽은 물 부족으로 작물 성장에 제약이 있고, 크게 호를 그리는 관개시설 때문에 땅에는 거대한 원들이 그려져 있다. 동쪽으로 펼쳐진 격자무늬는 토머스 제퍼슨이 실시한 국유지 조사를 기념하고 있다. 색색의 조각보 같은 땅들이 모여 몇 제곱킬로미터 면적의 구획을 이루고 있다. 1862년 자영농지법에 등장하는 160에이커의 정부 공영 농지들이다. 이 조각보 무늬는 세대를 이어 온 노고를 증명할 뿐 아니라, 부유한 미국 농업의 기초를 이룬다. (앞에서 격자무늬란 동서남북 방향으로 직각을 이루며 교차하는 도로망을 말한다. 토머스 제퍼슨은 평지의 벌판에 사방 6마일, 즉 9.6킬로미터의 정사각형을 단위로 신도시를 건설하는 방법을 제안한다. 정사각형의 중심을 직각으로 교차하는 중심 도로를 만들고, 가로와 세로로 1마일 거리마다 길을 내면 큰 정사각형 안에 36개의 구획인 '섹션'이 생긴다. 각 섹션을 다시 가로세로로 나누면 4개의 '블록이 생긴다. 한 블록의 가로와 세로는 각각 800미터로, 이 한 블록의 면적이 160에이커이다—옮긴이).

그러나 그 풍경 뒤에는 제퍼슨 시대 이후 사라져 온 것에 관한 추악한 비밀이 숨어 있다. 이를 아는 한 가지 방법은 미네소타, 오하이오, 미주리로 이어지는 지역의 개척자 묘지들을 방문하는 일이다. 섬처럼 남은 이 미개간지들의 일부는 주변 땅보다 하늘에 조금 더 가깝다. 조금 더 고지대여서가 아니라 주변 땅이 낮아졌기 때문이다. 아이오와 주의 토착 겉흙의 절반은 이미 뉴올리언스와 미시시피 강 어귀를 향해 머나먼 여행을 시작했다. 농부들이 대를 이어 가며 그 흙으로부터 생계를 강구함에 따라 해마다 갈아엎어지는 땅은 날로 토질이 떨어졌다. 흙의 유실은 한 해 사이에는 큰 변화가 나타나지 않는다 해도, 몇 세대가 지나면 큰 차이를 보인다.

초기 개척자들의 일기에는 생명력 있고 기름진 검은 흙이 담요처럼 덮여 있다고 쓰여 있지만, 오늘날 그 흙은 역사책이나 얼마 남지 않은 미개척 초원에서만 찾아볼 수 있다. 캔자스를 지났던 여행 이후 몇 번의 여름이 지난 뒤, 차를 타고 인디애나를 통과하면서 나는 황갈색의 밑흙이 드러난 언덕 꼭대기가 까만 골짜기 위로 서 있는 것을 눈여겨보았다. 이런 모양이 들려주는 이야기는 이런 것이다. 높은 지대의 겉흙이 죄다 쓸려 내려가서 낮은 지대에 쌓였다는 것.

땅속에서도 큰 변화가 일어났다. 미국의 흙은 이미 유기물의 절반, 원래 함유하고 있던 탄소의 절반 정도를 잃어버렸다. 식민지 시대 이후로 북아메리카 농토가 함유하고 있던 평균 토양탄소량은 약 6퍼센트에서 3퍼센트 이하로 떨어졌다. 토양 유기물의 절반 이상이 사라졌지만 너무 천천히 벌어진 일이어서 대부분이 알아채지 못했다. 그러나 그 영향은 막대하여 지난 세기 동안 농부들은 소수의 주요 비료 회사에 대한 의존이 더욱 심해졌다.

이는 기계화된 경운과 합성 비료의 보편적인 사용, 이 두 가지가 결합됨에 따라 벌어진 일이다. 흙이 갈아엎어져서 공기와 만나면, 그 안에 든 유기물은 더 빨리 부패하며 이산화탄소를 방출한다. 1980년 즈음, 인류가 산업혁명 이후 대기에 방출시킨 탄소의 약 3분의 1은 지구상의 흙, 특히 북아메리카 대평원, 동유럽, 중국의 흙을 갈아엎은 데서 비롯된 것이다. 질소비료의 과도한 사용과 의존은 토양 유기물의 상실을 부채질했다.

이 일련의 역사적 사건들이 왜 오늘날 중요한가? 토양 유기물은 땅심을 돋우고 비옥하게 유지하는 미생물의 먹이가 된다. 세계적으로나 미국 중서부에서나 농지에서 토양 유기물의 절반을 잃어버렸다. 우리는 흙의 생명력을 주조하는 미생물의 화력을 유지할 연료의 절반을 잃어버린 것이다. 수십 년 동안 값싼 비료를 손쉽게 공급함으로써 작물 생산량을 유지하고 경운에 기반을 둔 단일경작이 흙 자체에 미치는 영향을 은폐했다. 그러나 에너지 집약적인 비료가 경제적으로도 환경적으로도 값싸지 않은 새 시대를 마주하고 있는 지금, 인류는 모든 천연의 비옥함을 있는 힘껏 이용해야 할 것이다.

되풀이되는 역사

세계적으로 농지의 경운에서 비롯되는 토양 유실은 1년에 평균 1밀리미터가 조금 넘는다. 속도가 매우 느린 것처럼 생각되겠지만, 흙이 생성되는 평균 속도는 이보다 100배가량 더 느리다는 사실을 깨달아야 한다. 토양의 순손실을 따져보면, 수십 년마다 비옥한 흙이 2.5센티미터 이상씩 사라지는 것이다. 이런 속도라면 몇 세기 안에 대부분의 비탈에서 겉흙이 죄다 사라지게 된다.

이 문제를 총체적으로 바라보기 위해서 흙의 비옥함과 토양 유기물을 자연 자본으로, 기름진 흙을 자연의 입출금 계좌로 생각해 보면 좋을 것이다. 버는 돈보다 늘 쓰는 돈이 많은 사람은 파산할 게 뻔하듯, 흙 또는 토양 유기물이라는 잔고가 줄어드는 사회는 그 농업의 입출금 계좌를 깡통계좌로 만들고 미래의 부를 갉아먹는 것이다.

토양 유실과 토질 악화가 인간 사회에 영향을 미칠 수 있다는 생각은 새삼스러운 게 아니다. 그 생각은 적어도 고전 그리스 철학자 플라톤까지 거슬러 올라간다. '대화편' 한 부분에서, 플라톤은 고지대 흙의 침식 탓에 어마어마한 토사가 바닷가 강어귀에 퇴적되어 삼각주를 형성하고 있다고 지적했다. 흙에 스며드는 물이 갈아엎은 농지의 표면을 흐르며 흙을 쓸고 간다는 것이다.

양분이 많고 부드러운 흙이 죄다 쓸려 가고 땅은 거죽과 뼈만 남았다. 하지만 이런 일이 일어나지 않았던 지난날, 산등성이는 높았고 암석 지대는 기름진 흙으로 덮여 있었다. …… 오늘날에도 그 자취가 일부 남아 있다.[7]

플라톤이 생각하기에 이 문제는, 농업 노동이 면제된 대규모 군대를 제대로 먹일 수 있을 만큼 땅이 넉넉히 길러 낼 것이냐에 영향을 미치기 때문에 중요했다. 이런 의미에서 그는 사람들이 땅을 다루는 방식과,

그 결과로 땅이 그 후손들을 대하는 방식을 연관 지은 최초의 인물이었을 것이다.

2000년 뒤, 지질학자와 고고학자들의 공동 연구 결과는 플라톤의 지적을 뒷받침했다. 청동기시대의 침식을 통해 그리스 산등성이에서 흙이 사라졌는데, 이는 플라톤이 살던 시대 훨씬 이전의 일이었다. 《흙》을 집필하던 중에, 나는 지질학자와 고고학자가 공동 저술한 책에서 흥미로운 그래프를 발견했다. 기원전 5000년 이전부터 현대에 이르기까지 그리스의 남부 아르골리드 반도의 인구밀도를 나타낸 그래프였다. 청동기시대, 고전시대, 그리고 현대에는 인구가 급속히 증가했고, 그 사이에 낀 두 암흑시대에는 인구가 급감했다. 각 시대의 절정기에 인구는 높은 수준으로 증가했는데, 이는 농업 테크놀로지의 발달로 쉽게 설명된다. 하지만 2000년 주기성은 어떻게 설명할 것인가? 흙이 침식되어 되살아나는 데 걸리는 시간이, 같은 땅 위에 잇달아 들어섰던 문명들의 전성기와 침체기 사이클을 설명해 주는 것은 아닐까?

호기심이 생긴 나는 다른 사회에 관한 고고학 기록을 찾아보기 시작했고, 전해지는 로마의 농업서 네 권을 읽었다.[8] 기원전 2세기부터 서기 1세기에 쓰인 이 농업서들은 로마의 농사가 소규모 자영농에 기반을 둔 다양한 복합경작에서 대규모 플랜테이션 기반의 상업 지향적 단일경작으로 변화했음을 알려 주었다. 마치 20세기 미국에서 벌어진 일처럼 익히 들어 온 이야기였다.

큰 변화가 일어난 때는 로마가 카르타고를 약탈한 뒤였다. 그들은 생존자들을 노예로 삼아 중부 이탈리아로 끌고 가 밭에서 일을 시켰다. 노예 노동력의 유입으로 로마 농업의 중심은 단일 작물을 재배하는 대농장으로 바뀌었다. 로마는 꾸준히 농토를 갈아엎었고 농사 방식도 이렇듯 대규모로 변화함에 따라 중부 이탈리아 전역에 심각한 토양 침식이 일어났다. 오늘날 호수의 퇴적물과 건축 연대가 알려진 고대 건축물의 기초가 지표에 노출된 것을 보면 확인할 수 있다. 로마 시인 베르길리우스는 서사시 《농경시》(Georgics)에서, 이렇게 홍수에 의해 흙이 침식되는 이유를 고지대의 경운 탓이라 지적하며 비탈을 따라 위에서 아래로 곧장 경운을 하기보다는 등고선을 따라 땅을 갈라고 권했다. 흙은 저지대에 퇴적되어 전염병이 창궐하는 것으로 유명한 폰티노 습지를 만들어 내기도 했지만, 나머지 상당한 퇴적물이 해안까지 쓸려 가서 해안선을 이동시키고 로마의 고대 항구 오스티아를 몇 킬로미터 내륙으로 변모시켰다.

제국의 전성기 때, 북부 아프리카 농장들은 로마를 먹여 살리는 데 꼭 필요했다. 영원한 제국의 심장을 뛰게 하기 위해 멀리서부터 오는 곡물 선박을 지연시키는 일은 중죄였다. 우리는 로마가 경쟁 도시 카르타고를 함락한 뒤에 카르타고의 땅에 소금을 뿌렸다는 사실을 학교에서 배웠지만, 수백 년 뒤에 로마 농부들이 돌아와 그들이 지난날 부주의하게 망쳐 놓은 바로 그 흙에서 고군분투해야 했음을 아는 이는 거의 없다. 북아프리카와 시리아의 구릉지는 지난날 곡물을 수출하여 로마에 식량을 공급한 곳이었으나 오늘날에는 암석이 드러난 비탈이 되었다. 이 지역 주민들은 토질이 엉망이 된 땅에서 악전고투를 벌이고 있다.

수백 년 뒤 토양 침식은 식민지 시대 북아메리카를 괴롭히기 시작하면서 미국 역사에 영향을 끼쳤는데, 이 문제에 관해서 나는 학교에서 한 번도 배운 적이 없다. 담배는 벼락부자가 된 영국 식민지들을 견고한 경제적 기반 위에 서게 해주었다. 런던까지 수송되는 긴 여정 동안 변하지 않고 시장성 있는 상태로 도착했기 때문이다. 이익이 무척 크기는 하지만, 땅을 척박하게 만드는 식민지 시대 담배 재배 방식은 빠른 속도로 흙을 침식시키고 토질을 악화시켰다. 갓 개간한 땅뙈기에서 몇 년 동안 이윤을 많이 남기는 소출을 얻은 농부는 새 땅을 찾아나서야 한다. 규모가 더 작을수록 이렇게 주기적으로 새 농지를 찾아야 하고 그 주기는 더 짧아졌다.

그 시절 유럽에서는 토지가 비싸고 노동력이 쌌지만, 북아메리카에서는 그 반대였다. 그래서 유럽에서는 토질 관리에 관심을 두었다. 그러나 식민지 상황은 달랐다. 특히 남부가 그랬다. 담배 재배로 토질은 악화되는데 땅값은 헐하니 대규모로 토지를 소유한 플랜테이션의 성장이 촉진되었다. 그리고 플랜테이션 농업이 이윤을 거두려면 노예제도가 필요했다. 흙의 침식과 토지 남용은 인간의 굴레와 함께 확산된 것이었다.

그러나 일부 플랜테이션 소유주는 땅의 상태에 관심을 기울였다. 조지 워싱턴과 토머스 제퍼슨도 그런 소유주였다. 둘은 정치적으로는 견해가 많이 달랐을지 모르지만, 흙을 침식시키는 식민지 시대 농법의 영향을 매우 걱정스럽게 바라보았다는 점에서는 같다. 두 사람은 자신의 땅을 옥토로 가꾸기 위해 노력했다. 제퍼슨은 유럽 농법을 치밀하게 조사하고 평생에 걸쳐 씨앗과 식물을 수집했다. 몬티셀로에 있는 자신의 대농장에서는 피복작물과 주작물을 번갈아 재배했고, 초목으로 옷을 입히듯 순무, 살갈퀴, 메밀을 심었으며 똥거름을 주어 흙을 살지웠다.

조지 워싱턴은 끊임없이 담배만을 재배하는 관행이 널리 퍼짐으로써 식민지 시대 농지가 척박해졌다고 지적했다. 또한 작물 돌려짓기를 실험했으며, 자신의 농지에서 도랑이 생긴 곳을 메운 것으로 유명했다. 1796년 알렉산더 해밀턴에게 보내는 편지에서, 워싱턴은 지력을 꾸준히 악화시키는 농사 관행이 농업 국가에 미치게 될 영향을 걱정했다.

몇 해만 더 토질이 악화된다면 대서양 연안의 여러 주에 사는 주민들은 먹고살기 위해 서쪽으로 옮겨 가야 할 테지만, 생산적인 새로운 흙을 찾아 떠나는 대신 원래의 땅을 가꾸는 방법을 배운다면 지금 그들에게 내주는 게 거의 없는 이 농지를 이익을 가져다주는 땅으로 바꾸어 놓을 수 있을 것이네.[9]

워싱턴이 우려했던 대로 동부 해안 지역의 토질이 저하되자 미국 농부들은 새로운 땅을 찾아 서쪽으로 옮겨 가기 시작했다. 하지만 워싱턴은 이 현상이 반세기 뒤에 나라가 반으로 쪼개지는 데 이바지하게 될 줄은 미처 몰랐다. 농부들의 엑소더스가 서쪽을 향해 감에 따라 노예노동이라는 쟁점은 플랜테이션 소유주들에게는 죽느냐 사느냐의 경제적 문제가 되었다. 서둘러 떠나서 신설 주들의 미개간지를 일구려는 소유주나 뒤에 남는 소유주나 매한가지였다.

남북전쟁이 일어나기 전 수십 년 동안 서쪽에 정착하는 이들에게 노예를 파는 일은 남동부 기존 주들에게 큰 사업이었다. 1860년 인구조사 자료에 따르면 노예는 땅값을 포함한 남부 부의 거의 절반을 차지했다. 노예제도의 폐지는 남부 경제를 무너뜨릴 게 분명했다. 경제적 긴장이 이어지면서 나라는 분열되었고, 그 정치적 파장은 오늘날에도 여전히 미국 정치를 좌우하고 있다.

식민지 시대 남동부의 토양 침식은 얼마나 심각했을까? 몇 년 전 버몬트대학의 동료 학자들은 버지니아에서 앨라배마까지 열 곳의 분수령에서 강모래를 채취하여 장기간의 침식률을 측정했다. 베릴륨-10(^{10}Be)은 우주선(宇宙線)이 석영 입자와 충돌할 때 생성되는 동위원소로, 광물 입자가 땅속에 묻힌 뒤 얼마나 오랜 시간이 흘렀는지를 측정할 때 그 농도를 통해 시계처럼 파악할 수 있게 해준다. 연구 결과, 유럽의 식민지가 되기 전 수천 년 동안 침식률은 평균 100년에 1밀리미터 정도였다. 식민지 시대 고지대의 침식률이 평균 1년에 1밀리미터였으니 이보다 100배 느린 속도이다. 식민지 시대와 그 이후 같은 지역의 농장에서는 겉흙이 15~30센티미터가 사라진 것으로 측정되었다.

최근에 나는 이렇듯 겉흙이 사라진 모습을 내 눈으로 직접 보았다. 노스캐롤라이나의 현대식 담배 플랜테이션과 몇 군데 농장을 방문할 기회가 있었다. 오랫동안 농지로 이용되어 온 이 고지대의 흙은 정말로 밑흙이 표면에 그대로 노출되어 있었다. 황갈색 모래가 껍질처럼 담배밭을 덮고 있었다. 담배 밭 바로 옆으로 키 큰 나무들이 서 있는 숲에서 땅을 파 보니 사라진 겉흙이 보였다. 대비가 뚜렷했다. 유기물이 풍부한 거무튀튀한 흙이 균근균에 의해 덩어리 진 모습은 오랫동안 농지였던 이웃 땅의 흙과 완전히 달랐다.

미국 농업이 200년 만에 광대한 지역에서 겉흙을 사실상 모조리 벗겨 낼 수 있었다면, 훨씬 더 오랜 시간 동안 농사를 지은 로마와 그리스 사람들이 땅을 어떻게 했을지 상상해 보라. 이것이 바로 문명사회가 스스로 번영으로부터 멀어질 수 있다는 확실한 증거이다. 또한 나쁜 결말로 끝남을 익히 알고 있는 케케묵은 이야기를 우리가 여전히 되풀이하고 있는 것은 아닌지 질문을 던지게 하는 것이다.

물론 나는 워싱턴과 제퍼슨 이후로 그런 문제를 고민하는 유일한 사람이 아니다. 수많은 전문가들이 지역 전체를 가난하게 만드는 데 흙의 침식이 한 역할을 지적했다. 어쨌거나 현대 이라크가 에덴동산과 비슷하다고 주장하는 사람은 아무도 없을 것이다.

지질고고학 저술을 읽어 가면서 나는 증가하는 인구의 수요, 기후의 변화, 전쟁의 참화 속에서 흙의 침식을 일으키는 농법을 되풀이한 탓에 역사 이래 농업 문명의 쇠락이 되풀이되었음을 알게 되었다. 여러 면에서 토질 악화는 역사에서 긴 파장 형태를 보인다. 환경이라는 총에 토양 유실과 토질 악화가 장전되면 전쟁, 자연재해, 기후변화가 그 방아쇠를 당기기 때문이다. 이 공통적인 줄거리는 수많은 문명의 흥망성쇠이다. 농업은 물이 많은 평지의 범람원에서 시작되어, 이후 인구가 늘면서 고지대 비탈까지 농지가 확장된다. 암반 위에 흙이 얇은 담요처럼 덮인 곳이다. 수백 년에 걸친 침식으로 땅에서 겉흙이 사라지면 대규모 인구를 먹여 살리기가 훨씬 힘들어지고 사회는 언제 붕괴될지 모르는 상태가 된다.

농업의 여명기 이후 지속된 토질 악화의 영향으로, 한때 융성했던 문명의 후손은 가난해졌다. 간단히 표현하자면, 자연이 비옥한 흙을 만들어 내는 속도는 무척 느리기에, 땅을 보호하는 데 실패한 사회는 파멸적인 결과를 맞을 수밖에 없었던 것이다. 흙이 침식되어 사라졌다고 해서 자연은 서둘러 흙을 되돌려 놓지 않았다. 고대 그리스부터 오늘날 아이티에 이르기까지, 많은 문명은 흙의 양분을 빼앗고 비옥한 겉흙을 침식시키는 농법 아래 무너져 갔다. 이야기는 버전이 다르고 정도가 달랐을 뿐 중동, 고전기 그리스·로마, 이스터 섬, 중앙아메리카, 고대 중국에서 되풀이되었다.

주요 강 유역에서 발원해 오래도록 이어진 예외적인 문명들조차 일반론을 뒷받침한다. 나일 강, 인더스 강, 브라마푸트라 강, 티그리스 강, 유프라테스 강, 그리고 중국 큰 강들의 범람원은 모두 머나먼 고지대에서 쓸려 내려온 새로운 토사들이 빈번히 퇴적되면서 비옥해졌기 때문이다. 한마디로 수단과 에티오피아의 토양 유실 덕분에 이집트는 오랫동안 비옥함을 누렸고 히말라야는 인도를, 티베트는 중국을 먹이는 데 도움을 준 것이다.

수천 년 동안 우리는 땅을 고갈시키면서 먹고살아 왔다. 대부분의 사람들이 흙을 대수롭지 않게 여기는 건 수긍이 간다. 흙은 식물이나 어린아이처럼 우리 눈앞에서 꽃을 피우지 않기 때문이다. 사실 흙이 형성되는 속도는 몹시 더뎌서, 새로 갈아엎은 농지에 단 한 번 폭풍이 몰아치는 것으로도 한 세기에 걸쳐 만들어진 흙을 벗겨 낼 수 있다. 흙 문제는 매우 오랜 시한을 두고 되풀이되기 때문에 슬로모션으로 펼쳐지는 재앙처럼 그 영향이 나타난다. 하지만 역사를 돌이켜볼 때, 흙의 침식을 일으키는 농업 관행을 남용한 사회들은 후손에게 남겨 줄 것이 모자랐음이 분명하다. 그리고 오늘날 흙의 침식과 지력의 저하라는 쌍둥이 문제는 다시금 문명의 농업적 기초를 위협하고 있다.

차를 타고 캔자스에서 덴버로 돌아오는 길에, 가이 스완슨과 나는 유기물의 흔적조차 보이지 않는 농지를 거듭 지나쳤다. 증조부모 시대에는 대평원의 생기 있는 검은 흙을 갈아엎었을 테고, 그 후손인 오늘날의 농부들은 누런빛이 도는 흙으로 농사짓고 있다는 말을 주고받았다. 그 빛깔은 바로 한 세기 동안의 현대 농업이 치른 대가를 또렷이 보여준다. 그것이 전하는 메시지는 그것을 읽을 줄 아는 이에게는 명확하기만 하다.

우리가 콜로라도 주 이즈 근처에서 287번 고속도로를 달리고 있을 때, 남쪽에서 바람이 불어왔고 새로 갈아엎은 농지에서 흙구름이 솟아올랐다. 오후 네 시밖에 안 되었는데도 옆을 지나치는 세미트럭들은 전조등을 켜고 달렸다. 흙바람이 도로 위, 주택 앞 진입로, 밭에서 몰아쳤고, 내가 창문 올리려고 버튼을 누르자 거무스름한 커튼 같은 게 평원을 가로질러 우리 쪽으로 부풀어 왔다. 지면에서 일어난 흙바람이 몇 줄기로 갈라져 마치 손가락처럼 하늘을 가리키는 모습은 더스트볼의 절망하는 유령 같았다.

그러나 도로 옆 초원에서는 흙구름이 전혀 일어나지 않았다. 작물 밑동이 남아 있는 밭을 간혹 지나쳤는데 거기에서도 흙바람이 날리지 않았다. 조금이라도 기회가 있다면 바람은 흙을 쓸어 가지만, 식물은 흙을 단단히 붙잡고 있음이 분명하다. 이는 비밀이 아니다. 우리 차가 덴버 공항에 가까워질 때, 일군의 무경운 농장들이 바로 그렇게 하고 있었다. 공항 부근에서는 흙폭풍을 줄이기 위해 경운이 금지되었기 때문이다.

이 사실을 알려 주며, 가이는 경운과 작물보험에 보조금을 주는 정부 지원책이 흙의 유실을 조장하고 우리의 경제 기반을 침식하며 질산염을 상수원에 유입시킨다고 말했다. 나는 지난날의 더스트볼 지역에 사는 오늘날의 무경운 농민들과 얘기를 나누어 보았는데, 그들은 '기계화 농업'이 흙을 망치고, 다시 말해 유기물 비율을 1~2퍼센트도 안 되는 수준까지 낮추고, 대초원의 살진 흙을 해변 모래와 기능적 동일체로 변모시키며, 농부들로 하여금 비료에 의존하여 토질을 유지하게 만든다는 걸 알고 있었다.

오늘날의 캔자스와 여러 고대사회의 토질 악화 이야기가 비슷하기에 나는 이 문제에 대한 실행 가능한 해법을 찾아 나서게 되었다. 사람들을 먹여 살리는 땅의 비옥함을 지키는 데 게을렀던 문명의 운명을 피하려면 어떻게 해야 할 것인가? 이 질문을 따라가며 나는 그 첫 번째 발걸음에 우리의 가장 영향력 있는 농기구 가운데 하나인 쟁기를 퇴출시키는 것이 포함된다는 걸 곧 확신하게 되었다.

5장

쟁기를 버려라

미래 세대의 선택지를 더 많이 없앤 것은 칼보다는 보습이었다.
- 웨스 잭슨

캔자스에 사는 가이 스완슨을 방문하고 2년 뒤에, 나는 캐나다 매니토바 주 위니펙에서 열리는 2014년 세계보존농업회의(World Congress on Conservation Agriculture)에서 강연해 달라는 요청을 수락했다. 나는 흙에 관해 강연을 했고 일상적인 질문이 이어지리라 생각했다. 그런데 예상치 못한 상황에 맞닥뜨렸다. 흙을 되살리는 최상의 농법을 둘러싸고 관행농부와 유기농부 사이에 논쟁이 불붙은 것이다.

강연에서 나는 무경운과 유기농법의 결합이 장기간에 걸쳐 흙을 보존하고 그 생명력을 유지시키는 방법이라고 말했다. 그간의 연구와 미국 중서부 곳곳을 여행하면서 침식을 줄이기 위해 무경운 농법이 필요함을 알게 되었고, 유기농법은 포스트오일(post-oil) 시대에 땅심을 돋우는 가장 좋은 방법이라고 생각했다. 그러나 강연 이후 이어진 질문에 답을 하면서 분명히 알게 된 사실이 있었다. 무경운 농법은 토질이 악화된 흙을 되살리는 방식이라고 모든 청중이 인정하고 있지만, 그와 함께 유기농사를 지을 것인지, 농약과 유전자 변형 작물을 이용할 것인지를 둘러싸고는 날카롭게 대립한다는 점이다.

관행농부들은 격앙된 목소리로 유기농부들과 맞섰다. 카리스마가 넘치는 오스트레일리아 농부는 무경운 유기농법이 오스트레일리아에서는 효과가 없어서 작물을 재배하기 위해 제초제와 비료를 사용해야 했다고 주장했다. 펜실베이니아와 유럽의 작은 도시에서 온 농부들은 자리에서 일어나 무경운 유기농법은 매우 효과적이라고 단언했다. '어디에서나' 효과가 있는 농법이고 비용효율적이라고 덧붙였다. 이렇듯 의견이 대립되었지만, 내가 분명히 이해한 사실은 모두가 한 가지에 관해서는 뜻이 같았다는 점이다. 쟁기를 걷어차 버려야 한다는 것이다.

회의를 마치고 돌아올 즈음 나는 보존농업을 뒷받침하는 철학이 다양한 농법과 관점 사이에 다리를 놓아야 함을 새로이 인식하고 있었다. 대립은 유기농 옹호자들과 유전공학 옹호자 사이에 벌어지는 일로 보이는 경우가 많다. 그런 견해 차이는 저마다 지지자들을 결집시키지만 자칫 진보의 가능성을 놓치기 십상이다. 예를 들어 미생물 생태학이라는 성장기 과학이 정말로 중요한 문제, 다시 말해 흙의 건강 문제에 제공하고 있는 통찰력을 우리는 놓치지 말아야 한다.

강연 다음 날 점심시간에, 농부 하워드 G. 버핏은 자신이 '갈색혁명'이라고 일컫는 일의 전망을 이야기했다. 참고로 그는 금융계의 귀재 워런 버핏의 아들이다. 품위와 유머를 갖춘 그는 농장 흙의 비옥함과 수익성을 되살린 농부들의 흥미로운 경험담에 초점을 맞추었다. 그는 이데올로기적 입장을 옹호하려는 것이 아니었다. 유기농을 옹호하지도 생명공학을 주장하지도 않았다. 그가 지지한 것은 지력을 되살리는 농법을 실천하는 일, 그렇게 함으로써 농약을 쓸 필요성과 그 비용을 줄이는 일이었다.

나는 그의 관점에 호기심이 일었다. 버핏의 갈색혁명은 유기농사와 농약에 의지하는 농사 사이의 생산적인 중간지대처럼 보였다. 하지만 실제로는 얼마나 효과가 있을까? 그에 관해 알아 가면서, 나는 보존농업의 원칙들이 극적으로 그리고 빠른 속도로 관행농업을 개혁할 수 있음을 인식하기 시작했다. 모든 유형의 농법이 한결같이 흙의 건강을 최우선에 둔다면, 신속하고도 수익을 거둘 수 있는 참된 진보의 길이 열릴 수 있을 것인가?

세 가지 원리

보존농업이라는 농업 방식은 다음 세 가지 간단한 원리에 바탕을 둔다. ① 흙을 파헤치는 일을 최소화한다. ② 피복작물을 기르고 작물 잔여물을 남겨 흙을 '언제나' 덮어 둔다. ③ 다양한 작물을 돌려짓기 한다. 이런 원칙은 유기농이든 관행농이든, 유전자 변형 작물을 재배하든 안 하든 어디에서나 적용할 수 있다.[10]

세 가지 기본적인 방식을 실천하는 방법에 관해 다양한 생각을 지닌 이들 사이에 격론이 벌어지곤 하지만, 누구나 한 가지에는 동의한다. 우리에게는 이로운 토양 생물에 거의 해를 끼치지 않는 농사 방식이 필요하다는 점이다. 흙의 건강은 흔한 지렁이부터 특정 박테리아와 균근균, 그 밖의 미생물에 이르는 토양 생물을 기초로 이룩된다. 보존농업이 하고자 하는 모든 것의 중심에 있는 것이 바로 이것이다. 오늘날 우리가 작물 성장을 돕고 흙의 생명력을 유지한다고 알고 있는 작은 미생물들을 보호하고 증대시키는 농법을 실천하는 일 말이다. 보존농업의 세 가지 원칙을 통해 이 과제를 달성하는 방법에 관해 좀 더 이야기해 둘 필요가 있다.

경운에 감히 의문을 던지는 건 이단적으로 보일 수도 있으나 땅을 가는 건 가장 심각하게 흙을 파헤치는 일이다. 무경운 농법을 보존농업의 중심에 두는 까닭이 여기에 있다. 보존농업에서는 수확할 수 없는 식물 부분, 그러니까 작물 잔여물을 남겨 두어 흙덮개로 삼는다. 작물을 거둔 뒤에는 옥수숫대나 밀 줄기처럼 남는 부분을 뽑아내거나 불태우지 않는다. 땅에 남은 채로 썩어 지표면을 유기물 담요처럼 덮는 피복재가 되기 때문이다. 무경운 농법으로 바꾼 뒤에는 토양 미생물 생체량이 급속히 증가한다. 토양 동물상도 마찬가지다. 피복한 땅에는 박테리아, 진균류, 지렁이, 선충류 군집이 더 많다. 반대로 자주 땅을 갈아엎으면 흙의 미생물 생체량이 줄어들고, 무엇보다도 인산을 작물에 전달하는 데 도움을 주는 균근의 균사를 파괴하며, 그 밖에 여러 부정적인 영향을 끼친다.

상업 작물을 수확하는 사이사이에 제철의 피복작물을 심고, 후속작물을 심기 전이나 심는 동안 베어 내거나 뽑으면, 여러해살이 잡초가 퍼지지 않을 뿐 아니라 피복작물이 부패하면서 흙에 양분을 되돌려 준다. 땅을 피복하면 지상의 생물량과 생물다양성이 촉진되고, 특히 해충을 억제하는 데 도움을 주는 이로운 곤충이 늘어난다. 돌려짓기 또한 해충과 작물 병원체가 발도 못 들이게 막아 준다. 환금작물과 피복작물 재배 순서를 다양하게 해서 복합적인 돌려짓기(Complex rotation)를 하면 병충해가 자리 잡을 발판이 사라져 해충과 작물 질병 순환의 고리가 끊긴다. 그 결과 관행적으로 사용하는 살충제의 필요성도 줄어든다.

토양 생물의 활동과 다양성이 증가하면 물이 더 많이 여과되고 토양 유기물이 많아져서 유수의 질과 토양구조가 개선된다. 매우 다양한 미생물을 품고 있는 흙은 병원균이 자리 잡고 번식하기가 힘든 환경이기도 하다. 작물이 병에 걸리는 일이 거의 없어지고, 걸리더라도 그렇게 심각하지 않다. 작물 돌려짓기는 또한 미생물 다양성을 증대시키고, 병충해가 토양 생태계를 장악할 위험을 낮춘다. 보존농업의 세 가지 요소를 모두 실천하는 일의 순효과는, 물론 무엇보다도 흙의 처음 상태에 따라 정도는 달라지지만 작물 수확량이 유지 또는 증대되고 연료, 비료, 살충제 사용이 줄어드는 데 있다. 또 보존농업은 관행적으로 해오는 경운에 견주어 훨씬 수고가 덜하다. 다시 말해 투입에 들어가는 소비가 훨씬 적어지기 때문에 농부들이 상당한 저축을 할 수 있다.

이 농사 원칙들은 오늘날의 관행농업 상식을 근본적으로 뒤집는다. 현재 관행농업의 시각에서는 잡초를 억제하기 위해 땅을 갈아엎는 게 필수적이다. 비가 내려서 흙이 침식되는 건 피할 수 없는 결과이고, 피복작물과 돌려짓기는 선택 사항이며, 화학물질로 병충해를 관리하는 건 필수 사항이다. 이에 반해 보존농업의 시각에서는 땅을 갈아엎는 일은 피해야 할 일이고, 작물 잔여물은 밭에 그대로 두어 뿌리덮개로 삼아 침식을 예방해야 한다. 피복작물과 돌려짓기는 선택할 수 있는 것이 아니라 반드시 해야 할 일이고, 생물학적 병충해 관리가 실용적이고도 효과적인 방법이다.

관행적인 경운으로 잡초를 관리할 수 있지만, 보존농업에서는 제초제나 피복작물이 잡초를 억제하며 '또한' 흙의 침식을 눈에 띄게 감소시킨다. 뿌리덮개는 떨어지는 빗방울의 충격과 지면을 흐르는 물에 의한 침식으로부터 지표면을 보호한다. 무경운 농법은 겉흙의 침식을 무려 50

분의 1로 감소시킨다. 질소고정 미생물, 콩과 식물, 그리고 피복작물은 흙의 유기물을 늘려 주므로 관행농업의 비료를 완전히는 아니더라도 상당히 대신할 수 있다.

보존농업의 세 부분이 함께 작동하여 하나의 농업 체계를 구성하지만, 농부들이 언제나 그 모든 요소를 실천하는 건 아니다. 농부들의 선택적 채택으로 결과가 매우 다양해지며, 수많은 보고서에 따르면 땅을 갈지 않고 농사짓는 일이 수확량과 토양 유기물에 미치는 영향은 저마다 다르다. '세 가지 원리 모두'를 채택한 결과에 대해 검토한 연구는 거의 없지만, 이 새로운 농업 체계를 뒷받침하는 사고방식은 깊은 뿌리를 지니고 있다.

일본 농부인 후쿠오카 마사노부는 1970년대 후반에 보존농업을 시작했다. 그의 저서 《짚 한오라기의 혁명》(自然農法, わら一本の革命, 한국어판, 녹색평론사, 2011)은 유기농업 운동이 예로부터 전해 오는 몇 가지 농법을 받아들여야 한다고 주장했다. 그는 수확기에 이전 작물의 그루터기가 남아 있는 상태에서 그 사이로 파종하는 방법이 자연의 생김새 그대로 농사를 짓는 것이라고 설명했다. 후쿠오카는 농부들이 농장에서 1년 동안 해야 하는 일들을 응용생태학의 통합적인 체계로 인식하게끔 했다. 수고를 덜고 풍성하게 수확하는 그의 비결은 자연과 협력하고, 각 작물이 다음 작물의 발판이 되도록 파종과 수확 일정을 잡는 것이다. 이렇게 농사지은 땅에는 기르고자 하는 작물이 무성하고, 잡초는 애초에 발붙일 기회가 없다.

고개를 들고 있는 보존농업 운동과 후쿠오카의 철학이 담고 있는 원칙들을 실천하면, 토질이 좋아지고 흙의 건강과 수확량이 개선된다. 이 원칙들을 따르면 농사를 다르게 생각하게 된다는 점이 내게는 퍽 인상적이었다. 농사란 우리가 흙을 먹이는 대로 흙이 우리를 먹이는 일이라고 말이다. 결국 핵심으로 남는 것은, 무수한 미생물 조력자를 동원하여 농업의 살아 있는 토대로 삼음으로써 땅심이 더욱 잘 길러지도록 노력하는 일이다. 이런 관점을 지지하는 이들은, 보존농업의 세 가지 원리를 모두 실천하고 각 지역과 농장의 환경에 맞게 적용시키면 흙을 침식하던 농사가 흙을 가꾸어 가는 농사로 탈바꿈할 수 있다고 입을 모은다.

로마제국이나 성서시대 농부들이 이런 방식으로 농사를 지었다고 상상해 보라. 그러면 인류 역사의 경로가 어떻게 바뀌었을까? 우리의 가장 오래 지속되어 온 문제들 가운데 하나에 대한 해답은 사실 어쩌면 매우 단순한 것이다.

더스트볼로 가는 길

오랜 세월 동안 쟁기는 잡초를 없애고, 파종을 위한 모판을 만들고, 화학비료든 똥거름이든 양분을 흙에 섞어 넣는 데 사용되어 왔다. 경운을 하면 씨앗이 일제히 싹을 틔우기 쉽고, 작물이 잡초보다 먼저 발아하여 잡초와 서로 겨루지 않고 성장할 수 있다. 또 땅을 갈아엎으면 유기물이 공기에 노출되어 부패가 촉진되므로 영양소가 잘 배출되어 작물 성장을 돕는다. 이런 결과는 단기간에 농부에게 이로움을 주지만 지력은 장기적으로 대가를 치르게 된다. 흙이 침식되고 유기물이 빠르게 사라지기 때문이다.

세월이 흐르면서 농부와 우리 모두는 경운을 좋은 농사법이라 여기고, 쟁기를 소중한 농업의 상징물로 바라보게 되었다. 농부들은 쟁기질

한 뒤 작물이 쑥쑥 자라나는 게 만족스러웠다. 하지만 그 부작용은 가벼이 보아 넘겼거나 인식하지 못했다. 흙의 침식, 그리고 토양 유기물, 토양 구조, 토양 생물의 소실, 이 모든 것이 시간이 흐름에 따라 흙에서 생명력을 빼앗아 간 것이다.

가장 먼저 이루어진 수렵채취 사회의 농사는 무경운식 방법을 사용하여, 땅에 씨앗을 뿌리거나 얕게 땅을 파고 씨앗을 심었다. 농부는 가장귀가 진 나뭇가지나 굴봉(掘棒, 땅에 구멍을 낼 수 있도록 한쪽 끝을 뾰족하게 깎은 막대—옮긴이)으로 흙 입자가 고운 퇴적지나 삼각주의 흙에 구멍을 내고 씨앗을 심었다. 초창기 농업과 최초의 문명들이 바로 이런 환경에서 뿌리를 내렸다는 건 우연의 일치가 아니다.

쟁기는 기원전 5000~3000년 무렵에 사용된, 동물이 끄는 단순한 밭갈이 도구로부터 현대 쟁기의 원조인 로마의 철 쟁기로 진화했다. 땅을 갈아엎는 쟁기는 약 1000년 뒤, 첫 번째 밀레니엄의 끝 무렵에 출현했다. 그리고 1784년에 토머스 제퍼슨이 고안한 발토판 쟁기는 미국 농무부의 문장(紋章)을 장식하고 있다. 이 쟁기는 흙을 매우 쉽게 가르고 움직여서 프랑스농업협회(French Society of Agriculture)는 제퍼슨에게 금메달을 수여했다. 수십 년 뒤인 1830년대에, 존 디어라는 대장장이가 제퍼슨이 고안한 쟁기를 기초로 무쇠 쟁기를 판매하기 시작했다. 한 쌍의 말이나 노새가 쉽게 끌 수 있는 디어의 쟁기 덕분에 미국 중서부는 자영농지법에 따라 정착민들의 터전이 되었고, 디어의 쟁기는 '초원 뒤지개'(Prairie Breaker)라는 애칭을 얻게 되었다.

수십 년 뒤 제1차 세계대전 때, 유럽으로 수출하는 곡물 가격이 치솟자 미국 농부들은 갈아엎을 수 있는 모든 걸 갈아엎으려 했다. 디어의 쟁기가 기계화되어 대륙 중심부의 반건조 기후대인 초원을 개간했다.

그리고 가뭄이 덮쳤다. 1934년부터 1936년까지 강우량이 평년의 절반에도 못 미치는 극도로 심각한 가뭄이 이어졌다.

가뭄이 촉발시킨 것이겠지만 더스트볼은 인간이 만들어 낸 재앙이었다. 수천 년 세월 동안 대평원에서는 수백 년마다 비슷한 규모의 가뭄이 닥쳐왔을 테지만 대규모로 흙이 침식된 적은 없었다. 하지만 농부들이 평원을 갈아엎었을 때, 흙은 살아 있는 닻이었던, 깊게 뿌리 내린 초원의 초목을 잃었다. 폭풍이 불자 흙은 흩어졌고 그다음엔 심각한 가뭄이 찾아왔다.

이것이 예기치 못한 놀라운 사건이었던 건 아니다. 1920년대 내내 토양 보전론자인 휴 해먼드 베넷은 토양 침식을 '국가적 위협'이라 경고했다. 그는 토양 관리와 흙의 보전에 관한 복음을 설교하며 그것이 세대 간 믿음을 쌓는 일이라고 했다. 1933년 9월, 루스벨트 대통령은 새로 설립된 토양침식기구(Soil Erosion Service)의 이사로 베넷을 임명했다. 기민한 정치 감각을 지닌 타고난 흥행가였던 베넷은 기회를 놓치지 않고 토양 보전에 대한 지원을 이끌어 냈다. 그리고 더스트볼은 그에게 중요한 과제였다.

베넷이 이사로 일한 지 1년도 안 되었을 때, 높이가 5킬로미터에 육박하는 흙구름이 치솟아 텍사스부터 사우스다코타와 노스다코타, 그리고 오하이오에 이르는 지역에서 해를 가렸다. 1,200만 톤의 흙이 시카고에 비처럼 쏟아졌다. 봄이 왔음을 알 길이 없었다. 이윽고 5월 12일, 흙은 미국의 수도에도 떨어졌다. 시커먼 구름이 대통령 집무실 창으로 밀려들어 루스벨트의 책상을 중서부의 흙으로 덮어 버리니 대통령이 이를 모를 리가 없었다.

현장 요원들로부터 흙폭풍이 전국에 얼마나 확산되고 있는지 보고를 받은 베넷은 전략적으로 계획을 짰다. 1935년 3월 6일과 21일에는 어마어마하게 크고 시커먼 흙구름이 다시 한 번 워싱턴에 휘몰아쳤고, 마침 토양보전 입법과 관련한 의회 청문회가 열리고 있었다. 4월 2일, 베넷이 연방상원 국유지위원회에 출석해 증언할 때 납빛의 그림자가 하늘에 퍼지면서 한낮의 햇빛을 가렸고, 이는 베넷이 미국의 흙을 보호해야 한다고 힘주어 말할 수 있는 완벽하고도 극적인 시각 자료가 되었다.

몇 주 뒤, 루스벨트 대통령은 토양보전법에 서명하고 토양보전기구(Soil Conservation Service)[11]를 설립했다. 베넷은 새 기구의 수장으로 임명되었다. 2년 뒤 루스벨트는 침식에 맞선 전투의 최전선으로서 토양보존 구역 지정을 인가했다.

더스트볼이라는 국가적 재앙은 또한 경운을 둘러싼 격론을 불러일으켰다. 처음에 무경운 지지자들은 견고한 회의론과 대중적 논란에 맞닥뜨렸다. 그러나 그들이 흙의 침식과 농부의 투입 비용을 줄이는 데 끝내 성공하면서 무경운 농법으로의 지속적인 전환에 불을 지폈다. 그 덕분에 오늘날 미국 농경지의 약 3분의 1에서 실행되고 있다.

에드워드 포크너는 무경운 농업 운동의 초기 지도자였다. 그가 1943년에 출간한 책《밭갈이의 어리석음》(Plowman's Folly)은 경운이 불필요하고 장기적으로 역효과를 낳는다고 주장했다. 그는 지표면의 유기물층 사이로 파종하는 방법을 옹호했다. 땅에 떨어진 씨앗은 유기물층에서 자연적으로 싹을 틔운다. 켄터키와 오하이오에서 카운티 농촌진흥청 담당관으로 수십 년을 일한 그는 땅을 갈아엎을 마땅한 이유가 없을 뿐 아니라 득보다는 실이 훨씬 크다는 결론을 내렸다.

포크너가 이런 이단적인 믿음을 갖게 된 경위는 나와 무척 비슷하다. 텃밭에서 직접 작물을 길러본 것이다. 1929년 증시 대폭락 이후, 포크너는 자신의 벽돌 같은 땅에서 옥수수를 길러 보려 했다. 대공황 내내 흙에 유기물을 섞어 주고 지표면 아래 15~20센티미터까지 낙엽을 섞어 주어 땅을 갈아엎은 효과를 내려 했다. 그 결과는 크게 만족스럽지는 못했다. 그래서 1937년 가을, 그는 새로운 전술 삼아 낙엽을 땅 위에 그대로 두어 자연스럽게 뿌리덮개가 되도록 하고 구태여 땅을 갈지 않았다.

이듬해 봄, 단단한 점토 같던 밭 흙이 모래처럼 써레질이 되었고, 벽돌 같던 것이 알갱이 같은 질감으로 바뀌었다. 벌써 최상품의 작물이 자라났는데, 어떤 비료도 주지 않고 물도 거의 주지 않은 채 얻은 결실이었다. 그가 한 것이라고는 그저 잡초를 뽑는 일이었다.

포크너는 이런 결과에 뿌듯했지만, 검증되지 않은 결과로 통념에 도전하면 회의론을 뒤엎을 수 없다고 생각했다. 농촌진흥청 담당관, 농민신문, 그리고 거의 모든 매체의 농사 관련 조언은 농부들에게 밑흙 깊이까지 깊게 땅을 갈라고 하는 터였다. 토양보전기구 직원들은 포크너가 텃밭에서 일군 실험을 농업 전체에 적용할 만하다고 보지 않았다. 예상과 다르지 않은 반응이었다.

그래서 포크너는 직접 실험해 보기 위해 밭을 임차했다. 베어 낸 작물 잔여물이 흙을 덮고 있는 채로 파종하여, 그의 뒤뜰 텃밭에서 그랬듯 더 넓은 밭에서도 효과가 있을지 확인하려는 것이었다. 당연히 포크너는 경운과 비료와 살충제를 거들떠보지 않았기 때문에, 이웃 농부들은 이 멍청이의 수확량이 몇 해를 거듭하여 자신이 거둔 수확량보다 많은 걸 보고 깜짝 놀랐다. 포크너는 농부들에게 경운을 하지 말고 유기물을 땅에 그대로 놔두라고 충고했다. 그리고 비료가 '경운의 파괴적인 효과'[12]를 경감시킬 뿐이라고 주장하여 이후 이어지는 논란의 불을 지폈다.

1946년 포크너의 책이 출간되고 몇 년 뒤, 월터 토머스 잭이 신통찮은 반론을 담은 책 《밭고랑과 우리》(The Furrow and Us)를 펴냈다. 이 책에서 잭은 세계 곳곳의 농부들은 경운이 농지의 비옥함을 더해 주었음을 안다고 주장했다. 포크너와 잭의 논쟁은 대중매체로 확산되었다. 《타임》에서도 이 내용을 다루며, "트랙터가 말에게 처음 도전장을 내민 뒤로 가장 뜨거운 농업 분야 논쟁"[13]이라고 둘의 논쟁을 소개했다.

누가 옳았을까? 어느 만큼은 둘 다 옳았다. 오늘날 우리는 밭을 갈아엎으면 토양 유기물의 부패가 빨라진다는 사실을 안다. 물론 이는, 땅을 갈면 단기간 동안 작물에 양분 공급이 활발해짐을 뜻한다. 그러나 양분이 보충되지 않으면 장기간에 걸쳐 흙의 비옥함이 점점 사라진다. 힘 좋은 트랙터가 개발되어 이 상황을 더욱 악화시켰다. 기계가 도입되니 꼴을 먹일 초지가 농지에 있을 필요가 없어졌고, 기계가 역축(役畜)을 대신하게 되면서 그 똥거름으로 땅에 생기를 주는 일도 줄어들었다.

1940년대에 직파기(直播機)가 생산되어 땅을 갈지 않고도 파종할 수 있게 되었지만, 잡초를 억제하는 제초제가 부족하여 논쟁 1라운드의 승리는 잭과 경운 지지자들에게 돌아갔다. 제2차 세계대전 이후 제초제 2,4-D가, 그리고 20년 뒤에 맹독성 제초제인 파라콰트가 개발되어 다양한 유형의 무경운 농법에 관심이 커졌다. 화학 제초제가 잡초 방제의 일차적인 수단으로서 경운을 대체함에 따라 저경운과 무경운 농법이 유행하기 시작했다.

무경운 농법은 손쉬운 잡초 방제와 결합하기만 하면 매력이 입증되었다. 침식을 막아 주어서 집약적으로 작물을 재배하더라도 흙을 제자리에 붙들어 놓았다. 농지에 더 많은 지피식물을 자라나게 하면 빗물이 땅속에 스며드는 데 도움이 되어 작물이 가뭄을 더 잘 견뎠다. 그리고 땅을 갈지 않으면 농기계가 농지를 왔다 갔다 할 일이 거의 없기 때문에 경유 구입 비용도 줄여 주었다. 또 작물 잔여물을 농지에 그대로 둔 농부들은 비료 값 또한 줄어들었다. 토양 유기물 덕분에 흙이 나날이 비옥해졌기 때문이다.

지난날의 잘못에서 다시 배우기

내가 이 무경운 농법과 보존농업에 아직 더 많은 이야기가 있다는 걸 알게 된 건 2015년 봄, 스웨덴 말뫼에서 열린 컨퍼런스에서 라탄 랄을 다시 만났을 때였다. 랄은 마른 몸매에 큰 안경을 썼으며 상냥한 목소리에 겸손한 태도를 갖추고 웃음소리가 생기발랄한 사람이다. 내 생각에 그는 아마 열대지방의 보존농업에 관해서는 어느 누구보다 많은 경험을 지녔을 것이다. 호텔 로비에서 주최 측을 기다리는 동안 나는 그에게 어떻게 농업에 집중하게 되었느냐고 물어보았다.

랄의 설명에 따르면 그는 펀자브, 그러니까 오늘날 인도의 하리아나 주의 작은 농장에서 자라났다. 그의 가족이 1947년 인도와 파키스탄이 분리 독립한 직후 파키스탄에서 도망쳐 나온 뒤였다. 가족이 두고 온 농장은 9에이커였기에, 1.5에이커밖에 안 되는 땅을 받았을 때 랄의 아버지는 농지를 감정한 마을 세무사에게 속았다고 생각했다. 그러나 시간이 흘러, 랄은 자신의 가족이 사실 큰 이득을 보았음을 깨달았다. 지하수위와 염도가 높은 문제를 안고 있던 옛 농장 대신 관개수로 농사를 짓는 매우 좋은 땅이었기 때문이다. 그때 그는 흙의 질이 땅 크기만큼 중요하다는 걸 알았다.

평생 채식주의자로 살아 온 랄은 어릴 때 소 떼를 돌보았다. 어머니는 두 살 때 돌아가셨고, 그는 종종 읍내에 있는 친척 아주머니한테 맡겨졌다. 1959년 마을의 고등학교를 우수한 성적으로 졸업한 뒤 펀자브 농업대학교 입학 허가를 받았고, 파키스탄 난민을 위해 한 달에 12루피, 주당 약 1달러에 해당하는 장학금을 받았다. 1963년 대학을 졸업했을 때 그는 곧게 고랑을 팔 줄 알고 잡초를 구별할 줄 알았는데, 자신이 살던 농촌 마을은 시큰둥했다. "얼마나 우스운 일이었겠습니까" 하고 그가 말했다. "마을에서 대학에 진학했다는 아이가 고작 쟁기질을 배워 왔다니!" 그러나 그 경험은 평생토록 영향을 미쳐, 랄로 하여금 농부는 왜 우선 땅을 갈아엎는지 질문하도록 했다.

졸업반 때 최우수 학생이었기에 한 비료 회사는 그가 학업을 이어 갈 수 있도록 장학금 100루피를 주겠다고 제안했다. 하지만 교수는 그에게 충고했다. "그 쓸데없는 계약서에 서명하지 말게. 그러다가 오랫동안 꼼짝없이 그들을 위해 일하게 될 테니. 내가 자네를 오하이오주립대학에 보내 주겠네." 랄은 1965년에 오하이오주립대학에 입학 허가를 받았는데, 마침 무경운 농법이 다시금 학계의 관심을 끌기 시작한 때였다.

알고 보니 랄이 다니게 된 대학은 20년 전 포크너와 잭이 경운을 둘러싸고 논쟁을 벌인 곳이었다. 대부분의 농부는 여전히 습관적으로 땅을 갈아 잡초를 관리했지만, 랄은 더 나은 방법으로 흙에 씨앗을 심고 잡초를 관리할 수 있는데도 농부들이 왜 경운에서 비롯될 수 있는 심각한 침식을 감수해야 하는지 이해할 수 없었다.

그는 2년 반 만에 토양과학 박사 학위를 취득하고 1968년 9월 스물넷이라는 이른 나이에 졸업했다. 오스트레일리아 시드니대학에서 연구원으로 일하게 된 그는 다양한 학문적 토양 가운데에서도 색다른 사고방식의 토양에 자리를 잡았다. 그는 버티졸을 연구했는데, 버티졸이란 축축하거나 건조함에 따라서 팽창하거나 수축하여 건기 때마다 큰 균열이 생기는 흙이다. 빗물이 균열 속으로 스며들 것 같은데, 이 흙은 땅을 갈기만 하면 왜 그토록 땅 위를 흘러가는 유수가 많이 생기며 침식이 왜 그렇게 많이 일어나는지 랄은 알고 싶었다.

기발한 실험을 거듭하면서 그는 버티졸이 말라 버리면 빗물이 스며들지 못하는 상태가 됨을 알아냈다. 흙에 스며드는 과정에서 수분이 응축되며 발생시키는 열이 흙에 균열을 일으키며 조각조각 부숴 놓고, 이 알갱이들은 다음 비가 내릴 때 순식간에 지표면을 밀봉시켰다. 그래서 빗물이 땅에 스며들어 작물에 흡수되지 못하고 빠른 속도로 지표면을 흐르면서 큰 침식을 일으키는 것이다.

해결책은 아주 간단했다. 흙을 뿌리덮개로 덮어, 가열되어 말라 버리는 일이 없게 하는 것이다. 이후 수십 년 동안 연구를 거듭할 때마다 랄은 살아 있는 식물이나 유기물로 지표면을 덮어서 보호하는 것이 중요하다는 결론을 확인했다. 그것은 바로 비옥함을 유지하는 자연의 비법이었다.

랄의 여정의 다음 장이 펼쳐진 건 레딩대학 교수인 데니스 그린랜드가 시드니대학을 방문했다가 랄의 연구를 인상 깊게 기억하고 돌아갔을 때였다. 랄이 나이지리아 이바단에 새로 설립된 세계열대농업연구소의 일자리를 수락한 뒤, 그린랜드가 연구소장으로 임명되었다.

1970년 초쯤, 랄은 영세농민 문제에 대한 해법을 찾기 시작했다. 숲을 개간하여 몇 해 동안 농사를 짓고 그 뒤 수십 년 동안 저절로 다시 숲으로 변하게 하는 오래된 관행 탓에 다시금 지력이 회복되기까지는 오랜 휴경 기간이 필요했다. 그러나 인구 압력은 점점 커져 대부분의 땅에서 거의 쉴 없이 경작해야 하는 수준에 이르렀다. 녹색혁명 덕분에 대농장에서는 수확량이 증대했지만, 농부들은 값비싼 비료와 농약을 살여력이 없었다. 그들에게는 뭔가 다른 방법이 필요했다.

신탁 이사회의 방문 날짜가 다가오자, 랄은 직원들과 함께 서둘러 숲을 개간하고 첫 번째 작물을 심었다. 그러나 이사회가 도착하기 바로 전날 집중호우가 쏟아져 갓 개간한 땅의 모든 것을 쓸어 갔고, 남은 것이라고는 깊이 파인 흙뿐이었다. 이 참사를 겪은 랄은 서구식 경운과 쉴 없는 경작은 열대지방의 연약한 토양과 집중호우, 빈곤한 영세농민에게 심각한 실수를 저지르는 일임을 확신하게 되었다.

연구소장도 같은 의견이었다. 당시 왕립학술원의 유일한 토양과학자였던 그린랜드는 전에도 이런 일을 겪었다. 1950년대에 영국 정부는 전후 유럽의 식용유 부족에 대처하기 위해 개발계획을 수립했다. 서구의 농기계가 전통적인 농사 방식보다 우월하고 더 많이 생산할 거라고 확신한 의회는 2,500만 파운드를 오늘날의 탄자니아인 탕가니카에 쏟아부어 15만 에이커의 숲을 개간하고 땅콩기름을 생산하기 위해 땅콩을 심었다. 퇴역 군인들을 '땅콩군단'으로 변모시키고, 남아도는 미군의 트랙터와, 반은 트랙터고 반은 셔먼탱크인 이상한 잡종 기계를 투입했다. 이 계획은 참사로 끝났다.

그들은 열대의 집중호우가 갓 갈아엎은 흙을 얼마나 침식시킬 수 있는지 거의 알지 못했다. 한 번 지나갈 때 엄청난 면적을 개간하기 위해 그들은 트랙터탱크들 사이에 선박의 앵커체인을 연결하여 늘어뜨린 채 지나가며 초목을 걷어냈다. 곧이어 강력한 폭풍이 휘몰아쳐 겉흙의 상당량을 쓸어 갔다. 뒤이은 혹서가 헐벗은 땅을 달구자 땅콩이 타들어

갔다. 이 계획은 의회에서 성토를 받았지만 특별한 예외는 아니었다. 나이지리아, 가나, 그리고 열대지방 곳곳에서 불도저로 밀고 파종하는 계획은 예상대로 세찬 빗물이 갓 갈아엎은 땅을 유린하는 때를 맞으면 비슷한 결과로 끝을 맺었다.

랄의 첫 번째 계획의 실패는 그린랜드가 익히 보아 온 것이었다. "라탄!" 하고 그린랜드가 불렀다. "땅콩 사건은 다시 되풀이된다네!" 록펠러재단과 포드재단의 후원을 받아, 그들은 일련의 실험을 이어 가며 좋은 의도를 지닌 서구식 농법이 어디서 허물어지는 것인지 조사했다.

당시의 통념으로는 경사도가 일차적인 침식 요인이었다. 경사가 가파를수록 더 빨리 침식된다는 사실은 누구나 알고 있었다. 랄의 데이터 또한 땅을 갈아엎은 뒤처럼 맨땅일 '경우'는 경사도가 침식의 일차적인 원인임을 확증해 주었다. 그러나 뿌리덮개가 덮여 있다면 가파른 경사면에서도 침식이 일어나지 않는다는 사실 또한 그는 알고 있었다. 랄의 실험 결과 침식에 가장 크게 영향을 미치는 것은 수확한 뒤에 농지를 피복해 두느냐 아니냐의 문제였다.

그 무렵 서아프리카 정부들은 경운에 보조금을 지급했다. 농부와 농학자는 경운을 하면 물이 지표면을 흐르며 침식을 일으키는 대신 땅속으로 스며드는 데 도움이 된다고 믿었다. 그러나 랄은 사실 그 반대라는 걸 알아냈다. 물이 지표면을 흐르는 일이 거의 없고 그래서 침식이 거의 일어나지 않는 땅은 갈아엎지 않은 땅이었다. 헥타르당 4톤이 넘는 식물 잔여물을 남겨 두었더니 가장 가파른 경사면을 제외한 모든 땅에서 침식이 완전히 사라졌다. 그리고 피복작물로 흙을 덮은 첫해가 지난 뒤, 무경운 농법은 두터운 뿌리덮개만큼 그 효과를 입증했다. 작물 잔여물을 농지에 남겨 두었더니 지렁이가 많아지고 물은 땅 위를 흐르는 대신 땅속으로 스며들었다. 경운은 해법이 아니라 문제였던 것이다.

오스트레일리아에서와 마찬가지로, 개간과 경운이 끼치는 주요한 영향은 맨땅이 태양에 그대로 노출되어 달구어진다는 것이다. 나이지리아에서 갈아엎은 농지는 흙의 온도가 주변 숲의 흙보다 20℃ 이상 더 높았다. 그러나 무경운 농법은 농토의 온도를 숲의 흙 온도에 가깝게 유지했고 수분도 더 많이 머금었다.

랄은 충격을 받았다. 경운한 농토의 온도가 약 32℃ 이상으로 오르면 토양 생물이 활동할 수 없다는 사실을 그는 알고 있었다. 그리고 일단 생물학적 활동이 멈추면, 토양구조가 나빠지고 침식이 뒤따르면서 비옥도가 낮아진다. 가장 좋은 해결책은 흙을 피복해 두고 지렁이와 흰개미에게 땅을 갈게 하는 것이었다. 그러나 그렇게 하기 위해서는 먼저 먹이가 필요했다. 지렁이와 흰개미가 먹는 것은 유기물, 바로 흙덮개였다.

하지만 이 새로운 관점은 농학자들 사이에서 지지를 받지 못했다. 랄의 실험 결과를 보고 받은 연구소 이사회의 프랑스인 의장은 랄이 정말 진지한 태도로 땅을 갈지 말라고 권하는 것인지 믿을 수 없다고 말했다. "무슨 정신 나간 소리란 말이오? 재단 전문가들과 개발기구 학자들, 그러니까 영향력 있는 견해를 지닌 이들 모두가 경운을 할수록 더 좋다고 알고 있소." 그래서 그린랜드와 랄은 혹시 무언가 잘못 알고 있는 것이 있는지 확인하기 위해 동료들을 만나 보았다. 그런데 오히려 자신들이 타당함을 더 확신하게 되었다.

영향력 있는 과학자들을 찾아간 일은 매우 유익했다. 그들은 경운한 농지와 경운하지 않은 농지를 비교한 실험을 기반으로 우기가 끝나면 땅을 갈아야 한다고 믿는 이들이었다. 그들은 사헬 지역의 전통적인 농부들이 하는 방목을 모방하여 수확 이후에 무경운 농지에서 작물 잔여물을 걷어냈다고 말했다. 이렇게 하면 흙을 덮는 게 전혀 없이 맨땅이 노출된다. 그들은 무경운 농지에 제초제를 쓰지 않았기에 잡초가 무성해져서 작물을 뒤덮었다. 그러고는 그 미미한 수확량을, 경운하여 잡초를 제거한 농지의 수확량과 비교한 것이다.

랄은 이것이 잘못된 비교라고 생각했다. 농지에 작물 잔여물을 남겨 두는 것이 무경운의 핵심이었고, 무경운이 침식을 막는 데 효과적인 이유였기 때문이다. 그리고 경운은 제초제와 매우 비슷한 수준으로 잡초를 억제했다. 개발기구 과학자들은 아프리카 농부들이 제초제를 사용하지 않고 종종 작물 잔여물을 걷어 가서 취사 연료로 사용하는 것을 근거로 실험을 설계한 것이었다. 하지만 그 실험은 랄이 수행한 실험처럼 작물 잔여물이 땅에 남아 있을 경우 땅을 갈지 않는 것이 효과가 있는지를 평가한 것은 아니었다. 개발기구 과학자들이 놓친 지점이 바로 이것이었다. 그들이 한 비교는 제대로 된 비교가 아닌 것이다.

랄은 아프리카에서 무경운 방식을 받아들이는 데 걸림돌이 되는 것은, 경운을 하지 않으면 제초제를 써서 잡초를 관리해야 한다는 보편적인 믿음에서 비롯된다는 결론에 이르렀다. 그 무렵 손쉽게 쓰이는 제초제였던 파라콰트는 영세농민 처지에서는 매우 비쌌다. 그래서 피복작물과 뿌리덮개가 잡초를 억제하는 유일한 방법이었다.

부분적으로 랄의 실험을 근거로 하여 그린랜드는 저널 《사이언스》에 선견지명을 담은, 〈이동식 화전농법에 녹색혁명을〉이란 제목의 논문을 발표했다. 랄이 이 1975년의 논문을 알려 준 덕분에 논문을 찾아 읽은 나는 그린랜드가 보존농업의 기본 원리를 잘 정리해 놓았음을 알았다. 그는 녹색혁명이 전통적인 영세농을 배제한다고 지적했다. 영세농은 자금이 부족하고 새로운 농기계와 농약, 특허 받은 종자를 살 여유가 없다. 농법의 변화, 새로운 사고방식이야말로 자급농에게 최선의 해법이 되어 지속적인 경작을 뒷받침한다. 농부들은 경운을 멈추어 침식을 줄이고, 동부 같은 콩과 식물을 포함한 다수확 작물을 골고루 심어야 한다는 주장이었다.

그린랜드는 자신의 권고에 비판이 쏟아질 거라 예상했다. 그의 논문은 농업 발전의 길이 기계화를 통해 이어진다는 주류의 관점과 어긋났기 때문이다. 농부들을 '괭이질의 고역'에서 벗어나게 하기 위해서, 그는 등에 지고 다니는 저렴한 분무기로 필요한 부분에만 제초제를 뿌리라고 권했다. 그리고 적절하게 흙을 덮어 주면 잡초 방제에 무척 효과적이라고 강조했다. 그린랜드는 땅을 파헤치는 것을 최소화하고 피복작물을 골고루 섞어 심어야 영세농민들이 전통적인 이동식 화전농업에서 벗어나 지속적으로 경작할 수 있게 될 뿐 아니라 그 과정에서 수확량도 두세 배가 된다고 생각했다.

5년의 실험 끝에 랄과 그린랜드는 농부들이 무엇을 재배하느냐가 아니라 어떻게 재배하느냐가 가장 중요하다고 결론을 내렸다. 랄은 여러 환경과 토양에 따른 가장 적합한 형태의 농업에 관하여 토양수분과 토성(土性, 무기 입자들의 크기에 따라 구분되는 모래, 실트, 점토의 상대적인 함량 비율—옮긴이)에 근거한 지침을 마련했다. 열대지방에서 진행한 10년의 연구 끝에 마침내 랄은 자신의 경험을 다음 두 가지 핵심적인 권고안으로 집약시켰다. "가능하면 숲을 개간하지 않는다. 만약 개간해야 한다면 초목이나 뿌리덮개로 땅을 보호한다."

1987년 아프리카를 떠나 오하이오주립대학의 교수로 돌아갈 즈음, 랄은 4대륙 14개국의 토양 문제를 연구한 이력이 쌓여 있었다. 환경, 흙, 기후의 차이가 상당히 컸지만 그의 실험이 한결같이 가리키는 것은 파괴적인 침식을 예방하고 흙의 비옥함을 유지하는 데 있어 지피식물과 뿌리덮개의 소중함이었다. 이후 여러 논문과 책을 통해 그는 열대 토양의 생산성을 유지하는 데 있어 뿌리덮개와 피복작물의 중요성을 강조했다.

아프리카를 떠나고 2년도 안 되어서 그의 실험 경작지에는 나무가 자라났다. 야심찬 실험은 끝을 맺었다. 그는 자급농에게 무엇이 효과가 더 큰지 알아냈다. 그런데도 그의 연구 결과는 어째서 무시된 것일까?

후원 단체와 원조 기구들이 원한 건 현실 타개와 급속한 혁명이지 토양의 점진적인 개선이 아니었기 때문이다. 기업 관계자들은 상업화할 수 있는 해법을 내놓으라고 종용했다. 그들이 원한 건 농업 제품이지 누구나 공짜로 채택할 수 있는 농법이 아니었다. 뿌리덮개나 다양한 작물 재배 같은 말을 귀담아 들으려는, 선진적이고 선견지명이 있는 재단이나 기구는 없었다. 그런 간단한 해답은 신기술에 초점을 맞춘 진보의 서사와는 어울리지 않았고 지금도 여전히 그렇다.

시스템 접근법

랄은 자신이 수행한 아프리카 실험에 관심이 모이지 않은 데 실망했지만, 자신의 생각이 뿌리를 내릴 수 있는 더욱 비옥한 토양을 남아메리카에서 발견했다. 남아메리카는 열대성 호우가 경운한 농지를 일상적으로 망가뜨리는 곳이다. 1971년 허버트 바츠는 남부 브라질에 있는 자신의 농장에서 경운을 줄이는 실험을 시작했다. 처음엔 결과가 신통치 않았다. 이듬해 바츠는 미국과 유럽을 방문하여 짚이 땅을 덮은 상태에서 파종하여 물의 흡수를 돕고 침식을 감소시키는 무경운 방식을 배웠다. 또 농학자 롤프 더프시가 현장 실험을 한다는 걸 알게 되었다. 무경운 테크놀로지가 브라질에서 효과가 있음을 증명하고 싶었던 더프시는 바츠의 농장에서 0.5헥타르의 실험 농지에 밀을 파종할 수 있도록 파종기를 보냈다. 무경운으로 기른 밀은 다른 밀보다 조금 더 푸르고 싱싱해 보였다. 바츠가 직접 무경운 파종기를 구입한 뒤, 그와 더프시는 실험을 이어 나갔다.

이후 수십 년에 걸쳐 남아메리카의 과학자와 농부들은 우리가 오늘날 보존농업이라고 알고 있는 농사 시스템을 수립했다. 1990년대에 사실상 인기를 얻기 시작했고, 오늘날 아르헨티나와 남부 브라질에서는 땅을 갈지 않고 짓는 농사가 100퍼센트에 가깝다. 이 덕분에 남아메리카에서 심각한 침식과 토질 저하 문제는 대부분 완화되어 왔다.

그러나 남아메리카 무경운 농부들 가운데 보존농업의 세 가지 원칙을 모두 지키는 비율은 절반에도 못 미친다. 밭에 작물 그루터기를 남겨 두는 이들이 있는가 하면, 취사 연료로 쓰거나 바이오연료를 생산하는 원료로 파는 이들이 있다. 상품작물 생산을 권장하는 정부 정책에 응하여 남아메리카의 많은 무경운 농부들은 대두를 지속적으로 경작하며 돌려짓기를 포기하고 만다.

내가 태어난 1960년대 초반에 미국에서 무경운 방식으로 농사짓는 농부는 거의 없었다. 해마다 7만5천 개가 넘는 쟁기가 팔려 나가던 시절이었다. 미국의 쟁기에 대한 의존은 느리지만 뚜렷하게 줄어들기 시작했다. 1990년에는 연간 판매량이 3천 개 아래로 떨어졌고, 1991년에는 그 절반도 안 되는 개수가 팔렸다. 이렇게 판매량이 줄어든 까닭은 무엇일까?

작물 잔여물을 감당하며 지표면의 유기물층 사이로 파종할 수 있는 새로운 농기구가 개발되어 경운을 멀리하도록 한 게 확실하다. 1970년 대에 치솟은 연료비도 관심을 높이는 데 한몫했다. 그러나 몬산토가 글리포세이트를 주성분으로 한 제초제 '라운드업'을 개발하고, 1990년대에는 글리포세이트에 내성이 있는 유전자 변형 작물을 개발함으로써 화학적인 잡초 방제가 쉬워지면서 무경운 농법도 빠르게 확산되었다. 그리고 이는 다시 보존농업으로 향한 문을 열어 주어 농부들은 날이 갈수록 다른 두 가지 원리도 받아들이기 시작했다.

전 세계적으로 보존농업으로 농사짓는 경작지는 1970년대 초반에 300만 헥타르가 안 되었다. 1980년대 초에는 곱절 이상으로 늘어 600 만 헥타르가 넘었고, 2003년 무렵에는 다시 열두 배로 늘어 7,200만 헥타르에 이르렀다. 2013년에는 10년 만에 다시 곱절로 늘어 1억5,700 만 헥타르였다. 하지만 보존농업이 이렇듯 빠르게 확산되었어도 보존농업으로 농사짓는 땅은 전 세계 경작지 가운데 약 11퍼센트에 지나지 않는다. 보존농업 농지의 4분의 3 이상이 아메리카 대륙에 있는데, 그중 거의 절반 가까이(42퍼센트)가 남아메리카에, 그리고 약 3분의 1(34퍼센트)가량이 미국과 캐나다에 있다. 2013년 미국에서는 미국 전체 경작지의 21퍼센트에 해당하는 3,560만 헥타르에서 보존농업으로 농사를 지었다. 유럽, 아시아, 아프리카에서는 보존농업 경작지가 몇 퍼센트 되지 않는다. 바꾸어 말하면, 보존농업으로 바뀔 경작지가 아직 많이 남아 있다는 얘기다.

랄과 내가 그 스웨덴의 호텔 로비에서 이야기를 나눌 때, 우리는 관행 농업과 무경운 농업이라는 주제로 번번이 돌아갔다. 이 두 농법을 연구 하고 비교하고 권장할 만한 근거가 불충분하다. 그 무렵 어떤 연구는 무경운 농법이 정말로 토양 유기물을 증가시키는지 의문을 던졌다. 또 다른 논문은 보존농업의 수확량이 관행농업보다 낮다는 결론을 내렸다. 랄은 이런 연구들의 접근법이 잘못되었다고 생각했다. 과일 샐러드가 중요한 마당에 사과나 오렌지나 바나나만 따질 뿐이기 때문이다. 인용된 연구 가운데 많은 연구는 경작지에 작물 그루터기를 남겨 놓지 않았고, 따라서 보존농업 방식을 온전하게 실험한 게 아니었다. 랄이 아프리카에서 초기에 한 실험처럼 말이다.

2014년 《네이처》에 실린 한 논문은 보존농업에 관한 이런 식의 비관적 논의를 담고 있다. 이전의 연구 610건을 메타분석한 이 논문은 관행농법을 무경운 농법과 비교한 것으로, 보존농업의 나머지 원리인 피복작물과 돌려짓기를 다양한 방식으로 무경운과 결합하여 비교했다. 모든 데이터를 아울러 평균을 내 보니, 무경운 농법은 6퍼센트 가깝게 수확량을 감소시켰다. 그러나 건조지역에서 이 세 가지 보존농업 원리를 모두 받아들인 결과 수확량은 최대 10퍼센트 증가하여 관행농법보다 많았다. 그리고 땅을 갈지 않는 농법으로 3년 동안 농사를 지은 뒤에는 무경운, 작물 잔여물 남겨 두기, 돌려짓기의 세 가지 원리를 모두 실천한 경작지의 수확량이 관행농업 농지의 수확량보다 훨씬 많았다. 한마디로, 처음 몇 년의 전환기를 거치기만 하면 보존농업을 받아들여서 생기는 수확량의 손해는 사라지는 것이다. 하지만 논문 집필자들과 언론 보도는 무경운 농업으로 수확량이 줄어든다고 한목소리로 강조했다.

랄이 화가 난 건 물론이다. 진정한 실험이 되려면, 관행농업의 결과물을 보존농업의 원리 '세 가지를 다' 채택한 결과물과 비교 측정해야 했다. 하지만 '무경운'이라는 우산 아래 그려진 다양한 농법들이 보존농업이라는 그림으로 잘못 채색되고 있었다.

그러한 우려 탓에 롤프 더프시를 비롯한 선도적인 연구자들은 무경운 연구 방법의 표준화를 통해 그런 혼란을 피해야 한다고 주장하기에 이르렀다. 그들은 보존농업을 경험한 농부들의 도움을 받아 전환기를 거치면 수확량이 늘어나는 반면, 미숙한 이들 손에서는 수확량이 줄어든다고 말했다. 그리고 "무경운 또는 보존농업 시스템을 완벽히 이해"한 뒤에야 "연구에 나서라"고 과학자들에게 따끔하게 충고했다. 그들이 보기에 학자들은 전체 보존농업 시스템에 대한 경험도 거의 없이 불확실한 변수가 포함된 연구들로부터 부정확한 결론을 이끌어 냈기 때문이다. 랄과 마찬가지로 그들은 보존농업이 수확량을 감소시킨다고 보고한 연구들이 잘못된 비교에 근거를 두고 있다고 염려했다.

말미에서 랄은 우리 농업의 문제와 그 해법은 흙과 그 토양 생태계를 관리하는 방식에 뿌리를 두고 있다고 발표했다. 그는 여러 원들이 서로 겹쳐진 다이어그램을 제시하며 토양 악화의 과정과 요소, 원인을 설명했다. 침식, 염류 축적, 양분 고갈이 일차적인 과정이고, 이런 과정을 일으키는 요소들은 주로 농부 개인의 관리 수준을 넘어서 기후와 지형, 사회경제적 힘, 문화적 쟁점과 관련이 있다. 그러나 토양 악화의 '원인'은 삼림 벌채, 경운, 관개 같은 특정한 관습들이다. 이 원인들만큼은 농부가 변화시킬 수 있는 것이다.

그는 이어서 토양은 일정한 문턱 또는 임계점을 지니고 있어, 그 수준에 도달하면 중대한 변화가 촉발되는 생태계라고 설명했다. 이런 변화 가운데 가장 중요한 한 가지는 토양 유기물이 1퍼센트 미만으로 낮아질 때 일어난다고 그는 말했다. 많은 열대 토양이 이미 이 수준의 절반도 안 될 만큼 악화되어 있는데, 그 이유는 무분별한 경운과 작물 잔여물의 제거가 뒤따르는 파괴적인 농사에 있다. 이 요인들이 결합하면 토질 악화, 절망적인 삶, 사회 불안의 소용돌이가 일어나는 장면을 랄은 거듭 목격해 왔다.

거꾸로 보존농업은 토질이 떨어진 흙을 되살리고 소용돌이의 방향을 바꾸어 사회와 정치의 안정을 회복할 수 있다. 농업은 문제가 아니라 해결책이 될 수 있다. 랄은 모든 농지에 맞게 적용하려면 구체적이고 엄밀해야 하지만, 지속 가능한 토양 관리의 원리는 특별한 게 아니고 단순한 것이라고 주장했다. 이 원리들을 실천하려면 시스템 접근법(모든 현상은 상호 관련된 일련의 하위 체제로 구성된 체계라고 보고 포괄적이고도 통합적인 분석을 시도하는 접근법—옮긴이)이 요구되는바, 보존농업은 바로 하나의 시스템이기 때문이다.

내 가슴에 깊이 박힌 랄의 메시지는, 농업에서 토양의 조건과 품질뿐 아니라 농사 방법이야말로 농업 테크놀로지만큼 중요하다는 것이었다.

오랜 세월 동안 일구는 변화

랄과 이야기를 나두고 두 주 뒤, 나는 카리스마 넘치는 70대 노인 웨스 잭슨을 드디어 만났다. 캘리포니아 주 클레어몬트에 있는 포모나대학에서 열린, 문명의 미래에 관한 컨퍼런스에서였다. 나는 1980년에 출판된 선견지명이 담긴 그의 책《농업의 새로운 뿌리》(New Roots for Agriculture)를 대학 시절 읽은 뒤로 잭슨의 활동을 익히 알고 있었다. 이 책에서 그는 쟁기를 버리기 위한 또 다른 전략을 구상해 놓았다. 해마다 새로 심을 필요가 없는 작물을 기르는 것이 그것이다. 그 뒤 잭슨과 캔자스 주 살리나의 땅연구소 동료들은 여러해살이 작물의 육종을 연구해 왔다.

잭슨은 마치 감리교 목사처럼 성서적인 은유와 자신의 경험담, 대체로 스스로를 놀림감으로 삼는 편안한 유머를 섞어서 이야기한다. 그는 농업을 참담한 비극이라고 묘사한다. 우리가 먹을거리를 길러 내는 방식은 모든 이를 계속 먹여 살리는 우리의 능력을 갉아먹고 있기 때문이다. 그는 캔자스의 농사꾼 할아버지처럼 보이겠지만, 농업이 현재의 모습에서 벗어나야 한다는 얘기를 쏟아놓을 때면 청년 급진주의자처럼 열정이 이글거린다.

지금까지 40년 동안 그의 팀은 여러해살이 들풀을 재배하고 한해살이 곡류를 여러해살이 곡류와 교배시켜 왔다. 관행농업의 한해살이 작물 대신 뿌리를 깊이 내리는 여러해살이 작물로 교체하려는 목적이었다. 한마디로 잭슨의 팀은 GMO 작물을 만들어 내려는 것이지만, 다만 작물 교배를 통한 전통적인 방식으로 그렇게 하는 것이다. 한해살이 작물에서 여러해살이 작물을 만들어 냈을 때 그 이로움은 어마어마하다. 해마다 땅을 갈고 파종하는 일이 사라지는 것은 무경운 농업의 최종 목표이다. 쟁기 사용을 멈추는 최선의 방법은 쟁기질을 할 필요가 없는 땅에서 작물을 기르는 것이기 때문이다.

그는 왜 구태여 점진적이고 구식인 품종개량이라는 유전자 변형에 수십 년 세월을 쏟아 부었을까? 여러해살이 지피식물은 세월이 흐름에 따라 일어나는 침식을 줄이고 토양 유기물과 그로 인한 흙의 비옥함을 가꾸어 가는 자연의 비법이기 때문이다. 여러해살이 작물로 품종을 개량하면 토양 침식을 막는 데에만 그치지 않는다. 화학비료와 화석연료의 필요성 또한 엄청나게 줄어들게 된다.

캔자스 주 토피카 근처의 농장에서 태어난 잭슨은 스스로를 "매우 실증적인 사람"이라고 여긴다. 1971년 캘리포니아주립대학 새크라멘토 캠퍼스에서 환경학과를 개설한 뒤로 생태학의 기초 원리들을 무시하는 것이 농학의 아킬레스건임을 알게 되었다. 40세에 종신교수가 되어 캔자스대학으로 돌아간 그는 흙을 가꾸고 지키는 농법을 개발하기 위해 1976년에 땅연구소를 설립했다. 1930년대를 떠올리게 하는 침식에 아연실색하고서는 자연 방식 농업(natural systems agriculture)을 추구하기 시작했다. 생태학 원리를 이용하여 농업 생산에 자연의 생산성을 모방하는 방법이다. 대초원 지대에서 그 방법은 파헤쳐지지 않은 초원을 닮는 것을 뜻했다. 땅을 갈지 않은 초원이 갖춘 생산성의 비결은 따뜻한 계절과 추운 계절의 풀들, 콩과 식물, 그리고 해바라기 종류가 한데 섞여 있는 것임을 곧 분명히 알 수 있었다.

잭슨은 초원이 빙하시대 이후로 늘 생산적일 수 있었던 것은 땅이 사시사철 푸르게 뒤덮여 있어 바람과 비의 행패에도 끄떡없기 때문임을 깨달았다. 자꾸 불이 나고 버펄로가 풀을 뜯어도, 초원은 땅속에 숨어 있는 뿌리줄기에 의지하여 변함없이 다시 자라났다. 하지만 우리가 거기서 얼마나 멀리 벗어났는지는 새 연구소 주변 곳곳에서, 봄 폭우에 흙을 머금은 물이 콸콸 흘러가는 이웃의 농지를 보면 알 수 있었다.

이 땅을 어떻게 바꾸어 놓을 것인가? 잭슨은 한해살이 대신 여러해살이 곡물을 기초로 한 초본류 복합경작을 원했다. 그러나 인류가 먹고 살아 온 주요 곡물은 한결같이 한해살이 풀이다. 여러해살이 곡물을 원한다면 만들어 내야 했다.

그래서 땅연구소는 여러해살이 야생 개밀을 한해살이 곡물로 개량하는 작업에 착수했다. 그들의 목표는 곡물을 생산하며 관리되는 초원을 만드는 것이었다. 잭슨은 연구하고 작물을 육종하는 데 50년에서

100년은 걸릴 것이라 예측했다. 하지만 그의 팀은 예상보다 훨씬 빠른 진전을 보이고 있다.

다행이다. 시간은 우리 편이 아니니까. 최근에 일리노이 주 옥수수 수확량은 연간 에이커당 25킬로그램 정도가 줄었다. 오늘날의 비료는 효과가 없어 경작지에 준 질소의 40~70퍼센트만을 곡물이 흡수한다. 하버-보슈법으로 질소비료를 생산하는 일은 에너지 집약적이기도 하거니와 촉매, 400°C의 고온, 350기압의 압력을 필요로 한다. 레이첼 카슨이 《침묵의 봄》(Silent Spring, 1962, 한국어판, 에코리브르, 2011)을 펴낸 뒤로 전 세계 농약 생산은 곱절이 되었고, 그 뒤로 수십 년 동안 다시 곱절로 늘었다. 현대 농업은 매우 비효율적인 것 같으나, 흙과 흙이 길러내는 생태계를 침식시키는 데는 매우 효과적이라는 사실이 입증되었다.

처음에 전문가들은, 여러해살이 작물로 높은 수확량을 거둘 수 있다는 잭슨의 생각은 실현되지 않을 것이라 여겼다. 하지만 잭슨은 깊은 뿌리를 식물이 만들 수 있는 최상의 투자 상품으로 보았다. 그래서 그의 팀은 곡물로서 유망한 식물이 자라나기를 기대하며 해마다 수없이 많은 씨앗을 심었다. 이윽고 육종이 시작되었다. 이 과정을 되풀이한 끝에 그들은 매우 유망한, 깊이 뿌리를 내리는 여러해살이 곡물을 만들어 냈다.

새로운 여러해살이 작물

익숙한 손놀림으로 잭슨은 회의 탁자에 커다란 두루마리를 펼쳐 놓았다. 회의장에 있던 사람들이 숨을 멈춘 것은 실물 크기의 사진이 전통적인 밀과 새로운 개밀 품종인 컨자(Kernza)의 근계(根系)를 나란히 비교해 주었기 때문이다. 90센티미터 길이에 섬유질이 많은 밀의 근계는, 3미터 길이에 레게머리처럼 얽힌 우람한 뿌리 덩어리와 비교되니 빈혈을 앓는 것처럼 보였다. "보십시오, 역사상 최초의 여러해살이 곡물! 3,500년이 넘는 세월에서 인류 최초의 새로운 주요 작물입니다" 하고 그는 선언했다. 이 성취는 여러해살이 야생 식물이 곡류 작물이 될 수 있음을 보여 준 것으로, 미국뿐 아니라 전 세계의 농부들에게 희망적인 가능성이었다.

자신의 과제를 시작하고 거의 40년이 흐른 뒤, 신이 난 잭슨은 뽐내듯 비디오를 틀어 컨자 경작지에서 최초로 기계 수확하는 광경을 보여 주었다. 새로운 곡물은 벌써 맥주와 빵, 위스키를 만드는 데 사용되고 있었다. 그리고 비록 얼마 안 되는 정도이긴 해도 상업적으로도 재배되고 있었다. 그는 무척 들떠 보였다.

당연하다. 육종을 거듭해 가면, 여러해살이 작물은 언젠가 일반적으로 한해살이 작물보다 수확량이 많아질 것이다. 여러해살이의 성장 기간은 더 길기 때문이다. 여러해살이 작물은 또한 월등히 자라나 하늘을 가리듯 그늘을 만들어 잡초를 억제한다. 처음에 잭슨은 컨자가 성공한다 해도 그것이 단일경작으로 재배될까봐 걱정했다. 하지만 그의 팀은 다른 여러해살이 작물에서 꾸준히 진전을 보여 왔다. 이제 그들은 중앙아프리카에서 여러해살이 수수로 현장 실험을 하고 있다. 여러해살이 해바라기와 병아리콩 또한 진행 중이다. 땅연구소는 콩과 식물과 컨자를 함께 기르는 일과, 컨자를 베고 그루터기가 남은 땅에 소 떼를 방목하는 일도 실험하고 있다. 물론 아직도 가야 할 길이 멀지만, 잭슨은 꿈이 실현되고 있는 모습을 보고 있다. 다양한 사이짓기 작물을 이용하여 복합경작하는 관리된 초원이 농경의 현실이 되고 있는 것이다.

내가 이 5장을 집필하고 있을 때, 잭슨이 팔순 생일을 맞아 땅연구소 소장에서 물러난다는 소식을 담은 이메일을 한 통 받았다. 모든 사람이 평생을 살면서 큰 꿈이 결실을 맺는 걸 보지는 못한다. 잭슨은 운이 좋은 사람에 속한다. 이제 그는 응용생태학을 통해 우리가 농업 생산의 결과로 흙의 건강을 수확할 수 있다고 확신한다. 이것은 혁명적이다. 단연코 환골탈태하는 변화의 씨앗이다.

잭슨의 전망이 흙의 침식 문제를 해결하고 오랜 세월 농업을 이어 가는 확실한 방법이더라도, 작물 육종은 시간이 더디 걸리는 게임이다. 잭슨조차도 수십 년이 걸려야 자신의 연구를 마칠 것으로 예상한다. 게다가 여러해살이 작물의 개발을 상업적으로 지원해 주는 데는 어디에도 없다. 종자 회사가 여러해살이 작물에 손을 안 대는 이유는 뻔하다. 고객에게 종자를 한 번만 팔고 말겠다는 비즈니스 모델이 과연 있겠는가? 종자 회사는 제약 회사와 마찬가지로 해가 바뀌는 대로 고객들에게 다시 팔기를 바란다. 한해살이 종자, 특히 상표가 있고 특허 받은 종자들은 바로 이 부분을 종자 회사에 보장해 준다. 그렇다면 우리는 무엇을 할 수 있는가?

이론적으로 보존농업 방식은 당장 내일이라도 지체 없이 실행에 옮길 수 있다. 하지만 보존농업이 선진국과 발전도상국의 크고 작은 농장에서 정말로 효과를 나타낼 수 있을까? 아직 보존농업의 원리 '세 가지 모두'를 실천한 결과를 검증한 연구는 거의 없다.

그래서 나는 직접 두 발로 알아보기로 결심했다. 그리고 여섯 달의 농장 방문 여정에 올라 몇 대륙을 넘나들며 확인해 갔다. 이 여행의 첫 번째 방문지는 현대 농업의 또 다른 신화, 다시 말해 '무경운 농부는 제초제와 비료를 많이 사용해야 한다'는 견해를 산산이 부수어 주었다.

6장

풋거름

농업은 그 성공적인 경영을 위해 어떤 직업보다도
상당한 지식을 필요로 하면서도 실제로는 무지가 가장 만연한 직업이다.
– 유스투스 폰 리비히

내가 다코타레이크스 연구농장 대표 드웨인 벡을 처음 만난 건 2014
년 세계보존농업회의에서였다. 처음부터 그의 발표는 나를 사로잡았다.
사우스다코타 주 피어의 농부들이 지난날 엄청난 흙폭풍을 일으키는
걸로 유명했던 지역을 건강한 흙을 품은 매우 생산적인 농장으로 변화
시킨 이야기였다.

그래서 그 뒤 4월의 어느 화창한 날 나는 덴버로 날아갔다. 공항의
가장 끝으로 이동하여 긴 복도를 지나니 작은 비행기가 터미널 마지막
게이트에서 대기하고 있었다. 한 시간 반을 비행하는 동안 나는 칙칙한
빛깔을 띤 언덕들을 내려다보았다. 물이 고인 연못이 점점이 보이고 흉
터 같은 협곡들이 수평 지층 지질을 드러내 보였다. 외딴 농장들이 초
록색 동그라미와 네모 모양으로 지역 곳곳에 드문드문 흩어져 있었다.
여섯 달의 여정 가운데 첫 번째 도착지에 착륙하기 위해 선회할 때 다
코타 호수들이 내려다보였다. 바싹 마른 땅을 구불구불 지나는 파란 생

113

명 띠 같은 미주리 강을 따라 건설된 댐이 만들어 낸 호수들이었다.

벡은 공항까지 마중 나왔고 차를 몰아 수수한 단층집으로 데리고 갔다. 그의 집이 위치한 곳은 지난날 빙하의 끄트머리였던 곳 언저리였다. 마을의 절반이 돌 부스러기가 빙하에 의해 퇴적된 빙퇴토(氷堆土)에 자리 잡고 있었다. 나머지 반은 오래전에 사라진 빙하가 녹은 물이 흐르면서 실어 나른 모래 퇴적층에 자리 잡고 있다. 이런 풍경에는 변화 과정이 담겨 있다. 그리고 벡은 최근의 변화를 이끈 동력이었다. 그 변화란 무경운과 피복작물을 포함하여 돌려짓기 하는 농법이 널리 퍼지게 된 것이다.

저녁을 먹고 식탁에서 이야기를 나눌 때, 나는 벡이 지역의 농장에서 자랐다는 걸 알고 놀라지 않았다. 붙임성 있고 건장하며 손이 크고 테가 까만 두꺼운 이중초점 안경을 쓴 그는 영락없는 농부였다. 농기계 사고로 거의 떨어져 나갔다가 봉합한 엄지까지도. 1951년 사우스다코타의 플래트에서 태어난 벡은 교실이 하나뿐인 시골 학교에 다녔고 열 살이 넘어서야 집에 상수도가 생겼다. 인근 애버딘에 있는 노던주립대학에 진학했을 때 그는 실내 욕실을 보고 호사를 누리듯 기뻤다. 1975년 이학사를 취득한 뒤 고등학교에서 화학을 가르쳤고, 이후 사우스다코타주립대학에서 농학 석사 과정에 들어가 1983년에 학위를 마쳤다.

비료 흡수의 효율성을 분석하는 논문을 쓰면서, 그는 농부들의 경작지에서 많은 물이 지표를 흘러가 사라지고 있는 데 주목했다. 스프링클러 실험을 통해 얼마나 많은 물이 흙으로 스며드는지 검증해 보니, 경운한 농지는 표면이 껍질처럼 굳어져서 흘러가는 물이 더 많아지는 경향이 있는 반면, 경운하지 않은 경작지는 정말 놀랍게도 흘러 사라지는 물이 전혀 생기지 않았다. 경운하지 않은 농지에서는 집중호우가 퍼부어도 흙 속으로 스며들었다.

벡에게 그 의미는 명확했다. 땅을 가는 것보다 갈지 않는 것이 더 좋다는 것이다. 석사를 마친 뒤 벡은 무경운에 관한 실험을 이어 갔다. 땅을 간 뒤 초원에 바람이 불 때마다 고속도로를 뒤덮는 흙구름을 몰아내고 싶었다.

1990년 그는 새로 설립된 다코타레이크스 연구농장의 연구 관리자가 되었다. 농장 자체가 실험이었다. 농민 소유이지만 사우스다코타주립대학과 협력하여 운영되는 연구농장은 이사회 전원이 농부로만 구성되어 있는데, 그들은 경운이 흙에 입힌 손해를 익히 보아 온 터였다. 그들은 대안을 찾고 있었다.

25년 동안 벡은 농부와 환경 모두에 더 나은 농사 방법을 개발하려는 뜻을 품고 농장을 운영해 왔다. 연구를 통해서 토양 생물을 되살려내면 땅을 갈거나 화학물질 투입에 그렇게 많이 의지하지 않아도 된다는 걸 알아냈다. 그러나 이를 위해서는 무경운 방식과 피복작물을 포함하여 복합적인 돌려짓기로써 다양한 작물을 재배하는 새로운 농사 체계가 필요하다.

처음에 사우스다코타 밀위원회는 무경운과 돌려짓기가 밀 수확에 그리고 경제적 이익에 무슨 도움이 될지 회의적이었다. 하지만 밀 수확량은 실제로 많아졌고 다른 작물 수확량 또한 늘었다. 어느 모로 보나 놀라울 만큼 성공적이었다. 벡은 피어 지역의 연간 작물 생산이 1986년에 비해 16억 달러가량 증가했다고 보고한다. 이 농사 체계가 훨씬 생산적이었고 '거의' 모든 사람들이 만족했다. 환경적으로 최상의 방식이 경제적으로도 가장 좋은 방식임을 입증한 것이었는데, 물론 비료, 제초제, 살충제 생산자들에게만은 그렇지 않다.

이튿날 아침 우리는 차를 타고 북쪽으로 향했다. 먼 길을 달려 벡의 농장으로 가서 다코타레이크스 연구농장의 여러 이사들을 만나 볼 계획이었다. 거대한 흙댐인 오히댐을 지나친 뒤 잠깐 멈추어 풍경을 둘러보았다. 루이스와 클라크(1804~1806년, 제퍼슨 대통령의 지시로 나중에 11개 주가 된 광활한 지역을 탐험한 메리웨더 루이스와 윌리엄 클라크를 가리킨다—옮긴이)도 그곳을 둘러보았을지는 모르지만 지질학적 관점에서 이해하지는 못했을 것이다. 그들은 힘껏 노를 저어 가던 강이 고대 대륙빙하의 끝자락이었다는 사실은 알지 못했을 것이다. 큰 바윗덩어리들이 흩어져 있는 들판은 빙하로 뒤덮여 있던 동쪽으로는 급경사를 이루고 서쪽으로는 완만한 지형을 이루고 있었다. 루이스와 클라크에게 그곳은 분명 루이지애나를 새로 구입하게 된 것을 계기로, 태평양으로 가는 길을 탐색하기 위해 지나야 할 또 다른 땅에 지나지 않았을 것이다.

풀이 바다처럼 펼쳐진 초원을 지날 무렵, 벡은 1970년대에 농부들이 어떻게 농사를 지었는지 이야기해 주었다. 농부들은 한 해 밀을 재배하고 나서는 땅을 갈아엎었고 이듬해에는 그 농지를 묵혔다. 밀 재배와 휴경을 번갈아 하는 건 괜찮은 방법이었다. 단, 정기적인 경운 탓에 토양 유기물이 사라지는 건 모른 체해야 했다. 결국 농부들은 비료에 중독되었고 이런 과정이 반복됨에 따라 흙의 양분을 완전 연소시켰다.

몇몇 농장을 들른 뒤, 내게 공통의 주제들이 걸러지기 시작했다. 거구에 말수가 적은 마브 슈마허, 사무실에 총검 걸이를 걸어 둔 켄트 킨클러, 아담하고 까만 실험실을 갖고 있는 마이크와 앤 아놀디 남매, 매력적인 커플인 랄프와 베티 홀즈워스는 벡의 연구농장 이사들이다. 이들은 모두 때가 되어 자녀들이 농장을 물려받게 되면 충분히 먹고살 수 있는 농장을 상속해 줄 수 있도록 흙을 되살리겠노라고 공언했다.

이 이사들은 지난날 처음 벡을 만났을 때만 해도 모두 흙을 심각하게 파헤치며 투자비가 많이 드는 농사를 짓고 있었다. 하지만 가뭄을 겪고 투입 비용이 상승하면서 경제적으로 생존의 벼랑 끝에 몰렸고 다른 방법을 시도해 볼 준비가 되었다. 땅을 갈지 않는 방식으로 전환하고 얼마 지나지 않아, 물 사용이 크게 줄고 경유와 여러 화학제품 소비가 적어지면서 돈을 꽤 절약하게 되었다. 몇 해 뒤에는 흙에 나타나는 변화도 알아챌 수 있었다. 수확량은 과거의 수확량을 따라잡거나 넘어섰는데도 투입 비용은 훨씬 줄어들었다. 무경운 농부들은 밀 재배와 휴경을 번갈아 할 때처럼 해마다 농지의 반만 농사짓는 게 아니라 경작지 전체에 작물을 심어 수확량을 곱절로 늘렸다. 또 흙과 흙 속의 생명에 관해 다르게 생각하기 시작했다. 왜 소 같은 가축을 키우지 않느냐고 켄트 킨클러에게 내가 묻자, 그는 이렇게 대답했다. "가축을 키우지 않는다니, 무슨 말씀이세요. 제가 키우는 가축은 미생물입니다." 이 사우스다코타 농부들은 농사짓는 방식만이 아니라 땅에 대한 생각까지 바꾸어, 땅을 화학물질 저장소가 아니라 생명의 바다로 인식한다.

이 모든 것은 결국 순익의 증대로 귀결되었다. 내가 여태껏 본 것 가운데 가장 좋은 포도주 저장실을 소유한 이도 이 사우스다코타 농부들 가운데 한 사람이다. 그의 저장실에는 좋은 프랑스산 적포도주가 바닥부터 천장까지 채워져 있다. 벡은 언젠가 캔자스의 경제학자들을 맞이했던 얘기를 들려주었다. 무경운 농사로는 돈을 벌 수 없다고 주장하던 경제학자들이 와서 이 지역의 농장들을 둘러보았다. 벡은 구구절절이 설명할 필요조차 없었다. 무경운 농부들은 새로운 곡물 창고, 새로운 농기계, 새 집을 갖고 있었다. 관행에 따라 일하는 경운 농부들은 그렇지 못했다. 경제학자들은 이 의미를 이해했다.

눈앞의 증거

벡은 어떻게 이 지역 농부들이 완전히 새로운 농사 방법을 믿고 받아들이도록 한 것일까? 우선 그는 희귀종이었다. 박사 학위가 있는 연구자로서 농기계를 운전하고 파종기의 새 부속물을 설계하고 장착하며 시운전까지 할 수 있었다. 그는 농부들에게 자신의 연구 결과를 파워포인트 프리젠테이션으로 보여 주는 게 효과가 없을 것임을 알았다. 대신 그는 먼저 자신의 생각대로 실험해 보자고 몇 사람을 설득하고, 무경운을 위해 설계한 농기계를 사용하도록 허락했다. 그 뒤 이웃의 성공을 목격한 다른 농부들이 그들을 따라했다. 농부들은 다른 농부들한테서 정보를 얻는 쪽을 더 좋아한다는 걸 벡은 잘 알고 있었다. 무경운 농법을 받아들인 농부들의 수입이 늘어나자 정보가 더 널리 확산되었다. 사우스다코타는 1990년에는 거의 모두 땅을 갈며 농사를 지었지만, 2013년즈음에는 4분의 3이 넘게 무경운으로 바뀌어 있었다. 20여 년 동안 농법에 근본적인 변화가 일어난 것이다.

차를 타고 시내로 돌아오는 길에, 그곳 사람들이 벡의 조언을 신뢰한다는 걸 분명히 알 수 있었다. 그의 가슴주머니에 넣은 핸드폰이 연신 울려 댔다. 무얼 심을지, 이런저런 일에 어떤 농기구를 쓸지, 닭똥이 거름으로 얼마나 효과가 있을지 농부들은 전화로 질문했다. 놀랍지 않았다. 벡은 그들 가운데 한 사람, 청바지와 니트 셔츠를 입고 형광오렌지색 골프티(golf tee, 못처럼 생긴, 골프공을 올려놓는 받침대—옮긴이)를 잘근잘근 씹어 대는 영락없는 농부이니까.

벡이 정신없이 바쁘게 이어진 농장 투어를 계획한 목적은 뭔가 감명을 주기 위해서였다. 그리고 그 목적은 달성되었다. 수백 킬로미터를 차로 달려 사우스다코타 여기저기를 돌아보니 헐벗은 땅은 거의 없었다. 언덕을 지나면서 내가 캘리포니아의 여름 같다고 하자, 그는 안타까워했다. "이맘때 이렇게 타들어 간 적은 처음입니다." 8월 이후로 비라고 할 만한 게 내린 적이 없었다고 했다. 무경운 농사 전이었다면 재앙이 닥쳤을 것이다. 1930년대보다 날씨가 더 가물다고 했다. 하지만 흙먼지는 거의 보이지 않았고 바람에 의한 침식은 전혀 일어나지 않았다. 다 땅을 갈지 않는 농법이 널리 퍼진 덕분이었다.

그러나 모든 곳에서 흙이 자리를 잡고 있는 건 아니었다. 벡의 농장에서부터 강을 건너 트랙터 한 대를 지나쳤는데, 트랙터는 거대한 검은 흙구름을 하늘로 뿜어내고 있었다. 깜짝 놀라 벡을 쳐다보니, 그는 땅의 장기적인 건강에 별로 관심이 없는 일부 소작농 사이에서는 여전히 흔한 일이라고 말했다.

강을 건너 북쪽 강둑을 따라 펼쳐진 평평한 다랑이 밭 쪽으로 가서 다코타레이크스 연구농장에 도착했다. 왕복 2차선 34번 고속도로 바로 남쪽 800에이커의 땅이었다. 입구는 농장 서쪽의 자갈길인데 그 유명한 서경 100도를 따라 나 있다. 이 지리학적 기준선은 대초원 지대의 서쪽 끝자락으로, 천수농업과 관개농업의 경계선이다. 농장의 4분의 1쯤은 관개를 하는데, 그날 마침 가로로 네 폭짜리 높다란 스프링클러가 물 주는 거대한 로봇처럼 경작지를 느릿느릿 '걸어가고 있었다.' 다랑이 밭의 표면은 강 쪽으로 내리막이고, 그 사이에 있는 배수로에는 녹슨 농기계들이 처박혀 있었다.

미주리 강을 따라 가는 길에 루이스와 클라크는 이 땅을 지났다. 200년이 흐른 뒤에 벡은 두 사람의 일지를 근거로 토착 식생이 키 큰 풀로 이루어진 초지와 키 큰 풀과 키 작은 풀이 혼합된 초지였음을 밝혀냈다. 그 뒤 그는 농장 둘레를 감싸는 고리 모양으로 초지의 풀을 심어 꽃가루 매개자들과, 경작지의 해충을 감소시키는 데 도움을 주는 토착 천적들의 서식지가 되도록 했다.

벡은 농장의 새로운 제로에너지 빌딩을 자랑하고 싶었는지, 지붕에 태양열 집열판과 태양전지를 올린 큰 회색 창고로 차를 몰았다. 우리 집이 창고 안에 다 들어갈 만한 크기였고, 콩 성분의 발포 단열재로 들보와 벽을 마감해 놓았다. 파격적으로 보이긴 해도 꽤 효과가 있다. 건조한 폭염 때에도 창고 안은 쾌적하고 시원했다. 벡은 겨울에는 반대로 따듯하다는 말을 잊지 않았다.

거기서 만든 카놀라유나 대두유가 사무실이 있는 건물의 반을 난방했다. 북쪽 벽 앞에 있는 거대한 스크루 프레스가 대두에서 기름을 압착해 내고는 커다란 양파 링 같은 콩깻묵을 뱉어 냈다. 주로 단백질 성분인 이 '찌끼'는 가축의 먹이로 사용되고, 이것을 먹은 가축은 똥거름을 농지에 되돌려 준다. 벡은 이를 에너지 효율적인 양분 재활용이라고 설명했다. 그의 궁극적인 목표는 다코타레이크스 연구농장이 화석연료를 사용하지 않는 동시에 흙에서 양분과 유기물을 잃지 않는, 또는 땅에서 토착 포식자를 잃지 않는 곳이 되도록 하는 것이다. 그렇게 하려면 점진적인 변화보다는 탈바꿈에 가까운 변화가 필요하다고 그는 믿는다.

물론 농부들은 대개 성공의 증거를 확인하기 전까지는 과감한 변화에 나서지 않는다. 얼마 안 되는 작은 실험용 텃밭 정도로는 믿음을 얻지 못한다. 농부들은 새로운 아이디어가 전체 규모에서, 그러니까 실제 농지에서 작동하는 걸 확인한 뒤 자신의 경작지에서 실험하려고 한다. 그러나 벡은 농부들에게 자문을 해주는 농업 연구자와 농촌진흥청 담당관 대부분이 특정 농법에 마음이 쏠려 있다는 점을 걱정스러워 한다. 일반적으로 점진적인 단계를 중시하여 다른 종류의 제초제를 써 본다든가 하지, 자연의 순환 방식을 이해하고 그에 따라 제초제 사용 필요성을 최소화하려는, 탈바꿈에 가까운 변화에는 무관심하다는 얘기이다. 그러니 사우스다코타라고 해도 농촌진흥청 연구농장이 앞장서서 땅을 갈아엎는 지역에서는 무경운 농부가 거의 없다는 사실이 전혀 놀랍지 않다. 연구자들이 새로운 시도를 하지 않는 걸 뻔히 아는데, 농부들이 왜 하겠는가?

물론 시범적인 본보기가 없다는 것 이상의 문제들도 있다. 벡은 대학교수와 신예 박사급 카운티 농촌진흥청 담당관들이 실제 농사 경험이 거의 없다는 점을 걱정한다. 주와 연방 차원에서 농촌진흥 프로그램이 상당히 축소되었고, 우리가 실제적인 지식 보유자의 역할을 자기 상품 판매에 눈독을 들이는 기업들에 넘겨주고 있다고 그는 한탄한다. 대부분의 기업은 자기들이 판매할 수 있는 제품과 연결되지 않는 농법의 변화에 쓰일 연구비를 지원하려고 하지 않는다. 불행하게도 미국 농무부는 투입 비용이 거의 없으면서도 농부들의 요구를 충족시킬 수 있는, 비용효율적인 농법을 찾아내기 위한 농사 시스템 연구에서 기업의 협력이나 신제품 실험과 개발을 강조하는 것 같다.

벡의 농장은 농부들을 이롭게 하는 연구에 우선순위를 둔다. 그의 충심은 누구보다도 농장을 소유한 500명의 회원을 향한다. 그들은 학습 공동체와 마찬가지이다. 참여하는 주요 농부 가운데 많은 회원이 연구농장을 처음 출범시킨 이들의 자녀와 손주이다. 벡이 생각하기에 농장이 잘 굴러가는 이유는 농부들이 공동체의 지속을 바라기 때문이고, 사우스다코타에 땅을 갈지 않는 농법이 도입된 뒤로 그들에게 새 삶의 숨결이 불어왔기 때문이다.

다코타레이크스 연구농장의 재정은 농장에서 거둔 수익과 사우스다코타주립대학의 후원, 그리고 특정 프로젝트에 대한 회원들의 기부로 이루어진다. 이 덕분에 그들의 활동은 특정 이익집단이나 정치권의 영향에서 자유롭다. 제한된 인력과 새 농기계에 대한 투자 여력이 모자랐던 탓에 농장은 작물 돌려짓기와 물 절약 방법을 도입했고, 생태학 원리에 기초하여 재배 작물을 선택해 왔다. 시간이 흐름에 따라 점차 농장의 농법도 바뀌어 갔다. 피복작물과 돌려짓기를 통해 흙의 건강을 북돋우고 해충과 잡초를 관리하는 방법에 새로운 지식과 기술이 생겨났기 때문이다.

아침나절에 사우스다코타주립대학 토양물리학 학생들이 견학하러 왔다. 이번 주에 찾아온 네 번째 그룹이었다. 학생 스무 명과 교수가 창고로 들어왔다. 그들이 자리를 잡자, 벡은 먼저 거시적인 목표를 제시했다. 그는 다코타레이크스 연구농장이 2025년 즈음에는 이산화탄소를 배출하지 않게 되는 것이 목표라고 말했다. 왜냐고? 밀 농사를 짓는 농부들이 운영비로 지출하는 돈의 80퍼센트가 화석연료에 들어가는 것이기 때문이다. 100년 전에는 그 비용이 0이었고, 지금부터 100년 뒤에는 다시 0이 될 것이다. 다만 우리는 옛날 방식을 따르면서도 현대의 테크놀로지를 이용하며 수확량이나 흙 자체를 희생시키지 않는 방법을 배워야 한다.

나 혼자만 여전히 필기를 하고 있는 도중에, 벡은 사람들을 밖으로 안내하여 이동 교실로 데리고 갔다. 4열의 계단식 관람석이 갖춰져 있고 초록색 존 디어 트랙터에 연결된 평상형 트레일러가 이동 교실이었다. 우리는 서로 밀착하여 자리에 앉았다. 벡이 첫 번째로 가리킨 것은 농장을 둘러싸고 있는 토종 지팽이풀이었다.

우리는 관람석을 쿵쿵 울리며 농장을 양분하고 있는, 발길에 잘 다져진 흙길로 내려왔다. 우리가 지나치는 실험 경작지 구획마다 벡이 세심하게 관리해 왔음을 느낄 수 있다. 몇 구획은 몇 년 동안 계속 옥수수를 재배해 왔다. 다른 구획에서는 여러 작물을 돌려짓기 하고, 제초제와 비료를 다양하게 바꾸어 가며 실험한다.

그다음 들른 곳에서는 물과 관련된 사실을 배웠다. 벡은 자신이 관개용수를 공부하면서 무경운으로 입문하게 된 과정을 들려주었다. 그가 본 바에 따르면, 사람들이 경작지를 갈고 회전식 스프링클러를 설치하자 흙은 곧 두꺼운 껍질처럼 변해 물을 땅속으로 스며들지 못하게 했다. 관개시설을 한 의미가 없어진 것은 물론이다. 땅을 갈지 않는 방식은 어떻게 도움을 줄까? 무경운 농법은 물을 흡수하는 땅의 능력을 유지하므로 물이 침식을 일으키며 흘러가지 않는다.

땅을 갈지 않으면 다른 면에서도 도움이 된다. 옥수수 그루터기를 남겨 놓으면 지표면에 저속의 기류가 생성되어 증발을 감소시킨다. 벡은 그 순효과를 학생들에게 이렇게 설명했다. "경운을 멈추면 수분을 저장하게 되는 겁니다."

압밀(壓密) 작용 또한 문제이다. 벡이 말을 이었다. 육중한 농기계가 농지를 지나가면 흙을 내리눌러 작물이 사용할 물을 담아 둘 빈 공간이 사라진다. 그래서 다코타레이크스 농장의 모든 농기계는 타이어가 크고 뚱뚱하다. 11psi(pounds per square inch, 평방인치당 파운드. 압력의 단위로서 1제곱인치의 면적이 받는 무게—옮긴이)까지 공기를 주입하고, 땅이 젖어 있을 때는 7psi까지만 주입한다. 이 수치는 한 사람이 한 발로 서 있을 때의 압력과 비슷하다.

무경운은 또한 흙의 유기물 함량을 늘려 주어 흙의 보수력(保水力)에 영향을 미친다. 보수력은 반건조지대인 노스다코타와 사우스다코타에서 무엇보다 중요한데, 이 두 주에서 여름의 토양수분은 수확량을 결정짓는 문제이기 때문이다. 유기물 함량이 1퍼센트에서 3퍼센트로 증가하면 흙의 보수력은 두 배가 되는 한편 습지 상태를 예방하는 데 도움을 준다. 습지 상태는 흙에 서식하는 병원균에게 유리한 무산소 환경이기 때문이다. "저들은 비료가 유기물을 대신할 수 있다고 말합니다" 하고 벡이 학생들에게 말했다. "거짓말이죠!"

그동안 연구농장에서 관개용수를 사용하는 무경운 경작지는 비슷한 넓이의 경운 경작지의 딱 절반만 물을 사용했다. 이것이 바로 기후회복력(climate resilience, 기후변화에 따른 재난에 대처하고 사회생태학적 시스템의 기능을 유지하며, 미래 기후변화에 더욱 잘 대처하는 조건으로 발전하는 능력—옮긴이)이라고 벤은 결론지었다. 그는 그 의미를 이해시키고 싶었고, 우리는 두 실험 구획이 이웃해 있는 곳에 도착했다. 전날 밤에 물을 3센티미터 조금 넘게 관수해 둔 땅이었다. 한 구획은 맨흙으로 이전 해에 수확한 뒤 작물 잔여물을 전혀 땅에 남겨 놓지 않았다. 땅은 갈라져 있었고, 두꺼운 흙 껍질을 뚫고 잡초가 싹을 틔웠으며 지면을 흐르며 흙을 쓸어 간 물의 흔적이 보였다. 이웃한 구획은 전 해의 작물 잔여물이 남아 있고, 땅이 갈라지거나 껍질처럼 굳어지거나 물이 흘러간 흔적이 보이지 않았다. 한 번의 관개만으로도 그렇게 뚜렷한 차이가 드러날 수 있다니 인상적이었다. 학생들이 중요한 일이라도 하듯 핸드폰을 열 때, 나는 공책을 덮고 몇 분간 오른손이 쉴 틈을 주었다.

잡초가 솟아날 빈틈도 없이

그가 처음 시작할 때, 거의 모든 사람이 벡에게 땅을 갈지 않는 방식으로는 잡초와 병충해에 시달릴 거라고 충고했다. 하지만 그는 '경운이 잡초를 없애는 효과가 있는 거라면, 미국과 캐나다의 잡초는 지금쯤 모조리 사라졌어야 한다'고 생각했다. 실제로 땅을 파헤치지 않을수록 씨름해야 할 잡초는 점점 사라졌다.

시간이 흐름에 따라 벡은 최고의 잡초 방제는 양분이 충분히 공급된 작물이 무성해짐으로써 잡초가 살기 힘들어지는 조건을 만드는 것임을 알게 되었다. 효과적인 잡초 관리는 잡초를 죽이는 게 아니라 잡초가 발붙일 기회를 빼앗는 것이다. 수확하고 난 작물의 잔여물을 빽빽하게 남겨 두면 잡초가 자라나기 어렵고, 이 땅을 갈지 않은 채 파종하면 작물이 유리한 출발을 하게 되어 잡초는 수분과 공간, 빛을 빼앗긴다. 벡은 돌려짓기를 할 때 피복작물을 이용하면 잡초가 잘 자라지 못하고 제초제 사용이 줄어든다는 걸 알아냈다. 피복작물은 탄소와 질소를 흙에 보충하는 효과까지 덤으로 주는데, 이 덕분에 비료 사용의 필요성이 줄어든다. 말하자면 농사에서 예방주사 노릇을 하는 셈이다. 돌려짓기를 잘하면 농지가 전반적으로 더 건강해지고 잡초가 무성해지는 일이 없다.

1990년대 초, 벡이 돌려짓기로 잡초 방제를 해야 한다는 얘기를 막 시작하고 있을 즈음, 근위축성측삭경화증(ALS, amyotrophic lateral sclerosis) 억제제라 불리는 제초제류에 내성이 있는 옥수수가 처음 등장했다.[15] 한 컨퍼런스에서 젊은 농부가 그에게 질문했다. 새로운 제초제들로 얼마든지 잡초를 예방할 수 있을 텐데 왜 돌려짓기를 해야 하느냐는 얘기였다. 잡초는 꾸준히 진화하여 어떤 새로운 제초제를 만나든 결국 내성이 생기기 때문이라고 벡은 직설적으로 대답했다. 그 뒤 벡과 그가 근무하는 대학의 총장은 제초제를 만드는 기업으로부터 공개적인 입장 철회를 요구하는 서한을 받았다. 벡은 다코타레이크스 연구농장의 잡초들이 3년의 시한 동안 내성을 일으키지 않는다면 기꺼이 자신의 입장을 철회하겠노라고 답장을 보냈다. 그리고 그는 실험 구획을 하나 만들었다. 그리고 몇 년 동안 ALS 억제제를 사용해 온 옆 경작지에서 나온 씨앗을 심고 권장량 두 배의 제초제를 투여하기 시작했다. 넉 달 만에 내성이 생긴 잡초가 자라고 있었다. 사과 편지를 써야 할 일은 결코 일어나지 않았다.

이 이야기는 오늘날 더 큰 무대에서 되풀이되고 있다. 몬산토는 잡초들이 글리포세이트 성분의 제초제인 라운드업에 내성을 키울 거라는 우려를 무시했다. 하지만 글리포세이트 내성이 처음 관심거리로 떠오른 1996년부터 2011년까지 적어도 잡초 19종에서 글리포세이트 내성이 발현되었다. 당시 기업에 소속된 한 과학자의 주도로 제초제에 내성이 있는 잡초 관리에 관한 연구가 이루어졌다. 연구는 "다른 대안적 잡초 관리 방법을 찾아내 하루빨리 실행하는 게 무엇보다 중요하다"고 주장했는데, 제초제에 내성이 있는 잡초들 문제가 점점 심각해지고 있었기 때문이다.[16] 그 직후 제초제를 둘러싸고 규제 관련 논란이 시작되었다. 그 제초제는 글리포세이트와 2,4-디클로로페녹시아세트산(2,4-D) '모두에' 내성이 있도록 조작된 옥수수와 대두 종자와 함께 사용되도록 만들어진 것이었다. 벡이 생각하기에 이런 개발 과정은 필연적으로 두 부류의 제초제 모두에 내성이 있는 잡초를 육종하게 된다. 그는 다른 종류의 해법을 추구한다. 여러 작물로 잡초를 억제하면서, 농부들이 정말 필요로 할 때 제초제가 효력을 발휘하도록 하는 것이다.

농부들이 일반적으로 선호하는 건 잡초 방제가 내장된 유전자 조작 옥수수이다. 글리포세이트를 뿌리면 이 옥수수는 살아남지만 주변의 잡초는 죽기 때문이다. 그러나 여기엔 불리한 측면이 있다고 학생들에게 말하면서, 벡은 연구농장 울타리를 따라 우거져 있는 제초제 내성 잡초들을 가리켰다. 잡초들은 이웃 농장에서부터 울타리 안으로 침범하려 하고 있었다. 불리한 측면이란, 어느 시점이 되면 잡초들이 내성을 키우는 것이다. 다코타레이크스 연구농장은 유전자 변형 옥수수와 대두를 재배한다. GMO가 아닌 옥수수와 대두 종자를 미국에서 구하기 어렵기 때문이기도 하다. 하지만 연구농장은 예전에 사용했던 글리포세이트 양의 일부만을 사용하는데, 더 이상 많이 사용할 필요가 없기 때문이다. 벡의 경작지에는 놀라우리만치 잡초가 드물다. 나는 눈을 크게 뜨고 살살이 살핀 뒤에야 잡초 '몇 포기'를 발견했을 뿐이다. 늘 땅을 피복해 두는 것이 중요한 까닭이다.

피복작물과 돌려짓기로 잡초를 억제할 수 있음을 알아낸 이는 벡뿐만이 아니다. 특히 미국 농부부의 농학자 랜디 앤더슨은 콜로라도와 사우스다코타에서 다양한 경운 방식에 따라 잡초가 작물에 미치는 영향을 연구했다. 그 결과 2년 돌려짓기(옥수수→대두)나 4년 돌려짓기(밀→옥수수→대두→완두콩)로 잡초 밀도가 3분의 1에서 12분의 1까지 줄어들었다. 지역의 관행적인 '밀→휴경' 방식을 2년 동안의 호냉성 작물과 호온성 작물 무경운 돌려짓기 방식으로 바꾸니 잡초 밀도가 눈에 띄게 낮아져서 제초제 투입이 절반으로 줄었다. 4년 돌려짓기를 해보니 몇몇 작물은 제초제를 전혀 쓸 필요가 없었다. 이 방식이 전하는 메시지는 다음과 같다. 피복작물과 돌려짓기 방식으로 지표면에 작물 잔여물을 충분히 남겨 두면, 맨흙과 비교할 때 80퍼센트 이상까지 잡초를 억제할 수 있다는 것이다.

손수 재배하는 비료

피복작물은 제초제의 필요성을 크게 줄여 줄 뿐 아니라 비료 사용 또한 줄이도록 도와준다. 그러려면 맞춤한 작물, 다시 말해 흙에 질소를 고정시키고 탄소를 축적하는 작물을 심어야 한다. 벡이 생각하는 농사란 흙을 먹여서 그 흙이 작물을 먹이도록 하는 일이다. 옥수수→대두 돌려짓기 무경운 농사에서, 옥수수와 대두 모두 탄소와 질소를 흙 속의 미생물과 교환하는 과정에서 혜택을 본다. 하지만 땅을 갈아엎어 미생물과의 연관이 방해를 받으면, 옥수수와 대두는 서로 경쟁자가 된다.

벡이 생각하는 작물은 양분을 '체포했다가 석방하는' 시스템이다. 다른 연구자들 또한 질소를 고정하는 콩과 식물을 피복작물로 재배하면 부분적으로는 질소비료의 필요성을 완전히 상쇄시킬 수 있고 작물 수확량도 늘어난다는 사실을 발견했다. 피복작물은 토질 악화를 역전시키는 데 도움을 준다. 흙에서 양분을 흡수하여 유기물 속에 농축시켰다가 썩어 가며 식물이 이용할 수 있는 형태로 배출하기 때문이다. 이와 관련된 연구인 2002년의 한 보고서는 서부 옥수수 지대의 장기적인 농사 관행을 살펴보고 있다. 보고서에 따르면, 콩과 식물과 콩과 식물이 아닌 것을 섞어 돌려짓기를 하니 토양 질소를 감소시키는 장기적인 단일경작을 하는데도 토양 질소의 함량이 크게 높아졌다.

일부 돌려짓기 방식은 다른 돌려짓기 방식보다 땅에 더 많은 잔여물을 남기고 더 많은 탄소를 공급한다. 요사이 벡이 실험하고 있는 것은 두 작물을 동시에 같은 경작지에서 기르는 것이다. 너비 75센티미터의 이랑 둘에 심는 대신, 너비 50센티미터의 이랑 셋을 만들어 옥수수 두 이랑, 알팔파 한 이랑을 심는다. 너비 50센티미터의 이랑에 심은 옥수수는 전형적인 75센티미터 너비의 이랑에 심은 옥수수와 작물 밀도가 같아질 것이다. 알팔파가 옥수수에 질소를 공급할 것이기 때문이다. 적어도 계획대로라면 그렇다.

그 실험이 어떤 결과를 내오든, 경운이 흙 속의 유기물과 질소 함량에 미치는 영향은 이미 잘 알려져 있다. "할아버지께 청구서를 내미세요." 벡이 학생들에게 말했다. "할아버지가 질소와 유기물을 몽땅 써 버렸으니까요."

세찬 바람이 불어왔고 나는 모자가 날아가지 않도록 손으로 눌렀다. 벡은 자신과 동료들이 바로 그 연구농장에서 어떻게 바람을 이용하여 질소비료를 만들었는지 설명하기 시작했다. 풍차는 충분한 전력을 공급하여 물에서 수소를 분리해 낼 수 있다. 수소를 촉매로 이용하여 공기의 대부분을 차지하고 있는 질소 기체와 함께 고온·고압 상태에서 반응시키면 암모니아 기체(NH_3)가 생성되고, 이를 냉각시켜서 비료로 사용할 수 있다. 일단 시스템만 마련되면, 다음 농사철에 쓸 비료를 생산하는 데 필요한 건 바람뿐이다. 그리고 대초원에 내려진 축복이 하나 있다면 바로 바람이 풍부하다는 점이다.

실제로 새로운 풍력 단지가 지역 곳곳에 생겨나고 있다. 2015년 미네소타대학의 연구는 그런 시스템으로 풍력을 이용해 지역사회 차원에서 효율적으로 암모니아를 생산하고 농업 분야에서 온실가스 배출을 크게 줄일 수 있음을 확인했다. 더 참신한 방법은 양식지(養殖池)에서 배양한 남조류를 이용하여 암모니아를 만들어 내는 것이다. 연구자들은 이 방법으로 하버-보슈 공정을 대체할 수 있으며, 이 방법이 널리 자리 잡을 경우 환경에 훨씬 이로운 비료 생산 방법이 될 거라고 말한다.

하지만 우리가 비료를 사용하는 방법도 더 지혜로워질 수 있다. 이 생각이 바로 정밀 시비의 밑바탕이다. 가이 스완슨이 판매하는 제품을 비롯한 무경운 파종기의 작동 방식으로는 종자 옆으로 5센티미터쯤 간격을 두고 적은 양을, 다시 말해 모종이 자라는 데 필요한 만큼만 비료를 줄 수 있다. 이 덕분에 농부들이 비료를 훨씬 적게 사용하므로 농지에서 흘러가 수로를 오염시키는 양이 적어진다. 벡은 우리가 궁극적으로 질소비료를 완전히 몰아낼 수 있을 거라 생각하는 한편, 씨앗을 심을 때 종자와 가장 적절한 거리를 두고 정밀 시비한 소량의 질소비료는 수확량을 10퍼센트 끌어올린다는 사실도 알고 있다. 그는 여전히 정밀 농업을 현대 농부가 선택할 수 있는 방법론 가운데 하나로 본다.

식물 성장에 꼭 필요한 또 다른 양분이 인이다. 벡이 즐겨 말하기를, 120량 화물열차에 실려 시장으로 팔려 나가는 대두에는 약 23만 킬로그램의 인이 들어 있다고 한다. 흙 속의 인 대부분은 물에 용해되지 않고 토질 실험에서 발견되지 않는다. 인은 광물, 안정적인 산화물, 흙 속의 유기물 안에 갇혀 있기 때문이다. 하지만 이 인을 얻어 작물에 이용할 수 있는 방법이 있다.

균근균과 특정 박테리아는 인을 용해시켜 식물에 전달한다. 왜일까? 식물이 뿌리로 보내는 당류 삼출물을 얻는 데 대한 보답이다. 이렇듯 진균류의 균사는 식물 뿌리를 연장시켜 주는 노릇을 한다.

불행하게도 경운은 균사 가닥들을 끊고 잘라 내 식물 뿌리와의 연결을 끊어 버린다. 따라서 땅을 가는 농부는 인을 보충해 주어야 한다. 균근균이 제 몫을 다할 만큼 충분하지 않기 때문이다. 그러나 적정한 균근균이 흙에 충분히 있다면, 작물은 토질 실험에서 인 함량 수준이 낮게 나오더라도 필요한 만큼 인을 넉넉히 얻을 수 있으므로 수확량을 높이려고 비료를 너무 많이 줄 필요가 없다. 다시 말해 농부들은 선택을 해야 한다. 땅을 갈고 비료를 많이 주든지, 아니면 경운을 건너뛰고 비료를 주게 되더라도 아주 조금만 주든지.

벡이 관람석 트레일러를 멈추었다. 우리는 그루터기가 남아 있는 경작지에 우르르 내렸고, 벡은 우리에게 옥수숫대를 보라고 했다. 그가 허리를 굽혀 땅 위의 잔여물을 헤치니 지렁이 굴들이 나타났고 그는 펜을 구멍에 깊숙이 찔러 넣었다. 굴은 120센티미터 깊이라고 그가 말했는데, 약 20센티미터 간격으로 하나씩 있다. 영구적인 굴을 파고 사는 지렁이는 작물 잔여물을 은신처로 끌고 와서 먹은 다음 수용성 양분이 풍부한 똥을 배출한다. 이 깊은 굴들은 물이 땅속으로 스며드는 길이기도 해서, 목마른 식물들이 나중에 여기서 물을 긷는다. 지렁이는 자그마한 가축이라도 되는 양 유기물을 먹고 농부의 경작지에 거름을 내놓는다. 그러니 우리는 지렁이들을 잘 먹이고 잘 지내게 해주어야 한다. 경운은 지렁이의 거실에 폭탄을 터뜨리는 일과 같다. 먼저 지렁이의 보금자리를 파괴하고, 뒤이어 지표면의 맨흙이 방수 껍질처럼 변하게 되면 우물이 고갈된다.

우리를 이끌고 농장을 둘러보면서, 벡은 구덩이를 파서 다양한 농법이 흙에 미치는 영향을 보여 주었다. 오랜 기간 땅을 갈지 않은 그곳의 흙은 거무스름한 빛깔에 고슬고슬하고 지면 바로 밑은 촉촉하다. 우리가 기억하는 한 가장 건조한 해였는데도, 그가 처음 일구었던 칙칙하고 누런빛이 도는 흙을 떠올려 보면 뽐낼 만한 발전이다.

해충의 자가 관리

벡은 견학을 온 학생들의 절반이 농사짓는 부모를 둔 경우에, 자신이 어떤 식으로 수업을 끌고 가는지 방문객들에게 즐겨 말해 준다. 먼저 학생의 부모가 어떤 해충 문제를 겪는지 묻고 칠판에 목록을 정리한다. 그리고 목록 순서대로 각 해충 문제를 겪는 학생의 부모들이 어떤 방식으로 농사짓는지, 돌려짓기 방식과 흙을 파헤치는 방식 가운데 어느 쪽인지, 다시 말해 땅을 가는지 갈지 않는지를 맞춘다. 그리고 그의 답은 거의 매번 옳았다. 학생들은 언제나 크게 놀란다.

벡은 우리가 규칙적으로 살충제와 제초제를 써야 한다는 건 신화일 뿐이라고 말한다. 다른 식으로 해충을 관리할 수 있고, 사우스다코타에서 얻은 교훈은 다른 지역에도 적용할 수 있다. 옥수수 지대인 아이오와, 일리노이, 네브라스카, 그리고 미네소타의 농장은 대부분 단순한 옥수수와 대두 돌려짓기를 한다. 때가 되면 아이오와 농지의 98퍼센트 이상이 옥수수 또는 대두로 뒤덮인다. 그토록 규칙적이고 획일적이다 보니, 해충과 병원균에게 식사 시간을 알리는 종을 쳐 주는 셈이다. 그래서 병충해가 몰려오면 우리는 살충제를 꺼내 든다.

현대의 항생제처럼, 비선택성 살충제는 효능과 함께 부작용을 보인다. 많은 작물의 씨앗은 오늘날 정기적으로 네오니코티노이드(티아메톡삼) 살충제로 처리된다. 이 살충제는 수액에 스며들어 작물 전체에 퍼지는 침투성 독성 물질이다. 초식 곤충만 죽이는 게 아니라 해충을 방지하는 역할을 하는 곤충 천적까지 죽인다.

예를 들어 《응용생태학 저널》(Journal of Applied Ecology)에 실린 2015년의 연구는, 널리 사용되는 네오니코티노이드로 처리된 대두 종자는 민달팽이를 먹는 천적인 딱정벌레를 해치거나 죽게 한다고 보고했다. 포식자의 위협이 사라진 민달팽이는 개체 수가 급증하여 대두 수확량을 5퍼센트 감소시켰다. 따라서 종자 처리의 목적이 해충을 없애서 수확량을 늘리는 것이라 해도, 생물학적 병충해 방제를 무너뜨리는 결과로 역효과를 냈다.

세계적인 과학자들로 구성된 팀이 지난 수십 년 동안 발표된 전문 학술논문 800여 편을 검토한 뒤에 내린 결론은, 네오니코티노이드가 농경에 미치는 이로움은 불분명하다는 것이다. 수확량에서 순편익을 입증한 연구는 거의 없는 반면 경제적인 순손실을 밝혀 낸 연구는 있다. 또한 연구팀은 이것이 나비나 꿀벌 같은 꽃가루 매개 곤충을 비롯한 이로운 비표적 생물에 심각한 악영향을 끼치며, 네오니코티노이드 처리된 종자를 조금만 먹어도 작은 새들은 치명적인 위해를 입을 수 있다는 확실한 증거를 발견했다.

옥수수근충이 반복되는 문제로 자리 잡은 건, 관수하는 대초원과 옥수수 지대의 농부들이 한 해가 가고 이듬해가 와도 똑같은 경작지에서 옥수수만 재배하기 시작하면서부터였다. 옥수수근충은 옥수수수염을 먹고 옥수수 뿌리 주위에 알을 낳는다. 이듬해 봄에 알이 부화하고, 농지에 옥수수가 자라고 있다면 애벌레는 옥수수를 먹으며 성장한다. 곧이어 지속적으로 옥수수를 재배하는 경작지는 살충제를 엄청나게 뿌려서 이 굶주린 옥수수근충이 입히는 어마어마한 피해를 막아야 한다.

대두를 포함하여 돌려짓기를 하니, 새로 부화된 옥수수근충 애벌레들이 옥수수 뿌리 주위에서 벌이는 잔치는 열리지 않았다. 돌려짓기는 도움이 되었지만 문제를 완전히 해결한 건 아니었다. 알의 일부는 산란된 뒤 '이듬해' 봄에 부화하기 때문이다. 단순하게 옥수수와 대두만 돌려짓기 하니 옥수수근충이 2년 생활주기에 적응하는 결과만을 낳았다. 한 해 걸러 계속 옥수수 재배가 이어졌기 때문이다. 얼마 지나지 않아 옥수수근충 무리도 이 생활주기를 따르기 시작했다. 그뿐 아니라 일부 암컷은 대두 경작지에 알을 낳았다. 대두 다음에 옥수수가 자라는 게 분명하므로, 알은 옥수수가 자라날 때 부화하는 것이다. 옥수수근충이 단순한 옥수수→대두 돌려짓기에 어떤 식으로 적응하든, 문제는 다시 시작되었다.

해충 방제의 핵심은 해충의 습성을 이해하는 것이라고 벅은 말했다. 서부콩거세미나방과 왕담배밤나방의 경우를 한 번 보자. 어미 밤나방은 꽃가루를 먹고 옥수수자루에 알을 낳는다. 형제를 잡아먹는 어여쁜 아기들 가운데 하나, 다른 모든 애벌레를 잡아먹는 한 놈만이 살아남는다. 듀퐁의 자회사인 파이어니어가 왕담배밤나방을 죽이는 Bt 옥수수를 개발했을 때, 또 다른 문제가 발생했다. Bt 옥수수 이전에는 서부콩거세미나방은 큰 문제가 아니었다. 게걸스러운 왕담배밤나방은 자신의 형제를 먹어 치울 뿐 아니라 콩거세미나방 유충도 싹 잡아먹었기 때문이다. 하지만 Bt 옥수수가 왕담배밤나방을 없애자 콩거세미나방의 태평성대가 열렸다. 콩거세미나방의 모든 애벌레가 살아남아 옥수수자루에 더 많은 해를 입혔다. 하나의 해충을 방제하는 신기술은 새롭고도 훨씬 심각한 문제를 낳는다. 이게 과연 진보인가?

벅이 학생들에게 소개한 또 다른 사례는 다코타레이크스 연구농장에서 초창기에 했던 실험이다. 미국 농무부와 사우스다코타주립대학 연구자들은 1990년 이후로 경운을 한 적이 없고 어떤 살충제도 살포한 적 없이 꾸준히 옥수수를 재배해 온 경작지 구획에서 자라고 있는 옥수숫대마다 옥수수근충 알을 1천 개씩 투입했다. 해충이 뚜렷한 문제를 일으키지 않자 그들은 땅속을 파보고 이유를 알아냈다. 흙에는 에이커당 10억 마리가 넘는 천적 곤충들이 살고 있었기 때문이다. "이걸 다 망쳐 놓으려면 살충제를 살포하면 됩니다" 하고 그는 말했다. 포식자를 죽이면 피식자 수가 급증한다. 북아메리카에서 사람들이 퓨마와 늑대를 살육한 뒤에 사슴이 급증한 것과 똑같은 이치다.

따라서 해충 문제에 눈을 돌렸을 때, 벅의 첫 번째 과제는 잡초 방제 방식과 마찬가지로 어떤 일이 해충에게 기회를 주는지 알아내는 것이었다. 그리고 해충 문제를 줄이기 위해 무슨 일을 해야 하는지 이해하는 것이었다. 물론 화학물질로 이로운 곤충과 해로운 곤충을 죄다 죽여 버려서 다른 해충들에게 태평성대를 열어 주는 일은 없어야 했다. 불규칙한 시차를 두고 여러 작물을 복합적으로 돌려짓기를 하면 해충이 적응하기 어렵다. 이런 농사 방식으로 그는 10년 넘도록 살충제를 쓴 적이 없다.

단순한 옥수수→대두 돌려짓기에서 옥수수→옥수수→대두→밀→대두의 복합적인 돌려짓기 방법으로 바꾼 뒤, 벅은 대두 수확량이 에이커당 1,714킬로그램 정도에서 2,149킬로그램 정도로 25퍼센트 늘었다. 더불어 옥수수 수확량 또한 늘었다. 옥수수만 계속 재배했을 때 에이커당 5,156킬로그램 정도였던 것이, 옥수수→대두 돌려짓기를 했을 때 에이커당 5,512킬로그램 정도로, 그리고 더욱 복합적인 돌려짓기를 했을 때 5,969킬로그램으로 늘었다. 다채로운 돌려짓기를 할 때 전체 시스템은 생산성이 더 높아졌다. 그리고 여기에는 경유, 비료, 제초제를 비롯한 투입 비용이 거의 들지 않았기 때문에 수익이 훨씬 컸다.

최첨단 무경운

그렇다면 왜 더 많은 농부들이 이 피복작물과 복합적인 돌려짓기 방식을 채택하지 않을까? 큰 이유는 보조금을 지급하는 정부 지원 정책, 이를테면 작물보험이 복합적인 돌려짓기를 하는 농부들에게 불리한 조건을 부여하거나 아예 자격을 주지 않기 때문이다. 벡은 그릇된 보조금을 없애고 작물보험 정책을 바꾸어 내면, 더 많은 농부들이 수확량을 유지하면서도 투입 비용과 환경 파괴를 줄이는 농법으로 바꾸어 갈 거라고 믿는다.

학생들이 돌아가고 그날 오후 우리는 크로닌 농장을 방문하기 위해 북쪽으로 차를 몰아 게티스버그로 갔다. 이 대규모 가족 농장은 10년 전에 벡의 농사 방식을 채택했다. 가는 길에 벡은 1980년대에 흙구름을 뚫고 운전하면서 설리·포터 카운티 경계선까지 무사히 갈 수 있기를 기도했던 이야기를 들려주었다. 1960~1970년대에 설리 카운티에는 오클라호마와 텍사스에서 농부들이 몰려왔다. 이들에게는 경운을 기반으로 밀 재배와 휴경을 번갈아 하는 방식이 일반적이었다. 이와 대조적으로, 포터 카운티에 온 이들은 대부분 더 다양하고 통합적인 가축과 곡식 농사에 익숙한 유럽 이민자들이었다. 이들이 땅을 갈지 않을 때의 이로움을 더 빨리 알아채고 무경운 방식으로 농사를 짓기 시작했다. 당시에 벡이 포터 카운티까지 가닿을 수 있었다면 그날은 공기가 맑았던 거라고 한다.

오니다 타운을 지나칠 때 대초원 위로 우뚝 솟아 있는 높은 곡물 저장고가 눈에 들어왔다. 여덟 개의 반짝거리는 새 저장고가 오래된 콘크리트 저장고들 옆에 줄지어 서서 최근의 수확량과 수익 증가를 증언하고 있었다. 마을은 2000년대 초에 거의 사라졌다가 무경운 덕분에 활기를 되찾았다. 땅값은 최근의 생산성을 증명하듯, 1990년부터 2015년까지 에이커당 300달러에서 3,000달러로 열 배로 껑충 뛰었다.

크로닌 농장에 진입할 때 경작지 9,000에이커와 토착 대초원 11,000에이커가 지평선까지 닿은 듯 펼쳐져 있었다. 농장 건물, 목장 울타리, 곡물 창고가 어우러져 있는 모습은 대초원의 바다 가운데 떠 있는 경작지의 섬 같았다.

크로닌 형제 마이크와 몬티가 농장주였지만, 농장 관리자인 댄 포기가 우리를 맞이해 주었다. 깔끔하게 면도한 얼굴에 까만색의 각진 굵은 테 안경을 쓰고 회색 머리에 존 디어 중절모를 쓴 포기는 진지하고 성실해 보여 첫눈에 믿음이 가는 사람이다. 그는 104년 역사의 크로닌 농장에서 45년을 일해 왔다.

포기가 농장에서 처음 일하기 시작했을 때는 관행농법으로 농사를 지었다. 그는 삶의 전반부를 흙을 망치는 데 쓰다가 땅을 갈지 않을 때의 이로움을 알게 되었다고 한다. 지금 크로닌 농장에서는 열세 가지 다양한 작물을 돌려짓기 하는데 해마다 날씨에 따라 방법을 달리한다. 그들은 벡의 조언을 귀담아 들어 왔고 그 덕을 톡톡히 보았다.

포기는 돌려짓기를 하면 일거리가 사시사철 고르게 분포하게 되어서 좋고, 크로닌 가족은 "올바르게" 농사를 짓기 위해 최선을 다하는 이들이라고 말했다. "우리는 거대한 변화의 한가운데 와 있습니다. 그러니 이번에는 제대로 해야죠." 10년 전 그는 금세 퍼지는 털빕새귀리를 없애려고 다른 사람들과 마찬가지로 살충제를 살포했다. 이제 그는 돌려짓기로 잡초를 방제한다.

피복작물 심기, 돌려짓기와 함께 그들은 최첨단 정밀 농업도 받아들였다. 정밀 농업은 돌려짓기를 이어 가고 수확량을 유지하며, 비료 사용량을 최적화·최소화하는 데 도움을 준다. 그들은 질소비료를 씨앗으로부터 5~8센티미터쯤 간격을 두고 땅속에 주고 지표면에는 살포하지 않는다. 인은 씨앗을 심을 때 함께 구멍에 넣는다. 이렇게 하면 비료 값 지출에서 15퍼센트를 절약할 수 있고, 경작지를 오가는 횟수도 줄어든다. 그들은 건조지대 옥수수의 목표 수확량인 에이커당 3,302~3,429킬로그램, 겨울밀 목표 수확량 에이커당 1,768~2,448킬로그램을 달성해 왔는데, 카운티 평균 수확량과 비슷하지만 투입 비용은 훨씬 적다.

12년쯤 전에 포기는 실수를 통해 살진균제가 여러 이로운 토양 생물에 끼치는 악영향을 배웠다. 봄밀에 살진균제를 살포한 뒤, 심각한 세균성 잎마름병이 퍼진 것이다. 그는 살진균제가 병원성 세균의 활동을 가로막는 이로운 진균류를 죽였다고 생각한다. 이제 그들은 꼭 필요할 때만 살진균제를 살포한다고 포기는 말한다. 또한 살포할 때는 어김없이 비용이 든다. 세상 모든 곳의 농부가 그러하듯 포기는 돈을 쓰는 걸 좋아하지 않는다. 몬티와 마이크 형제도 마찬가지이다.

포기는 "흙에는 흙의 지난 이야기가 담겨 있고," 땅속의 것들이 땅 위의 것을 먹여 살린다는 걸 안다. 균근균과 유기물을 풍성하게 가꾸기 위해 이제 그들은 겨울밀, 봄밀, 귀리, 옥수수, 해바라기, 보리, 렌즈콩, 경협종 완두, 아마, 알팔파, 그리고 곡물용 또는 사료용 테프[17]를 비롯하여 정말로 다양한 작물을 재배한다. 그들은 지금까지 토양탄소를 1퍼센트 증가시켰다. 포기의 설명에 따르면, 보잘것없는 양으로 보이지만 유기물 1퍼센트마다 에이커당 600달러어치 양분을 함유하고 있다고 한다. 완전히 새로운 눈으로 흙을 바라보고 있는 셈이다. 포기는 탄소 함량이 높은 피복작물을 재배하고 농지에 더 많은 잔여물을 남겨 둠으로써 토양 유기물을 더욱 풍성하게 만들고자 한다.

농사 방법으로서 벡이 아직 사용하지 않지만 포기가 사용하는 것이 바로 젖소이다. 크로닌 농장의 젖소 900마리는 피복작물 잔여물을 뜯어먹으며 농지에 똥거름을 준다. 포기는 농장 가장자리에 있는 무경운 경작지로 우리를 데리고 갔다. 마구 갈아엎은 이웃의 경작지 건너편이고, 젖소들이 12월의 먹을거리로 피복작물을 뜯어먹던 땅이다. 땅은 여전히 무, 귀리, 아마, 순무 잔여물로 일부 덮여 있었다. 나는 무릎을 꿇고 앉아 지표면 바로 밑 촉촉하고 기름지고 거무스름한 흙을 손으로 퍼냈다. 엄지로 문지르니 흙이 바스러졌다. 포기는 휴대용 온도계로 흙의 온도를 쟀다. 기온이 27℃ 정도였지만 작물 잔여물 아래의 흙 온도는 13℃ 정도였다.

포기는 우리를 데리고 그의 경작지와 이웃의 경작지를 가르고 있는 흙길을 지나갔다. 그 맨땅에는 작물 잔여물이 거의 없었는데, 이웃이 복토직파기(hoe drill)를 사용하여 직파를 해놓은 경작지였다. 포기는 그 농법을 "공격적이고 파헤침이 심한 무경운" 방식이라고 거침없이 말했다. 벡은 맞장구를 치며 이런 방식으로 파종을 하면 흙의 표면과 토양 생물을 심각하게 교란시킨다고 했다. 땅을 갈지 않는 두 경작지의 차이는 낮과 밤만큼 뚜렷했다. 이웃의 경작지 흙은 빛깔도 훨씬 옅었고 손으로 파낼 수도 없었으며, 삽을 밀어 넣자 판때기 같은 덩어리가 떠졌는데 손에 쥐어도 부서지지 않았다. 벽돌 같은 흙덩어리에 엄지조차 찔러 넣을 수 없었다. 지온(地溫)은 23℃ 정도였고 지면 아래는 바싹 말라 있었다. 이웃한 이 두 경작지 사이의 토양수분 차이만으로도 모든 무경운 방식이 똑같은 건 아니라는 라탄 랄의 말이 가슴에 와 닿았다.

바람이 거세져서 우리가 쓴 중절모가 벗겨질 때 나는, 이 고운 미사토(微砂土)는 땅을 갈아엎은 뒤 마르고 노출되면 언제든 바람에 날려 갈 수 있음을 알았다. 그렇게 더스트볼이 일어났을 것이다. 따라서 작물 잔여물은 흙을 식히고 촉촉하게 해주며 원래 있던 땅에 그대로 남아 있게 해주는 데 꼭 필요하다.

포기는 차를 몰아 강 옆에 회전식 관개시설을 갖춘 크고 둥근 경작지로 우리를 데리고 갔다. 마이크 크로넌이 옥수수를 심고 있었다. 우리가 도착하자 주황색 셔츠와 청바지를 입은 채 흙투성이가 된 키 큰 마이크가 거대한 존 디어 농기구인 초록색 파종기를 구경하겠느냐고 제안했다. 우리는 끄트머리에서 출발하여 파종기 둘레를 돌며 내부를 들여다보고 특이하게 결합된 원반과 바퀴들을 살펴보았다. 복잡해 보이기는 하지만, 실제로는 무척 단순하고 매우 기발했다. 마이크가 작동 원리를 설명해 주었다. 먼저 매끈한 절삭 바퀴가 흙에 좁은 틈 또는 골을 내면, 씨앗을 심을 부분 옆으로 몇 센티미터 떨어진 곳에 비료를 조금 준다. 어슷한 각도로 부착된 두 쌍의 '잔여물 처리 바퀴'는 이랑 부분에 지나치게 많은 잔여물을 말끔히 치우면서도 흙을 파헤치지 않는다. 그다음 두 개의 원반이 함께 작동하는 흙 파개(seed opener)가 파헤쳐지지 않은 흙에 골을 내고 골 바닥에 씨앗을 놓는다. 씨앗 누르기 단계가 작동하여 씨앗을 골 바닥의 흙 속으로 밀어 넣은 뒤 골에 비료를 소량 투입한다. 마지막으로 어슷한 각도로 부착되어 있는, 톱니 같은 날이 달린 한 쌍의 원반이 씨앗을 심은 골에 흙을 덮어 준다. 파종기가 이 작업을 다 마친 뒤에는 흙이 파헤쳐진 일이 있었는지 알아내기 어렵다.

마이크는 한번 타 보겠느냐고 물었고, 나는 신나게 그를 따라 사방이 투명하게 보이는 조종석에 올라 문을 닫았다. 마치 2인승 대초원 우주선의 사령관석에 오르는 기분이었다. 한쪽 끝으로 한 무더기 모여 있는 모니터들은 위성에서 송출해 주는 GPS를 나타내는 아이패드를 비롯하여, 존 디어 센서들이 추적하는 파종기의 작동 상태를 출력하는 장치였다. 마이크는 조종석에 앉아 경작지 전문 프로그램이 들어 있는 메모리 스틱을 꽂았다.

그가 시동을 켰다. 우리를 태운 파종기가 농지를 천천히 굴러갈 때, 나는 끊임없이 변화하는 판독 내용을 보며 우리의 궤적을 머리로 좇았다. GPS 시스템은 우리의 위치를 알려 주었고, 분할 화면은 타이어가 땅을 누르는 하중, 그리고 비료와 씨앗의 투여량을 보여 주었다. 데이터는 무엇을 투여했는지 경작지별로 저장 기록을 산출하므로, 크로넌 형제는 수확기에 수확 데이터와 비교할 수 있다. 비교를 통해서 경작지별로 파종 비율과 시비 비율을 달리하여 투입량을 조절할 수 있다.

밖의 대초원을 바라보자니, 저공비행을 하는 비행기나 고속도로를 달리는 세미트럭에 탄 것처럼 시원하게 풍경이 펼쳐졌다. 지평선까지 탁 트인 풍광 속에 토종 풀들이 저마다 바싹 마르고 푸르고 시든 빛깔로 넘실댔다. 잠시 나는 지구 둘레의 곡선을 보고 있다는 착각에 빠졌다. 새들이 지저귀는 소리가 들판과 너른 하늘에 메아리쳤다. 크로넌 농장은 땅 위와 땅속 모두 말 그대로 생동감이 넘치는 곳이었다.

마이크는 들판에서 눈길을 떼지 않은 채, 흙을 더욱 건강하게 만들 방법을 고민하면서 2~3년 뒤의 모습을 미리 그려보는 게 즐겁다고 말했다. 그게 다 벡 덕분이라고 말할 수 있다. 벡은 마이크의 형인 몬티가 고등학생일 때 화학을 가르친 교사였다. "벡 때문에 사람들이 땅을 갈지 않기 시작했는데, 벡이 다시는 한마디도 떠들지 못하도록, 한심한 짓을 못하도록 하려는 게 그 이유였답니다."

자기만의 레시피

흥미롭게도 벡이 지지하는 농법이 사실 그렇게 새로운 것만은 아니다. 세계 곳곳의 농부들은 오래전부터 피복작물과 돌려짓기가 지력을 되살린다는 사실을 잘 알고 있었다. 실제로 그런 농법은 토양 관리를 다룬 17~18세기 논문들에 다양하게 서술되었다. 그러다가 외면 받은 시절이 있었으니, 바로 값싼 화석연료와 화학비료가 기계화와 산업화라는 세 번째 농업혁명에 도입된 때였다. 새로운 면은 그 농법이 무경운과 결합된 것이다.

지난날 루이스와 클라크를 보내 미주리 강을 따라 탐사하게 했던 시절에, 토머스 제퍼슨은 늘 피복작물을 재배하고 작물 돌려짓기를 했다. 현대 보존농업의 핵심인 세 가지 농법 가운데 두 가지를 실천한 것이다. 하지만 그는 땅을 가는 방식으로 잡초를 제거했다. 돌려짓기를 하는 경우 단순하게 두 작물 돌려짓기를 했던 동시대 사람들 또한 땅을 갈아 잡초를 막았다.

더스트볼 이후 수십 년이 흐른 오늘날 우리는 경운을 포기해야 한다는 것을 안다. 그러니 피복작물과 다양한 돌려짓기의 힘을 다시 배우려 애쓴다. 이런 농법은 상업적인 비료와 살충제 시대가 도래하기 훨씬 전부터 효과적이었고, 사우스다코타의 성공을 통해 선진국의 대규모 현대식 농장에서도 효과가 있음이 입증된다. 필요한 것은 무경운과 함께 제때 피복작물을 적절하게 혼합하여 복합적인 돌려짓기를 하는 것, 말하자면 보존농업의 세 가지 원리를 모두 받아들인 새로운 농사 체계이다.

차를 타고 피어로 돌아가는 길에, 나는 이 방식이 미국 농촌의 가족 농장들을 되살리는 비결일지 궁금해졌다. 이것이 번영하는 농촌 사회를 재건하는 열쇠, 미국 민주주의 본연의 기둥일 것인가?

1804번 고속도로는 오늘날 '루이스-클라크 트레일'이라고 알려져 있는데, 그 옆으로 펼쳐진 들판은 벡이 지역에서 일하기 시작한 뒤로 풍경이 얼마나 많이 바뀌었는지를 증언했다. 수십 년 전, 땅을 간 뒤에 그 지역의 흙은 늘 하늘로 펄펄 날아올랐다. 오늘날 농부들이 봄에 바빠 파종할 때에도 맨흙은 거의 찾아볼 수 없다. 침식을 일으키는 농업의 상징으로서 내가 《흙》(영어판 원서—편집자)의 표지로 선택했던 그 풍경을 그토록 확연히 바꾸어 놓은 힘은 무엇일까? 바로 피복작물과 돌려짓기라는 오래된 지혜를 무경운이라는 새로운 발상에 접목하여 일구어 낸 농사 체계이다. 땅을 거의 갈지 않고 투입 비용도 낮기 때문에 농부들에게 경제적으로 이롭고 일을 덜어 준다.

다코타레이크스 연구농장이 땅을 갈지 않고 농사를 짓기로 처음 결정했을 때 그 우선적인 이유는, 침식 관리, 탄소 격리, 또는 오늘날 보존 농업의 장점으로 알려진 그 밖의 장점들 때문이 아니었다. 사실은 수분 보유 능력을 높이고 노동력과 연료를 절약하기 위해서였다. 그리고 비료와 살충제를 거의 쓰지 않고도 수확량이 더 높아졌을 때, 벡은 다른 이점까지 더 얻게 된 것이다.

당면 과제는 앞으로 계속 나아가는 것이라고 그는 말한다. 정책 입안자와 농부 모두 몸집을 불리는 것, 다시 말해 농장 규모를 키우고 더 큰 장비를 보유하는 것이 진보라고 생각해 왔다. 아마도 그건 올바른 답이 아닐 것이다.

그가 하는 이야기를 듣자니 그가 해주었던 그 지역 열네 살짜리 소년의 이야기가 떠올랐다. 소년은 땅을 갈아엎은 농장을 방문했다가 경운이란 것이 땅을 완전히 뒤집어 놓는 것을 보고 깜짝 놀랐다고 한다. 여태 그런 광경을 본 적이 없었던 것이다. 소년에게는 땅을 갈지 않는 것이 정상이었다. 지역의 많은 농부들은 오늘날 경운을 큰 지진이나 화산 폭발처럼 재난에 가까운 사건으로 여긴다. '모든' 농부가 무경운과 피복작물을 농법의 표준으로 삼게 된다면, 앞으로 30~40년 뒤에 어떻게 바뀔지 상상해 보라.

토양 생물을 되살리고 흙을 비옥하게 가꾸는 데는 시간이 걸린다. 관행농업에서 벗어나는 과정인 전환기의 몇 년 동안은 생산성과 수익성이 낮아진다. 그러나 벡은 농법을 바꿔 가는 과정에서 전체 시스템 가운데 하나 이상의 핵심적인 측면을 무시하는 농부는 더 힘들어진다고 말한다.

벡의 도움말은 간단하다. "자기만의 요리를 하는 겁니다." 그는 말한다. "망설이지 말고 도움말을 구해야 하지만, 다른 사람들의 레시피를 따르지 않는 겁니다." 그가 내린 결론은 '최상의' 돌려짓기 방법은 없다는 것이다. 그것은 확률 게임이다. 어느 특정한 농장에 맞는 구체적인 방식들은 흙의 특징, 기후, 작물에 따라 벡의 농장이나 다른 어떤 농장과도 다르다. 그러나 자연의 기본 법칙은 모든 곳에서 동일하게 작용하므로, 그는 농사 체계를 개선할 수 있는 간단한 보편 원리에 관해 고민해야 할 기준을 알려 준다.

첫째, 물 사용은 수분 이용 능력(water availability, 식물체가 수분을 이용하여 물질을 생산하는 능력—옮긴이)에 맞추어야 하고, 물이 땅속으로 스며들어 식물이 이용할 수 있게 하는 데는 무경운이 훨씬 효율적이다.

둘째, 작물 다양성과 지피식물은 잡초와 병해충을 막아 내는 데 반드시 필요하므로, 호냉성 및 호온성 풀을 호냉성 및 호온성 활엽수 작물과 돌려짓기 한다.

셋째, 작물 돌려짓기는 시차와 순서가 일정하지 않아야 해충이 적응할 여지가 없어지기 때문에 해충을 가장 잘 막아 낼 수 있다. 돌려짓기를 할 때 동일한 작물 사이에는 적어도 2년의 간격을 둔다.

벡의 관점은 라탄 랄이 확립한 원리들과 놀라울 만큼 매우 가까웠다. 오늘날 아프리카에서 대부분의 영세농민들은 전통적인 방식대로 화전농업을 이어 간다. 그래서 나는 벡의 농법 같은 저투입 무경운 방식이 아프리카에서 효과가 있을지 질문했다. 그는 가나 쿠마시 인근의 무경운농업센터 책임자인 코피 보아에게 물어보라고 권했다.

7장
아프리카의 해법

가난에 찌들고 굶주리는 사람은 그 고통을 땅에 전가한다.
- 라탄 랄

비행기가 대서양을 벗어나 착륙하려고 할 때, 뭉게구름의 흰색이나 바다와 하늘의 새파란 빛깔과 뚜렷한 대비를 이루며 흙의 붉은 빛깔이 두드러져 보였다. 위에서 내려다보니, 육안으로 보이는 멀리까지 도시가 펼쳐져 푸른 녹지, 색색의 금속 지붕, 붉은 흙이 깔린 길거리가 어지러운 콜라주 같았다. 이른 아침 햇살 속에 착륙한 우리는 활주로 끄트머리에 버려져 있는, 날개 없는 여객기를 우르르 지나쳤다. 적도 지방에 위치한 가나의 수도 아크라가 내가 떠나온 시애틀의 이상 고온보다 10도가 더 낮아서 놀랐다. 그렇지만 습도는 높아서 땀을 뻘뻘 흘리며 세관을 통과하고 '에볼라에 관해 알아야 할 것들' 하고 겁을 주는 2미터 높이가 넘는 광고판을 지났다.

터미널을 빠져나오자마자 곧바로 한 무리의 새 친구들이 모여들었다. 그들은 바로 옆에 붙어 있는 국내선 청사까지 택시를 타라고 앞 다투어 권하거나 방향을 가리키며 요금은 조금만 받겠다고 했다. 나는 대형 선풍기 옆에 서서 중년 남성 두 명이 열렬한 환영의 몸짓을 하는 광경을 즐거이 지켜보았다. 둘은 짝 소리가 나게 손바닥을 마주쳐 악수를 하고는 엄지와 중지로 딱딱 스타카토의 파열음을 냈다. "가나에 오신 걸 환영합니다."

북쪽을 향해 지난날 아샨티 왕국의 심장부였던 쿠마시로 가는 짧은 비행 동안 창밖을 내다보았다. 낮게 드리운 두터운 구름 아래 보이는 초원과 숲 지대를 붉은색에 가까운 주황색의 줄무늬가 가로지르고 있었다. 고도 4천 미터가 넘는 상공에서 볼 때 강이나 도로는 똑같이 탁한 색깔로 보였고, 구불구불한 곡선 또는 직선 모양으로만 구별되었다.

평평하게 펼쳐진 풍경은 사우스다코타를 떠올리게 했지만, 이곳에서 양분이 풍부한 검은 흙은 눈을 씻고도 찾을 수 없을 것이다. 이 뜨겁고 녹슨 철처럼 붉은 땅에서, 열대성 호우는 흙에 들어 있는 양분을 모조리 빼앗아 가고 불용성 철과 알루미늄만 남겨 놓았다. 그 녹슨 듯한 빛깔을 보고, 흙이 오랫동안 유기물을 품고 있지 않았음을 알았다. 이곳에서 양분은 지상의 생물량에 축적될 뿐, 대초원처럼 지하에 축적되지는 않는다.

활주로에 내려앉은 비행기가 속도를 줄이고 있을 때 나는 터미널 건물의 앞면이 흙 색깔과 같음을 알았다. 환한 표정의 스무 살 청년 크와시가 마중을 나와 은색 토요타 SUV로 안내했다. 코피 보아의 막내아들이다. 그의 농업대학 친구인 카이아이 바푸어가 시동을 켜고 쿠마시의 번잡한 거리를 지나는 동안, 둘은 내게 스포츠와 음악, 시애틀에 관해 질문을 퍼부었다.

영세농민

우리 차는 갖가지 물건을 팔며 거리를 돌아다니는 사람들 속을 느릿 느릿 기어가는 자동차들의 물결에 합류했다. 움직이는 자동차 사이를, 튀긴 플랜테인 상자를 머리에 인 여인들이 돌아다니며 여행객들의 관심을 끌려고 경쟁했다. 이 정신없는 움직임 속에서 기우뚱거리는 물건들이 우르르 떨어져 내리지 않는 것이 놀라웠다. 우리가 지나는 마을마다 똑같은 광경이 되풀이되었다. 복잡한 주요 도로에 줄줄이 늘어선 작은 상점들과 흙바닥을 배경으로 색감이 두드러지는 지붕이 달린 노점들이 이어졌다.

마침내 우리는 포장도로에서 벗어났고 몇 블록을 더 지나 호텔에 도착했다. 내가 머물 2층의 컴컴한 방은 전기가 들어오지 않아서 천장 선풍기가 멈춰 있었다. 곧이어 모기떼에 시달린 나는 다시 밖으로 나가 교차로까지 갔고, 사람들을 가득 채운 채 경적을 울리며 지나가는 미니밴 속에서 지역 주민들은 한결같이 미소를 보내 주었다.

열대지방에서 느껴지는 특유의 기묘하게 달콤한 단내가 폐를 가득 채울 때, 길가의 쓰레기로 뒹구는 작은 옥수숫대들과 까맣고 하얗고 파란 비닐봉지들은 언뜻 축제 분위기를 풍겼다. 그런데 지나가는 트럭 두 대가 까만 매연 구름을 뿜었고, 그 속에 갇힌 나는 호텔로 다시 돌아가기로 결심했다. 많이 가지 않았을 때 눈길을 사로잡는 광경이 있어 걸음을 멈추었다. 아롱아롱 무지갯빛을 내는 25센티미터 길이의 아프리카 무지개도마뱀이 길가에서 노란색과, 보랏빛이 감도는 파란색과, 잿빛이 감도는 파란색 가죽에 햇볕을 쬐고 있었다. 도마뱀을 눈여겨보는 이는 아무도 없었다.

호텔로 돌아오니 토요일 밤의 드럼 소리가 술집에서부터 울렸다. 두드려대는 리듬은 모든 비트를 강조하고 있었다. 로큰롤 같은 쿵짝쿵짝이 아니었다. 브라질 음악처럼 둥둥둥 베이스드럼을 계속 울려대는 소리가 이어졌다.

음악은 밤이 이슥하도록 계속되었다. 그 소리와 시차 탓에 잠을 이룰 수 없었고, 내가 여기 왜 와 있는지 돌아볼 여유가 생겼다. 지난 반세기 동안 세계의 대부분은 '인구 변천'을 거쳐 부부당 자녀수 2.1명의 인구 대체 수준, 다시 말해 순인구 증가 0명 수준에 이르렀다. 2015년 현재, 유럽과 아메리카 대륙 대부분의 나라를 포함한 100개국은 이미 이 단계에 와 있다. 현재 예상하건대, 2050년 무렵에 늘어나 있을 인구 가운데 10억 명은 아프리카에서 늘어난 인구일 것이다. 그동안 토질 저하 또한 심해질 것이고, 아프리카 농업은 현재와 미래 세대 모두를 먹여 살려야 하는 막중한 과제를 마주하고 있다.

정부 조직과 구호단체는 일반적으로 녹색혁명의 비료를 충분히 주는 방법을 아프리카의 증가하는 인구에 식량을 공급할 열쇠라고 내세운다. 하지만 나는 그간 열대지방의 시골에서 축적해 온 현장연구 경험을 통해 영세농민들이 그런 혁명에 참여하기가 쉽지 않다는 걸 익히 알고 있다. 그들은 최첨단 종자와 화학제품을 살 돈이 없다. 그리고 세계 수출시장을 겨냥해 운영되는 아프리카의 큰 농장은 이 대륙의 굶주리는 사람들에게 공급될 먹을거리를 길러 내지 않을 것이다. 세계 여러 지역에서 투입 비용이 높은 서구식 관행농업은 영세농민들을 한계경작지(marginal land, 경작지에서 생산되는 작물의 수익보다 임차료가 높아서 농업적 가치가 거의 없는 땅—옮긴이)로 내몰았다. 계속 이 방향으로 나아간다면 현재 아프리카 농지의 80퍼센트를 경작하는 소규모 자영농은 어떻게 될 것인가?

　가난을 끝장내기 위해 일반적으로 인정되는 공식은, 자본 투자를 통한 개발과 함께 사회기반시설의 확충과 기회의 제공이다. 여기엔 시간이 걸린다. 자본이 많이 들어가는 최첨단 농업을 토대로 한 개발이 시골의 생활수준을 향상시키려면 도로와 새로운 농산물 시장 같은 사회기반시설이 함께 건설되어야 한다. 아프리카의 작물 수확량을 미국 수준으로 끌어올리기까지는, 실제 그것이 열대의 토양에서 가능하다고 해도 또한 수십 년, 몇 세대가 걸릴 것이다. 그러니 아프리카의 늘어나는 사람들을 먹여 살리기 위해 지금 무엇을 해야 할 것인가?

　아프리카에서 대부분의 영세농민은 여전히 다양한 방식으로 화전농업을 하며, 5천 년이 넘는 역사를 지닌 '아드'(ard)라는 나무 괭이를 사용한다. 열대의 농지에 현대적인 기계식 경운이 도입되면 심각한 토양 침식과 악화가 일어난다고 알려져 있는데도, 무경운 농업의 채택이 더딘 이유는 감당하기 어려운 제초제 비용을 비롯한 경제문제 탓이다. 또한 농부들은 경작지에서 작물 잔여물과 가축 분뇨를 거두어 가서 취사 연료로 쓴다. 앞으로 수십 년 동안 아프리카를 안정적으로 먹인다는 건, 대륙의 소규모 자영농이 더욱 생산적이고 지속 가능하며 경제적으로 생존 가능해야 함을 뜻한다.

　이 과제 때문에 나는 머나먼 길을 떠나 왔다. 사우스다코타의 큰 농장에서 효과가 있었던 것처럼, 보존농업은 아프리카 소규모 농장에서도 효과가 있을까?

　이튿날 아침, 크와시는 호텔에 와서 나를 차에 태웠고 우리는 꽉 막힌 차도로 들어갔다. 수없이 많은 이들이 나를 바라보며 반가이 손을 흔들었고 심지어 "이봐요, 백인 아저씨!" 하고 부르는 소리도 들렸다. 그렇게 우리는 상점과 노점, 교회를 선전하는 광고판들을 느릿느릿 지나쳤다. 과속방지턱마다 서 있는 상인들이 차로 몸을 기울이며 물과 군것질거리, 또는 샌들(flip-flop)을 팔았다. 거대한 마호가니와 사펠리 통나무를 잔뜩 실은 트럭들을 지나칠 때, 나는 어느 숲에서 나무를 베어 오는 거냐고 크와시에게 물었다. 그는 날마다 서쪽에서 더 많은 통나무를 실어 온다며, 하지만 나무가 다 사라지는 일은 없을 테니 걱정 말라고 대답했다. 미국 태평양 연안 북서부에 사는 이들도 원시림을 베어 내던 지난날 똑같이 말하지 않았던가.

우리는 코피 보아의 마을인 아맨치아로 이어지는 포장도로에서 벗어난 뒤 차를 멈추고 통나무를 실은 트럭들을 구경했다. 다시 시동을 켜고 붉은 흙길을 달리기 시작했고, 나는 전화선을 칭칭 감은 덩굴과 목이 하얀 얼룩무늬까마귀가 유유히 급강하하는 모습에 감탄했다. 마을은 흙집, 진흙집, 목조주택이 수수하게 어우러진 곳으로, 이 집들은 현관이 열려 있고 녹슨 지붕을 얹은 채 붉은 밑흙과 풍화암 위에 서 있었다.

조금 더 가서 멈춘 곳은 무경운센터라고 쓰인 커다란 간판 뒤로 나 있는 흙길이었다. 거기가 보아의 농장이었는데, 작은 직사각형 구획들마다 다양한 작물을 섞어 재배하고 있었다. 차에서 내릴 때 땅에서 석영 부스러기들이 눈에 띄었다. 이 풍화암에는 양분이 많지 않다.

코피 보아를 만나 가장 먼저 눈에 들어온 것은 쓰고 있는 야구모자에 새겨진 글귀였다. '더러운 흙? 소중한 흙!'(GOT DIRT? GET SOIL!) 그다음은 그의 키가 내 턱에도 못 미친다는 사실이었다. 160센티미터도 안 되는 단신에 예순 살인 그는 거무스름한 얼굴에 시원한 미소를 지었다. 안경테 윗부분이 직선을 이룬 까만 선글라스를 썼고, 바싹 자른 잿빛 머리가 모자 아래로 엿보였다. 책임자다운 편안한 태도로 센터에서 맞이해 준 그는 곧바로 앞장을 섰다.

나는 그를 따라 울퉁불퉁한 흙길을 걸었다. 잘게 구획된 경작지들을 지나 지붕만 있는 야외 창고에 이르렀는데, 보아가 교실이라고 부르는 곳이다. 우리가 지나쳐 온 모든 경작지에 한 가지 공통점이 있다면 맨땅이 노출된 곳이 없다는 것이다. 센터가 점유한 땅은 4.5에이커이지만, 보아는 20에이커의 경작지가 더 있으며 이튿날 방문하게 될 거라고 말해 주었다. 사우스다코타 기준으로 본다면 소박한 규모일 수 있으나, 센터는 이미 마을 주변 지역을 변화시켜 왔다.

보아가 센터를 설립한 건 영세농민에게 지력을 되살리는 방법을 보여 주기 위해서였다. 그 첫걸음은 전통적인 영농 방식의 해로운 영향을 사람들에게 인식시키는 것이었다고 한다. 가장 좋은 방법은 나란히 구획을 지은 경작지를 만드는 것이었다. 그래서 해마다 같은 작물을 심되, 땅을 갈지 않는 방식의 경작지 옆에 전통적인 화전농업 방식의 경작지를 두었다. 이 이웃한 구획들은 콘크리트로 안을 대고 흙을 채운, 가로 6미터 세로 15미터 넓이였다. 구획된 경작지마다 비탈면 아래쪽에 양동이와 통을 놓아 침식된 흙이 쌓이는 것을 눈으로 확인할 수 있다.

차이는 놀라웠다. 무경운 구획은 19리터들이 양동이 4분의 3 정도만큼 흙이 침식되었다. 화전농업 구획에서는 190리터들이 통 3개를 가득 채울 만큼 침식되었다. 흙을 피복한 무경운 경작지에서 침식된 흙의 스무 배가 넘는 양이었다.[18] 보아는 이 생생한 차이가 농부들의 관심을 끌 수밖에 없다고 말했다. 물론 내 관심도 사로잡았다.

수확량의 차이 또한 컸다. 각 경작지 구획에서 옥수수를 심은 다음 동부 콩을 심었다. 땅을 갈지 않는 경작지의 옥수수 수확량은 헥타르당 4.5톤에 이른 반면, 화전농업 경작지는 헥타르당 1.5톤에 지나지 않았다. 땅을 갈지 않는 경작지의 동부 수확량은 헥타르당 1.5톤이었고, 화전농업 경작지는 헥타르당 0.8톤을 생산했다. 한마디로 무경운 경작지가 전통적인 농업 방식보다 옥수수는 세 배, 동부는 두 배의 수확량을 올린 것이다.

보아는 이 경작지를 통해 화전농업에서 보존농업으로 곧바로 전환하는 것이 합리적임을 보여 주려 한다. 경운과 많은 화학물질을 서구식으로 결합한 관행농업을 건너뛰어야 한다는 얘기다. 아프리카에서는 유기물이 몹시 빨리 분해되기 때문에 양분을 저장하는 일차적인 방법은 살아 있는 생물량에 있다. 그의 목표는 피복작물로 수확량을 높이는 방법을 직접 땀 흘린 결과로 마을 사람들에게 보여 주는 것이다. 농부 대 농부로서 다가가겠다는, 벡의 접근법과 똑같다는 생각이 들었다. 여기 사는 모든 사람이 보아를 농부로 알고 있기 때문에, 그가 할 수 있다면 자신도 할 수 있다고 생각할 것이다.

보아가 무경운센터를 설립한 것은 농부이자 자선가인 하워드 버핏이 2007년에 방문한 뒤였다. 이야기인즉슨, 둘이 만났을 때 버핏은 네브라스카대학 셔츠를 입고 있었다. 같은 대학교에서 석사 학위를 취득한 보아는 "네브라스카 출신이군요!" 하고 반갑게 인사했다. 둘은 금세 죽이 맞았고, 버핏은 보아의 활동과 시각, 보존농업에 대한 열정에 감동받았다. 그 뒤 버핏의 재단은 보아가 아프리카 최초의 무경운연구센터와 시범농장을 설립하도록 도왔다. 건축, 장비, 차량, 더 나아가 직원 월급과 학생들에게 쓰일 비용을 후원한 것이다. 그러나 수확물에서 나오는 수익으로 일상적인 운영과 활동을 스스로 뒷받침할 수 있다. 다코타레이크스 농장처럼 이곳도 잘 운영되는 농장이기 때문이다.

센터는 바쁜 곳이고 보아는 그중에도 가장 바쁜 사람이다. 농사일 말고도 몇 종류의 견학과 수업을 농민들에게 제공하는데 모두 무료이다. 당일치기 견학은 보아가 어떻게 농사짓는지를 보고 그 농법의 바탕에 깔린 사고방식을 배우는 기회이다. 관심 있는 사람들은 더 많은 걸 알기 위해 다시 방문할 수 있다. 인근의 농부들은 매주 일요일 오후에 열리는 수업을 들을 수 있다. 수업은 보존농업의 개념과 원리와 실제, 땅고르기와 파종, 흙의 건강과 피복작물, 잡초 방제 등 주마다 다른 주제를 다룬다. 한 달에 한 번쯤, 보아는 멀리서 찾아온 농부 스무 명까지 4일 집중 교육으로 한 과정을 지도한다. 학생들 또한 여름과 휴일에 센터를 방문한다. 내가 방문하기 전달에는 500명이 넘는 학생이 찾아왔다.

마침내 그는 장학 연수 프로그램도 운영하게 되어 대학과 국방 의무를 마친 대학 졸업생 여섯 명을 가르치고 있다. 그들은 1년 동안 월급과 무상 숙식을 제공받은 뒤 보아가 일자리에 배치하게 된다. 여러 프로그램을 운영하는 보아의 목표는 지식과 기술을 아프리카 전역에 퍼뜨릴 전문가 네트워크를 건설하는 것이다.

"언제 쉬시나요?" 내가 물었다. "나는 휴식을 모릅니다" 하고 그가 대답했다. 농담이었지만 진담과 다를 바 없는 말이다. 그날 센터를 견학하고 있는 그룹은 그 주에 네 번째 그룹이었다.

보아가 가르치는 농법은 드웨인 벡의 농법과 매우 비슷하다. 근본적으로 서로 다른 지형과 기후와 문화에 맞게 무경운, 피복작물, 다양한 돌려짓기를 하라는 것이다. 결과가 얼마나 달라졌을까? 수확량은 곱절을 넘어섰고 이 마을은 급속하게 변화하고 있다. 한두 해 안에 좋은 결과가 나오니, 대부분의 농부는 현재 세를 살지 않고 집을 소유하고 있다. 하지만 가장 중요한 건 안정적이고 더 많은 수확량을 통해 식량안보를 이루었다는 점이다.

뿌리덮개 선생

보아의 경작지 흙의 거무스름한 빛깔이 처음부터 눈에 들어왔다. 도로 주변 농지의 주황빛이 감도는 붉은 흙과는 아주 다르다. 농부가 자기 밭 흙이 그렇게 바뀌었음을 알아채기까지는 여러 해가 걸릴 수도 있지만 지출이 줄어든 건 곧바로 알아챈다.

보아의 농법이 매력적인 이유는 우선 화학제품 구입 비용이 줄어드는 데 있다. 그는 농학자들이 권장하는 비료와 제초제 사용량의 아주 일부만 사용하고 살충제는 거의 쓰지 않는다. 그가 농약을 싫어한다는 말이 아니다. 그는 농약을 쓸모 있는 수단이라고 생각한다. 다만 안전하고 효율적이며 경제적으로 농약을 사용하는 방법은 될 수 있으면 사용량을 줄이는 것이라고 생각할 뿐이다.

일단 토질이 개선되면 비료에서 얻는 도움은 그다지 크지 않다는 걸 알게 된다. 똥거름은 값이 싸지만, 실어 와서 뿌리는 데 큰돈이 든다. 그래서 보아는 경작지에 풋거름, 다시 말해 피복작물을 기르는 방법을 지역 농부들이 땅심을 기를 수 있는 최선의 길로 본다. 자라는 동안 질소를 고정하는 피복작물은 흙을 기름지게 하고 잡초를 예방하며 제초제 사용을 줄이도록 돕는다. 수명을 다한 피복작물은 부패하면서 토양 생물의 먹이가 되어 토양 유기물이 풍성해지고 흙이 비옥해진다. 또한 일부 피복작물은 식품으로 판매되는 작물이기도 하다.

보아의 방법에서 또 하나의 큰 인기 비결은 땅을 갈지 않고 잡초를 뽑을 일이 거의 없기 때문에 농사에 드는 시간에서 3분의 1이 줄어든다는 점이다. 더 많은 농부들이 시간을 절약하면서도 수확량을 늘릴 수 있음을 일단 알게 되면, 왜 여태까지 땅을 갈았는지 한탄할 것이라고 그는 확신한다. 또한 이렇듯 효율적이기 때문에 다른 일을 할 여력도 생긴다. "주변에는 부지런한 농부이면서도 상점을 운영하거나 전업 목수인 이들이 있습니다. 어떻게 그렇게 할 수 있을까요? 바로 이 농사 체계 덕분이죠." 마치 지속 가능한 발전을 향한 길로 한 걸음 내디뎠다는 말처럼 들린다.

벡처럼, 보아도 말보다 행동으로 보여 주어야 함을 안다. "농부들이 여기 와서 보면 믿게 됩니다." 그리고 그것이 무경운센터의 취지라고 그는 말한다. 센터를 처음 열었을 때 처음 온 농부들은 실험 경작지가 너무 작다고 불평했다. 그들은 보아의 농사 체계가 농장 전체 규모에서 효과가 있는지 궁금했다. 사우스다코타의 농부들 또한 그랬다. 그리고 벡이 다코타 호수 지역 주민들에게 그렇듯이, 이곳 농부들은 보아를 그들 같은 농부로 안다.

보아는 아맨치아에서 4형제의 막내로 자랐다. 열두 살 때 겪은 비극적인 경험을 통해 그는 지금 널리 알려진 것처럼 '뿌리덮개 선생'이 되는 길로 접어들었다. 어느 날 홀어머니는 해가 진 뒤로도 집에 돌아오지 않았고 아무도 영문을 몰랐다. 밤 10시에 마침내 귀가한 어머니는 깊이 상심한 터였다. 식구들의 유일한 수입원인 카카오 농장이 불에 홀랑 타 버렸다는 것이다. 바로 그 자리에서 보아는 농장의 화재를 물리치는 일에 평생을 바치겠다고 결심했다.

그는 농부들이 파종에 앞서 땅고르기를 위해 불을 놓는다는 걸 알고 있었지만, 자기 집이 겪은 일을 생각하며 대안을 연구하기 시작했다. 그때 그는 '프로카'(proka) 농법을 알게 되었는데, 마을의 최고령자들이 젊었을 때 화전농업 대신 하던 농사 방법이었다. 그 지방에서 '프로카'란 "땅에 그대로 두어 부패하고 되살아나게 한다"는 뜻이다.

이듬해에 숲속 땅 한 뙈기에 농사를 지으려 한다면 그들은 나무를 베어 내고 키작은 나무를 쳐낸다. 나중에 파종을 할 즈음이면 대부분의 초목은 썩어 있을 것이다. 그러면 그 잔여물 사이로 카카오나 플랜테인을 심을 수 있다. 보아는 여기서 교훈을 얻었다. 그 뒤로는 줄곧 뿌리 덮개 사이로 파종을 했다.

1991년 그는 농학을 배우러 바다 건너 네브라스카 주 링컨이라는 먼 곳으로 갔다. "왜 하필 거기였죠?" 하고 내가 물었다. "미국에 놀러간 것이 아니었으니까요" 하고 그는 대답했다. 네브라스카대학에서는 무경운이 주요 연구 주제였고, 그 왕성한 연구 과정에서 제대로 이해하는 것이 그의 사명이었다. 현재 그는 운 좋게도 미국의 큰 농장과 아프리카의 작은 농장 모두에서 땅을 갈지 않는 농법을 체험한 몇 안 되는 사람 가운데 하나로 스스로를 인식한다.

고향으로 돌아온 뒤 한 연구농장에서 일했다. 하지만 자신이 정말로 좋아하는 일은 농부들에게 농사 방식을, 더 나아가 삶을 변화시키는 방법을 가르치는 일임을 곧 깨달았다. 연구소장이 "코피 보아 군, 농촌진흥청 담당관이라도 되는 것처럼 착각하지 말게" 하고 말한 뒤로 그는 일을 그만두었다. 위험하고 과감한 결정이었지만 후회하지 않는다. 그에게는 농부들과 함께 일하는 것이 응용 연구의 핵심이었기 때문이다. "그만둘 생각을 하고 있을 때 사람들은 나한테 미쳤다고 했습니다. 하지만 나를 고용할 사람이 하나도 없다면 내 농장을 일구며 일할 수 있다고 생각했죠." 자신의 농장에서 다른 농부들을 가르치기 시작하고 몇 년 뒤, 버핏의 도움으로 무경운센터에서 꿈을 펼치게 되었다.

오후 2시가 다 되었고, 보아식 일요학교가 막 시작될 참이었다. 하지만 그는 내게 두 가지를 먼저 보여 주고자 했다.

그는 야외 교실에서 주도로를 벗어난 흙길 끄트머리로 나를 데리고 갔다. 주차 구역 옆의 경작지에서 유기비료를 주는 경우와 안 주는 경우를 나누어 옥수수 재배 실험이 진행 중이었다. "보십시오" 하고 그가 말했다. "옥수수 키는 큰 차이가 없습니다만, 오른쪽 경작지의 옥수수는 유기비료를 헥타르당 3톤씩 준 것이고, 왼쪽 경작자의 옥수수는 하나도 주지 않고 기른 것입니다." 비료를 준 옥수수가 약간 더 짙은 녹색이었지만 비료를 주지 않은 옥수수 또한 아주 건강했다. 두 옥수수 모두 보아의 키보다 훨씬 컸다. 보아는 옥수수 밭으로 들어갔다. "흙이 건강하면 비료를 많이 줄 필요가 없지요" 하고 그가 말했다.

　　"어떻게 흙을 건강하게 가꾸십니까?" 내가 물었다. 대답은 누구나 짐작할 수 있으리라. "뿌리덮개죠!"

　　다음으로 보여 준 것은 피복작물이 토양수분에 미치는 영향에 관해 농부들을 가르칠 때 사용하는 장치였다. 토양수분은 여기서 중요한 문제인데, 냇물이 무척 귀하고 관개용수가 거의 없기 때문이다. 농부들이 쓸 수 있는 건 빗물뿐이다. 농부들은 빗물을 땅속에 스미게 해야 하고, 땅속에 남아 작물이 빨아들일 수 있게 해야 한다.

　　보아는 그가 '아맨치아 이동식 토양 유실 실험 키트'라 일컫는 것으로 나를 데리고 갔다. 그의 농장의 침식된 경작지가 탁자에 올라갈 크기로 만들어져 있었다. 깊이가 10센티미터도 안 되는 세 개의 트레이에 흙이 담긴 채 나란히 초록색 금속 선반 위에 놓여 있었다. 왼쪽 흙은 경운을 한 맨흙, 가운데 흙은 무경운 흙을 뿌리덮개로 피복해 놓은 것, 오른쪽 흙은 표면에서 토치로 유기물을 태워 전통적인 화전 방식을 모방한 것이었다. 각 트레이의 한 변에서는 금속 벽이 안쪽을 향해 각진 모양으로 좁은 배출구를 만들고 있다. 배출구 아래로 큰 용기들이 평평한 받침에 놓여 있어, 빗물이 트레이에 떨어진 뒤 흘러나오는 물을 받아 낸다.

차이는 놀라웠다. 경운하고 유기물을 토치로 태운 흙 밑의 용기에는 흙이 섞인, 불투명하고 걸쭉한 초콜릿우유처럼 보이는 액체가 담겨 있었다. 경운한 맨흙과 토치로 태운 흙이 담긴 트레이에는 잡초가 싹을 틔웠는데, 두 흙 모두 표면이 말라 껍질처럼 굳고 갈라져 있었다. 무경운 흙 아래의 용기에 담긴 물은 유기물이 용해되어 누르스름하지만 바닥에 가라앉은 몇 그램 정도의 흙이 보일 만큼 투명했다. 가운데 트레이에서 뿌리덮개를 뚫고 올라온 잡초는 하나도 없었다. 뿌리덮개 아래 흙은 촉촉했다.

설명이 전혀 필요 없었다. 보아는 다만 습도계와 온도계를 트레이에 찔러 넣었을 뿐이다. 맨흙이 담긴 트레이의 습도는 9~12퍼센트, 지표면 온도는 37~42°C였다. 가운데 무경운 트레이의 토양 습도는 30퍼센트, 지표면 온도는 31°C였다. 피복작물의 잔여물을 뿌리덮개로 남겨 두면 흙의 온도는 10°C 이상 더 서늘하고 작물이 사용할 수 있는 수분을 세 배나 함유할 수 있음을 매우 뚜렷하고도 효과적으로 입증해 준 것이다.

보아는 수업을 준비하러 야외 창고로 돌아가고, 나는 농장을 둘러보며 흙을 관찰했다. 그의 농지는 지피식물이 거무튀튀한 미사토와 점토를 거의 완벽하게 덮고 있었다. 흙은 잘 뭉쳐져 있지만, 손가락으로 비벼서 부술 수 있었다. 도로를 따라서 노출된, 굳고 달구어진 밑흙과 전혀 달랐다.

곧이어 열일곱 명의 남성과 두 명의 여성이 도착하여 창고로 가서는, 물결 모양의 금속 천장 아래에 놓인 파란색과 빨간색 플라스틱 의자에 앉았다. 20대부터 60대까지 다양한 연령이 섞여 있었다. 샌들을 신은 사람이 있는가 하면, 반짝거리는 까만 가죽구두를 신은 사람이 있었다.

어떤 이는 흙 묻은 셔츠를 입고 있었고, 어떤 이는 있는 대로 멋을 냈다. 두 명은 아프리카식으로 알록달록하게 염색한 옷을 입었고, 두 명은 우아한 긴팔 드레스를 입고 있었다.

사람들 앞에 선 보아는 회색 티셔츠에 고동색 바지, 테니스 운동화를 착용하고, '더러운 흙? 소중한 흙!'이라고 인쇄된 모자를 썼다. 그는 먼저 기도를 올렸다. 그러고는 곧 그날의 주제인 잡초 관리로 들어갔다. 크와시는 나를 위해 아프리카 언어를 통역해 주었다.

활력 넘치는 강사인 보아는 두 팔을 크게 펼쳐 보이며 소크라테스처럼 질문을 던진다. "우리는 왜 땅을 갈고, 왜 제초제를 살포합니까?" 1분도 채 걸리지 않아서 나는 그가 교사로서 천부적 재능을 갖춘 사람임을 알아보았다.

그의 뒤로 탁자 위에는 스무 종류의 제초제가 여러 가지 밝은 색상의 플라스틱 용기에 담긴 채 줄지어 놓여 있었다. 보아는 글리포세이트, 아트라진, 2,4-D 같은 갖가지 제초제를 알려 주었다. "이 가운데 일부는 침투성 제초제로 식물을 모조리 죽이지만, 나머지는 초록색 부분만 죽입니다"라고 그는 설명했다. "기억해야 할 것은, 종자 수준까지 죽이는 화학물질은 흙에 잔류하면서 환금작물에까지 영향을 미칠 수 있다는 사실입니다" 하고 그는 진지하게 덧붙였다. 또한 농부들은 자주 지나치게 많은 제초제를 뿌린다고.

"땅을 갈지 않으면 제초제에 많이 의지해야 한다고 주장하는 이들이 많다는 걸 알고 있습니다. 어디서나 듣는 말이죠. 하지만 우리 같은 환경에서 그건 사실이 아닙니다." 일반적으로 농부는 초목을 베어 내고 불을 놓은 뒤 맨땅을 그대로 남겨 둔다. 그러면 첫 비가 내리자마자 잡초가 돋아나는데, 맨땅에 잡초를 방해할 것이 전혀 없기 때문이다.

"그래서 농부들은 잡초가 돋도록 내버려 두었다가 글리포세이트 같은 제초제를 갖고 가서 살포합니다. 하지만 그렇게 하고 나면, 파라콰트나 아트라진 같은 다른 제초제를 또 뿌려야 합니다." 그러나 땅을 갈지 않는 농지에 뿌리덮개를 해 두면 농부가 잡초를 관리하는 데 훨씬 도움이 되어 제초제 사용을 적어도 반으로 줄일 수 있다. 보아의 경험에 따르면, 봄에 제초제가 아예 필요 없는 곳도 있다. 작물 잔여물이 잡초를 억제해 주면 작물이 새로 돋아나면서 잡초를 밀어내기 때문이다.

피복작물은 잡초를 물리치는 또 다른 방법이다. 피복작물을 제대로 이용하면, 농부는 제초제 양을 줄일 수 있고 궁극적으로는 제초제 사용을 중단할 수 있다. 콩과 식물 덩굴을 피복작물로 삼는다면, 아프리카에서 마체테라고 일컫는 칼로 작물을 지면에서 잘게 썰어 둔다. 이것이 썩어 가면서 흙을 피복하여, 영세농민에게 값싸고 빠르고 효과적인 잡초 방제책이자 거름이 된다.

사람들이 고개를 끄덕였고 보아는 말을 이어 갔다. "화학제품을 생산하는 이들은 농부의 돈을 원합니다. 피복작물로 잡초를 관리한다는 건 농부가 화학제품을 그렇게 많이 사용할 필요가 없다는 뜻입니다. 농부에게 돈이 더 남겠죠." 이 모든 것의 요점은 제초제와 비료 사용을 멈추자는 게 아니라 "계속 더 많이" 쓰는 방식을 버리자는 것이라고 그는 말했다. 조금 써서 좋다면, 많이 쓰면 더 좋을 거라는 생각을 버리게 되는 것이다. 되도록 적게 사용하면서도 풍성하게 수확하는 것이 목표가 되어야 한다.

교실을 나와 농지를 둘러볼 차례가 왔다. 학생들과 나는 보아를 뒤따랐고 그는 각 경작지 구획의 역사를 들려주었다. 어떤 구획도 한 작물을 두 번 연속으로 심지 않는다. 1년 내내 작물을 재배할 것을 계획하여 연간 몇 가지 작물을 기를 수 있는데, 보아와 동료들이 돌려짓기 계획을 올바르게 수립한다. 보아는 각 작물 수확 뒤 땅의 조건에 따라 결정을 내린다. 작물이 무르익는 시기에 내다 팔 수 있을 것인지 시장 상황도 고려한다.

다른 조건들도 고려해야 한다. 뿌리를 깊이 내리는 작물은 뿌리를 얕게 뻗는 작물 다음에 심어야 한다. 생물량을 많이 생산하는 작물은 생물량을 적게 생산하는 작물에 이어서 심어야 한다. 양분을 고정시키는 작물은 양분을 소비하는 작물에 이어서 심는다. 말하자면 작물의 돌려짓기에는 패턴과 리듬이 있다.

이 모든 걸 설명할 때, 보아는 자신의 마체테를 팔의 연장인 듯 지휘봉처럼 사용했다. 그리고 아마도 나를 위해서인 듯, 마체테로 어떻게 씨앗을 심고 비료를 주는지 보여 주었다. 칼을 잽싸게 찔러 넣고, 손목의 스냅을 이용하여 흙을 퍼내고, 그 구멍에 씨앗을 떨어뜨렸다. 그리고 칼로 톡톡 치며 흙을 메우고, 껍질 같은 지표면을 부수어 씨앗이 싹트기 좋도록 하며, 씨앗과 흙이 잘 접촉하도록 했다. 그리고 아주 조금만 비료를 주기 위해 30센티미터쯤 자란 옥수숫대 옆 흙에 칼끝을 찔러 넣었다. 흙을 퍼낸 구멍에 다른 손으로 비료를 조금 떨어뜨리고, 칼로 톡톡 쳐서 흙을 덮었다. 이게 바로 저기술 저자본 정밀 농업이다.

보아가 시범을 보이는 내내, 한 농부는 쪼그리고 앉아 옥수숫대 사이에서 찾아내기도 힘든 잡초 몇 가닥을 강박적으로 뽑아냈다. 이를 눈여겨보자니, 값비싼 GMO 종자로 짓는 최첨단의 비료 집약적인 농법이 이런 농부들에게 실용적이라고 누구든 생각할 수 있을 듯했다. 사실 그들에게 필요한 조언은, 저투입 저비용 농법으로 수확량을 최대로 늘릴 수 있는 방법에 관한 것이다.

보아는 자신의 철학을 이렇게 요약했다. "우리가 하는 일은 유기농사가 아닙니다. 우리가 하는 일은 자연과 함께하는 농사입니다. 양파 밭에 심각한 문제가 생겨 살진균제를 써야 한다면 우리는 씁니다. 하지만 제초제나 살충제를 많이 사용할 필요는 없습니다."

내가 감히 말하자면, 틀림없이 자연 또한 보아와 함께 농사짓는 걸 좋아할 것이다. 그의 농장을 꾸미고 있는 나비와 새들을 보건대 말이다. 일부 피복작물이 꽃을 피울 때 다른 작물은 개화 시기가 아니게 되니, 다양한 돌려짓기를 하면 꽃가루 매개자들이 늘 함께 있다. 그는 말했다. "새들에겐 여기가 집입니다." 새들의 노랫소리가 하늘에 울려 퍼질 때 크와시와 나는 차를 타고 그곳을 떠났다. 그리고 나는 유기농업 비슷한 농사가 세상을 바꿀 수 있을 것인지, 농업 스스로를 구원할 수 있을 것인지 궁금해지기 시작했다.

맨땅이라고는 오솔길뿐

그날 밤 호텔로 돌아오니 전기는 여전히 들어왔다 나갔다 해서 선풍기를 쓸 수 없었다. 열기에 시달리며 자다 깨다 했다. 잠을 못 자고 뒤척이면서, 말라리아에 걸리기 쉬운 이 나라에 모기장이 없는 것이 걱정스러웠다. 이튿날 아침, 땀에 젖은 채 잠에서 깨어 아침을 먹었다.

크와시와 나는 센터로 가는 길에 아맨치아에 있는 '무경운 농민의 집'(No-Till Farmers House)에 들렀다. 주거 복합 시설인 농민의 집은 방문한 농부들이 교육 기간 동안 머물 수 있다. 우리가 주차하고 있을 때, 30센티미터쯤 자란 모종이 가득 든 바구니를 머리에 인 여인이 옆으로 지나갔다. 보아에게 물어보니, 그녀는 자신의 밭에 옮겨 심을 것을 한 번에 한 바구니씩 가져간다고 한다. 토요일이면 학교에 가지 않는 아이들까지 데리고 와서 더 갖고 간다. 나는 녹색혁명 기술이라면 그녀를 어떻게 도울 수 있었을지 의문스러웠다. 내건성 작물 품종이 공짜라면 도움이 되었을지 모른다. 비싸거나 비료가 많이 들어가는 품종이라면 도움이 안 되었을 것이다.

우리는 센터의 경작지로 가서 버스 두 대로 온 지역 농업대학 학생들을 만났다. 우리가 주차한 곳은 아맨치아에서 들판이 펼쳐지기 시작하는 곳이었다. 그 옆으로는 사람 키만 한 버섯바위가 서 있고, 비포장도로가 그 지역을 관통하고 있었다. 도로로 절개된 부분에서는 풍화암 속을 흐르는 석영맥 위로 15센티미터쯤 깊이의 진짜 흙이 보였다. 이 얇은 표토층은 빗물에 휩쓸려 사라지곤 하며, 그 지력은 유기물의 빠른 순환에 좌우된다. 하지만 보아가 농장에서 겉흙을 어떻게 붙잡아 두는지, 그리고 그 흙에서 자라난 유기물을 어떻게 다시 주는지 곧 두 눈으로 보게 될 참이었다.

학생들이 도착하자, 보아는 긴 행렬을 이끌고 농지 사이로 난 길을 지나 전원의 풍경 속으로 들어갔다. 여러 경작지가 모여 장관을 이루었다. 다만 밭과 밭 사이가 빈틈없이 붙어 있고 무척 다양한 작물과 지피식물이 자라는 경작지와 그렇지 않은 경작지로 나뉠 뿐이다.

가장 먼저 들른 곳은 감귤류 농장으로, 보아의 경작지에서 길 건너편이다. 그는 학생들에게 나무 아래 흙을 한번 보라고 했다. 마른 껍질 같은 맨흙이었다. 겉흙은 온데간데없고 불그스름한 주황색의 밑흙이 드러나 있었다. 유기물도 없고 토양구조랄 것도 없었지만 잡초는 무성했다. 그는 그 땅의 소유주가 많이 거두는 걸 본 적이 없다고 말했다.

우리는 길을 건넜고, 보아가 우리를 데리고 간 곳은 옥수수와 플랜테인 밭이었는데, 동부콩과 벨벳콩 덩굴을 하층 식생으로 키우고 있었다. 보아는 "피복작물을 재배하는 게 좋습니다"라고 말하며, 흙을 살지게 하고 땅을 뒤덮듯이 퍼져 키 큰 옥수수와 조화롭게 자라는 콩과 식물을 가리켰다. "이렇게 피복작물을 심으니 잡초 뽑을 일이 전혀 없었습니다."

서로 다른 특성을 지닌 피복작물 여러 종류를 심는 것이 중요하다고 그는 설명했다. 동부는 그늘에서도 잘 자라는 콩과 식물인데, 다른 작물과 사이짓기 하기에 이상적인 작물이다. 작두콩, 까치콩, 벨벳콩이 다 콩과 식물이긴 하지만 덩굴이 카카오나 플랜테인을 기어오른다. "따라서 작물이 죽기 쉽습니다. 그래서 마체테로 끊어 내야죠. 정말 빨리 뻗어 나갑니다." 잘라진 덩굴은 썩으면서 흙을 기름지게 만든다.

지난 계절에 보아는 나란히 있는 두 경작지 구획에 플랜테인을 심은 뒤 실험을 해보았다. 피복작물이나 작두콩을 함께 심은 구획에서는 잡초를 뽑을 필요가 없었다. 하지만 바로 옆 구획은 플랜테인 사이에 아무것도 심지 않았더니 지금까지 세 번이나 잡초를 뽑았고 글리포세이트도 살포해야 했다. 여기서 얻은 교훈은? 생명 활동을 작동시켜 시간과 돈을 절약하라는 것이다.

"한마디로……" 하고 보아가 말을 이었다. "항상 흙을 피복해 두어야 합니다." 맨손으로 흙을 팔 수 있는 수준으로 만드십시오. 지피식물이 땅을 뒤덮으면 생명 활동이 살아나 대신 땅을 갈아 주고, 흙을 감싼 유기물 덕분에 지표면을 흘러가는 물은 줄고 흙 속으로 스며듭니다. 그는 견학생들에게 밑흙에서 겉흙으로 물을 끌어올리는 흙의 모세혈관 활동을 상기시켰다. 우리가 땅을 갈 때 무슨 일이 벌어질까? 흙의 모세혈관을 망가뜨려 물이 지표까지 올라가지 못하니 식물이 물을 마실 수 없게 된다고 한다. 그리고 유기물은 열을 그렇게 잘 전달하지 못하기 때문에 흙을 피복해 두면 흙에서 증발이 거의 일어나지 않는다.

보아가 기억하기에 그해가 가장 건조한 해였는데, 자신의 고추 모종은 모두 살아남았다고 한다. 그러나 땅을 간 농부들의 고추 모종은 죄다 말라 죽었다. 왜일까? 땅을 갈고 흙을 뒤엎으면서 토양수분을 잃어버리기 때문이다. 갈지 않은 흙은 더 오래 수분을 유지하여 식물의 생존을 돕는다.

그는 가물 때에도 건강하게 작물을 자라게 하려면 다음 세 가지에 관심을 기울여야 한다고 학생들에게 조언했다.

첫째, 씨앗이 들어갈 만큼만 흙을 파헤쳐서 흙의 교란을 최소화한다.
둘째, 이전 작물의 잔여물로 피복되어 있는 흙에 파종하고, 피복작물을 심어 생물량과 토양 유기물을 풍부하게 가꾼다.
셋째, 돌려짓기와 사이짓기를 통해 경작지에 다양한 작물을 심는다.

이미 들어본 이야기 아닌가. 보존농업의 원리가 다시 등장한 것이다.
우리는 주변의 경작지로 걸음을 옮겼다. 보아는 학생 80명의 행렬 앞에서 좁다란 오솔길을 따라 경작지를 지나갔다. 먹을거리로 넘치는 밀림을 소풍하는 기분이었다. 줄지어 선, 잎사귀가 커다란 플랜테인과 카카오 사이마다 옥수수를 심거나, 색감이 화려한 주황색 고추 같은 피복작물을 하층 식생으로 심어 놓았다. 카카오는 최고의 환금작물이지만 성숙하기까지 몇 년이 걸리는데, 다 자랄 때까지는 그늘이 필요하여 플랜테인이 그늘을 드리워 준다. 그동안 옥수수와 양파, 동부는 땅심을 돋우며 또 다른 수입원이 된다. 이 복합경작은 투입 비용을 최소화하고 가뭄에 대한 저항력을 높인다. 맨땅이라고는 오솔길밖에 찾아볼 수 없다.

마지막으로 들른 곳은 경작지 구획들의 한쪽 끝이었다. 얼마 전 숲을 개간하여 파종 준비를 하고 있는 땅이다. 보아는 걸음을 멈추고 학생들을 반원으로 둘레에 모이게 했다. "베어 낸 것들이 땅에 그대로 있고, 큰 나무만 치워 놓았죠?" 나뭇잎, 나뭇가지, 그리고 잘게 썬 덤불이 땅을 덮고 있었다. "나이가 아주 많은 노인들과 이야기해 보면 농사가 기계화되기 전에 그분들이 했던 방식임을 알게 될 겁니다. 우리는 그분들의 농사 방식으로 돌아가고 있습니다. 다만 과학적인 사고방식을 갖추었죠. 노인들의 농사 방식을 따르되 새로운 지식을 보태는 것입니다."

보아가 보여 준 이 장면은, 농부들이 유기물을 말끔히 태워 버리는 화전농업 방식과 맨흙이 드러나도록 땅을 개간한 뒤 비료를 주라는 농학자들의 녹색혁명 방식과 뚜렷하게 대비되었다. "여러분이 여기 오지 않았다면 이걸 믿을 수 있었을까요?" 학생들은 합창을 하듯 "아니요!" 하고 대답했다. 나 말고도 필기를 하는 학생들이 있어 흐뭇했다. 거의 모두가 부지런히 받아 적었다.

우리는 창고로 돌아갔고 보아는 숲과 맨땅의 사진을 보여 주며 강의를 이어 갔다. "우리 모두 벌목의 결과를 잘 알고 있겠지만, 사람들이 간과하는 사실 하나는 우리 자신의 농법이 흙을 파괴한다는 것, 우리 모두가 그렇게 하고 있다는 것입니다. 숲을 한 번 생각해 보십시오. 아무도 숲을 갈아엎지 않지만 숲은 매우 생산적입니다. 이 사진들을 보십시오! 선택권이 있다면 여러분은 어느 땅에서 농사를 짓겠습니까?" 한 학생이 목소리 높여 숲을 선택하겠다고 말했다. 보아는 학생 전체에게 동의하느냐고 물었다. 모두 동의했다.

"왜죠?" 그가 물었다. "숲의 흙은 촉촉하니까요." 한 학생이 말했다. "숲의 흙은 유기체가 더 많죠. 미생물이나 지렁이요." 또 다른 학생이 말했다.

"맞습니다." 보아가 덧붙였다. "토양 생태계를 풍성하게 가꾸려면 우리는 그늘진 촉촉한 환경을 만들어야 합니다. 토양 생물은 아프리카의 태양열을 견딜 수 없습니다. 또한 지표면에서 부패하는 것들을 먹이로 삼아야 하죠. 잘 아시겠습니까? 우리 모두가 숲을 선택한 이유는 모든 걸 종합해 볼 때 숲이 더 생산적이라고 보기 때문입니다. 그러니 농부의 목표는 숲을 생산적이게 만드는 조건을 자신의 농장에 복제하는 것입니다" 하고 그는 결론지었다.

보아는 보존농업의 또 다른 이로움을 설명하며, 자신을 지켜보고 있는 이들 같은 소규모 자영농민에게 특히 의미가 큰 요점을 강조했다. 농부가 돌려짓기, 연관 작물 짓기(association, 빗물을 효과적으로 이용하고 흙에 수분을 저장하는 등의 목적으로 일찍 익는 작물과 늦게 익는 작물을 함께 농사짓는 방법―옮긴이), 사이짓기를 포함하여 다양한 작물을 재배할 때, 말하자면 스스로 발행하는 보험증서 같은 것이다. 한 작물에서 실패해도 의지할 수 있는 다른 작물이 있어야 한다. 농부가 농지의 90퍼센트에 생강 같은 환금작물을 심는다면, 나머지 10퍼센트에는 직접 먹을 작물을 길러 주요 작물에 실패할 때를 대비하는 것이다.

보아가 설명한 피복작물의 비결은 양분을 흡수하는 여러 작물들을 섞어 기르면서 영양소를 흙에서 생물량으로 끌어오는 것이다. 뿌리를 깊이 내리는 피복작물은 양분을 지표로 끌어올리고, 콩과 식물이 아닌 작물들도 죽으면 흙에 양분을 돌려준다. 그러니 퇴비가 지나치게 많아서 저장해 둘 곳이 마땅치 않다면, 퇴비를 흙에 뿌리고 피복작물을 심어 그 소중한 양분을 흡수하여 일시적으로 저장해 두게끔 하면 된다. 그리고 그 양분을 사용하고 싶을 때 피복작물을 베어 내고 그대로 썩게 놔두면 양분이 흙으로 돌아간다.

열대지방에서는 토양 유기물이 원래 매우 적다. 뜨겁고 습한 환경 탓에 미생물의 유기물 분해가 빨라진다. 보아의 말에 따르면, 가나의 숲 흙은 유기물을 최대 4퍼센트 함유하고 있는 반면, 현재 대부분의 경작지는 기껏해야 1퍼센트 함유하고 있다. 수십 년 동안 땅을 갈고 지속적으로 화전농업을 한 결과이다. 재가 양분을 제공하지만, 재는 물에 쓸려 가거나 바람에 실려 날아간다. 보아가 알기에 화전농업 방식은 흙의 생명 활동을 하루는 먹이고 한 주를 굶기는 일이다. 오랜 세월에 걸쳐 토양 유기물을 풍성하게 가꾸는 비법은 무얼까? 생물량을 늘리고 유지하는 것, 바로 피복작물과 작물 잔여물이 해내는 일이다. 보아가 경험한 바로는, 돌려짓기의 일환으로 피복작물을 재배하여 양분을 흡수하고 배출하면, 2년도 안 되어서 토양 유기물 수준이 약 1퍼센트에서 거의 2퍼센트까지 증가할 수 있다. 그는 수십 년 동안 자신의 방식대로 농사를 지으면 경작지 흙의 유기물이 4퍼센트를 넘어 현재 숲의 흙보다 비옥해질 수 있다고 생각한다.

비료를 사용하느냐고 한 학생이 질문하자, 보아는 대답 대신 예를 들었다. "집에 물통이 있는데 폭우가 쏟아진 뒤 통에서 물이 넘친다면, 남동생에게 물을 더 길어다가 통에 부어 놓으라고 하겠습니까. 물통이 가득하니 물론 그렇게 하지 않겠죠. 하지만 비가 온 뒤에도 통이 반만 차 있다면 남동생에게 물을 길어다 통을 채워 놓으라고 할 것입니다. 흙은 바로 이 물통과 같습니다. 작물 잔여물이 썩으면서 유기물을 흙에 돌려준다면 물통을 가득 채우는 셈입니다. 물론 비료를 주면 차고 넘칠 만큼 기름진 흙이 될 것입니다. 하지만 유기물이 충분히 있다면 비료가 많이 필요하지 않겠죠."

수많은 실험을 거치며, 보아는 땅을 갈지 않는 농법으로 바꾼 농부들이 비료 사용을 적어도 절반쯤, 피복작물을 재배하는 경우에는 절반 이상 줄일 수 있다는 사실을 알았다. 일부 경작지 구획에서는 90퍼센트 이상 비료 사용을 줄일 수 있었다.

보아는 자신이 비료를 사용하는 경우 반드시 유기비료를 사용한다고 덧붙였다. 하지만 그는 자신의 농법 그대로 농사를 지으며 토양 유기물을 가꾸어 간다면, 가나 사람들이 10년 안에 화학물질의 사용을 완전히 멈출 수 있을 거라고 예상한다. 그러면 균근균과 박테리아가 되살아나 흙으로부터 인을 비축해 둘 것이다. 아프리카의 많은 지역에서 흙속의 인 농도는 적당하지만, 거의 대부분 불용성 무기질로 존재한다. 토양 생물은 무기질인 인을 생물학적 순환이 가능한 형태로 변화시킨다. 가용성 무기질 비료는 높은 침출률로 양분을 빠르게 제공하지만, 균근균은 더 적은 양을 오랜 시간에 걸쳐서 제공한다. 경작지에 균근균을 활성화하여 유지하려면 땅을 갈지 않아야 한다. 보아는 "균근은 너무 작고 연약합니다. 우리가 왜 균근을 파괴해야 합니까?" 하고 묻는다. 모름지기 농부란 균근을 먹여야 한다. 균근은 무얼 먹을까? 바로 유기물이다.

무기질 비료는 많은 주성분 원소를 공급하지만 식물이 또한 필요로 하는 미량원소는 대부분 부족하다. 유기물은 미량원소와 주요 영양소를 모두 갖추고 있다. 보아는 미량원소의 중요성을 요리에 비유했다. "수프를 만들 때를 생각해 봅시다. 물을 많이 붓고 고기를 넉넉히 넣지만 소금과 후추도 조금 넣어야 하죠. 소금과 후추가 안 들어간 수프를 먹으려는 사람은 거의 없을 겁니다. 많이 넣을 필요는 없어도 소금과 후추를 넣는 건 중요합니다."

입증된 생산성

이글거리는 아프리카의 태양 아래 물은 부족해지고 가뭄은 점점 심각해지고 있다. 보아는 기발한 점적관개(點滴灌漑, 필요한 지점에서 물이 방울방울 배출되도록 하는 관수 방법—옮긴이) 시스템을 보여 주었다. 버려진 1.5리터 플라스틱 물병을 모아 만든 것인데 흔하게 구할 수 있는 재료이다. 물병 바닥 가장자리에 작은 구멍을 뚫은 뒤 통에 물을 채우고, 물이 새는 물통을 카카오나무 아래 조금 우묵한 곳에 놓는다. 그러면 식물이 필요로 하는 정확한 위치에 물을 조금씩 공급하는 훌륭한 관수 장치가 된다. 농부들이 이 공짜 '테크놀로지'를 좋아하는 이유는 쓰레기로 버려질 폐물을 사용하기 때문이다.

보아는 늦은 점심을 먹으며 경험담을 더 들려주었다. 코끼리 귀만 한 코코얌 잎과 양파가 들어간 으깬 음식을 우묵한 목기에서 퍼서, 우리는 숟가락과 포크 대신 손과 플랜테인으로 음식을 떠먹었다. "다 농장에서 기른 것입니다" 하고 말하며 그는 6미터 떨어진 곳에 자라고 있는 플랜테인을 가리켰다. 10년 전에 사람들을 그에게 미쳤다고 했다. 지금은 마을의 거의 모든 농부가 그의 농법대로 농사짓는다.

자루째로 구운 옥수수를 디저트로 먹었는데 그 또한 농장에서 기른 것이다. 자그마한 옥수수자루에 달려 거뭇거뭇 그을린 옥수수 알들은 단단하고 속이 꽉 차 있다. 주위를 두리번거리다가 나는 다 먹은 옥수수자루를 어디 두어야 하느냐고 보아에게 물었다. "아무데나 두십시오. 버리지만 말고요." 나는 곧장 옥수수 밭으로 던졌고 그는 웃음을 터뜨렸다. 몇 해 전부터 보아는 마을 농부들에게 이렇게 말하기 시작했다. "뱃속으로 들어가지 않는 건 뭐든 밭으로 돌려보내십시오." 이제는 누구든 바구니를 들고 밭에 갈 때면 집에서 나온 유기 폐기물을 어김없이 담아 간다. 플랜테인이나 카사바 껍질처럼, 거두어 집에 가져가더라도 먹지 않는 부분은 무엇이든 흙에 되돌려준다.

학생들이 그날 일정을 마친 뒤, 보아와 크와시와 나는 나가서 농장 두 군데를 더 들르기로 했다. '무경운 농민의 집'에서 우리는 농부 아두 멘자를 만났는데, 살짝 자란 턱수염 색깔과 올드네이비 회색 민소매 티가 잘 어울렸다.

그의 농장으로 가는 길에 지나간 마을은 진흙으로 벽을 친 집들이 이어졌고, 대부분 밖에 빨래를 널어 말리고 있었다. 한 집을 지나치는데 호기심 가득한 부인이 반색을 하더니 나를 샅샅이 훑어보고는 "사랑스럽네" 하고 말했다. 당신도 사랑스럽다고 내가 대답하자 보아가 껄껄 웃었다. 이윽고 우리는 농장으로 가는 길을 재촉했다.

외길을 지나면서 보아는 쉴 새 없이 논평을 쏟아냈다. 경운한 토마토와 옥수수 밭의 맨땅을 보고 경악한 것이 그 시작이었다. 최근에 이주해 온 이들의 경작지인데, 미리 제초제를 살포해 놓은 것이다. "보세요, 토마토에 지금 곰팡이가 슬어 있죠" 하고 그가 말했다. 그리고 그는 이웃한 경작지보다 작물이 더 푸르고 더 키가 큰 곳을 가리켰다. 썩어 가는 유기물을 땅에 많이 준 경작지이다. 그는 땅을 갈지 않은 경작지에 마체테를 찔러 넣어 흙이 촉촉하고 지렁이 굴 천지임을 보여 주었다. 이웃한 관행적으로 농사짓는 경작지도 똑같이 칼로 파 보니, 흙이 딱딱하게 말라 있었다. 지렁이는 자취도 보이지 않았다.

1.5킬로미터 넘게 걸어 카카오, 플랜테인, 카사바, 옥수수, 피복작물을 다양하게 섞어 재배하는 농지를 지난 뒤 아두의 농장에 도착했다. 그는 무경운과 피복작물 농사를 시작한 게 2년 전이라고 말했다. 비료

나 제초제를 전혀 쓰지 않는데도 이미 많은 변화를 겪었다. 가뭄이 심한 해에도 땅을 갈지 않은 경작지에서는 그의 다른 경작지보다 농사가 잘되었다. 그래서 그는 보아를 본받아 농장 전체를 바꾸기로 결심했다. 플랜테인 이랑을 따라 사이사이에 코코얌을 심고, 플랜테인 이랑과 이랑 사이에 토란과 카사바를 이랑을 지어 심었다. 또한 숲을 개간했을 때 그냥 남겨 두었던 고목들과 나뭇가지를 타고 오르며 참마가 자라게 했다. 그 아래에는 하층 식생인 카카오 싹이 돋고 있었다. 다른 작물들은 어린 카카오에게 훌륭한 미기후(微氣候, 주변 지역과는 다른, 특정 좁은 지역의 기후—옮긴이)를 만들어 주었다. 카카오는 나중에 주요 환금작물이 될 것이고, 다른 작물들은 카카오가 성숙할 때까지 먹을거리가 되고 수입원도 된다. 아두는 이 경작지에서 동시에 여섯 작물을 재배하고 있었다. "이런 걸 보고 싶었지요!" 하고 보아가 외쳤다.

아두가 땅을 갈지 않고 농사를 짓고 다른 경작지에서도 그렇게 하려고 마음먹은 바탕에는 한 가지 핵심적인 동기가 있는데, 바로 수확량 증대이다. 물론 비료와 제초제 비용을 절약하는 건 기쁘고, 지금 새들 천지가 된 농지, 특히 그가 가장 좋아하는 귀여운 명금(鳴禽)이 많다는 사실도 만족스럽다.

그는 단위면적당 순수확량이 네 배가 된 것으로 추산했다. 보아는 강우량이 형편없는 해에는 수확량이 세 배에서 네 배까지 차이가 난다고 하는데, 그 최고 수준이다. 네 배의 수확량은 녹색혁명에서 비롯되는 수확량 증대보다 훨씬 나은 수준이라고 내가 말하자, 보아는 정말 기뻐하며 맞장구 쳤다. "그럼요. 훨씬 낫지요!"

함께 무경운센터로 돌아와서 보아는 내게 코커 야아를 소개해 주었다. 청바지에 고무장화를 신고 플란넬 긴팔 셔츠를 입은, 그 무더위에 내가 결코 상상하지 못한 옷차림의 젊은 농부였다. 그러나 그녀는 나무 랄 데 없이 편한 듯 우리를 데리고 들판으로 나갔다. 이어지는 구릉과 골짜기를 지나는 동안 지표수나 냇물은 전혀 보이지 않았다. 마치 필리 핀이나 아마존의 밀림 속을 걷는 기분이었지만, 그곳에 자라는 모든 것 은 심어 기르는 작물이었다.

피복작물을 심어 놓은 옥수수 밭과 카카오 숲 덤불을 지나는 길은 1.5킬로미터가 족히 되는 듯했고, 드디어 뚜렷하게 난 오솔길을 따라 몇 년 자란 플랜테인 밭을 지났는데 맨땅이 그대로 드러나 있었다. 보아는 누구에게랄 것도 없이 말했다. "누가 이런 거야? 세상에, 헐벗었군."

우리가 도착한 코커의 경작지는 직사각형 모양으로 한쪽에는 고추 를 다른 쪽에는 플랜테인을 재배했다. 그녀는 살충제를 써 본 적이 없었 는데, 살충제를 살 경제적 여유가 없다는 단순한 이유 때문이었다. 10년 넘게 이 경작지에서 화전농업을 하다가 무경운으로 바꾸었기 때문에 땅은 작물 잔여물로 덮여 있었지만, 화전농업이 남긴 숯이 흙 속에 여 전히 많이 들어 있었다. 그녀는 왜 농사 방식을 바꾸었을까? 보아의 일 요학교에서 눈을 떴다. 그녀가 땅을 갈지 않는 농사를 좋아하는 이유는 "비가 안 와도 흙이 촉촉하기 때문"이다. 게다가 시간을 절약할 수 있기 때문이다. 그녀는 농사일을 마친 뒤 먼 거리를 걸어 시내에 있는 작은 가게에 일하러 간다.

돌아오는 길에 보아는 이 먹을거리 밀림을 지나오며 끊임없이 확인을 했다. 작물이 자라는 밭 한 뙈기도 놓치지 않고 살피며 크게 말했다. 흙 을 덮어 두었나 아니면 맨땅인가? 촉촉한가 건조한가? 작물이 키가 크 고 푸른가 아니면 키가 작고 누런가? 길을 되돌아와 무경운센터 앞에 이르렀을 때, 보아는 오늘 둘러본 모습에 만족스럽다고 말했다. "올해는 너무 가물어서 무경운의 좋은 시험대였습니다."

그즈음 나는 땀범벅이었다. 고맙게도 보아의 수석 농부가 초록색 코코넛 한 자루와 마체테를 갖고 왔다. 그는 순식간에 코코넛 껍질을 벗겨 내고는 위쪽에 칼집을 내어 뚜껑처럼 따 주었다. 덕분에 우리는 안에 든 신선한 코코넛워터를 마셨다. 비 오듯 땀을 흘린 터라 보아는 하나 더 먹으라고 권했다. 나는 염치를 찾을 처지가 아니었다.

금은 먹을 수 없다

내가 열을 좀 식히자, 보아는 나를 데리고 다시 나섰다. 그가 한 군데 더 보여 주려는 곳은 이웃한 아만시 웨스트 지구로, 채금이 이루어진 탓에 기름진 곡상(谷床, 골짜기의 밑바닥이 퇴적으로 평평해진 부분─옮긴이)이 사라진 곳이다. 차를 타고 보아의 마을에서 멀어질 때, 구릉이 펼쳐지는 풍경 속에 붉은색과 푸른색이 두드러졌다. 흙과 집들은 붉고, 숲과 작물은 푸르렀다. 그러나 무경운센터에서 멀어질수록 우리는 헐벗고 경운한 땅을 더 많이 지나쳤다. 눈에 띄는 유기물과 겉흙이 없는, 그저 붉그죽죽한 밑흙이 지표에 노출되어 있는 벌거벗은 경작지였다. 일부 마을에서는 집집마다 작은 가게를 둔 것처럼 보였고 양들이 길을 가로막기도 했다. 그러나 양 떼가 거리를 마음대로 돌아다닐지언정 땅을 마음대로 사용하는 것은 광업회사라는 걸 곧 분명히 알 수 있었다.

지난 10년 동안 중국 광업회사들이 들어와 곡상의 자갈들 틈에서 금을 캐냈다고 보아가 말해 주었다. 그들은 자갈을 체로 걸러 금을 골라내고 남은 자갈들을 무더기로 길게 쌓아 부려 놓았다. 곡상 전체가 마구 파헤쳐지고 뒤엎어졌다.

　물리적인 교란은 토양을 파괴하는 데 그치지 않았다. 버려진 자갈 무더기에서는 유해한 침출수가 흘러나왔다. 악취가 진동하는 흙탕물을 지날 때 보아가 말했다. "내가 어릴 때 이 냇물은 수정처럼 맑았답니다. 이젠 마실 수 없는 물이죠." 채금 구역에 사는 주민들은 지난날 냇물에서 물을 길어 먹었지만 이제는 날마다 마을에 오는 트럭에서 비닐봉지에 담긴 물을 사야 한다.

　지난날 먹을거리를 길러 내던 농지는 이제 쓰레기가 쌓인 달 표면처럼 바뀌었다. 원래 곡상은 아무도 소유할 수 없었다. 촌장들이 보호하던 땅이다. 하지만 광산회사들이 큰돈을 제시하자 촌장들은 차례차례 급전을 챙기고 땅과 물의 파괴를 허락했다. 보아에 따르면, 이 근시안적인 채금 방식이 가나 전역에 번지기 시작했다. 아프리카 각국 정부가 애타게 투자자만 찾느라 정작 무슨 일을 하는 건지 돌아보지 못하고 있음을 그는 걱정한다. "곡상은 가장 풍요로운 땅입니다. 좋은 땅이죠. 이건 정말 슬픈 일입니다. 땅의 죽음이라니."

　이튿날 아침 비행기를 타러 출발하기 전에, 보아와 나는 무경운 농민의 집 2층 베란다에서 주황색 플라스틱 테이블을 사이에 두고 같은 색 플라스틱 의자에 앉았다. 그는 웃음을 띤 채 느릿느릿 말했고, 나는 재빨리 받아 적으며 그의 작별 인사를 하나도 놓치지 않으려 애썼다. 아맨치아의 2층짜리 건물에 앉아 있으니 마을이 한눈에 들어왔다. 흙벽돌로 지은 집들, 샌들(flip-flop)과 과일과 줄톱 같은 짐을 머리에 이고 균형을 유지하며 걸어가는 주민들까지.

　말을 하고 있는 보아의 눈은 복음 전파의 열망으로 빛났다. 그는 가나의 무경운 예언자처럼, 몇 단계의 농업혁명을 건너뛰고 사람들을 이

끌어 한 세대 안에 화전농업에서 곧장 보존농업으로 전환하려고 노력하고 있다. 보존농업으로 아프리카 사람들을 먹여 살릴 수 있느냐고 묻자, 보아는 머뭇거리지 않고 대답했다. "직설적으로 대답한다면 그렇습니다. 우리에게 특히 보존농업이 필요한 이유는 기후변화 탓에 식량 생산에 위기가 닥치고 있기 때문입니다. 아프리카는 전통적으로 작은 농장들이 먹여 살렸습니다. 무경운 농업에 적절한 작물과 농사 방식을 결합한다면, 작은 농장이 계속 아프리카의 먹을거리를 길러 내지 못할 이유가 없습니다."

아프리카 전역에서 사람들이 이 센터로 찾아와 방법을 배워 간다. 아프리카에서 스스로 먹을거리를 길러 먹는 농장의 생산성은 낮고, 최근 수십 년 동안 더 낮아져 왔다. 휴경지를 구할 수 없고, 전통적인 방법으로 지속적으로 작물을 재배하면서 토양 악화가 확산되고 있기 때문이다. 토양을 심각하게 교란시키는 화전농업 방식에서, 피복작물과 사이짓기, 돌려짓기를 이용하여 흙을 거의 교란시키지 않는 방식으로 바꾸어 가는 것이 지속 가능한 개발을 향한 진보가 될 것인지 관심이 뜨겁다.

보아는 보존농업이 아프리카의 소규모 자영농이 겪는 굶주림과 가난을 해결하는 효과적인 방법이 되려면 낮은 투입 비용이 중요하다고 본다. 사우스다코타를 변화시킨 것과 똑같은 원리로 아프리카의 자급농이 수확량을 증대시키고, 어떤 경우에는 곱절이 넘게 수확할 수 있다는 사실을 보아는 내게 보여 주었다. 하지만 그것은 값비싼 관개시설이나 파종기 하나 없이, 비료와 제초제 같은 투입 비용을 최소한으로 낮추고 이룩한 결실이다.

보존농업이 아프리카의 식량을 충분히 길러 낼 수 있느냐를 둘러싸고는 논란이 있다. 무경운과 보존농업에 관한 연구 조사들이 상충되는 결론을 내리고 있기 때문이다. 일부 연구는 보존농업이 훨씬 많은 투입을 필요로 하거나 수확량이 낮아진다고 보고했다. 보존농업 방식을 정의하고 실행하는 방식이 다양한 것도 그 이유의 일부일 거라고 짐작할 수 있다. 2014년의 한 연구는 여러 문헌을 검토한 뒤, 보존농업의 중심 원리 '세 가지'를 전부 실천한 수준에서 그 효과와 비용을 평가한 연구는 거의 없다고 결론지었다.

한 연구는 사하라사막 이남 아프리카의 농장들을 다룬 연구 61건을 메타분석했다. 그 결과 보존농업 방식에서 수확량의 증가는, 보존농업의 세 가지 원리, 다시 말해 무경운, 피복작물, 복합적인 작물 돌려짓기를 전부 채택했느냐의 여부에 달려 있다는 점을 다시금 확인했다. 그러나 그와 같은 분석은 여간 복잡한 일이 아니다. 원리는 보편적이라 해도, 최상의 결과를 낳는 구체적인 농법은 지역에 따라 그리고 농장마다 특수한 맥락에 따라 달라질 것이기 때문이다.

라탄 랄처럼, 코피 보아도 광범위한 농법이 무경운으로 일컬어지는 세태를 한탄한다. 맨흙으로 팽개쳐 두는 무경운이라니, 그렇게 농사를 짓거나 연구하기는커녕 말조차 꺼내지 말아야 한다. 말이 안 되는 소리이기 때문이다. "맨흙은 경운보다 훨씬 나쁘니까요."

먼저 흙의 침식이 줄어든 뒤라야 지력을 회복해 가며 투입 비용을 거의 쓰지 않고도 더 높은 수확량을 유지할 수 있다는 사실에는 의문의 여지가 없다. 1970년대 후반에 북부 가나에서 실험한 결과, 맨땅 그대로의 농지와 뿌리덮개로 덮어 둔 농지는 침식률이 스무 배가량 차이가 났다. 더 최근의 연구는 짐바브웨 보존농업을 다룬 것으로, 유기물을 흙덮개로 사용하는 동시에 콩과 식물을 포함하여 돌려짓기를 하면 침식이 줄어들 뿐 아니라 악화되던 토질을 역전시키고 토양 유기물이 늘어남을 알아냈다. 보존농업을 통한 평균 옥수수 수확량은 꾸준히 높아져서 그렇지 않은 농업 수확량의 두 배까지 이르렀다. 잠비아에서 장기간 현장 실험한 결과, 보존농업 농지에서는 흙의 탄소 함량이 9퍼센트 증가한 반면, 이웃한 관행농업 경운 농지에서는 7퍼센트 감소했다. 말리 시골에서 보존농업을 하면서 비료를 제한적으로 또는 극소량만 사용했더니, 단기적으로는 수확량이 늘고 장기적으로는 흙에 양분과 토양 유기물이 풍부해졌다. 이들 연구에서 도출되는 요점은 명확해 보인다. 보존농업은 흙을 가꾸고, 관행농업은 토질을 저하시킨다는 것이다.

사하라 이남 아프리카를 대상으로 한 수많은 연구는 보존농업이 전통적인 농업 방식보다 경제적인 보상이 더 컸다고 밝혔다. 수확량이 비슷하거나 더 높은데도 노동력과 시간을 상당히 절약할 수 있다. 예를 들어 말라위의 농장 24곳을 3년 동안 연구한 결과, 옥수수와 나무콩(학명은 Cajanus cajan)으로 사이짓기 한 보존농업 경작지에서 첫해에는 아무 차이가 없었지만 그 뒤로는 옥수수 수확량이 3분의 1이 더 많았다. 농부들은 관리하는 데 들던 시간에서 4분의 1을 절약했고, 관행적인 경운 농사로 거둔 옥수수의 두 배의 수익을 거두었다. 이들 농장의 흙은 유기물이 1퍼센트 미만인데, 그 지역에서 작물 생산이 가능한 최저치로 여겨지는 수준이다. 연구는 토양 유기물을 증가시키는 농법이 절실하다고 결론지었다.

또 다른 연구에서는 아프리카 곳곳의 최소 경운과 무경운 농법을 다룬 연구들을 검토했다. 연구자들은 뿌리덮개가 토질을 개선하고 작물 수확량을 늘리는 열쇠라고 밝혔다. 북부 부르키나에서 한 흥미로운 실험 결과, 이미 토질이 저하된 흙을 뿌리덮개로 피복했더니 흰개미가 꼬여 뿌리덮개를 먹어 치우며 분해시켰고, 그 덕분에 양분이 순환되고 비옥한 땅으로 되살아나기 시작했다. 연구자들은 마른 껍질 같은 맨흙에 헥타르당 몇 톤의 건초와 마른 덤불을 덮었다. 지역 농부들은 그런 흙을 '지펠라'(zipella)라고 일컫는데 '죽은 흙'이라는 뜻이다. 곧이어 흰개미들이 굴을 파 껍질 같은 지표면에 구멍을 내자, 물은 땅 위를 흐르가지 않고 다시 땅속으로 스며들게 되었다.

사하라 이남 아프리카의 소규모 자영농민 가운데 아주 소수만이 코피 보아가 가르치는 수준의 완전한 저투입 보존농업을 실행하고 있다. 아프리카에서 피복작물 농사가 확산되기 어려운 중요한 이유는 아프리카 조건에 알맞은 피복작물 씨앗을 구하기 어렵다는 데 있다. 농부들은 보아에게 피복작물 씨앗에 대해 묻는다고 한다. 지력이 떨어져 '못쓰게' 된 땅을 되살리고 싶기 때문이다. 피복작물이 도움을 준다는 걸 그들은 알지만, 그 씨앗을 어디서 구할 수 있을까? 아마 곧 구할 수 있을 것이다. 하워드버핏재단은 남아프리카공화국에 있는 버핏 농장의 일부를 질 좋고 값싼 피복작물 씨앗을 생산하는 곳으로 바꾸었고 그 씨앗을 아프리카에 보급할 계획이다.

아프리카에서 보존농업을 확산시키는 데 또 다른 장애물이 무엇이냐고 묻자, 보아는 짧지만 만만치 않은 목록을 다음과 같이 읊었다. 전통, 정치 차원의 지원 부족, 한심한 정책, 지식 축적과 전파의 어려움. 아프리카 각국 정부의 지원 정책과 해외 원조 프로그램들은 많이 투입하는 농법에 집중되는 경향이 있다. 이 농법이 지지하는 철학은 몸집을 불려야 살아남는다는 것으로, 바로 20세기 후반 미국 농업을 변화시킨 동력이었다. 보아가 지지하는 농법은 자급농민에게 단기적으로 경제적인 이로움을 가져다주는 한편, 글로벌 농업 시장을 지배하는 기업들의 제품을 사용하기보다는 생각의 변화가 중요하다.

이런 생각이 내 머리에서 떠나지 않는 동안 우리는 차를 타고 공항으로 향했다. 길가의 작은 노점상들은 발판이 달린 구식 싱어 재봉틀을 팔거나, 닭이 든 닭장을 시렁에 진열하고 팔았다. 우리는 달걀 상자 10개, 그러니까 12개들이 달걀판 60개를 머리에 이고 걸어가는 여인과, 저마다 다른 색깔의 패널을 모아 알록달록한 프랑켄슈타인 같은 택시를 조립하고 있는 폐차장도 지나쳤다. 아프리카를 떠날 채비를 마쳤을 때, 나는 국제 원조 기구나 자선단체가 꾸준히 도움을 주는 길은 "계속 더 많이" 쓰는 방식을 지원하는 게 아니라 보아가 알려 주는 농법을 지원하는 길뿐이라고 생각했다. 그리고 그가 몸소 보여 주었듯이, 그렇게 하는 방법은 시범 농장을 운영하면서 연구와 지역사회 경험 사이의 간극, 학문과 현실 사이의 간극을 메우고, 소규모 자영농에게 의미 있는 지식의 토대를 마련하는 것이다.

토양과 기후, 농사 방식에 엄청난 차이가 있는데도, 동일한 기본 원리가 사우스다코타와 가나에서 효과를 발휘했다. 드웨인 벡은 반건조기후 대초원의 양분 순환을 닮은 농사를 짓고, 코피 보아는 열대우림의 양분 순환을 닮은 농사를 짓는다. 구체적인 농사 방식은 농부의 상황에 따라 다르겠지만, 나는 세계 어디서나 땅심을 돋우는 농사를 지을 수 있겠다고 생각하기 시작했다.

드웨인 벡과 코피 보아 모두 아주 소량이기는 하나 제초제와 비료를 사용한다. 그런데 무경운이 실제로 유기농사와 결합하면 효과가 있을 것인가? 피복작물과 콩과 식물 재배의 확대 또한 유기농사를 발전시킬 수 있을 것인가? 이런 질문에 답을 구하기 위해, 나는 펜실베이니아 주 커츠타운 인근에서 땅을 갈지 않는 유기농사를 최장 기간 실험하고 있는 곳을 방문하기로 마음먹었다.

8장

유기농업의 딜레마

제초제의 효과가 그토록 뛰어나다면, 어째서 여전히 잡초가 자라나는가?
- 게이브 브라운

사람들은 유기농업과 지속 가능성이 함께 가는 거라고 생각하곤 한
다. 하지만 반드시 그런 것만은 아니고, 사실 역사의 상당 부분 동안 그
렇지 못했다. 유기농사를 지으면 이로움이 많지만, 오늘날에도 대부분
의 유기농부는 여전히 땅을 갈고 김을 맨다. 바로 이 문제가 여기서 살
펴볼 주제이다. 왜일까? 땅을 가는 것이 값싸고 확실한 잡초 방제법이기
때문이다. 하지만 우리가 알고 있듯이 그것만이 유일한 방책이 아니고,
제초제가 늘 더 나은 대안인 것도 아니다.

1938년에 미국 농무부의 농학자 클라이드 레이티는 "작물 돌려짓기
는…… 잡초가 도는 걸 막기 위해 지금껏 고안된 농법 가운데 가장 효
과적이다"[19]라고 썼다. 그는 잡초에 대한 최선의 방어책으로 이로운 식
물이 땅을 뒤덮어 잡초를 억누르고 풋거름을 내놓는 방법을 권했다.

레이티는 돌려짓기가 수확량을 늘린다는 사실도 알았다. "돌려짓기
가 수확량과 품질에 이로운 영향을 끼친 수많은 사례가 기록되어 있다.

…… 돌려짓기 방식으로 농사를 지으면 병충해로 인한 작물 피해가 최소한으로 줄어든다……"[20] 주장을 뒷받침하기 위해 그는 미주리 농업 시험장에서 30년 동안 현장 실험을 통해 얻은 데이터를 제시했다. 옥수수, 귀리, 밀, 토끼풀을 4년 동안 돌려짓기 했더니 단일경작 때 거둔 수확량의 3분의 2에서 곱절 이상으로 늘었다고 한다.

수백 년 동안 농부들은 피복작물을 심어 농사를 지으면 땅심이 더 높아지고 작물 수확량이 늘어난다는 사실을 알고 있었다. 하지만 이런 방법은 제2차 세계대전 뒤 그 빛을 잃었다. 값싼 화학비료가 대량으로 공급되면서 그에 걸맞게 수확량이 늘고, 농부들이 특정 상품작물을 집중적으로 기를 수 있게 되었으며, 가축을 키우는 잡다한 일거리가 줄어들었기 때문이다. 금세 농업은 화학비료에 의존하여 다수확 단일경작으로 나아가게 되었다. 피복작물과 돌려짓기 방법으로 흙의 생명력을 가꾸거나 비옥도를 유지하며 잡초를 억제하는 건 더 이상 진보로 비치지 않았다. 비료와 제초제가 적어도 단기간에는 값싸고 쉽고 효과적임이 입증되었기 때문이다.

하지만 그것만이 유일하게 영향을 끼친 요소였던 건 아니다. 화학제품 생산자들의 든든한 동맹군이 되어 준 건 정부였다. 각국 정부는 언제든 탄약 생산으로 전환될 수 있는 비료 공장을 지원하는 데 관심이 있었기 때문이다.[21] 비록 모든 사람이 농화학의 추세 쪽으로 기운 건 아니었지만, 나날이 전문화되는 학계, 업계, 기관의 연구자들은 유기농업을 과학 이전 시대로의 회귀라고 얕잡아보는 경향이 생겼다. 1950년대에 들어서 미국 농무부는 화학제품을 사용하는 농업을 온 힘을 다해 옹호했다.

무경운 농업이 더 관심을 받게 된 건 잡초 방제의 간단하고 실용적인 대안으로서 제초제가 등장한 뒤였다. 관심이 훨씬 더 치솟게 된 건 제초제 글리포세이트에 내성이 있도록 유전적으로 조작된 작물이 등장한 뒤였다. 글리포세이트는 기초 생리 과정을 방해함으로써 식물을 비유전적으로 변형시켜 죽인다. 글리포세이트의 효과는 제초제 시장의 막대한 이익과, 글리포세이트 내성 작물로 특허 받은 종자의 독점권을 그 제조업자인 몬산토에 안겨 주었다. 관행농업은 글리포세이트를 좋아했는데, 사실 그걸 사용해도 에이커당 수확량은 눈에 띄게 늘지 않았다. 그들에겐 잡초가 성가셨을 뿐이고, 글리포세이트는 잡초를 효과적으로 없앴을 뿐이다. 적어도 처음에는 밭을 갈아엎지 않고도 쉽고 효율적으로 잡초를 억제했다. 이로써 유전자 변형 옥수수와 대두의 도입이 널리 촉진되었다.

최초의 제초제 내성 잡초로, 아트라진에 내성이 있는 개쑥갓이 1970년에 알려졌다. 6년 뒤 몬산토는 글리포세이트를 광범위 제초제로 출시했다. 최초의 글리포세이트 내성 잡초인 이탈리안 라이그라스(학명은 Lolium rigidum)가 1996년에, 그러니까 글리포세이트에 내성이 있는 작물들이 최초로 도입된 바로 그해에 오스트레일리아에서 보고되었다. 2014년, 글리포세이트 내성을 갖춘 잡초 거의 스물네 종이 미국에서 보고되었다. 전 세계적으로는 총 432종의 잡초가 다양한 제초제에 내성을 보였다. 당연히 모든 제초제가 정말로 필요한 것인지를 두고 고민이 커졌다. 무경운이 유기농업에서 실천될 수 있을 것인가, 아니면 제초제와 경운 사이에 한쪽을 선택할 수밖에 없는 것인가?

제초제의 유혹

이런 질문을 던지기에 가장 좋은 곳은 바로 펜실베이니아 주 커츠타운 인근 333에이커 면적의 로데일연구소이다. 연구소와 이름이 같은 제롬 로데일은 미국 최초의 유기농업 주창자 가운데 한 사람이다. 뉴욕 시 유대인 식료품상의 병약한 아들이었던 로데일은 제조업 분야에서 성공을 거두었으나, 1930년에 가족을 데리고 펜실베이니아 에마우스에서 농사를 짓기로 결심했다.

그가 새로 구입한 70에이커의 땅에 어떻게 농사를 지어야 하느냐고 대학교수들에게 묻자 돌아온 대답은 화학비료와 살충제를 사용하라는 것이었다. 이는 로데일에게 귀담아 들어야 할 만한 조언으로 받아들여지지 않았다. 그가 도시를 떠나온 첫 번째 이유는 아이들을 더 건강한 환경에서 자라게 하고 싶었기 때문이다. 흙의 건강과 인간의 건강이 어떤 관련성이 있는지를 다룬 앨버트 하워드의 책을 읽은 뒤, 로데일은 '유기적'(organic)이란 낱말을 농업과 연결 짓고 1940년에 유기농 실험 농장을 시작했다. 2년 뒤에 그는 잡지 《유기 원예와 농사》(Organic Gardening and Farming)를 창간했고, 이는 오늘날의 《로데일 오가닉 라이프》(Rodale's Organic Life)가 되었다. 건강 관련 문제를 다루는 책과 잡지를 펴내면서 로데일은 유명해졌고, 피복작물과 돌려짓기, 두엄을 사용하는 유기농업과 건강한 삶을 주창하는 대표적인 인사가 되었다. 그리고 1971년에 '딕 캐빗 쇼' 녹화 무대에서 심장마비로 사망했다. 그해에 로데일의 아들 로버트는 커츠타운 농장을 구입했다.

나는 현재 연구소의 상임이사인 제프 모이어가 농장 관리자였을 때 어떤 컨퍼런스에서 발표하는 모습을 본 적이 있다. 제초제를 쓰지 않고 피복작물을 관리하는 방법, 한마디로 무경운 잡초 방제에 실질적이고 유기적인 대안에 관한 내용이었다. 그는 무경운 유기농법의 어려움을 해결했을까? 그 대답을 듣고 싶어서 나는 자동차를 타고 펜실베이니아의 푸르른 구릉을 달리며 다시금 땀을 비 오듯 흘리고 있었다. 아프리카에서 돌아온 지 한 주밖에 되지 않은 7월의 후덥지근한 어느 날이었다.

휴대폰 내비게이션이 알려 주는 대로 시골 풍경을 지나가자니, 옥수수 밭이 주택들을 에워싸고 언덕 위의 큰 교회를 거의 뒤덮듯 펼쳐졌다. 마침내 자갈이 깔린 주차장에 도착한 것은 하얀 로데일연구소 표지판을 지나서였다. 방문객 센터에서 제프를 만나러 왔다고 하자, "지금 본관에 있습니다. 창고와 오래된 석조 건물을 지나 하얀 주택으로 가세요"라는 답변이 돌아왔다.

차를 타고 가는데 경작지 사이에 흐드러지게 핀 야생화 속에서 구름처럼 많은 나비들이 날갯짓하는 모습이 보였다. 큼지막한 빨간 문이 달린 커다란 석조 창고를 지날 때 하얀 카우보이모자를 쓴 남자가 퇴비를 실은 트랙터를 타고 지나갔다. 무경운 유기농업을 최장 기간 현장 실험하고 있는 곳에 도착한 것이다.

큰 목화송이 같은 구름 아래 펼쳐진 그곳은 향수를 불러일으키는 전원 풍경이었다. 테두리를 초록색으로 꾸민 하얀 주택들과 붉은색 큰 창고 두 채가 눈에 들어왔다. 하지만 현대적인 느낌도 담겨 있는데, 이를테면 사람들을 실어 나르는 전동 골프카트가 그랬다. 지붕에서 홈통을 타고 내려오는 물을 모으는 물통들, 주택들 사이에 펼쳐져 있는 채소 모판과 화단, 두 개의 지오데식 돔(geodesic dome, 삼각형 모양의 받침대들이 기본 구조를 이룬 반구형 지붕이나 천장─옮긴이), 토마토가 주렁주렁 열린 비닐하우스들이 보였다. 태반이 어린아이들인 관광객 몇 명이 구경 삼아 걸어 다녔고, 그보다 엄청나게 많은 벌과 나비, 곤충들이 꽃들 사이에서 춤을 추었다.

이윽고 한 창고 뒤에서 빨간 트랙터를 탄 모이어를 만났다. 그는 로데일연구소 모자를 쓰고, 빨갛고 하얀 체크무늬 셔츠에 청바지를 입고, 메이저리그 야구 선수처럼 팔자수염을 길렀다. 키가 작고 다부지며 두 손은 흙이 익숙해 보였다. 나이는 절대 쉰 위로는 보이지 않았는데, 나중에야 그가 곧 예순 번째 생일을 맞게 된다는 얘기를 들었다. 말이 빠르지만 명료하고 자신이 무슨 말을 하는지 정확히 알고 있는 이의 확신이 느껴졌다.

창고 문 앞에 있으니, 내가 곧 보게 될 것이 그의 어깨 너머로 살짝 보였다. 바로 무경운 유기농업에서 쓰는 잡초 관리 도구들이다. 무거운 금속 롤러인데, 증기 롤러 드럼처럼 생겼지만 높이가 그만큼 높지는 않았다. 네모난 철판이 줄지어 드럼 표면에서 V자 모양으로 돌출해 있는 모습 때문에 어떤 거대한 기계에서 빠져나온 기어처럼 보였다. 하지만 실제로는 아주 단순하다. 트랙터 앞쪽에 장착하여 피복작물을 쓰러뜨려 짓이기고 드럼에서 돌출된 철판과 땅 사이에 작물이 끼었다가 볏짚 잘리듯 잘라지면, 피복작물은 잡초를 억제하는 뿌리덮개가 된다. 이 장비는 식물을 죽이는 동시에 그 잔여물을 뿌리덮개로 변모시킨다. 파종기 앞쪽에 장착하면, 농부가 한 번 지나가는 것만으로 갓 만들어진 뿌리덮개 속으로 종자를 심고 효과적으로 잡초를 억제할 수 있다.

모이어의 이 롤러크림퍼 덕분에 큰 농장에서 간단하고도 쉽게 피복작물을 뿌리덮개로 바꿀 수 있다.[22] 트랙터 앞쪽에 장착할 알맞은 부속 장비만 있으면 된다. 이전 작물의 잔여물 위로 롤러가 굴러가면서 다음 작물을 파종하므로 실용적이고 화학물질을 전혀 투여하지 않는 잡초 방제법이다. 바로 무경운 유기농업이 필요로 하는 기계이다. 롤러크림퍼를 사용하면 관행농부도 잡초를 수월하게 억제할 수 있고, 제초제에 들이던 돈도 절약할 수 있다. 다른 지역을 배경으로 이루어진 연구들은 롤러크림퍼의 잡초 관리 수준이 제초제에 필적하면서도 내성 문제와 무관하다고 보고했다.

모이어는 나를 데리고 사무실로 가면서, J. I. 로데일의 생각에 깊이 영향을 받아 건강한 흙이 있어야 건강한 먹을거리와 건강한 사람을 기를 수 있음을 믿게 되었다고 말했다. 사무실로 들어가니 그가 발표한 수많은 컨퍼런스에서 사용한 이름표가 외투걸이를 장식하고 있었다. 그의 견해를 듣고자 하는 사람들이 많다. 그래서 연구소를 설립하여 문제를 진단하고 유기농업 교육을 확산시키며 롤러크림퍼 같은 해법을 마련하고 있다. 로데일에서 긴 세월을 보내는 동안, 유기농사를 지으면서도 땅을 갈지 않는 방법을 마련하는 일이 최대의 딜레마였다. 모이어가 최우선으로 해결하고자 하는 과제가 그것이다.

농지를 자연의 방식에 맡겨 두면 한해살이 잡초가 먼저 나타나고, 그다음 여러해살이 잡초가 돋아나고, 그다음 나무가 자란다. 궁극적으로 땅은 30미터 높이의 울창한 숲으로 되돌아가려고 할 것이다. 안타깝게도 우리가 먹는 건 나무가 아니다. 또한 뿌리덮개로 한해살이 잡초는 억누를 수 있다 해도 자연을 영원히 물리칠 수는 없다. 제프는 여러해살이 잡초를 가리켜 유기농부의 최대 악몽이라 일컬었다.

관행농부는 땅을 갈아엎거나 제초제를 사용하는데, 모이어는 밭갈이를 컴퓨터의 리셋 버튼에 비유한다. 가끔은 효과 만점이지만 허구한 날 사용할 수 없다는 것이다. 모이어가 주로 피복작물에 기대 잡초를 억누르는 이유는, 제초제를 살포하지 않아도 되고 규칙적으로 땅을 뒤엎는

데 따르는 토양 교란과 침식을 피하고 싶기 때문이다. 그러나 롤러크림 퍼로 여러해살이 잡초를 억누를 수 있는 건 몇 년뿐이므로, 그들은 결국 3년마다 땅을 갈아야 하는 문제에서 벗어나기 어렵다. 그래서 그의 방식에 무경운 유기농업이란 명칭을 붙이는 것은 조금 부적절하다. 그는 자신이 하는 일을 '순환 경운'이라 일컫는다.

모이어의 목표는 "모든 경작지에서 늘 무언가가 푸르게 자라고 있도록" 하는 것이다. 그는 피복작물이 무성하고 빽빽하게 자라는 것이 잡초를 물리치는 최상의 방법이고, 알맞게 피복작물을 기르면 환금작물이 자라지 않는 기간에 토양질소를 고정시키는 이로움까지 더 얻을 수 있다고 본다. 얼마나 많은 질소를 유기농사로 흙에 보탤 수 있을까? 내한성 한해살이 콩과 식물인 새완두는 에이커당 113킬로그램 이상의 질소를 보태 주는데, 이는 다음 환금작물에 양분을 공급하기에 충분하고도 남는 정도라고 한다.

놀랍게도, 모이어가 자신의 방법이 더 널리 받아들여질 수 있다고 낙관하는 건 바로 이 무경운 유기농업의 경제성 덕분이다. "유기농 옥수수 재배를 두고 관행적으로 땅을 가는 방식과 내 무경운 방식을 직접 비교해 볼까요" 하고 그가 말했다. 새완두를 심었던 경작지에서 무경운 옥수수를 재배한다면 경유로 운행하는 농기계가 딱 두 번 지나가면 된다. 한 번은 피복작물을 짓누르고 분쇄하는 동시에 옥수수를 파종하고, 나머지 한 번은 수확할 때이다. 반면 피복작물 없이 관행적으로 재배한다면 농지를 수없이 오가야 한다. 땅을 갈고, 고르고, 다지고, 풀을 없애고, 작물을 기르고, 마지막으로 수확하기까지. 관행 경작지에서는 에이커당 3,632킬로그램 정도를 거두었고, 땅을 갈지 않는 경작지에서는 에이커당 4,064킬로그램을 거두었다. 한마디로, 피복작물을 기른 유기 경작지에서는 경유를 상당히 적게 쓰고도 더 많은 수확을 냈다. 관행농인 이웃의 촌평은 관행적으로 재배한 작물에 비해 무경운 유기농업의 장점을 간단명료하게 포착하고 있다. "나도 3,810킬로그램을 수확하긴 했지만 당신은 파종 말고는 아무것도 한 일이 없네요."

모이어는 웃으며 일화를 들려주었다. 펜실베이니아주립대학의 한 경제학자에게 이 얘기를 해주니, "그렇군요. 하지만 선생님이 돈을 절약했다는 걸 증명할 수 있나요?"라는 질문이 돌아왔다는 것이다. 간단한 산수면 된다. 유기농 옥수수는 부셸(bushel, 곡물 등의 중량 단위로 옥수수 1부셸은 25.4킬로그램, 대두와 밀은 27.2킬로그램 정도이다—옮긴이)당 8.36달러이고 관행농 옥수수는 4.15달러이므로, 무경운 유기농으로는 에이커당 578달러의 순이익을 낸 반면 관행적 경운으로는 에이커당 16달러의 순손실이 난 것이다. 무경운 유기농업이 비용은 적게 들고 수익은 더 많다.

자신의 방법이 잡초 관리에 효과적이라는 걸 알려 주기 위해, 모이어는 위스콘신의 한 유기농장에 관한 이야기를 들려주었다. 그곳에서 대두 수확량은 관행적 경운으로는 에이커당 약 653킬로그램, 잡초를 쓰러뜨리고 파종하는 무경운으로는 에이커당 약 870킬로그램으로 3분의 1이 더 많았다. 이 농장의 현장 활동 날, 모이어는 그 무경운 유기농업 경작지에서 방문객들이 잡초를 찾아내면 그때마다 1달러씩 주겠다고 제안했다. 방문객들은 하루 종일 눈에 불을 켜고 찾았지만, 끝내 누구에게도 돈을 줄 필요가 없었다. 그곳에는 잡초가 하나도 없기 때문이다.

변화의 촉매

모이어가 유기농업을 업으로 삼은 건 정치나 이데올로기 차원의 이유 때문이 아니었다. 그가 자라난 작은 농장은 연구소 인근이었고, 그가 다닌 고등학교에 로데일 집안의 자녀가 있었다. 그는 1975년에 삼림경영학과를 졸업했고, 콜로라도 주에서 일자리 제안을 받았다. 그런데 거의 40년을 함께 산 지금의 아내인, 당시 여자 친구가 이사 가는 것을 원하지 않았다. 그래서 그는 신문에 난 온실 기술자 채용 광고를 보고 지원했다. 그리고 어느새 40년을 로데일에서 일하게 된 것이다.

처음 일하게 되었을 때는 알지 못했지만, 모이어의 집안은 뒷날 연구소가 되는 농장과 관계가 있었다. 시간을 거슬러 올라가서 1720년대에 처음 땅을 개간했을 때였다. 가계도를 조사하던 그의 처형은 모이어의 9대 위 할머니가 농장에서 태어났음을 알아냈다. 보브 로데일이 1971년에 농장을 구입했을 때, 지역 주민들은 '유기농사꾼'들이 얼마 지나지 않아 농장을 잡초로 뒤덮인 땅으로 만들 것이라고 장담했다. 모이어는 그렇게 되도록 내버려 두지 않았다.

주민들의 태도는 바뀌었다. 보름 전쯤 지역의 농부가 그에게 말했다. "고맙습니다, 제프."

놀란 모이어가 물었다. "뭐가요?"

"나는 당신이 하는 말을 듣고 생각했습니다. 저 사람이 나보다 더 똑똑하지는 않아. 그러니 그가 할 수 있다면 나도 할 수 있어. 그즈음 우리는 농사를 집어치울까 고민하고 있었죠. 하지만 우리는 방법을 바꾸어 보았습니다. 그리고 지난주에 아들을 위해 두 번째 유기농장을 구입했습니다. 우리는 자식들이 농사를 지었으면 하고 바란 적이 없었습니다. 농사는 너무 힘들고 먹고살 수도 없으니까요. 하지만 지금 우리는 다시 돈을 벌고 있기 때문에 여생 동안 아들과 함께 일할 수 있을 겁니다."

모이어는 이 말 덕분에 로데일연구소의 사명을 스스로 재확인했다고 말했다. "핵심은 변화의 촉매가 되는 것, 사람들에게 변화의 욕망을 일으키고 수단을 제공하는 것입니다. 한 번에 1에이커씩, 한 번에 농부 한 명씩 바꾸어 가는 거죠." 올바르게만 한다면 집약적인 농업도 흙의 건강을 되살릴 수 있다. 사회가 이를 인식하게 된다면 현대 농업이 변화할 수 있을 거라고 그는 주장한다.

유기농사를 지으면 반드시 수확량이 감소하고, 또는 인구가 더 많아지는 미래에 사람들이 굶주리게 될 위험이 있다는 생각에 그는 동의하지 않는다. 관행농업을 연구하는 농학자들이 유기농업을 원시적이라고 여기는 건 그로서는 짜증나는 일이다. 유기농부들이 과학과 농업공학을 회피하지 않고, 토양생물학에 뿌리를 둔 농법을 중시한다는 것을 그는 안다. 그리고 이런 농법은 "최첨단이거나 인간 중심으로 설계된 것이 아니므로 어리석고 현대적이지 않다고 생각하는 이들도 있겠지만, 우리가 하고 있는 일은 과학입니다"라고 그는 말한다.

화학은 깨끗하고 예측 가능하다고 사람들은 한결같이 말한다. 하지만 생물학은 너무 많은 것에 영향을 받기 때문에 복잡하다. 농촌진흥청 담당관이 늘 모이어에게 하는 말은, 간단한 레시피만 있다면 유기농업이 더 쉽게 받아들여질 것이라는 말이었다. 하지만 그것은 재앙을 초래하는 레시피가 될 것이라고 모이어는 생각한다. 생물학은 무척 가변적이어서 중요한 것은 적용 가능성이다. 어떤 규모에서든 유기농업이 유효하다는 건 "우리가 먹어야 하는 모든 먹을거리를 기르면서도 여전히 건강한 환경을 지킬 수 있다"는 사실을 알려준다. 그가 이 사실을 아는 건 직접 해보았기 때문이다.

모이어는 스스로를 "한 번도 쉬운 길로 갈 줄 몰랐던" 사람이라고 표현한다. 그는 분명 고집스러운 사람이다. 35년 동안 한 가지 실험을 지속할 수 있어야 한다면 그렇지 않겠는가.

로데일연구소의 농법 실험은 미국에서 최장기간 동안 유기농업과 관행농업을 직접 비교해 왔다. 연구가 시작된 건 1981년이었다. 유기농업에 관한 미국 농무부의 한 연구에서 그와 같은 연구가 부족하기 때문에 농부들이 관행농업에서 유기농업으로 전환하기 어렵다고 밝힌 뒤였다. 그래서 연구소는 다음의 서로 다른 농사 방식 세 가지 비교 실험을 경작지에서 시작했다. ① 가축의 두엄을 이용한 유기농사. ② 콩과 식물을 피복작물로 이용하는 유기농사. ③ 화학비료를 주는 관행농사. 2008년 이후, 이 세 가지 방식 각각의 무경운 버전이 실험에 포함되어, 각 실험 체계 안에서 구역을 갈라 진행했다. 그리고 무경운 유기농업 구획은 3년마다 땅을 갈아 여러해살이 잡초를 억제했고, 관행농업 구획에는 GMO 종자를 사용했다.

경작지 구획으로 가는 길에 모이어는 나를 현장 실험 관련 새 프로젝트 책임자인 이매뉴얼 오몬디에게 소개해 주었다. 케냐 토착민인 오몬디는 와이오밍에서 10년 동안 보존농업을 연구한 뒤 로데일에 한 달 동안 머문 적이 있었다. 우리 셋은 골프카트처럼 생긴 탈것에 올라탔다. 편안한 주행이라는 뜻의 '이지고'(E-Z-GO)는 털털거리며 농지로 나갔다. 농지에는 1.8미터 높이의 광고판처럼 생긴 판들이 세워져 현장 실험의 내용을 알려 주고 있다. 오몬디와 함께 걸으며 지나쳐 갔다.

비가 살살 내리기 시작할 때, 그는 잡초를 제압하고 싶다면 뿌리덮개를 해주어야 한다고 설명했다. 나는 아내 앤이 우리 집 정원에서 바로 그렇게 하고 있다고 말했다. 그는 대답했다. "1,000에이커의 땅에 뿌리 덮개를 하라면 할 수 있겠습니까. 하지만 밭에 뿌리덮개가 될 것을 기른 다면 이야기가 달라지겠죠." 이것이 바로 피복작물과 롤러크림퍼가 하는 일이다.

현장 실험 전체 면적은 도시의 여섯 블록에 가까운 면적인 6헥타르(약 15에이커)였다. 가로 18미터, 세로 90미터의 경작지 구획들이 완만한 언덕에 나란히 펼쳐져 있었고, 각 구획은 가로 6미터씩 세 부분으로 나뉘어 있었다. 실험 경작 이전에는 25년이 넘는 시간 동안 관행농업으로 옥수수를 기르던 땅이었다. 로데일의 연구는 외부 과학계 자문단과 연계되어 있고, 연구 결과는 수십 편의 논문으로 학술지에 발표되어 왔는데, 필자는 주로 로데일과 무관한 개별 과학자들이다. 농업적 성공의 기준치인 수확량을 측정하는 데 그치지 않고, 경제적 보상과 에너지 소비, 온실가스 배출, 토양 건강도 추적한다.

유기농사는 어떤 잣대로 평가해도 꾸준히 더 나은 성과를 냈지만, 수확량만은 관행농사와 비슷해지기까지 처음 몇 년 동안 유기 경작지의 옥수수 수확량이 더 낮았다. 유기농업 구획에서 화학물질 투여를 '끊은' 전환기를 '포함하여' 실험 전체 기간 동안 평균을 냈을 때, 유기농업 수확량과 관행농업 수확량 사이의 통계상 차이점은 전혀 없었다.

차이가 나타난 건 처음 3년뿐이었다. 25년 동안 관행적으로 옥수수를 단일경작한 땅에서 비료를 하나도 쓰지 않았을 때, 수확량은 유기농사 방식에서 처음으로 낮아졌다. 하지만 대두로 돌려짓기를 시작한 구획에서는 초기 손실도 나타나지 않았다. 토질이 떨어진 상태라면 질소를 많이 소모하는 옥수수 농사로 전환기를 시작하면 안 된다. 대신 질소를 붙들어 두는 작물, 이를테면 대두로 시작한다. 초기 수확량 감소의 또 다른 이유는, 돌려짓기와 새로운 피복작물 방식으로 농사를 지을 때 새로운 기술을 배워야 하는 농부들의 경험 차이에서 비롯될 거라고 모이어는 추측했다.

처음부터 대두 수확량을 가장 많이 낸 방식은 두엄을 주는 유기농사였다. 그리고 초기 전환기 이후의 전반적인 작물 수확량은 세 가지 농사 방식에서 통계적으로 비슷했지만, 가물었던 해에는 유기농사 방식이 30퍼센트 더 많은 수확량을 냈다. 몇 년 동안의 전환기가 지난 뒤에는, 유기농사를 지어서 수확량 손실을 입는 일은 없다는 사실이 중요하다. 더 나아가 비가 거의 내리지 않은 해에는 뜻밖의 수확량을 냈다.

하지만 토양 조건은 크게 차이 나기 시작하여, 유기농업 구획에서 흙의 품질과 건강이 훨씬 나아졌다. 1981년 현장 실험을 시작했을 때 토질 시험에서는 모든 구획에서 탄소와 질소 수치가 비슷했다. 1994년 즈음 토양탄소와 질소 농도는 유기농업 구획에서 상당히 증가했으나 관행농업 구획에서는 거의 변화가 없었다. 그리고 두엄이나 콩과 식물이 거름이 된 유기농업 경작지에서 토질은 꾸준히 나아졌다. 몇몇 경작 구획에서는 실험 처음에 약 1퍼센트였던 토양 유기물이 오늘날 6퍼센트 이상으로 증가했다. 모든 유기농업 경작지에서 현재 토양 유기물 함유량은 4퍼센트가 넘는 데 비해, 관행농업 경작지에서는 2퍼센트 미만이다. 보수적으로 측정해 보아도 흙 속 탄소량은 수십 년 동안 곱절이 되었다. 다른 수많은 연구 또한 동일한 결론에 이르렀다. 유기농사와 유기물 투입이 토양탄소와 질소 함유량뿐 아니라 미생물 생물량과 그 활동을 증가시킨다는 것이다.

중요한 이야기다. 토양 유기물을 증가시키니 '입단 안정성'(粒團安定性, 점토, 실트, 모래 같은 1차 입자들이 2차 입자인 입단을 형성하면, 투수성, 보수성, 통기성이 좋아지고 미생물이 다양해지며 토양 침식이 줄어드는데, 이런 입단이 쉽게 부스러지거나 망가지지 않는 상태를 말한다—옮긴이)이 개선되고, 그 덕분에 더 많은 물이 지표에서 흘러 사라지지 않고 흙 속으로 스며들게 된다.

이런 변화를 확인하기 위해 필요한 건 삽 한 자루뿐이다. 모이어와 내가 경작지를 파 보았더니, 유기농업 구획의 흙은 거무스름하고 촉촉했다. 눈에 보이는 작은 구멍들이 뚫려 있는 걸로 안정된 입단으로 구성되어 있음을 확인할 수 있었다. 관행농업 경작지의 흙은 눈에 보이는 구멍이 거의 없었고, 더 누르스름하고 말라 있었으며 손으로 쥐어도 뭉쳐지지 않았다. 한마디로, 관행농업 경지의 흙은 쉽게 흩어지고 금세 침식되어 사라질 수 있다. 아이오와의 흙이 미시시피 강에 쓸려 사라지는 이유가 바로 여기에 있다고 모이어는 말한다.

에너지 사용을 잣대로 삼으면, 유기농사는 절반도 안 되는 사용량으로 같은 수확량을 냈다. 차이가 주로 드러나는 부분은, 관행농업 경작지에 쓸 비료와 제초제 생산에 들어가는 에너지이다. 대체로 유기농업은 비슷한 수확량을 내면서도 토양 유기물을 증가시키고, 흙의 건강을 개선하며, 에너지를 덜 썼다. 내가 보기에 훨씬 효율적인 농사 방식이다.

경제적인 분석으로 들어가면 더욱 놀랍다. 관행농업 방식이 유기농업 방식보다 더 높은 수익을 낸 건 처음 몇 해 동안, 유기농업보다 수확량에서 앞선 때였다. 단 유기농 작물과 관행농 작물이 똑같은 시장 가격으로 구매된다고 가정했을 때 그렇다. 그 초기 이후, 두 가지 농사 방식의 수익은 비슷했다. 그러나 유기농 작물과 관행농 작물은 일반적으로 똑같은 시가로 팔리지 않는다. 유기농 작물에 붙는 가격 프리미엄을 고려하면, 유기농업 생산이 관행농업보다 세 배 넘게 수익이 났다. 따라서 관행농부들이 유기농업으로 전환하면, 더 많이 거두고 흙을 살지게 만들면서도 더 많은 돈을 벌 수 있는 얘기다.

모이어는 로데일 농법 실험이 관행농업에서 유기농업으로 전환할 수 있는가를 가리고 있던 커튼을 철저한 과학적 분석을 통해 열어젖혔다고 표현한다. 그는 물, 에너지, 토질, 수익성, 질산염 오염을 비롯하여 어떤 기준을 적용하든 마찬가지라고 강조한다. 유기농업 생산이 더 나은 성과를 보이며, 다만 수확량만은 전환기를 거친 뒤에 비슷해진다. 바로 이것이, 관행농업과 유기농업에 대한 주목할 만한 메타분석이 놓칠 수 있는 요점이다. 유기농업 생산에 관한 장기적인 연구는 거의 없었지만, 로데일의 35년 현장 실험이 드러내는 사실은, 집중적인 유기농사가 경제적으로도 수익을 내고 에너지 효율적인 대안이면서도 높은 수확량을 유지할 수 있다는 것이다. 또한 다른 연구들은 몇 년의 전환기를 거친 뒤 포기하지 말고 유기농사를 이어 가면 유기농업에서 수확량이 줄어드는 현상은 사라진다고 보고한다.

이 대목에서 의문이 제기된다. 왜 미국 농무부는 관행농업 수확량과 비슷하게 거둘 수 있을 뿐 아니라 관행농업에 고질적인 많은 문제를 상당히 줄이거나 해결할 수 있는 농법에 대한 연구와 그 농법으로의 전환을 전적으로 지원하지 않는 것인가? 영향력 있는 거대 농업 기업들이 원하는 바가 아니어서? 모이어는 농무부를 변화시킬 수 있는 새로운 연구를 기대하고 있다. 그래야 다양한 지역에서 다양한 작물로 관행농업에 맞먹는 수확량을 내면서도 토양 침식을 줄이고 흙을 건강하게 되살릴 수 있는, 재생산 가능한 농법으로 농사를 변화시킬 방법을 농무부가 조사할 것이기 때문이다. "데이터를 확인하고 과학에 기대면 우리가 변화시킬 수 있다는 결론에 이르게 될 겁니다."

나는 제프에게 물었다. "왜 더 많은 농부가 유기농업으로 전환하지 않는 걸까요?" 한 치의 주저함도 없이 그는 작물보험이 관행농부들의 흉작 위험을 상쇄시켜 주기 때문이라고 콕 집어 말했다. "가뭄에 흙이 견디도록 하는 방법은 두 가지가 있는데, 하나는 생물학이고 나머지 하나는 작물보험입니다." 그는 작물보험에 드는 농부를 10만 달러를 들고 라스베이거스로 향하는 도박꾼에 비유한다. 돈을 잃으면 카지노가 돈을 돌려주고 그는 다시 도박에 돈을 건다. 농부는 그런 도박 같은 커다란 위험을 늘 떠안아야 한다. "관행농업 옥수수는 경주마와 비슷합니다" 하고 모이어가 내게 말했다. "경주마는 완벽한 트랙에서 아주 잘 달립니다. 유기농업 옥수수는 일하는 늙은 말과 비슷합니다. 안정적으로 꾸준히 생산하지만 대단한 성공을 낳지는 않습니다." 유기농부에게 상당한 작물보험이 필요 없는 이유는 유기농사가 크게 위험하지 않기 때문이라고 그는 말한다. 유기농업 경작지에서는 훨씬 안정적이고 꾸준하게 수확한다.

내가 받은 느낌으론, 처음에 농무부는 로데일의 결과를 믿지 않았던 듯하다. 나중에는 호기심이 생겼다. 10년 동안 연구소를 지켜본 뒤, 농무부는 메릴랜드에 똑같은 현장 실험장을 마련하여, 유기농사가 화학농사만큼 수확을 낸다는 급진적인 주장을 검증하고자 했다. 위스콘신, 미네소타, 아이오와주립대학교, 캘리포니아주립대학 데이비스 캠퍼스 같은 몇몇 대학도 실험장을 세웠다. 여섯 군데의 장기 유기농업 비교 실험을 검토한 2015년의 연구는, 유기농법이 관행농법과 비슷하거나 뛰어넘을 만큼 경제적으로 수익성이 있고, 흙의 품질이 좋아지고 토양탄소 함유량이 높아지며 해충 억제 능력이 더 뛰어남을 입증했다. 수확량 차이는 특정 작물과 흙, 날씨 조건에 따라 편차가 훨씬 컸다. 그러나 여러 곳에서 유기농업 수확량은 일관되게 관행농업 수확량과 같거나 더 높았다. 그리고 여섯 곳 가운데 네 곳에서, 농부가 잡초 관리 경험을 쌓아갈수록 시간이 흐름에 따라 유기농업 수확량이 높아졌다. 유기농업 경작지에서 최대의 수확량을 기록한 쪽은, 콩과 식물 재배와 돌려짓기를 하고 주기적으로 가축의 두엄을 준 경우였다.

내가 이 연구에서 추론해 낼 수 있는 메시지는, 피복작물 재배와 돌려짓기가 관행농업과 유기농업 '모두'에서 흙의 유기물인 토양탄소를 풍부하게 하고 흙의 건강을 되살리면서, 단기간에는 양분이 풍부해지고 장기적으로 흙이 비옥해진다는 것이다.

그러나 앞으로 모든 농장이 유기농업으로 변모된다면, 우리는 실제로 세계의 인구를 먹여 살릴 수 있을 것인가?《영국왕립학회회보》에 실린 2015년의 한 메타분석은 관행농장과 유기농장 수확량의 가장 방대한 비교 분석이다. 1천 번 이상의 관측에서 비롯된 115건의 연구에서 도출되었다. 첫째, 필자들은 유기농사로 재배한 작물과 관행농사로 재배한 작물의 수확량을 일반적이고도 단순하게 비교했다. 그 결과 유기농 작물은 평균 19퍼센트가 더 적었다. 이 결과는 유기농사로 세계가 먹을 식량을 길러 낼 수 없다고 주장하는 이들이 들먹이는 이전의 메타분석 결과와 비슷하다.

그러나 2015년 연구에서 필자들이 사용한 방대한 데이터세트 덕분에 그 이상의 비교가 가능했다. 그들은 피복작물과 돌려짓기를 포함한 유기농사 작물과 관행농사 작물의 수확량을 심층 분석했다. 그 결과 수확량 격차가 훨씬 줄어 8~9퍼센트 정도의 차이로 귀결되었다. 필자들은 유기농사 방식을 발전시킬 수 있는 연구가 있다면 이 격차는 훨씬 더 줄어들거나 거의 같아질 수 있다고 결론지었다. 게다가 그 격차는 보기보다 더 작을지도 모른다. 필자들이 "관행농업 수확량이 더 높다고 보고한 연구 쪽의 메타 데이터세트에서 편향성의 증거"를 발견했기 때문이다. 요점은 무엇일까? 유기농업에서 피복작물과 다양한 돌려짓기 등 땅심을 돋우는 농법을 받아들였을 때 수확량 감소는 거의 없다는 것이다.

이런 맥락에서 2003년부터 2011년까지 8년 동안 진행된 아이오와 대학 현장 연구는 관행농사 결과를 직접 비교했다. 한쪽은 2년 동안 옥수수와 대두를 돌려짓기 한 것이고, 다른 쪽은 3~4년 동안 더 다양한 작물을 돌려짓기 하되 질소비료는 7분의 1 내지 5분의 1만 주고 제초제는 10분의 1 내지 6분의 1만 준 것이다. 화학물질 투입을 크게 감소시키고도 다양한 돌려짓기를 했을 때 곡물 수확량은 변함없이 더 많았다. 작부 체계가 다양할수록 수익성 또한 더 높았다. 《영국왕립학회 회보》의 논문 필자들과 마찬가지로, 이 연구자들은 유기농사와 관행농사 사이에 수확량 격차가 있다고 일반적으로 보고되지만, 이는 다양하게 작물을 심고 농약을 매우 적게 쓰는 것으로 극복할 수 있다고 주장한다. 더 파고들면 들수록, 유기농사가 세계를 먹여 살릴 수 없다는 논리의 근거가 더 공허하게 들렸다. 중요한 건 유기농사를 어떤 방식으로 짓느냐이다. 그리고 유기농업 비슷한 농사 방식도 관행농장에서 실행할 수 있는 선택지일 것이다.

모이어는 유기농부들이 농장의 구체적인 조건에 농사 방식을 적용시켜야 한다는 점을 특히 강조한다. 마치 경기에서 이기려고 마음먹은 스키 선수 같다. 모든 코스는 설질, 날씨, 모굴, 가파름 등이 저마다 다르다. 선수는 마땅히 이 모든 걸 고려하여 전술과 경로를 짜서 선두에서 질주하려고 한다. 유기농업의 비결은 땅을 잘 아는 데 있고, 피복작물과 돌려짓기 실험을 통해 각 지역과 농장에 맞는 결합 방식을 발견하는 데 있다.

오몬디는 현장 실험에 또 다른 요소를 보태, 관행농사와 유기농사를 혼합한 잡종 농사 방식을 검증하고자 한다. 피복작물과 콩과 식물을 재배하고 제초제와 비료 사용을 최소화하는 실험을 해보려는 것이다. 그래서 관행농부들이 화학물질을 거의 투입하지 않고도 만족스러운 수확량을 얻을 수 있음을 알게 된다면, 너도나도 비용 절감에 나설 것이라 생각한다. 완벽한 유기농법이 아니더라도 돈을 절약하고 환경에 대한 부담을 크게 줄일 수 있을 것이다. 그는 드웨인 벡이나 코피 보아와 똑같은 생각을 하고 있다.

우리가 서서 이야기를 나누는 동안 20대 청년 넷이 농지로 왔다. 허드슨밸리에서 온 이 청년들은 그곳에서 20에이커의 유기농 채소를 재배한다. 그들은 땅을 갈지 않고 농사짓는 법을 고민하는 중이어서 로데일 시범 농장을 견학하고자 했다. 모이어가 설명해 주려고 그들을 데리고 옥수수 밭으로 갔다.

그는 이미 내게 많은 생각거리를 던져 주었으므로, 나는 그들을 따라가지 않았다. 대신에 높이 솟은 뭉게구름이 하늘에 떠 있는 모습을 보며 관행농업과 유기농업의 경계선을 긋는 것에 관해 고민했다. 관행농부들이 유기농업 비슷한 농법을 향해 나아가고, 유기농부들이 소량의 화학물질 사용의 유용성을 재평가하고 있는 건 왜 중요한가? 나는 양쪽 모두 무언가를 향해 나아가고 있다고 생각하기 시작했다.

농업은 지상명령이다

이튿날 아침 숙소인 홀리데이인 익스프레스의 끔찍한 아침 뷔페를 거르고 나는 연구소로 출발했다. 무얼 먹을 게 있을까 곁눈질하며 옥수수와 대두가 자라는 풍경 속을 차로 달렸다. 커츠타운으로 접어드는 길에 24시간 영업하는 커다란 식료품점이 눈에 띄었다. 온통 과자류로만 채워진 진열대 사이를 두 군데 지나며 찾은 끝에, 현란한 색상의 매대 뒤에서 한 종류만 진열된 통곡물 유기농 과자를 발견했다. 이 옥수수와 대두 가공식품의 황야를 조금 더 돌아다니다가 유기농 식품 진열 구역에 도착했다. 조잡한 비닐 포장재에 들어 있는 아보카도와 피망이 조금 있었다. 유기농업 지지자들은 미국 농업을 변화시키려면 아직도 먼 길을 가야 한다. 유기농부들이 그 생산물을 공급하고 판매하여 소비자들이 사게 하고 사고 싶게 만들지 않는다면, 그들이 무슨 일을 하든 그게 얼마나 중요하겠는가.

로데일에 도착하니, 책임연구원으로 새로 부임한 크리스틴 니컬스가 주차장에 나와 있다. 그녀는 나를 안내하여 흰색과 초록색 테두리로 꾸민 단층 건물로 데리고 갔다. 안은 칸막이와 작은 사무실로 나뉘어 있었다. 그녀의 사무실은 '토양 건강 키트'가 가득 차 있는 사무실 맞은편이었다. 이 키트들은 정원을 가꾸는 이들이나 농부들이 땅의 건강을 판별할 수 있도록 그녀가 조립해 둔 것이다. 책상을 사이에 두고 이야기를 나누면서, 그녀가 연구소에 온 지 1주년을 막 지났고, 열두 가지가 넘는 프로젝트와, 인턴, 기술자, 과학자 팀을 관리하느라 몹시 바쁘다는 걸 알았다.

샌들을 신고, 하늘색 셔츠와 감청색 바지를 입고 까만 테 안경을 꼈으며, 가는 흰색 헤어밴드로 어깨까지 닿는 불그스름한 금발을 뒤로 넘긴 니컬스한테서 현장 과학자다운 무심한 자신감이 느껴졌다. 그녀는 노스다코타의 맨던에 위치한 농무부 농업연구소에서 로데일로 왔다. 우리의 대화는 금세 과학으로 넘어갔다. 곧이어 그녀는 즐거움이 샘솟는 모습으로 시시콜콜한 내용까지 어지럽게 쏟아냈고, 나는 이해하려 애쓰며 메모했다.

고개를 들었다가 그녀의 사무실 벽면을 차지하고 있는, 길이 1미터나 되는 슬로건 "농업은 지상명령이다"(Agriculture is Imperative)에 정신이 팔렸다. 그녀가 처음 왔을 때 전체 직원이 그녀에게 선물한 것이라고 한다. 이후 인터뷰에서 농업을 한 단어로 설명해 달라는 요청을 받으면 그녀는 언제나 "지상명령"이라고 답했다. 그 명령에 따라 이 일을 하게 된 것 같다고 그녀는 반 농담처럼 말했다.

그녀가 보기에 토양과학은 중요한 진화를 겪고 있는데, 토양화학과 토양물리학이 토양생물학에 자리를 내주고 있다고 생각하기 때문이다. 변화를 주로 이끌고 있는 이들은 새로운 방식으로 고질적인 문제를 해결하고자 하는 농부와 과학자이다. "화학이나 물리학이 틀렸다는 게 아닙니다" 하고 그녀는 말했다. "하지만 우리가 생각해 왔던 방식은 전체 그림이 아니라는 거죠. 무언가가 빠져 있는 겁니다."

새로운 의식 구조의 뿌리에는 흙이 여러 성분들로 이루어진 것에 머물지 않는다는 생각이 있다. 오히려 흙은 지질학과 생물학의 복잡한 혼합물이다. 흙에서 일어나는 일들은 어지럽고 복잡한 생물지구화학을 수반한다. 미생물학은 화학과 물리학만큼이나 중요하고 늘 중요했다.

앞의 3장에서 보았듯이, 아주 초창기의 육상식물은 균근과 관계를 맺고 있었다. 먼저 뿌리는 식물의 닻일 뿐 흡수하는 구조물이 아니어서 진균류가 식물 대신 흡수하는 일을 했다. 지의류, 박테리아, 진균류는 무기물을 분해했다. 흙이 형성되기 시작한 뒤에야 식물은 이용할 수 있는 가용성 양분을 빨아들일 수 있는 뿌리를 진화시켰다. 니컬스는 식물과 흙 가운데 무엇이 먼저냐는 문제는 닭이 먼저냐 달걀이 먼저냐와 비슷하다고 한다. "흙 없는 식물도, 식물 없는 흙도 없습니다. 여기서 잃어버린 고리는 진균류죠." 5억 년 육상 생물의 역사 동안 진균류와 식물의 협력 관계는 매우 효율적인 수분과 양분 관리법을 발전시켰다. 그것을 더 잘하는 유일한 방법은, 하루에 몇 번씩 식물의 뿌리에 양분을 직접 주입하는 방법밖에는 없을 거라고 그녀는 말한다. 다시 말해 미생물학은 기름진 흙을 재생산하는 훌륭한 방법을 제공하는 것이다.

앞에서 말했듯이, 표준적인 토질 시험은 그때그때 식물이 이용할 수 있는 화학적 영양소를 측정한다. 이 정보는 매우 소중한 것이지만, 수많은 것들에 영향을 미치는, 흙 속의 생물학적 상호작용을 설명하지는 못한다. 예를 들어 인은 식물이 이용할 수 있는 형태로 오래도록 머물지 않는다. 대부분의 흙에는 작물을 재배하는 데 충분한 인이 들어 있기는 해도, 대부분 식물이 이용할 수 있으려면 미생물의 도움이 필요하다. "마치 우리는 여기 커츠타운에 있는데, 필요한 인은 모조리 필라델피아에 있는 셈이죠" 하고 니컬스는 말했다. 미생물은 배달 서비스를 운영한다. 무기물을 분해하는 좋은 효소를 가진 진균류는 거의 없지만, 인산염을 용해시키는 박테리아가 균근균에 서식하면서 협력 관계를 맺어 광물에서 양분을 찾아낸다. 진균류는 길고 긴 균사로 양분을 흡수하여 먼 거리에 있는 식물까지 수송해 주는 보상으로 탄소가 풍부한 삼출액을 식물 뿌리에서 얻는다. 그러니 생물학적 풍요를 최대한 이용하기 위해, 농부는 이로운 박테리아와 균근균으로 흙을 채워야 한다.

농토에서는 일반적으로 균근균의 풍부함과 다양성이 크게 감소하고 소수 박테리아종만 살게 된다. 특히 경운이 왜 균사망을 파괴하고, 자연이 정교하게 마련해 놓은 양분 배달 시스템을 절단하게 되는 것인지 이해하는 건 어렵지 않다. 무엇보다 미생물계의 다양성으로 눈을 돌려 본다면, 토양 생물의 거의 태반이 아직 알려지지 않은 상태이다. 따라서 다른 악영향으로 어떤 것들이 있는지 정확히 가려내기 어려워서, 실제로 어떤 일이 일어나고 있는지를 둘러싸고 논쟁이 한창이다. 그러나 미생물이, 이를테면 인처럼 중요한 양분을 용해시키는 열쇠라고 생각하는 것은 흙의 비옥함을 고민할 때 매우 중요하다.

작물에 비료를 들이부었을 때 작물이 다 빨아들이지 못한 것은 흐르는 물에 쓸려 가거나 농지에서 침출되어 강의 하류로 흘러간다. 그리고 식물은 삼출액 같은 걸 내놓지 않는다. "이미 공짜로 얻은 것에 뭐 하러 대가를 지불하겠어요?" 니컬스는 되묻는다. 그러나 이렇게 해서 식물이 미생물 협력자 없이 남게 된다면, 비료를 잔뜩 먹은 작물은 미량원소를 완전히 보충하지 못한다. 관행농부들은 식물이 당장 이용할 수 있는 것은 아니더라도 퇴비나 두엄으로 불용성 유기질소를 보태 주면 어떻겠느냐고 묻는다. 그들은 문제의 잃어버린 조각을 간과하고 있는 것이다. 양분을 이용 가능한 것으로 만들어 주는 게 생명 활동이라는 사실을.

나는 니컬스에게 진균류에 어떻게 관심을 가지게 되었느냐고 물었다. 그녀의 아버지와 삼촌들은 농부였고, 원래 그녀는 다른 일을 하고 싶었다. 미네소타대학 학부생일 때는 유전학에 관심이 있었지만, 유전학 교수는 연구실에서 일하게 해달라는 니컬스의 요청에 답하지 않았다. 그때 식물생물학 교수가 수락했고, 그녀는 3년 반 동안 연구실에 합류하여 균근을 연구했다.

졸업할 즈음 그녀는 진균류에 푹 빠졌다. 니컬스는 진균류 진화 전문가와 함께 연구하고 싶어 웨스트버지니아대학 석사 과정에 지원했다. 입학이 허가되고 지도교수는 식물과 진균류의 협력 관계에 관해 고민해 보라고 조언했다. 생물지구화학 과정을 수강한 뒤 그녀의 논문은 농무부 과학자 새라 라이트의 글로말린 연구를 돕는 데 집중되었다. 이 궁금한 물질은 균근균이 그 균사 벽에서 만들어 흙 속으로 삼출시키는 단백질이다. 균근균이 가장 먼저 형성하는 것은 균사이다. 글로말린은 두 번째이다. 균사는 글로말린이 있어야 제대로 활동할 수 있다. 그리고 이것이 뜻하는 바는, 진균류가 흙을 기름지게 가꾸는 데 도움이 되려면, 진균류가 먹을 충분한 탄소가 흙 속에 있어야 한다는 것이다.

니컬스가 석사 과정을 마치자, 라이트 박사는 농무부 지원을 받아 그녀를 메릴랜드대학 박사 과정에 진학시켰다. 그녀의 논문 심사위원 한 사람이 물었다. "미생물은 왜 그 많은 에너지를 쏟아 퇴비를 만들고 결국 흙으로 내보내는 겁니까?"

이는 식물이 왜 탄소가 풍부한 당분과 그 밖의 분자를 뿌리를 통해 흙 속으로 내보내느냐는 질문과 비슷했다. 하지만 글로말린에는 반전이 있다. 글로말린은 분해시키기 어려워서 어떤 것의 먹이도 되지 못하기 때문이다. 하지만 균사의 다공질 벽을 문풍지처럼 '막아 주는' 것으로 보인다. 그렇지 않으면 다공질 벽은 구멍이 숭숭 뚫린 파이프 같을 것이다. 글로말린은 고분자 코팅처럼 요소요소에서 새는 걸 막아 준다. 이 덕분에 균사는 에어포켓과 워터포켓에서 일어나는 압력의 변화에도 무리 없이 흙 속에서 먼 거리에 걸쳐 물질을 수송할 수 있다.

글로말린은 흙의 입단 형성도 돕는다. 끈적거리는 풀 같은 성질이 작은 입자들을 붙어 있게 한다. 그리고 왁스 같은 속성이 균사를 포장하면 일부 '토양공극'(土壤空隙, 토양과 유기물 입자 사이에 물이나 공기가 들어갈 수 있는 틈새―옮긴이)은 수분은 침투시키지 않고 공기는 침투시키게 된다. 그래서 글로말린에 의해 안정화된 입단으로 이루어진 흙에서는, 공극이 물로 채워질 때 공극 안의 공기가 빠져나간다. 하지만 글로말린에 의해 안정화되지 않은 입단으로 이루어진 흙에서는, 공극이 물로 채워질 때 공기가 빠져나가지 못한다. 이렇게 되면 남은 구멍 안의 기압이 높아져서 입단이 부서질 수 있다. 그래서 진균류는 접착제를 만들어 미소입단을 붙어 있게 하고, 물이 지나가고 저장될 수 있는 경로를 안정화한다. 이런 공간은 균류가 번성하는 데 필수적이고 또한 토양 생물의 서식처가 된다. 다시 말해, 기름진 흙의 물리적인 구조는 생물학에 기반을 두는 것이다. 물리학과 화학에 '더해' 생물학이 작용한다.

이것이 바로 관행적인 농학자들이 놓치고 있는 부분이다. 관행적으로 땅을 가는 농지에서는 토양입단이 만들어질 수는 있어도 글로말린에 의해 안정화되지는 않는다. 이와 대조적으로, 피복작물을 이용하는 무경운 농사는 탄소가 풍부해지기 때문에 균근이 이를 소비하여 글로말린으로 변화시킬 수 있다. 다시 말해, 생명이 풍부한 흙은 투수성이 좋고 수분을 더 많이 함유할 수 있어 건기에도 더 많은 비축량으로 식물을 뒷받침할 수 있다. 이는 또한 경운한 흙이 왜 그렇게 쉽게 사라지고 왜 더 많은 물이 지표면을 흘러가는지, 교란되지 않은 흙 말고도 물과 비료를 왜 붙잡아 두지 못하는지 설명하는 데 도움이 된다.

안정적인 토양입단은 토양 유기물을 풍부하게 가꾸어 가는 데도 중요하다. 유기물이 안정적인 입단 속에 들어 있을 때 그 '전이 시간'(turnover time, 일정한 용량의 전체가 새로운 것으로 바뀌는 시간―옮긴이)은 몇 년에서 몇 십 년 또는 그 이상으로 늘어난다. 균근균이 풍부한 흙이 생명이 없는 흙보다 더 빨리 탄소를 격리할 수 있는 이유의 일부가 거기에 있다. 글로말린을 만드는 진균류가 매우 성공적임을 스스로 입증하는 이유이기도 하다. 진균류는 흙을 더욱 살지게 만들고, 이는 다시금 더 많은 유기물을 생성시켜 진균류가 소모하고 분해할 수 있기 때문이다.

이는 농업의 중요한 과제로 이어진다고 니컬스는 말한다. 우리가 다만 작물을 재배하며 토양탄소를 가꾸어 가고 흙이 더 건강해지도록 만든다면, 다른 모든 문제를 해결하게 된다. "우리는 이 문제에 일회용 밴드만 붙이며 시간을 보냅니다. 농업 보조금 지원 정책은 수확량을 근거로 삼아서는 안 됩니다. 흙의 건강을 기준으로 삼아야죠. 문제는 우리가 쓰고 있는 돈이 어리석게 농사지으며 흙의 투수 능력을 짓밟는 이들에게 흘러가고 있다는 겁니다." 정부가 보조하는 작물보험이 결국 위험을 사회에 분산시키고 이익을 사유화하는 것이라는 내 말에 그녀는 힘차게 고개를 끄덕였다.

사람들이 흙의 상태에 더 많은 관심을 기울인다면 세상은 바뀔 것이다. 니컬스는 "오늘날 농업에서 가장 중요한 도구는 삽입니다. 흙을 파서 흙을 들여다봐야죠" 하고 말했다. 순간 그녀의 눈빛이 짓궂게 변했다. "가서 흙구덩이를 들여다볼까요." 농사 체계 실험 구획 두 곳에 걸쳐 파놓은 구덩이가 있는데, 그녀는 내게 그 창문을 통해 흙 속을 보여 주고 싶었던 것이다.

우리가 털썩 등을 대고 앉아 현장 실험 경작지로 타고 간 이지고는 뒤쪽에 픽업트럭 비슷하게 미니 화물칸이 있었다. 이지고에서 내려 농지 한쪽 구석으로 걸어갔더니, 굴착기로 판 1미터가 채 안 되는 깊이의 구덩이가 있었고 쉽게 내려갈 수 있도록 한쪽에 경사로가 있었다. 비료를 주는 관행농업 경작지와 두엄을 주는 유기농업 경작지 두 곳에 걸쳐서 파낸 구덩이는 1981년부터 운영되고 있다. 두 경작지 모두 2008년에 무경운으로 전환되었다.

구덩이 바닥은 풍화된 이판암 암반이고, 밤새 내린 비 탓에 조금 끈적하고 질척거렸다. 구덩이의 긴 벽면에서 무경운 관행농업 경작지 아래의 흙이 왼쪽에, 무경운 유기농업 경작지 아래의 흙이 오른쪽에 노출되어 있었다. 구덩이 벽면을 마주보니, 암반에서 위쪽으로 갈수록 점점 황토색 밑흙으로 변해 가더니 갑자기 거무스름한 겉흙으로 바뀌었고 지표면에는 유기물이 엉켜 있었다.

니컬스는 가느다란 흰 막대에 흰 깃발이 달린 것 몇 개를 이지고 화물칸에서 집어 들었다. 함께 몸을 굽혀 토양 단면을 보니 겉흙과 밑흙의 구분이 뚜렷했다. 우리는 깃발을 구덩이 벽면에 꽂아 겉흙의 밑 부분을 표시해 두고 지표면에서부터 아래쪽으로 길이를 쟀다. 토양과학자들이 'A층'이라 일컫는 부분, 우리 대부분이 겉흙이라 알고 있는 유기물과 무기물 층의 두께를 측정한 것이다. 관행농업 경작지에서는 아래쪽으로 23센티미터까지 내려간 반면, 유기농업 경작지의 A층은 30센티미터가 넘었다. 출발은 똑같았지만, 두엄을 주는 유기농업 방식의 경작지는 1981년부터 겉흙을 7센티미터 넘게 더 만든 것이다. 10년마다 2.5센티미터에 가까운 수치이다. 집약적 농업 생산이 어떻게 흙을 비옥하게 가꿀 수 있는지를 잣대로 삼을 때, 누구든 보고 싶어 할 만한 직접적인 본보기였다.

이는 엄청난 일이다. 아래쪽으로 흙을 두텁게 만들어 가면서, 로데일 농부들은 농지의 토질 악화라는 해묵은 이야기를 뒤집고, 농사를 희생함으로써가 아니라 농사의 결실로써 흙을 건강하게 만들고 있었다.

오래된 질문

이지고를 타고 사무실로 돌아오는 길에 왜 농무부를 떠났느냐고 니콜스에게 물었다. 그녀가 생각하는 우선적인 사명은 농부를 돕는 일인데, 농업연구소가 거기에서 벗어나 있어 좌절감을 느꼈다고 한다. 연구소는 농장 실험이나 식물 육종, 식물 병리학에 관심이 없었다. 그 대신 재정 지원이나 뜨거운 쟁점에 눈을 돌리라는 꾸준한 압력이 들어왔다. "학계가 하는 일이 그거예요!" 놀랍게도 기관 연구자들은 실제 농부들과 이야기를 나누어서는 안 되었다. 그녀는 연구 결과를 농촌진흥청 담당관들에게 제출해야 했고, '그들이' 농부들과 이야기를 나누었다. 그녀는 "당신이 할 일은 연구이니 연구나 하세요"라는 말을 들었다. 연구소가 농부와 무관해지는 궤도로 가고 있다고 느껴진 이유는, 학술지에 논문을 발표하는 것이 성공을 측정하는 유일한 길이었기 때문이다.

그러나 가장 훌륭한 교육을 받은 기회 또한 노스다코타의 연구소에서 보낸 시간이었다고 했다. 그 덕분에 농사 방식에 관해 고민하게 되었으니까. 해마다 레드 강은 범람할 테고, 해마다 농부들은 흙을 갈아엎고 감자와 뿌리작물을 기른다. 그 과정에서 토양구조를 파괴하고, 비와 녹은 눈은 땅속으로 스며들지 않고 지면을 흘러가며 침식을 일으키고 더 큰 홍수를 일으킨다. 하지만 농지가 침수되면 농부들은 보상을 받고 다시 작물을 심어 늘 똑같은 일을 되풀이한다. 이런 방식 전부가 말이 안 되는 것이다.

더 합리적인 방식은 무경운 농부들의 방식이다. 특별히 그녀가 언급한 사람은 게이브 브라운이다. 그는 피복작물을 심기 때문에 작물보험에 가입할 자격이 없었다. 이런 정책 뒤에 깔린 사고방식은, 녹색식물이 물을 끌어 쓰기 때문에 피복작물을 기르면 수확량이 줄어든다는 것이다. 실제로 그렇지 않다는 사실은 중요하지 않은 게 분명했다. 니컬스가 브라운의 농장을 방문했을 때, 그는 자신이 하는 일이 통념에 어긋나는데도 왜 이웃보다 수확량이 많은 거냐고 물었다. 그녀로서는 그 자리에서 해줄 대답이 없었다.

여기서 우리는 다시 오래된 질문으로 돌아가게 된다. 잡초 방제를 위한 경운의 대안, 피복작물과 돌려짓기의 가치라는, 보존농업을 지탱하는 널리 알려진 기둥들 말이다. 내 생각에, 아마도 우리는 이런 간단한 원리를 모든 땅에 적용시켜 가고, 관행농업이냐 유기농업이냐 하는 그 숱한 논쟁을 그만둬야 할 것이다. 혁신적인 유기농부와 무경운 관행농부들은 서로 다른 방향에서부터 비슷한 결론에 가까워지고 있었다. 양쪽 진영이 비슷한 농사 방식으로 수렴하고 있다면, 모든 농업이 이렇듯 흙의 건강을 증진시키는 농법으로 전환하도록 촉구해야 하지 않겠는가? 문화적으로 뚜렷이 구분되고 반사적으로 대립하는 두 진영이 똑같은 원리를 받아들이게 된다면, 그것은 그 원리가 효과가 있기 때문일 것이다!

이는 혁명적인 가능성을 제시한다. 관행농업이 재생농법으로 전환하는 것이다. 나는 특히 제프 모이어의 표현이 참 마음에 들었다. "보존한다는 것은 자신이 이미 가지고 있는 것을 지키고 있다는 뜻입니다. 재생농법으로 올바르게 농사를 짓는다면 더 많은 걸 가질 수 있습니다" 재생이 번영을 함축한다니 나도 마음에 든다. 흙을 재생시키고 농장을 재생시키면 농촌 사회도 되살아날 것이기 때문이다. 그리고 수익을 거둘 수 있는 유기농업 또는 유기농업 비슷한 저투입 농업으로 전환하는 데는 몇 년밖에 걸리지 않기 때문에 변화는 빨리 일어날 수 있다.

하지만 니컬스는 우리가 여전히 무언가를 놓치고 있다는 의문을 품는다. 노스다코타의 게이브 브라운 농장에서 본 것을 토대로, 그녀는 가축을 농사에 다시 투입시키는 일 또한 필요할 수 있다고 생각한다. 그래서 로데일은 이모작 버전으로 실험을 시작하고 있는데, 젖소들이 돌아다니면서 작물 그루터기를 먹게 한다. 이렇게 하면 젖소는 충분히 자란 옥수수의 풀 부분을 먹고, 우리는 알갱이인 옥수수를 먹으며, 흙은 피복작물 잔여물과 두엄을 꾸준히 섭취한다. 물론 우리는 젖소도 먹고 젖소가 만드는 우유와 치즈도 먹게 된다.

하지만 나는 니컬스가 가축에 관심을 갖게 된 데에는 더 큰 부분이 작용했을 것으로 짐작한다. 가축을 방목하면 식물은 말끔히 잘리거나 베어질 때와는 다른 종류의 뿌리 삼출액을 낸다. 가축이 먹으면서 뜯고 당기는 모든 행위로 인해 뿌리털이 뽑히고, 이파리와 줄기가 너덜너덜하게 뜯기고, 수액이 샌다. 가축이 뜯으면서 식물에 수많은 상처가 생기니, 식물은 흙에서 더 많은 자원을 끌어다가 상처를 치료해야 한다. 그래서 탄소가 풍부한 삼출물을 흙에 더 많이 내보내서 미생물의 도움을 얻어 손상을 복구하려 한다. 따라서 가축 방목을 통해 흙은 훨씬 더 빨리 비옥해지는데, 탄소가 풍부한 삼출물이 토양 생물의 펌프에 마중물을 부어 토양 유기물을 풍부하게 가꾸기 때문이다.

로데일의 방목 시도에 촉매가 된 이는 이웃의 낙농가였다. 40에이커의 농장이 있는 그 낙농가는 젖소 60마리를 축사에서 키우며 옥수수를 먹였다. 옥수수 값이 오르고 우유 값이 내려가자 그는 은행에 가서 젖소를 팔겠다고 말했다. 그러나 젖소의 소유자인 은행은 안 된다고 했다. 그래서 로데일은 그를 구제하기 위해 유기농업으로 전환하도록 도움을 주고 새로 파종한 로데일의 초지에서 젖소를 방목할 수 있도록 해주었다. 누이 좋고 매부 좋은 상황을 만든 것이다.

젖소를 풀어 놓고 먹이면 젖소가 자기 할 일을 어떻게 알겠느냐고 참견에 일가견이 있는 친절한 이웃들이 낙농가에게 한마디씩 했다. 하지만 그가 축사 문을 열자 젖소들은 곧장 농지로 달려갔다. "여학생들이 쉬는 시간에 달려 나가듯이 말입니다." 이제 그는 더 이상 소작농이 아니라 자영농이다. 그리고 해마다 로데일은 초지 사용료를 벌면서 젖소의 주요 부산물인 두엄으로 토양탄소를 증대시키고 흙의 건강을 증진하고 있다.

내 차로 돌아오면서 나는 로데일이 오랫동안 직접 비교 실험을 해온 과정을 되짚어 보았다. 그들은 실험을 통해 무경운 유기농업이 작물 수확량을 유지하고, 지력을 키우며, 농부의 호주머니에 더 많은 돈을 넣어 줄 수 있음을, 그리고 농장 전체 규모에서 그렇게 할 수 있음을 보여 준다. 빨간색 렌터카에 몸을 싣고 유리창을 내렸을 때 바람의 방향이 바뀌었다. 두엄 냄새가 코끝에 끼쳐 왔다. 제대로 익어 가는 알싸한 유기물 냄새, 하지만 그렇게 불쾌하지만은 않은, 땅으로 돌아가는 생명의 냄새였다. 가축을 농사에 되돌아오게 하는 것은 정말로 얼마나 큰 차이를 낳는 것인가? 그 차이는 노스다코타의 비즈마크로 게이브 브라운을 만나러 가면서 내가 예상했던 것보다 훨씬 크다.

9장

고밀도 순환방목

암소한테서 나오는 게 버터만은 아니다.
- 유대 속담

대부분의 환경론자와 환경과학자들은 소가 땅을 망친다고 여긴다. 과도한 방목이 식생을 뿌리 뽑아 맨땅이 드러나면 더 쉽게 침식이 일어난다는 건 익히 알려진 사실이다. 최근까지 나 또한 집중적인 방목으로 환경을 치료하고 흙을 더 비옥하게 되살린다는 생각에 코웃음 쳤는지도 모르겠다. 게이브 브라운이 노스다코타의 목장에서 젖소를 키우며 흙의 건강을 되살리기 위해 한 일을 알기 전까지는 말이다.

이렇게 생각이 바뀌는 건 쉽지 않았다. 내 박사학위의 연구 주제는 하천이 어디에서 발원하는지 이해하는 것이었고, 연구 현장 가운데 한 곳이 샌프란시스코 북쪽 테네시밸리의 초지였다. 분수계(分水界)를 걸으며 발원지를 지도로 그리다 보니, 곡상을 깊게 파고 든 협곡들이 눈에 들어왔다.

하루는 협곡의 벽을 따라 1미터쯤 아래에 노출되어 있는, 눈처럼 뽀얀 젖소 뼈가 캘리포니아의 태양을 반사하며 반짝여 눈길을 사로잡았

215

다. 호기심이 생겨 벽을 파헤치다 찾아낸 숯이나 나무 조각의 방사성탄소연대를 측정했다. 약 3미터쯤 아래쪽에서 나온 두 시료는 약 6천 년 전의 것이었다. 곡상 아래로 약 4.5미터 지점의 벽에 노출되어 있던, 가장 깊은 곳에서 나온 시료는 9천 년도 더 된 것이었다.

이야기를 조합했다. 마지막 빙하기가 끝난 뒤 테네시밸리에는 서서히 침전물이 퇴적되었다. 하지만 19세기 중반에 젖소들이 찾아왔고 침식이 일어나 기반암까지 드러났다. 실제로 1907년 이전에 이루어진 고고학 조사들은 코스트미워크(Coast Miwok) 토착민 유적지가 존재한다는 사실을 보고했다. 유적지는 갈라진 협곡의 벽에서 발견되었다. 1980년대 후반에, 그곳에서 자란 여든 넘은 노인이 내게 들려준 말이 있다. 그가 어렸을 때, 무너지는 협곡 벽을 안정시키기 위해 사람들이 유칼립투스 나무를 심었다는 것이다. 그 유칼립투스는 이제 거대한 나무가 되었다. 그렇다면 곡상은 왜 1800년대 후반에 침식된 것인가?

우리는 테네시밸리 지역이 이따금 사냥터로 이용되다가 1850년대부터 1890년대까지 젖소 방목장으로 임대되었다는 걸 안다. 카운티 조세 기록을 보면 이 기간 동안 소는 네 배로 늘어났다. 19세기 끝 무렵, 북부 캘리포니아에서 협곡이 많아지는 데 관심을 기울인 토목공학자는 과도한 방목 탓이라며 "가축 밀도가 몹시 높고도 방목이 지속적으로 이루어져서 사료작물과 풀이 거의 사라졌다"[24]고 지적했다. 기후 변동이나 꼽을 만한 그 밖의 요소가 없기 때문에 나 또한 과도한 방목이 곡상을 파괴했다고 결론 내렸다.

나는 이 일 말고도 비슷한 다른 경험들을 통해 견해를 정립해 왔다. 또한 집약적인 방목이 확실히 식생을 무너뜨리는 길이라고 생각하는 사람은 분명 나만이 아니었다. 그 무렵 게이브 브라운을 만났다.

2013년 1월 게이브 브라운과 나는 캔자스 주 샐리나에서 열린 컨퍼런스에서 강연했다. 농장의 흙을 옥토로 바꾼 브라운의 이야기는 인상적이었다. 그런데 정말 놀랐던 것은 집약적인 방목이 흙을 되살리는 열쇠라고 강조한 대목이다. 5천 에이커 면적의 목장을 가축, 무경운, 돌려짓기와 피복작물을 혼합한 농축산으로 전환시킨 뒤, 그는 농약을 거의 쓰지 '않고서도' 관행농사를 짓는 이웃들보다 많이 수확한다. 세계 곳곳의 농장을 방문하기 시작한 때였으므로 그의 농장은 내가 꼭 가봐야 할 목록의 위쪽에 저장해 두었는데, 마침 로데일의 크리스틴 니컬스가 그의 이름을 꺼낸 것이다.

처음 만났을 때 그 역시 작은 농장을 옹호한다고 말했다. 작은 농장에서 알차게 생계를 이어 가는 농부들의 능력이 바로 미국의 소도시를 되살리는 열쇠라 여기기 때문이다. 더 작은 농장에 대한 그의 생각은 비록 최근의 역사 흐름과 어긋나지만 나는 그가 옳다고 생각한다. 20세기 후반부에 큰 것일수록 좋다는 철학이 농업 정책과 보조금의 바탕이 되어 단일경작이 권장되고 축산과 작물 생산은 분리되었다. 1930년부터 2000년까지 평균 미국 농장의 크기가 약 150에이커에서 450에이커로 약 세 배가 될 때, 농장 소득의 원천은 다양한 작물에서 특화된 작물로 바뀌었다. 농부들은 몇 가지 작물만 잘 기르게 되었다. 이로써 상품작물 생산이 늘고, 수요 대비 공급이 늘어 농산물 가격은 내려갔다. 하지만 동시에 나날이 농업 생산의 중심이 되고 있는 화학물질 투입 비용은 상승했다.

작은 농장이 사라지기 시작하면서 농부들은 농장 수익성보다 상품 생산을 우선하는 시스템 속에 들어가게 되었다. 1930년에는 미국 농부 한 사람이 12명을 먹여 살렸다. 1990년에는 미국 농부 한 사람이 동료

시민 100명을 먹여 살렸다. 큰 농장은 농토에서 일하는 사람 수가 더 적어진다는 의미이고, 결국 미국 전역의 소도시에서 경제 활력을 빼앗았다.

브라운은 땅심을 돋우는 일이 작은 농장에 다시 수익을 가져다주는 열쇠라고 생각한다. 비결은 수확량을 유지하면서도 투입 비용을 대폭 줄이는 데 있다. 그는 그렇게 했다. 하지만 브라운은 그렇게 하기란 쉽지 않다고 솔직히 털어놓는다. 특히 완고하고 독립적이고 변화에 조심스러운 사람일수록 쉽지 않은데, 많은 농부들이 그런 축이라고 말이다. 그는 정부 보조금을 포기했고 유기농업으로 바꾸지 않았다. '왜 누군가에게 돈을 내고, 자신이 하는 일이 관행농부가 하는 일보다 낫다는 인증을 받아야 하는가, 사실이 그런 걸 누구나 눈으로 볼 수 있지 않은가?' 그는 자신이 선택하는 수단을 누군가가 제한하려 하는 걸 참지 못한다. 비료와 제초제처럼 아주 많이 사용하지 않거나 전혀 사용하지 않을 때가 더 많은 수단이라 해도.

노스다코타의 비즈마크 한쪽 끝에 있는 호텔에 회색 도지램 픽업 트럭이 멈춰 섰다. 야구 모자를 쓰고 청바지를 입은 게이브 브라운은 친환경식품 생산자상을 받은, 지속 가능한 농업의 선지자처럼 보이지 않았다. 키가 작고 면도를 깔끔하게 했으며 머리가 벗겨지고 있는 모습이다. 그는 꾸밈없이 말하면서 손짓을 풍부하게 섞고 스스로를 낮추는 농담을 재치 있게 던졌다. "이젠 머리가 나빠져서요"라고 말한 그는 운전하면서 관행농업의 폐단을 통찰력 있고도 간결하게 집어냈다.

그의 농장으로 가는 길에, 농지를 잠식하고 너른 초지까지 파고들고 있는, 공장에서 찍어 낸 듯한 주택들을 지나쳤다. 하지만 농장에 도착하기 전에 브라운은 이웃 농장의 흙을 먼저 보여 주고 싶다고 했다.

농장의 긴 진입로 맞은편에서 자갈길을 벗어나 풀밭에 주차하니 앞에 출입금지 표지판이 쓰러져 있었다. 브라운이 앞장서서 키가 1미터가 안 되는 해바라기가 빽빽하게 서 있는 밭으로 들어갔다. 1960년대 후반부터 이 땅은 두 가지 작물, 주로 아마와 밀을 단조롭게 돌려짓기 해 왔다. 지금 있는 해바라기는 한 시간 안에 70밀리미터 이상의 강우량을 기록하는 봄비가 내려 주작물인 밀을 망가뜨린 뒤 작물을 구하기 위해 파종한 것이다. 여러 해에 걸쳐 땅을 갈지 않았지만 늘 많은 비료를 준 농지였다. 그리고 땅에 작물 잔여물이 거의 없어 흙을 붙들어 둘 만한 게 없었다.

브라운은 내 손에 삽을 쥐어 주었다. 삽을 잡고 발로 눌러 삽날을 연갈색의 미사토 속으로 찔러 넣었다. 마른 껍질 같은 흙에 삽이 잘 들어가지 않았다. 그러리라는 걸 브라운은 알고 있었다. 그는 토질 시험 결과 유기물이 2퍼센트도 안 되는 땅이라고 말해 주었다. 납득이 가는 말이었다. 토양 생물의 자취가 하나도 없었다. 지렁이 한 마리 보이지 않는 땅이었다. 씨방 하나를 살펴보더니 브라운은 고개를 저었다. "바구미들이 자리를 잡았네요. 곧 농약을 뿌리겠군요."

두 번째 농지는 길을 더 가야 나왔는데 삼형제가 농사를 짓고 있다. 4만 에이커의 이 무경운 농장은 대부분의 면적을 임차했다. 동료들이 최고의 농부로 꼽는 삼형제는 옥수수→해바라기→보리 순서로 돌려짓기를 하고, 몇 년 동안 에이커당 180킬로그램가량의 질소를 사용해 왔다. 그렇게 화학물질을 대량 투여한 결과 균근균이 박멸되어 무경운 농사를 짓는데도 토질이 크게 나아지지 않았다고 브라운은 말한다. 땅을 파 보니, 칙칙한 빛깔의 미사토는 마른 껍질 같은 느낌이 첫 번째 농장과 매우 비슷했다. 서로를 결합시키는 입단이 없는 이 허약한 흙은 손으로 꽉 쥐자 먼지처럼 힘없이 부서졌다.

세 번째로 들른 곳은 이웃의 농지로 10년 넘게 유기농사를 지은 곳이다. 가장 먼저 눈에 띈 것은 온 사방이 벌 천지인 풍경이었다. 앞서 두 농장은 고요하기만 했는데, 이 농장은 곤충들의 세레나데가 넘쳐흘렀다. 이곳 흙이 다른 두 곳의 흙보다 조금 더 짙은 빛깔이었지만, 질감은 별로 좋지 않았다. 입단이 없는 덩어리 같은 흙이었다. 이 농지는 아마, 밀, 대두, 알팔파, 토끼풀, 해바라기, 옥수수, 귀리, 보리까지 다양하게 돌려짓기를 해왔는데도 물이 스며들지 않는다고 브라운이 말해 주었다. 비가 내리면 물이 고여 웅덩이를 이뤘다가 흘러가 버리는데 "지면에 껍질을 씌운 듯하니" 그렇다는 것이다. 이 농지는 자주 땅을 갈아 왔기에 균근균을 파괴한 것이다. 다시 말해 토양입단을 결합시키는 글로말린이 있다 하더라도 많지 않다. 토양구조와 공극을 형성할 토양입단이 없으니, 물을 투과시키지도 머금고 있지도 못한다. 이 흙에는 화학물질이 없지만, 그 물리적 구조는 작물을 재배하는 데 이상적인 상태가 결코 아니다.

이 세 농장 모두 브라운 농장과 똑같은 종류의 흙, 이 지역에서 가장 보편적인 흙인 '윌리엄스 양토'(Williams loam, 노스다코타에서 가장 많고 경제적으로 중요한 흙으로 윌리엄스 카운티에서 명칭이 유래되었다—옮긴이)였다. 그러니 차이가 생겼다면 그 이유는 농법뿐이다. 그의 이웃들은 보존농업 원리 가운데 일부를 지키지만, 완전히 보존농업 원리대로 농사짓는 이는 없다. 브라운은 세 가지 원리인 무경운, 피복작물, 다양한 돌려짓기를 모두 실천해야만 관행농업보다 많이 거두고 흙이 더욱 건강해진다고 강조했다. 이 밖에 네 번째 농사 수단으로서 가축을 이용하는 것이 도움이 된다고 했다.

"우리 흙이 다르다는 걸 알아보실지, 일단 가 봅시다" 하는 그의 말에 우리는 트럭 쪽으로 되돌아 걸어갔다. 도로를 사이에 두고 있는 브라운의 농지와 방금 본 농지는 멀리서 보아도 차이가 뚜렷했다. 그의 목장 정면은 초지가 아니었다. 꽃가루 매개 곤충들을 위해 토착 야생화를 파종해 놓았다. 그는 양봉가와 협업하여 벌을 치고 꿀을 얻는다. 꿀벌이 꽃에서 할 일을 마치면 소 떼가 야생화를 먹는다. 젖소는 식성이 까다롭지 않아서 꽃을 먹고 고기를 내주는데, 브라운은 그걸 현금으로 바꾼다. 그런 사고방식이 그가 알차게 농사를 짓는 큰 힘이리라 짐작된다.

긴 자갈길 진입로에 접어들어 농장으로 가는 동안 우리는 줄지어 선 나무들을 지나갔다. 새로 심은 나무들은 오른쪽이 견과류, 왼쪽이 과실수였다. 몇 채의 바깥채와 초록색 농기계, 그의 집인 수수한 목장식 주택을 지나쳐서 농지로 향했다. 새완두가 옥수숫대를 감고 올라가고, 옥수수 이랑과 이랑 사이에서 채소가 재배되고 있었다.

곤충들이 불협화음을 내며 맞이해 줄 때 우리는 농지로 걸어 들어갔다. 눈을 감으니 예전으로 돌아가 다시 열대지방에서 현장 연구를 하고 있는 듯했다. 브라운이 내게 삽을 건넸을 때, 이번에는 삽이 미사토 속으로 미끄러지듯 쑥 들어갔다. 한 줌 쥐어 봤더니, 흙이 촉촉하고 거무스름하며 대공극이라는 큰 구멍으로 가득했다. 작물 잔여물이 1.5센티미터쯤 담요처럼 덮여 있었다. 브라운의 흙은 이웃의 껍질 같은 흙과 닮은 구석이 전혀 없었다.

1991년 농지를 구입했을 때는 유기물이 2퍼센트도 안 되는 이웃의 흙과 똑같은 흙이었다. 2013년, 이 흙은 '세 배' 넘는 유기물을 함유하고 있다. 브라운이 수익을 내는 집약적인 농업 생산을 통해 흙을 되살리고 땅심을 돋우는 데 걸린 20년은 지질학의 시각에서는 눈 깜짝할

새이다.

흙을 가꾸어 가는 방법을 이해하는 데는 시간이 걸리지만, 그는 지금이라면 더 빨리 할 수 있었을 것이라고 말한다. 비결은 균근균을 살게 하는 것이다. 균근균이 글로말린 생성을 촉진하고, 토양입단을 형성하며, 탄소가 풍부한 뿌리 삼출물과 함께 토양 유기물을 풍부하게 하기 때문이다. 다시 말해 피복작물을 심어 유기물을 보태 주고, 땅을 갈아 흙을 교란시키지 말아야 한다. 하지만 흙을 비옥하게 가꾸는 실제 비법은 집약적인 방목이라고 그는 말한다. 그리고 흙을 지력을 키워 가니 여러 놀라운 방식으로 보상이 따라왔다. 그해 봄 폭풍으로 이웃의 밀은 다 망가졌지만 브라운의 농지는 전혀 해를 입지 않았다. 있었다 해도 수확은 늘었다.

재생농업

1993년, 미국 자연자원보호청(NRCS)에서 와서 브라운의 농지를 측정했다. 물 15밀리미터가 땅에 스며드는 데 한 시간이 걸리는 것으로 측정되었다. 그 무렵 브라운은 땅심을 돋우는 일을 막 시작하고 있었다. 2009년 그는 노동의 결실을 보게 되었다. 그해 6월, 강력한 스톰셀(storm cell, 상승기류와 하강기류를 모두 갖고 있는 공기 덩어리로 폭풍을 일으키는 가장 작은 단위이다—옮긴이)이 여섯 시간도 안 되어 브라운의 농장에 300밀리미터가 넘는 비를 퍼부었다. 이튿날, 흙은 젖어 있었지만 고여 있는 물은 하나도 없었다. 하지만 그의 이웃의 농지에는 작물이 다 쓰러지고 빗물이 고여 곳곳에 연못을 이루고 있었다. 폭풍우가 지나고 이틀 뒤, 브라운이 농지를 차로 둘러볼 때도 땅에 바퀴 자국조차 나지 않았다. 어째서 이런 차이가 생긴 걸까? 브라운의 농지에서는 그 모든 빗물이 땅으로 스며들었기 때문이다.

2011년 NRCS가 다시 와서 그의 농지를 측정했을 때는 200밀리미터의 물이 한 시간 동안 스며들었다. 그리고 2015년에는 50밀리미터의 물이 스며드는 데 30초도 걸리지 않았다. 더 많은 물이 스며들고 지면을 흘러가지 않는다는 건 토양수분이 높아지고 가뭄에 대한 회복탄력성이 커졌음을 뜻한다.

여러 현대식 미국 농장처럼, 브라운 목장은 여러 블록으로 나뉘어 곳곳에 흩어져 있다. 브라운이 소유한 땅은 약 1,400에이커이지만, 구릉지를 총 5천 에이커쯤 사용한다. 구릉지는 지면에서 높이 30미터 정도까지 돋을새김된 부조처럼 지평선까지 낮게 펼쳐져 있다. 지역 평균보다 규모가 작지만 그는 더 늘리려고 하지 않는다. 그는 농장을 줄이고 자신 소유의 땅만 운영하고자 한다.

브라운은 비즈마크에서 자라났는데, 몇 세대 위의 조상이 노스다코타에 정착한 것은 1880년대였다. 1991년, 그는 처가의 농장에서 주택과 그 둘레의 땅을 사들였다. 1956년부터 때만 되면 땅을 갈고, 비료를 많이 주고, 소 몇 마리로 관행농사를 지어온 곳이다. 브라운이 매입한 뒤 1년 동안은 여전히 많은 비료와 살충제에 기대어 넉넉하게 수확했다. 이듬해에 한 친구가 땅을 갈지 않고 농사를 지으면 시간과 돈을 절약할 수 있다고 조언했다. 그는 물을 절약하는 방법으로 합리적이라고 생각했다. 그 지역은 일반적으로 연간 강우량 250밀리미터, 강설량 150밀리미터로 강수량이 평균 400밀리미터이기 때문에 물 절약은 큰 관심사였다.

1993년 브라운이 무경운 농법을 시작하자 그의 장인은 당황스럽고 화가 났다. "일을 더 많이 할수록 흙이 더 좋아진다"는 믿음을 지녔기 때문이다. 그러나 처음 몇 해 동안 놀랄 만큼 일이 술술 풀리자 브라운은 가축 사료로 줄 새완두와 완두콩도 심었다.

그런데 1995년 수확하기 전날, 브라운은 우박으로 밀 작물 전부를 잃었다. 소가 먹을 속성 피복작물을 파종할 힘도 없었다. 우박으로 만신창이가 된 밀밭에서 무얼 해야 할까, 특히나 조금 고집스러운 사람이라면? 1996년 브라운이 그랬던 것처럼, 밀을 다시 심는 것이다. 뒤이어 우박이 다시 와서 2라운드를 펼쳤다. 브라운은 농장 밖으로 나가 품을 팔아 밀린 돈을 갚아야 했다.

이듬해 1997년은 무척이나 가물었다. 그는 아무것도 수확하지 못했고 다른 이웃도 마찬가지였다. 가족이 빌려준 돈으로 은행의 담보권 집행을 가까스로 막아 냈다. 엎친 데 덮친 격으로 이듬해인 1998년에는 작물의 80퍼센트를 또 잃고 말았다. 짐작할 수 있듯이 이번에도 우박 때문이었다.

재앙의 연속이었다. 하지만 그때를 돌이켜보며, 브라운은 네 해 동안 이어진 농사 실패는 "일어날 수 있었던 최상의 사건임이 틀림없다"고 말한다. 그 4년이라는 시간과 그에 따른 절망이 약이 되어 농사 방식을 바꾸게 되었기 때문이다. 그는 투입 비용을 지불할 여력이 없었으므로 돈을 들이지 않고 작물을 기를 방법을 알아내야 했다.

오랜 재교육의 출발점에서, 피복작물 재배에 관심이 생긴 브라운은 토머스 제퍼슨의 농사일지를 샅샅이 읽었다. 그 덕분에 아예 농학책 전부를 생태학 책과 교환하고 싶어졌다. 현대 농업이 다양성을 빼앗았음을 깨달은 건 《버펄로 버드 부인의 텃밭》(Buffalo Bird Woman's

Garden)을 읽은 뒤였다. 다양한 품종의 옥수수와 콩류를 번갈아 이랑을 지어 기르고 무와 해바라기를 함께 재배하는 히다차족 부인의 이야기를 기록한 1917년의 책이다. 그녀의 이야기는 작물 돌려짓기가 사실 새삼스런 방법이 아님을 보여 주었다. 브라운의 농법은 유효한 옛 사고방식을 그저 최신화한 것이다.

곧이어 브라운은 흙의 미묘한 변화를 알아채기 시작했다. 냄새가 달라지고 더 많은 수분을 머금었으며 색깔이 짙어졌다. 그 무렵에는 '흙'과 '건강'이라는 낱말이 한데 묶여 쓰이는 경우가 거의 없었기에, 그는 피복작물을 침식이 일어나는 걸 막기 위해 사용하는 것으로만 여겼다. 그러나 피복작물을 심고 땅을 갈지 않아서 흙이 건강해졌다는 사실이 분명해지고 있었다. 마음에 쏙 드는 일이었다.

2000년에는 다시 비료를 사용할 여유가 생겨 비료를 주었다. 몇 해 뒤인 2003년에 당시 노스다코타의 자연자원보호청에서 일하던 크리스틴 니컬스가 왜 다시 합성비료 사용으로 돌아갔느냐고 물었다. "그러지 말고, 토양생물학을 따라 양분을 순환시키는 방법을 쓰면 어떨까요?" 그녀의 조언에 흥미가 생겼기에, 그리고 비료를 거의 사용하지 않는다면 큰돈을 절약할 가능성이 있었기에, 그는 2003년부터 2007년까지 두 가지 방식을 나란히 비교하는 현장 실험을 수행했다. 정말 놀랍게도 비료를 전혀 주지 않았는데 비슷하거나 더 많이 수확했다.

그래서 그는 스스로 의문을 품게 되었다. 비료가 도움이 안 될 만큼 이미 충분히 토질을 개선한 것인가? 여태까지 엄청난 헛돈을 써 온 것인가? 그 뒤로 브라운은 농지에 합성비료를 전혀 주지 않았다. 대신 콩과 식물을 키워 풀에 질소를 제공하고, 풀은 균근균을 통해 콩과 식물에 인을 제공한다. 그는 2000년부터 살충제나 살진균제를 쓰지 않았고,

몇 해 더 지나서부터는 살충제 처리된 씨앗을 쓰지 않았다. 수확량을 유지하면서도 많은 화학물질에 돈을 쓰지 않아도 된다는 것은 반가운 발견이었다. "수표 뒷면에 서명할 때 기분이 좋지요. 앞면 말고요!"

지금 그의 목표는 지력을 더욱 개선해 가고 제초제 사용을 완전히 끊는 일이다. 아직도 제초제를 아주 가끔, 캐나다엉겅퀴 같은 여러해살이 잡초를 물리치기 위해 3~4년에 한 번씩 쓴다. 제프 모이어가 로데일연구소에서 여러해살이 잡초를 잡기 위해 경운하는 시간 간격과 거의 같다.

브라운에게 흙의 건강이라는 퍼즐에서 다음 조각이 딱 맞아떨어지는 순간이 왔다. 무경운 농업상 수상자인 아데미르 칼레가리가 여러 종류를 혼합하여 피복작물을 재배해야 한다고 강조한 강연을 들었을 때였다. 이 브라질 농학자가 말한 두 가지는 브라운의 생각과 같았다. 피복작물은 50밀리미터 정도의 강수량만 있으면 자라나고, 6종 이상을 섞어서 길러야 한다는 것이다. 그래서 브라운은 피복작물 여러 종을 섞어 파종해 보았는데 그해 마침 가뭄이 들었다. 그의 작물들은 기대보다 더 좋은 결과를 낳았다. 그래서 그는 정부의 작물보험에서 손을 뗐다. 10년이 지난 지금 그는 후회하지 않는다. "나는 보조금을 받고 싶지 않습니다. 납세자들이 왜 나를 보조해야 한단 말입니까?" 그는 여전히 보조금을 받는 이들보다 자신이 더 잘하고 있을 뿐 아니라 농지의 회복탄력성이 높아지고 있다고 말한다.

새 농법이 자신의 생각에 어떤 영향을 미쳤는지 드러내는 그의 표현에 나는 고개를 끄덕일 수밖에 없었다. "관행농사를 지을 때는……" 하며 그가 입을 열었다. "아침에 일어나면, 오늘 또 죽어나겠구나 하고 마음을 다잡습니다. 이제는 아침에 일어나서 생명을 가꾸러 가자고 다짐합니다."

엄숙한 어조로 바뀌더니, 그는 재생농업 운동을 하는 많은 사람들이 기독교인으로서 땅의 선한 청지기가 되어 훗날 자녀와 그 후손에게 물려주고자 하는 것이라고 말했다. 신앙은 흙을 되살리려는 열정의 중심에 있다. 그것은 우주만물을 보살피는 일이다. 하지만 지속할 수 있으려면 수익 또한 뒤따라야 한다는 점을 그는 알고 있다. 다행히도 재생농업 방식은 수익을 낸다.

폴은 브라운의 스물일곱 살 난 아들로 아버지를 빼닮았지만 키가 더 크고 호리호리하다. 그 또한 신세대 농부의 일원으로서 땅을 간 적이 한 번도 없다. 사업 능력이 있어 동료들을 설득하여 소비자 직거래 판매에 발을 담갔고, '자연이 키운'(Nourished by Nature)이라는 독자 브랜드로 판매하고 있다. 수요가 많고, 건강한 흙에서 길러 낸 영양을 속속들이 갖춘 식품을 소비자들이 자신의 건강에 꼭 필요한 예방약으로 보기 시작했다는 점이 기쁘고도 놀랍다.

브라운은 재생농업을 하는 데 돈이 많이 들어가지 않는다는 점을 꼭 알아주었으면 했다. 매우 적은 비용으로도 재생농업을 할 수 있다. 값비싼 감가상각 자산들, 예를 들어 콤바인과 대형 분무기를 많이 소유했기 때문에 1980년대에 많은 농민이 곤경에 빠졌다. 관행농장에서는 상황이 순식간에 뒤집어질 수 있다. 한 해 100만 달러의 순이익을 거두고 이듬해에 100만 달러의 손실이 나기 일쑤다. 세찬 폭풍우가 한 차례 휩쓸거나 가물기 짝이 없는 여름 한 철 보내면 이렇게 된다. 안정적인 가족 사업이라기보다는 월스트리트의 룰렛 게임 같지 않은가. 브라운은 소득의 원천이 다각화된 자신의 농사 방식이 인간에게나 땅에나 더 나은 것이라 믿는다.

그렇다면 작은 농장을 일구기 위한 전략은 무엇인가? 브라운은 농장에서 나오는 폐기물을 수익으로 바꾸어 자연의 효율성을 닮아 가고 경제적으로 수익을 내는 것이라고 말한다. 농업과 축산업을 결합하여 수익을 늘리고, 회복탄력성이 크고 다각화된 소득 원천을 마련하는 것이다. 이 모든 일의 중심에는 흙을 생명력을 가꾸어 가는 일이 놓인다. 하지만 그는 재치 있게, 관행농업 보조금과 작물보험을 개혁 또는 폐지하고, 농장에서 식탁에 도착하기까지 식품 판촉 및 판매를 허가하는 규제를 단순화하는 것도 도움이 될 거라고 덧붙였다.

브라운은 흙의 건강을 우선하는 데 더 많은 관심이 모이기를 바라는 만큼, '지속 가능'이라는 낱말을 별 고민 없이 쓰는 것이 못마땅하다. "품질이 떨어진 자원을 왜 지속시키려 하는 겁니까? 내 생각은 달라요. 우리는 먼저 흙을 재생시켜야 합니다."

그가 경험한 바로는, 농촌진흥청 담당관과 대학, 기업이 농부들에게 제공하는 정보는 화학물질을 많이 투입하는 단일경작을 뒷받침하는 데 맞추어져 있다. 그는 아주 간단하게 정리해 말했다. "농부에게 조언을 하는 모든 곳이 농부에게 물건을 팔거나 농부 덕에 먹고살려고 하는 겁니다. 사람들이 와서 내 농기계에 대해 이러쿵저러쿵 얘기하죠! 하지만 중요한 건 농기계가 아닙니다. 중요한 건 기계를 사용하는 방식입니다." 자신의 수확량이 이웃보다 많지 않을 수는 있지만 수익성은 훨씬 높다고 브라운은 자신 있게 말한다. "옥수수를 기록적으로 수확한 농부가 그 농사로 손해를 봅니다. 얼마나 한심한 일입니까?"

그러나 흙의 건강을 되살리는 일은 작은 농장을 부활시키는 차원을 훌쩍 넘어서는 갖가지 이로움을 준다. "캘리포니아의 가뭄에 관해 들어 보셨죠?" 하고 그가 물었다. "멕시코만의 질산염 문제도요? 우리가 농지에 준 질산염의 절반이 작물에 흡수되지 않는다는 걸 우리는 반세기 동안 알고 있었습니다." 질산염 오염, 과잉 유수, 가뭄 민감성(drought susceptibility), 토질 악화, 이런 문제는 우리가 경작지를 관리하여 딱 한 가지 문제, 한마디로 흙의 건강만 해결하면 모두 바로잡을 수 있다. 이것은 거창하고 어려운 학문이 아니라 누구라도 이해할 수 있는 과학이라고 브라운은 말한다. 대기업의 지원을 받은 연구는 비용이 적게 들어가는 예방적 농법에 관심을 두지 않는 경향이 있다. 하지만 농부들은 날이 갈수록 더 관심을 기울이고 있다.

결국 브라운의 농장에 특별한 마법 같은 건 없다. 다만 보존농업의 원리 모두를 지키는 방식으로 농사를 짓고, 더 나아가 가축까지 이용하는 수준으로 나아갔을 뿐이다.

잡초가 베이컨으로

이튿날 아침 하늘은 흐렸고 나는 수십 명의 농부들과 붙어 다녔다. 미네소타, 캐나다의 매니토바, 남아프리카공화국 같은 곳에서 브라운의 농장을 찾아온 이들이었다. 브라운은 여름이면 한 주에 몇 번씩 방문객을 맞기에 한 해 연인원이 몇 천 명을 헤아린다. 그가 이런 시간을 낼 수 있는 건 오로지 땅을 갈지 않는 덕분이고, 또 아들 폴이 소를 돌보는 덕분이라고 말한다.

농부들이 온 건 브라운의 흙을 보기 위해서이다. 그린베이 패커스 (Green Bay Packers, 위스콘신 주 그린베이에 연고지를 둔 미식축구 팀—옮긴이) 트레이닝 상의를 걸친 그를 따라 모두 3에이커의 농지로 갔다. 껍질콩이 180센티미터 키의 옥수수를 지지대 삼아 타고 올라가고 있었다. 그는 콩과 옥수수를 동시에 기르는 걸 좋아하는데, 허리를 굽혀 콩을 딸 필요가 없기 때문이라고 반은 농담처럼 말했다. 온갖 채소가 옥수수 이랑과 이랑 사이에서 자라고 있었다. 이 농지에서 생산하는 작물은 단일경작으로 재배했을 때에 비해 에이커당 수확량이 세 배나 된다고 한다. 실제로 이 농지에서 기른 작물로 가족들이 충분히 먹고 농산물 직매장 수요에 맞춰 공급한다. 그러고도 상당한 양을 지역의 푸드뱅크에 기부한다.

모여 있는 농부들에게 흙을 보여 주기 전에, 브라운은 사람들 앞에 양동이 세 개를 나란히 놓았다. 나와 함께 바로 전날 방문한 농장의 흙을 각각 담은 것이었다. 농부들이 한 명씩 번갈아 가며 손을 양동이에 넣어 흙을 만져 보고, 부숴 보고, 당연히 논평도 한마디씩 내놓았다. "별로 고슬고슬하진 않군, 유기물이 그리 많지 않아." "이건 공극이 전혀 없네." 한 농부가 경운한 유기농업 흙 한 덩이를 살펴보더니 "최악이군!" 하고 말했다. 가장 빽빽한 흙이 화학물질을 많이 투입한 흙이라는 데 모두 수긍했다. 아무도 세 양동이에 담긴 흙에 크게 감탄하지 않았다. 농부들이 다 살펴본 뒤 브라운은 자원자 한 사람을 지목하여 자신의 옥수수 밭에서 흙을 한 삽 떠오게 했다. 자원자가 돌아오고 삽이 한 바퀴 돌 때 사람들의 목소리가 높아졌다. "좋은 흙이군." 카우보이모자를 쓴 사람이 말했다. "빛깔이 짙고 구멍이 많아 스위스 치즈 같습니다." 다른 사람이 덧붙였다. "입단이 훌륭해요." 또 다른 이가 말했다.

이 마지막 논평에 대해 브라운은, 균근균을 가꾸어 이런 흙을 만들 수 있다고 사람들에게 말했다. 경운과 지나치게 많은 질소는 균근을 죽인다. 땅을 갈아엎을 때 균근이 잘려 나가고, 질소를 지나치게 많이 사용하면 식물은 그 삼출물 뷔페를 축소한다. 그래서 균근과 다른 이로운 토양 미생물이 굶어 죽는다. 이것이 바로 이웃의 흙이 지닌 문제이고, 관행농업이 안고 있는 문제이다.

뚜렷이 대비시키기 위해 브라운은 큰 흙덩어리 두 개를 들어 보였다. 하나는 자기 농지의 흙이고 다른 하나는 경운한 이웃의 유기농업 흙이 었다. 빛깔이 옅고 건조한 이웃의 흙은 브라운의 흙에 비해 해쓱해 보였다. 그의 흙은 촉촉하고 거무튀튀하고 구멍 천지이고, 유기물 잔해들과 안정된 입단이 그대로 보였다. 사람들은 못 박힌 듯 서 있었고 브라운이 입을 열었다. "생명 활동이 시스템을 이끌어 갑니다. 우리는 모두 알고 있어요. 탄소와 입단이 많을수록 생명 활동과 양분 순환이 더 활발하게 이루어진다는 것을 말입니다." 그는 유기물 함량이 4퍼센트 미만이던 이 경작지를 6년 만에 10퍼센트가 넘는 수준으로 가꾸었으니 한 해에 약 1퍼센트씩 보탠 것이다. 투입 비용이나 제초제, 토양 개량재를 쓰지 않고, 피복작물과 두엄, 퇴비, 뿌리덮개, 그리고 그만의 비법인 우드칩만으로 흙에 탄소를 보태고 균근균의 성장을 도운 것이다.

큰 문제는 규모에 따라 확대하는 방법인데, 목장 전체에 투여하기에는 우드칩이 넉넉하기 않기 때문이라고 그는 설명했다. 토착 초지의 흙은 유기물을 8퍼센트까지 함유하고 있었는데, 아들 폴은 평생에 걸쳐 목장 전체에서 유기물 함유량을 12퍼센트까지 올리는 걸 목표로 삼았다. 어떻게 그렇게 할 수 있을까? 농부들은 궁금해 했다.

"젖소한테서 도움을 받는 겁니다" 하고 브라운이 대답했다.

방목하는 가축이 풀을 뜯고 씹고 땅을 밟기 때문에 식물은 상처를 입고 그것을 치료해야 한다. 그러나 치료는 혼자 하는 게 아니다. 흙의 미량원소와 미생물의 대사물질이 필요하다. 이 두 가지를 제대로 전달받으려면, 식물은 탄소가 풍부한 삼출물을 뿌리에서 끊임없이 내보내 미생물 군단을 끌어모아야만 한다. 이것이 바로 초지의 흙을 기름지게 가꾸어 가는 자연의 방법이다. 이렇듯 소 떼 또한 흙의 건강을 되살리고 농지에서 양분 순환을 촉진시키는 데 이바지할 수 있다.

브라운은 방목이 더 많은 탄소를 흙에 보태는 효과적인 방법이라고 여기지만, 탄소를 '격리'시키고 있다고 표현하는 건 꺼린다. 그것은 그저 자연적인 순환의 일부일 뿐이다. 식물은 탄소를 붙잡아 두고 뿌리를 통해 내보내 미생물을 먹이면서 흙 속에 탄소 재고를 쌓아 둔다. 그래서 그는 많은 소 떼가 한 초지에 매우 짧은 기간만 머무는 고밀도 저빈도 방목을 통해 농장의 흙과 토착 초지를 되살리고 있다.

브라운은 농부들을 이끌고 전원 속으로 들어갔다. 수백 마리의 닭이 종종걸음으로 스물네 마리 젖소 주변을 돌아다니고, 젖소들은 수수, 무, 썩어 가는 호박이 널려 있는 경작지에서 배를 채우고 있었다. 약이 오른 젖소들이 재빠른 닭들을 쫓을 때, 그는 이것이 바로 농축산을 결합하여 지력을 키우고 농장에 수익을 가져오는 방법이라고 설명했다.

'폴의 닭'이라 쓰여 있는 트레일러 두 대가 농지 끝 단선 전기 철조망 바깥에 놓여 있었다. 폴이 달걀 차라 부르는 이 트레일러들은 예전에 소를 실어 나르던 것이다. 폴은 트레일러 안에 횃대와 닭들이 안에 들어가 알을 낳을 작은 상자를 설치했고, 바닥을 쇠살대로 바꾸어 분뇨가 땅에 곧바로 떨어지도록 했다. 닭들은 낮이면 이동식 닭장 근처에서 농지를 돌아다니며 분뇨를 내주고, 밤이면 닭장 안에서 쉰다. 또한 닭들은 소에게 달려들어 파리를 잡는 보상으로 큰 소 옆에 붙어 있어 코요테와 여우로부터 보호를 받는다. 농장은 포식자에게 닭 몇 마리를 잃곤 하지만, 폴은 그것을 자연의 순환의 일부로 받아들인다.

브라운 부자는 농장에서 돈을 버는 비결이 어떤 것의 부산물을 다른 것을 위해 쓰는 데 있다고 본다. 그들은 알곡을 가려 낼 때 나오는 부스러기들을 닭 모이로 준다. 그렇지 않았으면 쓰레기가 되었을 것을 더 많은 닭과 달걀로 변모시키는 것이다. 그들이 닭을 살피러 나오는 유일한 시간은 달걀을 모으고 소 떼를 따라 달걀 차를 이동시키는 때이다. 봄과 여름 출하량이 최고일 때는 한 주에 700달러어치가 넘는 달걀을 내다 판다. 수요를 따라잡기가 어렵다.

폴은 농장에서 양과 돼지도 함께 먹이며 가축 다양성을 높인 주인공이었다. "언제든 잡초를 베이컨으로 바꿀 수 있다면 좋은 일이죠" 하고 그는 말했다. 그들의 젖소는 토착 초지에서만 풀을 뜯는 게 아니다. 피복작물도 먹고 수확이 끝난 뒤의 경작지에서도 배를 채운다.

피복작물은 브라운의 무경운 작물 재배와 방목 시스템을 연결해 준다. 게이브는 옥수수와 함께 동부콩과 다른 피복작물을 파종한다. 옥수수가 먼저 자라고 옥수수 밑에서 피복작물이 자라난다. 옥수수를 수확한 뒤 소들은 피복작물을 먹고 땅에 똥거름을 준다. 그다음 작물 잔여물 사이로 무경운 파종을 하는 것이다.

그들은 제프 모이어가 로데일에서 사용하는 것 같은 롤러를 사용하려 해보았지만, 피복작물이 꽃을 피우고 있어야 하므로 그 방법을 쓸 수 없었다. 또한 그 이후에 환금작물을 재배하기에는 성장 기간이 모자란다. 그래서 그들은 대신 소를 키워 소들이 돌아다니며 많은 똥거름을 주는 데서 오는 이로움을 누린다.

브라운은 얼마나 많은 종류를 피복작물에 포함시킬 것인지 결정하는 간단한 공식은 없다고 말한다. 그는 일곱 종류 넘게 파종하여 더 나은 결과를 얻는데, 요새는 일반적으로 10~20종을 이용하지만, 70종을 혼합하여 파종한 적도 있었다. 그는 특정한 경작지에 세운 목표에 따라 피복작물 씨앗을 맞춤식으로 혼합한다. 이를테면 곧은 뿌리를 깊이 내리는 해바라기와 일본 무를, 인을 찾아내는 메밀과 함께 파종했을 때의 시너지를 고민한다. 그가 앞으로 심을 것은 내 생각에는 소를 위한 샐러드 믹스이다. 소들이 12월부터 2월까지 뜯어먹을 풀, 눈을 뚫고 자라날 겨울 피복작물을 심을 것이다.

브라운이 처음 농장을 구입하고 파종한 일부 땅은 지력이 떨어진 곳이라 여러해살이 잡초만 무성해졌다. 수확이 없었다. 피복작물을 심고 방목하면서 토질을 개선하기 시작한 뒤로 형편이 나아졌다. 그 뒤 토착 초지에 다시 파종할 수 있었다. 이후로는 순환방목을 시작하여 삼출물 생성을 도왔고, 흙을 더욱 건강하게 가꾸어 가고자 했다.

처음에 그의 농장은 대규모 목초지 세 곳이 있어 소 떼가 사시사철 풀을 뜯었다. 지금은 100군데가 넘는 작은 목초지로 나뉘어 있다. 목초지마다 100종이 넘는 들풀이 무성하게 우거지는데, 한 해에 기껏해야 며칠만 소가 풀을 뜯는다. 브라운은 그 개념을 재미나게 설명한다. "소 다리가 넷인 데는 이유가 있죠. 네 다리를 다 쓰게 하라는 겁니다." 방목하는 시기도 뒤바꾸어서 그 순서나 연중 어느 때인지를 예측할 수 없게 한다. 젖소들은 2월까지 작물 그루터기를 뜯어먹을 수 있고 그 뒤에는 건초 꾸러미를 먹는다. 브라운은 자신의 농지에서 나온 건초 꾸러미를 내다 팔지 않는다. 젖소들은 풀이 자란 바로 그 땅에서 건초를 먹는다. 하지만 이웃에게 짚단을 사올 때는 있는데, 30달러어치 영양소를 가진 짚단을 단 5달러에 팔 때이다.

브라운은 방목 방식을 다시 고민하기 시작했다. 아프리카 야생생물학자였다가 대안적 방목의 권위자가 된 앨런 세이버리의 문제의식을 알게 되었을 때였다. 본디 방목의 반대자였던 이 "전일적 관리'(holistic management)의 권위자는 아프리카 야생 생물 관리를 공부하면서 놀라운 발견을 했다. 지나치게 많은 수의 동물이 풀을 뜯어서 토양이 악화되는 일이 없도록 하는 것이다. 그래서 세이버리가 내린 처방은 한 떼기의 땅에 한 해에 딱 하루 이틀만 집중적으로 방목하는 것이다.

가축과 작물 재배의 분리를 낳은 것이 무엇이냐고 견해를 묻자, 그는 곧바로 대답했다. "농촌진흥청이죠." 그러고는 말을 이었다. "축사가 만들어진 이유는 잉여 곡물 생산량을 없애기 위해서였습니다." 자동화 덕분에 집중 사육 시설의 성장이 힘을 받으면서, 곡물 생산을 전문으로 하는 농부들은 가축과 관련된 초과노동에서 벗어났다. 뒤이어 두엄을 못 쓰게 된 곡물 생산 농부들은 비료에 더 의존하게 되었다.

하지만 브라운과 그의 아들이 처음 방목 방식을 바꾸었을 당시에는 쇠똥구리가 많지 않았다. 3년 뒤 그들은 더 많은 쇠똥구리가 돌아다니는 걸 알아채기 시작했다. 어느덧 열여섯 종류의 쇠똥구리가 돌아다니고, 폴은 쇠똥구리 전문가가 다 되었다. 그는 열띠게 갖가지 쇠똥구리를 설명했다. 똥을 굴려 작은 경단 모양을 만드는 쇠똥구리, 굴을 파서 똥을 숨기는 쇠똥구리, 똥 안에 들어가 사는 쇠똥구리. 어떤 놈은 15센티미터 깊이까지 굴을 파서 똥을 흙 속에 섞어 넣는다. 모든 쇠똥구리는 파리 유충을 먹기 때문에 소의 행복에 보탬이 된다.

방목 방식을 바꾸니 토착 초목이 멸종 위기에서 되살아났을 뿐 아니라, 더 많은 토착 야생동물이 농지에 찾아왔다. 브라운이 이 말을 할 때, 가까이 다가가는 우리를 피하기 위해 뾰족꼬리들꿩 한 마리가 퍼드득 하늘로 날아올랐다. "저 녀석은 중요한 지표종입니다. 저 종이 살고 있으면 건강한 생태계라는 뜻이죠." 브라운은 처음 농장에 이사 왔을 때는 흰꼬리사슴을 보지 못했다고 했다. 하지만 최근에 와서 특히 추운 겨울이면 수백 마리가 농장의 동쪽 끄트머리에 피신해 있다. 요새는 여우, 족제비, 맹금류를 흔하게 볼 수 있고, 명금류는 "너무 많아서 셀 수도 없을" 정도이다. 그럴 리가 없겠지만 사람들에게 요금을 받고 사냥을 허락한다면, 이 모든 새로운 야생동물이 또 다른 수입원이 될 것이다. 그러나 그는 여러 동물이 계속 찾아오기를 진심으로 바라는데, 이를테면 찌르레기의 아류인 '소새'(cowbird)는 파리 방제에 으뜸이기 때문이다. 기쁘게도 요즘은 소새 한 무리가 젖소들과 겨울을 난다.

브라운 목장에서는 소에게 항생제, 호르몬, 구충제를 전혀 투여하지 않는다. 8년 전부터는 예방접종도 끊었다. 수의사는 재앙을 불러들이고 있다고 경고했지만, 여태까지 많은 소가 아팠던 적은 없었다. 브라운은 소가 기생충에 감염되는 건 땅에 바짝 붙어 있는 풀을 뜯어 먹기 때문이라고 설명했다. 따라서 목초지를 자주 바꿔 주면 소가 먹는 식물이 충분한 시간을 두고 높이 자라나기 때문에 기생충에 감염되지 않는다고 한다. 영양 만점인 사료작물을 먹으니 면역 체계도 튼튼해진다. 송아지가 4월에 젖을 떼면, 목장에 데리고 가서 피복작물을 먹인 뒤 시장에 내다 팔거나 다시 무리로 돌려보낸다. 항생제를 맞은 소는 관행적인 식육 가공업자에게 판다. 항생제 치료를 받은 소는 자신의 상표를 붙여 판매하지 않는다.

브라운은 자신의 소들을 축사나 이웃의 소 떼와 멀찍이 떼어 놓는다. 그의 얼마 안 되는 소 떼는 초창기 인류인 수렵채취인 무리와 비슷하게 소수의 무리가 다른 무리와 떨어져 지내기 때문에 자연스럽게 감염성 질병을 예방한다. 전염병이 순식간에 수많은 사람을 쓰러뜨린 건 우리가 도시에 모여 살게 된 이후의 일이다. 마찬가지로 축사에서 비좁게 붙어 살지 않는 소들은 비교적 건강하다. 우리가 항생제를 거의 쓰지 않고 가축의 발병을 없애려면 소를 작은 규모로 분산시켜 땅에 풀어 놓고, 다른 농장의 소와 접촉을 피하는 게 좋다. 그래야 앞으로 항생제 또한 효력을 지닐 수 있을 것이다.

폴이 농산물 직매장에서 새 고객들에게 흔히 듣는 첫 번째 질문은 "산지가 어디입니까?"이다. 그 뒤에는 "GMO를 사용합니까?" 그다음으로 "축사, 항생제, 호르몬은요?"이다. 유기농장인지의 여부는 대개 질문 목록의 한참 아래쪽에 있다. 주로 흙과 태양이 길러 주는 자연스런 농사 방식을 폴이 설명해 주면 사람들은 대체로 만족스러워한다. 그의 목소리는 "내가 만일 육우라면 우리 목장에서 살고 싶습니다"라는 말에서 가장 커진다.

처음에 브라운은 노스다코타에서 로컬푸드의 수요가 많으리라고 생각하지 않았다. 지금은 매주 직매장 트레일러에 수많은 달걀과, 젖소 몇 마리, 돼지 한 마리, 양 한 마리에 해당하는 많은 고기를 출하한다. 그들이 이렇게 성공적인 이유는 어디에 있을까? 그는 자신들의 이야기가 주요 소비자와, 그리고 자녀의 건강에 민감한 관심을 갖고 영양이 듬뿍 담긴 음식을 저녁 식탁에 올리고자 하는, 자녀를 둔 젊은 부부의 마음을 움직인다고 생각한다. 그 이야기란 바로 건강한 흙을, 건강한 식물과 건강한 동물, 그리고 당연히 건강한 사람들과 동일시하는 것이다.

브라운 목장에서 방목은 해마다 방목장을 달리하여 시작한다. 각 방목장은 한 해에 하루 이틀만 소 떼를 받는다. 어느 해에 방목이 이루어지지 않은 방목장이 이듬해 첫 번째로 방목이 이루어진다. 토착 초지의 사료작물은 무척 다양하여 100종이 훨씬 넘는다. 눈을 돌려 초원을 바라보면서, 나는 그곳이 마치 소들의 천국처럼 느껴졌다. 확 트인 하늘, 길게 자라난 풀, 무성한 초원을 돌아다니며 배를 채우는 행복한 소 떼라니. 나는 폴의 말에 동의할 수밖에 없다. 내 눈에 젖소가 행복하게 살아가고 있으니까.

"그러면 어떻게 해야 관행농부들이 함께할 수 있을까요?" 그에게 물어 보았다.

"농부들에게 좋은 먹을거리를 생산하라고 소비자들이 요구해야죠." 그가 대답했다. "소비자들과 연대하는 것이 변화를 일구는 길입니다. 워싱턴을 바꿀 수는 없는 일이지요." 그의 말이 옳다. 소비자들은 정치인보다 더 빠르고 더 효과적으로 변화를 이끌어 낼 수 있다. 그러나 농업 정책이 바뀌고, 특히 재생농업 방식을 장려하게 되면 틀림없이 그 변화에 속도가 붙을 것이다.

초원에서 돌아오는 길에 남아프리카공화국에서 온 농부가 비싼 유기농 식품 가격과 세계 기아의 문제에 관해 브라운에게 물었다. "그렇게 될 필요는 없습니다" 하고 브라운이 대답했다. "나는 이웃 관행농부들보다 더 저렴한 방식으로 식품을 생산합니다. 옥수수 1부셸을 생산하는데 1.44달러밖에 안 드니까요. 모두가 이렇게 한다면 우리는 영양가 높은 식품을 비용을 덜 들이고 생산할 수 있을 겁니다."

브라운은 유기농 인증을 받고 싶은 마음은 없지만, 유기농이 세상을 먹일 수 없다고 주장하는 이들이 저수확 경운 유기농 단일경작을 관행적 단일경작과 비교하는 이야기를 듣는 건 진저리가 난다고 말했다. 2050년 즈음 100억 인구를 먹이는 게 문제가 되는 경우는 우리가 관행농업 생산 방식을 유지하고 있기 때문일 거라는 생각이다. 그의 작물 수확량은 카운티 평균보다 25퍼센트 높은데다가, 피복작물, 채소, 닭, 비육돈, 젖소, 양, 꿀에서 부수입을 얻는다. 그는 이웃과 비교할 때 자신의 농사 시스템이 에이커당 영양소 생산량을 적어도 절반 이상 높였을 것으로 추산한다. 게다가 비용은 훨씬 적게 든다.

자신의 생산물에 프리미엄을 붙여 팔 수 있어 좋은데, 사실 생산 비용은 지역에서 최저라고 한다. "순생산비와 가격이라는 두 가지 주요 잣대로 볼 때, 관행농부는 감히 내 상대가 안 됩니다. 그리고 내 방식대로 일하면서 환경에 긍정적인 영향을 끼칩니다. 그러니 일단 분석에 들어가면 내게 이 모든 논쟁은 유치하기 짝이 없죠. 모든 자료를 갖고 진지하게 분석하는 사람이 아무도 없습니다." 소를 방목하여 토착 초목과 작물 그루터기를 먹게 하면 식량의 순생산량은 증가할 것이다. 바로 그것이 세계를 먹여 살리는 방법이라고 그는 말한다.

흙도 목이 마르다

브라운의 농축산 체계는 하룻밤 사이에 만들어진 게 아니다. 수십 년 동안 시행착오를 겪으며 거둔 결실이다. 1990년대에 그와 미국 자연자원보호청의 환경보호론자 제이 퓨어러가 서로에게 새로운 방식의 농사를 가르치기 시작한 게 그 처음이다.

농장 견학 이틀째 되던 날, 나는 사람들과 함께 메노큰 농장의 퓨어러를 직접 만나러 갔다. 벌리 카운티 토양보존 지구는 2009년부터 이 150에이커의 농장을 토양 건강의 본보기로 운영해 왔다. 햇살이 부서지는 화창한 날, 비즈마크에서 차를 타고 가는 길에 그들의 영향력을 확실히 느낄 수 있었다. 우리가 지나쳐 가는 거의 모든 농지가 땅을 갈지 않고 농사를 짓고 있었기 때문이다.

도착하자마자 우리는 테두리를 초록색으로 꾸민 베이지색 금속 건물 두 채 가운데 한 곳으로 안내되었다. 안에는 접이식 의자가 앞쪽의 긴 테이블을 향해 열을 지어 놓여 있었다. 퓨어러는 중앙 무대에 올라 모인 사람들에게 인사했다. 그는 체크무늬 셔츠에 플리스 조끼, 까만 청바지를 입었고, 바짝 깎은 머리카락이 챙이 넓은 모자 밑으로 빠져나왔다. 브라운이 직설적이고 노골적으로 표현하는 부분을, 60대 초반의 퓨어러는 사색하듯 음미하듯 말하며 커다란 두 손은 습관적으로 양쪽 허리춤 아래에 대거나 주머니에 집어넣었다.

먼저 시작한 설교 같은 강연은 탄소를 흙에 되돌려주어 농지를 비옥하게 가꾸어야 한다는 내용이었다. 그는 식물이 광합성을 통해 탄소를 고정시켜 잎사귀와 줄기와 나뭇가지와 뿌리와 삼출액을 만든다는 사실을 환기시켰다. 그리고 질문을 던졌다. "삼출액을 먹는 토양 생물은 무슨 일을 할까요?" 자문자답으로 그가 말했다. "입단과 공극, 토양 유기물을 만듭니다." 그러나 관행농업의 유산이 유기물을 파괴하고 균근균을 방해하기 때문에 흙 속에 글로말린이 거의 남아 있게 않게 된다고 한다. 흙을 잘 뭉치게 하는 이 접착제가 사라지면 흙은 표면이 껍질처럼 굳고 물이 땅속으로 스며들 수 없다. 그래서 물이 지면을 흐르며 침식이 일어난다.

퓨어러는 우리에게 앞 테이블을 보라고 했다. 마른 흙이 큰 덩어리로 두 개 놓여 있었다. 덩어리를 집어든 그는 하나는 네 해 동안 땅을 갈지 않은 농지의 것이고, 다른 하나는 교란이 심하고 피복작물을 전혀 기르지 않는 관행 경운 단일경작 농지에서 파 온 것이라고 했다. "교란이 심한 흙이 더 조밀하니 모양을 더 잘 유지해야 하겠죠?" 그가 물었다. "아닙니다!" 그는 그물코가 성근 철망 바구니 각각에 흙덩어리를 조심스레 담았다. 철망 바구니는 물을 가득 채운 투명 플라스틱 용기에 잠긴 채 걸려 있었다. 관행 경운 농지의 시료는 즉각 형태를 잃고 물속으로 풀어져 갔다. 몇 분 안에 철망 바구니에는 흙이 하나도 남지 않았고, 물은 탁해지고 흙은 용기 바닥에 가라앉았다. 그러나 스위스 치즈 같은 무경운 흙덩어리는 그대로였고, 흙덩이가 잠겨 있는 물은 여전히 맑았다. 퓨어러는 관행 경운 농지의 흙에는 입자를 결합시키는 글로말린이 없기 때문에 비가 오기만 하면 해체된다고 설명했다. 농부들은 테이블에 다가가 가까이 들여다보았고, 한 사람은 무심결에 이렇게 말했다. "야, 이렇게 빨리 풀어질 줄은 생각도 못했네!"

이 인상적인 실험을 마친 뒤, 퓨어러는 우리를 이끌고 밖으로 나갔다. 코피 보아가 가나에서 내게 보여 준 이동형 침식 모형 장치의 대형 버전이라 할 수 있는데 스프링클러가 작동한다. 스프링클러 헤드가 회전 고리에 장착되어 아래쪽으로 분사되며, 아래에 일렬로 놓인, 우묵한 쟁반 같은 다섯 개의 직사각형 트레이에는 저마다 다른 경작 방식의 역사를 지닌 흙이 담겨 있다. 트레이마다 플라스틱 용기가 딸려 있어, 지표면을 흘러 온 물을 담거나, 흙 속에 스며들었다가 트레이 아래쪽으로 흘러나오는 물을 담게 되어 있다. 퓨어러가 회전 스프링클러를 작동시킨 뒤, 플라스틱 용기들은 그 어떤 파워포인트 프레젠테이션이 보여 주는 것보다도 훨씬 인상적인 이야기를 전해 주었다.

땅을 갈고, 다양한 피복작물을 재배하지 않으며, 방목에 이용되지 않는 흙은 표면에서부터 물에 풀어져 탁한 빛깔의 침전물을 잔뜩 싣고 흐르는 물로 변했다. 물 대부분이 흙에 스며들지 못하기에 트레이 아래 놓인 용기는 텅 빈 채였다. 피복작물이 자라는 무경운 흙에서도 많은 물이 흘러갔지만 앞의 것보다는 맑은 물이었다. 이 또한 물이 흙에 거의 스며들지 못했다. 매우 다양하게 피복작물을 심어 가축을 먹이는 무경운 흙에서는 맑은 물이 졸졸 흘렀고, 흙으로 스며든 물이 아래쪽 용기에 줄줄 쏟아졌다. 가축을 방목하는 건초용 초지와 토착 초지의 지표 위로는 흘러가는 물이 거의 없이 흙에 스며들어, 유기물이 풍부한 누르스름한 물줄기가 떨어져 트레이 아래 용기에 고였다.

내 옆에 서 있던 농부가 적이 놀란 모양이었다. "세상에! 놀랍네. 색깔이 저렇게 다를 줄이야."

청중은 납득했고, 퓨어러는 다시 설교 모드로 돌아갔다. "완전히 땅을 갈던 시대에 우리는 늘 코앞에 가뭄을 두고 살았습니다. 이유를 아시겠죠. 물을 하나도 머금지 못했으니까요!" 1980년대에는 땅을 갈고 또 갈았기에 지표가 마른 껍질처럼 변했다. 흙껍질을 없애려 하면 할수록 더 껍질이 생겼다. 비가 오더라도 빗물이 지면을 흘러 지나갈 뿐 땅속으로 스며들지 않아서 식물이 길어 마실 물이 없었다.

땅을 가는 게 그다지 훌륭한 일이 아님을 깨달은 건 퓨어러에게 결국 시작일 뿐이었다. 1985년에 벌리 카운티 지사로 왔을 때는 어디를 가든 칙칙한 맨땅뿐이었다. 모든 농지를 완전히 갈아엎었고, 작물 다양성은 낮아, 주로 알곡이 작은 곡물을 재배하며 소를 먹이기 위해 해바라기와 옥수수를 조금 길렀다. 유기물이 거의 없고 수없이 침식되는 걸 보며, 그는 흙의 기운이 쇠약해졌음을 알았다. 그렇다면 그는 진퇴양난에 빠진 것이었다. 흙을 보존하도록 권장하는 것이 그의 업무인데 이미 토질이 악화된 땅을 뭐 하러 보존해야 하겠는가?

먼저 퓨어러는 길가 도랑에 초지수로(grass waterways, 토착 초본을 기른 그린벨트로, 수로에서 자라는 풀이 유속을 줄이고 물이 땅에 스며들게 돕는다―옮긴이)를 만들어 침식을 줄이고자 했다. 그리고 자신이 고장 난 물 순환에 대증요법식으로 대처하고 있을 뿐임을 깨닫기 시작했다. 지나치게 많은 물이 흘러갈 뿐 흙에 스미지 못하는 증상만이 아니라,

농법에 뿌리를 둔 생물학적 문제를 다루어야 한다는 점을 깨달은 것이다. 자신과 동료 농부들이 무얼 해야 하는지는 잘 몰랐지만, 당시 하고 있는 일들이 효과가 없다는 건 알았다. 절망적인 심정으로, 아직 알려지지 않은 무언가를 찾아내려 하던 중, 퓨어러는 드웨인 벡의 강연을 들으러 가게 되었다.

자극을 받은 그는 농부들을 모아 함께 차를 타고 벡의 농장을 견학하러 갔다. 이 여행을 계기로 몇몇 농부는 새로운 농사 방식을 시도하게 되었다. 게이브 브라운이 그중 한 사람이었다.

농부, 공무원, 학자로 이루어진 팀이 자발적으로 구성되어 침식을 줄이고 흙의 건강을 되살리려는 연구가 시작되었다. 곧이어 함께하고 싶다는 이들이 모여들었다. 미국 농무부 과학자 던 라이코스키는 토양탄소를 확충하는 방법을 연구하고, 크리스틴 니컬스는 토양생물학의 역할을 주로 다뤘다. 곤충학자 조너선 런드그렌은 다양한 작물 재배 방식이 병해충 방제에 어떻게 도움이 되는지 조사했다. 그들의 능력과 전문성이 더해지면서 흙의 건강에 대한 새로운 관점이 농장 생산성과 수익성의 기반으로 자리 잡기 시작했다.

또한 그들은 10년의 실험을 통해 방목 시스템을 바꾸어 보았다. 소 떼를 2~4군데 방목장에서 돌아가며 방목하는 걸 시작으로 12군데 이상까지 실험하며, 초본과 소고기 생산의 증가를 관찰하기 시작했다. 가뭄이 닥쳤을 때 목장주들은 가축 수를 줄이지 않아도 되었다. 이렇게 되면 목장은 경제적으로 이롭다. 가뭄이 든 해에 가축을 팔 때는 다른 이들 역시 팔려고 해서 가격이 떨어지기 때문이다. 그리고 풍년이 든 해에 가축을 구입하려고 하면 다른 모든 이들도 가축 수를 늘리려 하기 때문에 값이 비싸진다. 흙을 더욱 건강하게 가꾼다는 것은 경제적인 회복탄력성이 높아짐을 뜻했다. 퓨어러는 수많은 목장주의 말을 빌려, 지금은 소 떼가 풀을 다 뜯은 뒤에도 지난날 1년 내내 소를 먹이지 않고 풀만 자랐을 때보다 더 많은 풀이 남아 있다고 우리에게 알려 주었다.

연구 팀이 피복작물로 실험을 시작했을 때, 그것은 새로운 작물 재배 방식과 방목 시스템을 연결해 주었다. 브라운처럼 퓨어러는 다양한 피복작물을 혼합하여 파종하는 것이 맞다고 생각했다. "루이스와 클라크의 일지에 묘사되었듯 대초원의 다양성이 떠올랐습니다." 그는 예산이 허락하는 최대치인 여섯 가지 피복작물 씨앗을 주문했다.

그해 브라운과 퓨어러는 브라운의 농장 근처 5에이커의 경작지에 피복작물 한 종씩을 파종하고 그 옆에 각각 2, 3, 4, 5, 6종류의 피복작물을 혼합하여 파종했다. 마침 강우량이 50밀리미터도 안 되고 기온이 38℃에 이르는 심한 가뭄이 닥쳤다. 어느 일요일, 퓨어러는 드라이브 삼아 나갔다가 차를 멈추고 피복작물 경작지 사진을 찍었다. 놀랍게도 여섯 종이 혼합되어 자라는 부분은 풀이 무성하고, 한 종만 파종한 피복작물은 죽어 가고 있었다. 그리고 피복작물을 다양하게 혼합할수록 더욱 무성하다는 사실도 알게 되었다. 10년이 더 지난 지금, 이 지역의 어떤 농부들은 16종 이상 혼합하여 파종한다. 각 종은 그만의 장점이 있다. 콩과 식물은 질소를 고정한다. 다른 작물은 양분을 찾아내 흡수하거나 꽃가루 매개 곤충에게 먹을거리를 준다. 피복작물을 혼합하자 농사 체계 안의 양분 순환과 농사 체계의 생산성이 증대되었다.

퓨어러는 농사 방식을 바꾸자 흙의 회복탄력성이 더 커지고, 가뭄에도 작물이 더 잘 견디며, 비가 많이 내려도 지표면에 웅덩이가 생기지 않고 흙 속으로 스며든다고 말했다. 일찍부터 브라운과 퓨어러는 토양 수분에 관해 자주 고민을 나누곤 했다. 하지만 이 새로운 농사 체계 덕분에 이제는 더 이상 특별히 화제가 되지 않는다.

"이 모든 변화가 생산성과 투입 물질 사용에 어떤 영향을 끼쳤습니까?" 내가 물었다. 브라운과 마찬가지로 퓨어러는 메노큰 농장에서 살진균제와 살충제, 상업적 비료 사용이 근절되었다고 한다. 그는 천적들이 해충에 금세 접근할 수 있도록 서식지를 만드는 비결도 익히게 되었다. 그는 여러해살이 잡초가 퍼지면 제초제를 약간 쓰지만, 잡초에 내성이 생기지 않도록 다양한 화학물질을 사용하려고 한다.

수확량에 관해, 퓨어러는 새로운 농사 체계로 바꾼 뒤 통계적으로 상당한 수확량 증가를 보이고 있다고 말했다. 1980년대에는 에이커당 밀 1,088킬로그램을 수확하는 것에 만족했다. 지금은 1,632킬로그램이 나오지 않으면 실망이다.

방목이라는 연결 고리

2007년, 브라운은 캐나다 매니토바 주 브랜던에서 열린 워크숍에서 캐나다 목장주 닐 데니스를 만났다. 키가 작고 머리가 벗겨진 이 두 사내는 죽이 잘 맞아서 거의 밤을 새워 이야기를 나누었다. 가축을 경작지에 방목하며 흙의 건강을 한층 더 높이는 방식에 관해서였다. 데니스의 목장을 방문한 뒤 브라운은 잃어버린 연결 고리가 바로 가축이라고 확신했다.

메노큰 농장을 둘러보고 이튿날 아침, 데니스를 만나기 위해 나는 브라운, 폴, 그레그 프릴과 함께 4인승 픽업에 욱여 탄 채 83번 고속도로를 달려 북쪽으로 향했다. 프릴과 내가 뒷좌석에 앉았다. 덩치 큰 하와

이 사람인 프릴은 마우이 섬의 할레아칼라 목장에서 소를 치는 사람이다. 말수가 적은 데다가 꺼내는 말도 주로 젖소나 방목 이야기였다. 폴이 운전하는 동안, 브라운은 꾸준히 울려 대는 핸드폰을 받아 사람들에게 조언을 해주거나 피복작물 씨앗 구매와 관련해 도움말을 주었다.

완만하게 오르락내리락하며 북쪽으로 가는 길에, 막 수확을 끝낸 밀밭, 훤칠하게 서 있는 옥수수 밭, 키 작은 대두 밭 사이를 순항하듯 지나갔다. 너른 대초원을 이루는 땅과 드문드문 서 있는 나무들이 휙휙 스치며 멀어졌다. 서스캐처원에 도착했을 무렵에 돌이켜보니 하루 종일 언덕을 한 번도 보지 못했다.

400킬로미터 가까이 달린 끝에 왼쪽으로 꺾어 자갈길로 들어서니 양쪽에 해바라기 밭이 펼쳐져 인적이 끊긴 머나먼 곳에 온 느낌이었다. 서니브레이 농장에 도착하여 차를 세운 곳은, 2층짜리 하얀 주택 앞이었다. 현관 앞에 말코손바닥사슴의 뿔과 대형 캐나다 국기가 자랑스럽게 걸려 있었다. 젊을 때 아이스하키 선수였던 데니스가 와워타 플라이어스 팀의 파란 셔츠와 까만 반바지를 입고 작업용 장화를 신고 나왔다. 짙고 까만 눈썹 아래 눈빛이 맑고 형형하며 늘어진 팔자수염이 잘 어울리는 사람이었다.

데니스가 나고 자란 목장은 증조부가 정부에서 불하받은 땅이었다. 66년 삶의 상당 부분을 토양 악화를 목격하며 살았고, 관행적인 방식은 끝내 그를 파산시켰다. 1990년대에 은행은 소를 처분하고 큰 규모로 관행적인 작물 재배를 하라고 권했다. 은행 대출로 필수적인 새 농기계와 주요 화학물질을 구입할 수 있을 거라 했다. 그 말은 그에게 더 빨리 무일푼이 되는 지름길로 가라는 소리로 들렸다.

데니스가 어렸을 때 집에는 말, 젖소, 양, 농작물이 있었다. 1970년대만 해도 대부분의 주민은 소를 치며 곡물 농사를 지었다. 그러다가 모두들 규모를 키우겠다고 결심한 듯했다. 모든 농부가 곡식 농사만 짓거나 소만 키우거나 했고, 주민들이 생계를 이어 가기 어렵게 되자 작은 마을들이 사라지기 시작했다. 인적이 끊긴 머나먼 곳에는 아무도 살지 않게 되었다.

데니스의 아내 바버라는 순환방목 방식을 포함하는 전일적 자원관리 과정에 관한 안내 우편을 받은 뒤 농장을 구할 계획을 구상했다. 데니스는 앉아서 논의만 할 게 아니라 직접 워크숍에 가는 게 더 쉽겠다고 생각했다. 그래서 워크숍에 참석하여 맨 앞줄에 앉아 그 방법은 효과가 없을 거라며 진행자와 논쟁을 벌였다.

데니스는 집에 와서 강사가 알려 준 대로 했다. 강사가 틀렸음을 증명해 보이고 싶었다. 10에이커가량 작은 방목장 두 곳을 나란히 만들었다. 한쪽에는 늘 하던 대로 젖소를 방목했고, 다른 쪽에는 강사가 추천한 대로 방목 밀도를 높였다. 이듬해에 놀랍게도 방목 밀도가 높은 방목장의 식물 밀도가 높아진 게 아닌가. 그다음 해에는 두 배의 젖소를 방목할 만큼 풀이 늘었다.

초지가 나날이 좋아짐에 따라 실험도 계속되었다. 방목 밀도를 더 높이고 방목이 이루어지는 중간의 휴목기도 더 길게 두었다. 그즈음 그는 강사의 말이 옳다는 걸 깨닫기 시작했다. 관행적 초지에는 잡초가 돋아나고 날씨가 건조해지면 시들었다. 하지만 집약적으로 방목하는 초지는 늘 무성하고, 토착 식생을 되살리기 위해 더 파종해야 하는 일이 사라졌다.

방목 밀도를 높여서 방목장을 자주 바꿔 주니 젖소들의 습관도 바뀌었다. 넓은 방목장을 어슬렁거릴 때는 까다롭게 풀을 가리며, 좋아하는 사료작물만 찾아서 뜯어 먹었다. 그러니 들에 소들이 먹지 않은 식물이 주로 남아 다시 파종해야 했다. 하지만 수를 늘려 방목하니 까다로운 식성이 사라지고, 가까이 있는 풀은 옆 소가 먹기 전에 뭐든 얼른 뜯어먹었다. 마치 형제가 많은 집안의 저녁 식탁에 차려 놓은 음식이 순식간에 사라지듯이. 그래서 소들이 잘 안 먹으려는 사료작물과 잡초도 사라졌다. 소가 모든 종류를 뜯어 먹으니, 당연히 영양이 풍부한 토착 들풀들이 더 빨리 되살아났다.

변화한 방식의 핵심은 단기간 집중적인 방목 이후 긴 회복기였다. 이렇게 하자 토착 초지가 저절로 되살아나고 강수량이 많았던 해보다도 가물었던 해에 훨씬 더 잘 견뎠다. 고밀도의 가축이 밟아 대면서 지표면에 자연적인 뿌리덮개가 만들어졌고, 이는 토양수분의 유지와 들풀의 재성장을 도왔다. 데니스가 이 방목 시스템을 꾸준히 이어 가자 풀은 더욱 잘 자랐다.

덤은 또 있었다. 방목 중간의 휴목기가 길어지자 소를 괴롭히던 기생충의 생명주기가 끊겼다. 소가 꾸준하게 똑같은 초지에서 풀을 뜯으면, 기생충에 감염된 풀을 먹으면서 내부 기생충이 소에서 똥거름으로, 똥거름에서 다시 소로 순환할 기회를 얻게 되기 때문이다. 하지만 방목 중간의 휴목기를 길게 두니, 기생충이 생명주기를 이어 가야 하는 시기에 소 떼가 나타나지 않아 소멸하게 된다. 소 떼가 돌아올 때쯤이면 남아 있는 기생충은 거의 없을 수밖에 없다.

방식을 바꾸기 전에, 데니스는 1,200에이커의 농장에서 200~300마리의 소를 키웠다. 지금은 800~1,000마리 정도 키우는데, 관행적인 방식으로 운영하는 이웃에 비해 에이커당 두 배나 많다. 2006년에 데니스는 에이커당 69킬로그램의 소고기를 생산했는데, 이웃의 관행적인 목장은 32킬로그램도 안 되었다. 데니스는 현재 이웃의 두 배가 넘는 소고기를 생산하고 있지만 따로 들어가는 투입 비용이 없다. 덜 쓰고 더 많이 벌어서 농장을 구해 낸 것이다.

시간도 많이 절약했다. 예전에는 다른 사람과 함께 소를 몰았다. 요새는 찬미해 마땅한 골프카트를 타고 혼자서 하루에 네 차례 넘게 소를 이동시킨다. 프로그래밍으로 작동시킬 수 있는 태양열 빗장 배트래치(Batt-Latch) 덕분이기도 하다. 브라운과 그의 아들도 이 새로운 기기를 사용한다. 작동 방법은 아주 간단하다. 한 면에 태양전지 판이 있고 뒷면에 프로그램을 설정하는 키패드가 있다. 한쪽의 빗장을 회전시켜 문을 열거나 닫을 수 있고, 이에 따라 소가 스스로 이동한다. 데니스의 소 떼는 설정해 놓은 시간에 문이 열리면 새 방목장으로 알아서 들어간다. 예전에는 새 방목장으로 소를 이동시키는 일을 하루 종일 했다. 이제는 날마다 프로그램을 설정하는 데 두 시간만 쓰면 된다.

데니스의 흙이 비옥해짐에 따라 초본의 당분과 단백질 함량이 증가했다. 영양소 구성이 우수해지자 돈이 또 절약되었다. 무기질 보충제를 90퍼센트나 줄였고 소금 사용을 절반으로 줄였다. 악순환되던 것이 선순환으로 바뀌었다. 꾸준히 흙이 되살아나면서, 당분이 풍부한 초본은 소에게 밟힐 때 더 많은 탄소를 함유한 삼출액을 부지런히 내보내고, 그것이 더 많은 토양 미생물을 먹여 생물량이 나날이 많아진다. 수십 년에 걸쳐, 2퍼센트도 안 되던 흙의 탄소 함량은 6퍼센트로 늘었고, 일부 초지는 현재 10퍼센트에 이른다고 한다. 데니스는 흙을 자연 상태의 탄소 함량으로 되돌려 놓은 것이다. 1890년대 과학자들의 보고에 따르면, 캐나다 대초원 흙의 유기물 함량이 5~11퍼센트였다. 두더지 굴 들머리에 쌓여 있는 흙은 지난날 회색이었지만 요새는 까만 흙이라고 그는 말한다. 그리고 이제 지표면을 흘러가는 물은 보이지 않는다. 땅에 떨어지는 모든 빗물은 죄다 땅에 스며들고, 엄청난 폭우도 예외가 아니다. 이제 그의 흙은 시간당 400밀리미터가량의 강우를 흡수하는 반면, 이웃의 땅은 시간당 25밀리미터 미만의 강우를 흡수할 수 있다.

브라운과 마찬가지로 데니스는 관행적 방식에서 멀어진 뒤로 목장에 생명이 돌아오고 있는 걸 느낀다. "그 어느 때보다도 새와 들짐승이 많이 찾아옵니다" 하고 그가 말할 때, 나비 군단이 우리 앞에서 너울너울 춤을 추었다. 순환방목 덕분에 군데군데 있는 숲의 나무 아래 초지는 사슴이 월동하는 서식지가 되었다. 점점 더 많은 매가 날아들고, 여우도 소 주변에 머물다가 소에게 밟힌 뱀들을 먹어 치운다.

우리는 데니스의 멋진 골프카트에 몸을 욱여 타고 소 떼를 새 방목장으로 이동시키기 위해 출발했다. 가는 길에 1889년의 옛 개척자 트레일이 남아 있는 부분을 건너갔는데, 희미한 바퀴 자국이 아직도 땅에 새겨져 있었다. 곧 우리는 데니스의 방목장에 다다랐다. 영구적인 울타리와 단선 전기 철조망이 혼합되어 서 있었다. 전기 철조망은 높이가 1미터 안팎이고 꼭대기가 고리 모양인 금속 막대들의 고리를 지나며 이어져 있었다. 첨단 기술이지만 무척이나 간단한 기술이다. 골프카트에 탄 채로 몸을 내밀어 울타리 선을 연결하거나 해제할 수 있다.

2에이커의 방목장에 젖소 700마리가 다닥다닥 붙어 있는 모습이 보였다. 소들은 아침 8시부터 거기서 풀을 뜯고 있었다. 그렇게 한 무더기로 움직이고 있는 소 떼를 난생 처음 보았다. 땅에서 풀을 뜯어내고, 풀 위를 똥 더미로 장식하고, 똥 위로 여전히 풀 몇 가닥은 삐죽 솟아 있었다. 소들은 이 방목장에서 배를 다 채운 뒤 이듬해가 되어야 다시 오게 된다.

데니스가 내려서 빗장을 풀어 울타리를 열었다. 마치 신호라도 받은 듯, 한 마리가 순간 앞으로 나서자 나머지가 뒤따라 새 방목장으로 몰려갔다. 긴 풀잎사귀에 기분이 좋은 듯 소 떼가 새 방목장 안으로 흩어졌다. 왼쪽 귀에 달린 빨간 표식에 1760이라는 숫자가 적힌 소 한 마리가 나 쪽으로 가까이 와서 울타리 너머로 살펴보며 풀을 뜯었다. 소의 등 위에서 무수한 파리가 붕붕거렸는데, 우리가 카트를 타고 올 때 소새 무리가 소 떼의 등에서 검은 구름처럼 날아오른 이유였다.

데니스는 몇 시간 뒤에 소를 다시 이동시킬 거라고 했다. 그동안 이 소들은 우거진 풀을 신나게 뜯어 먹는다. 배경음악 같은 귀뚜라미와 곤충들의 울음 위로 소들이 쩝쩝거리는 소리가 낮게 울려 퍼졌다. 나는 700개의 입이 30센티미터 키의 풀을 뜯을 때 나던 그 소리를 쉽게 잊지 못할 것 같다.

이 진기한 광경을 뚫어지게 바라보면서, 브라운은 소 한 마리당 체중 증가량은 관행적 방목이 더 좋지만, 에이커당 총수익은 순환방목 쪽이 더 낫다고 내게 말했다. 그 이유가 뭐냐고 묻자, 많은 소를 좁은 면적에서 방목하면 소들이 더 균일한 양을 먹고, 더 고르게 땅을 밟으며, 분뇨가 고르게 배분되고, 발굽이 흙에 미치는 충격이 더 균일하기 때문이라고 설명했다. 또 작물 그루터기도 땅속으로 다져진다. 이 모든 것 덕분에 흙의 탄소 함량이 늘고 흙이 더욱 비옥해진다. 풀은 다시 두 배가 돋아나고 더 많은 젖소를 먹일 수 있다.

우리는 카트를 타고 다른 방목장으로 갔다. 젖소 떼가 사시나무숲 사이의 초지에서 서성대고 있었다. 우리가 풀잎과 노란색, 보라색, 흰색 꽃이 어우러져 있고 똥거름 천지이기도 한 곳을 가로질러 다가가니 소들이 한 무리처럼 서로에게 바짝 붙었다. 데니스가 가까이 가니 젖소들이 뒷걸음질 치고 송아지는 다닥다닥 붙어 서 있는 무리 뒤쪽에 모였다.

소들의 반응을 보니 아프리카 초원이 떠올랐다. 사자 한 마리만 있어도 동물들이 서로에게 우르르 모여든다. 그런데 여기에서 사자는 데니스이고 젖소들은 한데 뭉쳐 있어야 안전함을 안다. 소의 수가 적을수록 그런 태세로 전환한다고 데니스가 알려 준다.

고밀도 방목으로 많은 소가 움직이면 우선 초원이 건강해진다. 버펄로가 풀을 뜯으면 식물은 해마다 스트레스를 받는다. 큰 짐승 무리가 초원을 오가며 식물을 짓밟는다. 이 예측 가능하고 규칙적인 압력을 받으며 식물들은 지하의 생물량과 주요 뿌리 계통을 키우는 데 많은 에너지를 쏟아 신속한 재성장을 꾀하려 한다. 말하자면, 어마어마한 양의 삼출물을 내놓아 식물 성장과 건강의 동력을 공급하는 것이다.

다른 지역에서도 집약적인 순환방목 방식으로 흙과 사료작물의 품질을 개선해 왔다. 텍사스의 상업적 목장에 관한 2011년 연구는 관행적인 방목장보다 순환방목장이 유기물 함량과 영양분 수준이 훨씬 높고 균근균이 더 풍부하다고 보고했다. 그리고 2016년의 연구 분석에 따르면, 재생농업 방식으로 작물과 방목을 관리하는 경우에 소 떼가 토질을 개선하고 탄소를 격리할 수 있었다. 연구자들은 되새김질하는 동물을 방목하는 동시에 보존농업을 하는 것이 흙 속에 탄소를 저장하는 비법이라고 의견을 제시했다.

우리가 대대적으로 이렇게 한다 해도, 풀을 뜯는 동물이 지구를 식히는 데 도움을 주는 최초의 사례는 아닐 것이다. 지난 4천만 년 동안 초원과 풀을 뜯는 동물은 함께 진화하고 퍼져 가며 지구 땅덩어리의 40퍼센트를 피복해 왔다. 탄소가 풍부한 초원 흙의 세계적인 확산과 증가 덕분에 대기 중 이산화탄소 수준이 점점 낮아졌다. 그만큼 많은 탄소를 초원에 저장할 수 있는 것이다. 그리고 이는 다시 기온을 낮추는 데 도움을 주어, 아마도 대부분이 빙하시대라고 알고 있는, 지질학적인 의미에서 최근에 일어났던 빙하기를 촉발시켰을 것이다.

차를 타고 비즈마크로 돌아오는 길에, 광활하게 펼쳐진 옥수수 밭과 수확을 마친 밀밭에서 울타리라고는 하나도 보지 못했다. 북아메리카의 지리학적 중심이자 미국 중부라 하면 바로 여기라고 주장하는 럭비를 지나치면서, 동물들이 풀을 뜯기 위해 만들어진 곳이라는 생각이 들었다. 버펄로 무리는 흙을 건강하게 만들었고, 그 덕분에 더할 나위 없는 농토가 되었다. 그러나 오늘날 버펄로는 하나도 없고 소 떼도 보이지 않는다.

브라운은 내 생각을 읽어 낸 듯했다. "저 옥수수 밭을 보십시오" 하고 그가 말했다. "저기서 얼마나 많은 소가 겨울을 날 수 있겠습니까." 폴이 덧붙였다. "식량 생산의 잠재력이 무궁무진하죠."

브라운이 말을 이었다. "이곳 사람들 대부분은 겨우내 건초 더미를 소에게 먹입니다. 소를 풀어 놓고 수확을 마친 옥수수 밭을 돌아다니며 먹게 하거나, 건초용 초지의 일부에라도 피복작물을 심으면 소가 먹으면서 땅에 두엄을 줄 수 있지 않겠습니까? 건초를 거두어서, 초원을 거닐지도 않고 땅에 두엄을 돌려주지도 않는 소에게 트랙터로 실어다 준다는 건 말이 안 되는 겁니다."

젖소에게 옥수수를 먹이는 것에 관해 어떻게 생각하느냐고 물을 필요가 있었던 것일까. 하여튼 나는 그에게 질문을 던졌다. "젖소가 모래주머니를 갖고 있을 리가 있겠습니까. 소는 알곡을 먹도록 진화하지 않았습니다. 풀을 먹인 소고기는 오메가3와 비타민 함량이 더 높습니다. 우리는 온갖 화석연료를 태우며 소를 축사에 가두고 더 열등한 생산물을 만들고 있습니다." 반박할 말이 하나도 없었다. 어떤 각도에서 생각해 보아도 말이 안 되었다. 왜 소를 가두어 놓고 토양을 악화시키는 방법 으로 재배한 옥수수를 먹이는 것인가? 브라운과 데니스가 보여 주듯이 소를 초원에 돌려보내, 풀을 뜯는 동물로 하여금 흙을 가꾸는 일을 돕 게 하고 우리의 작물 재배 능력을 뒷받침하게 해야 하지 않겠는가?

초원에서 풀을 뜯게 하면 땅에 해로운 영향을 준다는 것이 그동안의 일반적인 사고방식이다. 그와 달리 축산을 농업과 결합하면 재생농업의 강력한 도구가 된다. 물론 올바르게 하는 경우에 그렇다! 엄청난 수의 소를 단기간 방목하고 이동시키는 고밀도 순환방목은 자연스럽게 큰 무리를 이뤄 포식자를 물리치면서도 긍정적인 작용을 한다. 오늘날 우 리가 폐기물로 취급하는 똥거름은 전 세계 비료 필요량의 3분의 1에 해 당한다. 가축을 농지에 돌려보내면 미국 농촌에서는 더 많은 인구가 먹 고살 수 있다. 작은 농장에서 축산과 작물 생산을 재결합하면 농장이 되살아날 수 있다. 가족 농장이 부활하는 것이다.

이전에 나는 흙의 건강이나 식물성 식품과 동물성 식품 생산 증대 의 열쇠가 더 많은 가축을 농지에 돌려보내는 것이라고 생각한 적이 없 었다. 캘리포니아 코스트산맥의 침식을 낳은 문제가 방목이라고만 말할 수 없다. 회복기를 두지 않았고, 곡상에서 너무 오랜 기간 지나치게 많은 소가 있었던 게 문제이다. 나는 소가 문제라는 식의 태도에서 벗어나, 우 리는 왜 소를 그렇게 잘못 키우고 있는가를 물어야 함을 깨달았다.

비즈마크 공항에 앉아 집으로 가는 비행기를 기다리는 동안 잠깐 공 항 주변의 들판을 내다보았다. '쯧쯧, 소 한 마리 보이지 않는군.'

10장

보이지 않는 가축

새로운 아이디어를 지닌 사람은
그 아이디어가 성공할 때까지는 괴짜이다.
- 마크 트웨인

하류로 몇 킬로미터를 더 떠내려 간 뒤, 우리는 큰 통나무배를 오른쪽 강둑에 대고 우르르 내렸다. 장화를 신은 두 발은 진흙 속으로 푹 빠졌고, 나는 토양 시료 채취기를 감싸 안았다. 채취기는 1미터 길이의 속이 빈 파이프에, 한쪽 끝은 나사처럼 생긴 개심형(開心形) 날이 붙은 송곳 모양이고 다른 쪽 끝에는 채취기를 회전시킬 수 있도록 손잡이가 달려 있다. 밀림은 무성했으나 우리는 길을 내며 소풍을 가듯 숲으로 들어갔다. 위성추적장치(GPS)가 목적지에 도착했음을 알려 주자, 나는 채취기를 땅에 밀어 넣고 힘을 실어 구멍을 뚫었다.

자루까지 땅에 닿자, 일행이 힘을 보태 토양 시료 채취기를 끌어올렸다. 채취기에서 뻥 소리와 함께 투명한 플라스틱 시료 채취관을 꺼내 강에 퇴적된 모래와 미사토를 검사했다.

배로 돌아가는 우리의 발걸음에 전날의 기억이 그림자를 드리웠다. 샌들을 신은 가이드 가운데 한 사람이 욕을 내뱉더니 지정 경로

(transect) 마지막 지점 직전에 멈춰 선 것이다. 그의 발을 문 뱀이 총총히 덤불 속으로 사라지는 모습을 모두 똑똑히 보았다. "독사인가요?" 우리는 걱정스럽게 물었다. "좀 기다려 보면 알겠죠," 그가 말했다. 잠시 뒤, 끔찍한 일은 일어나지 않았고, 우리는 다음 채취 장소로 이동하기로 했다. 열두 명이 안도했고, 가는 길 내내 경계의 눈초리로 땅을 샅샅이 훑었다.

나는 한 달 동안 워싱턴대학 탐험대의 일원으로서 미시시피 강 정도 규모의 베니 강을 타고 하류로 가고 있었다. 안데스산맥의 끝자락에서부터 거대한 저지대 밀림을 지나 아마존 방향으로 500킬로미터를 강을 타고 가는 것이다. 구불구불 흐르는 강이 어떻게 범람원을 형성하는지, 그리고 큰 홍수가 얼마나 자주 신선한 퇴적물을 부려 놓는지 또 다른 교수와 두 명의 학생과 함께 연구하러 온 것이다. 이를 위해 우리는 코어 시료를 채취해 시애틀로 가져가서 연대를 확인해야 했다. 이 조사는 우리에게 임상(林床) 아래의 흙을 자세히 들여다 볼 완벽한 기회를 주었다.

전체적으로 우리는 흙에서 유기물을 거의 발견하지 못했다. 단지 나뭇잎 찌꺼기가 얇은 층으로 지표면을 덮고 있었을 뿐이다. 밀림에서는 죽은 것들이 오래가지 않는다. 개미며 다른 생물 군단이 땅에 떨어진 것은 무엇이든 순식간에 분해된다. 그 양분은 지상에 무성한 식물계 속으로 곧바로 순환된다.

강에서 몇 주를 보낸 뒤, 우리는 과일을 비축하기 위해 여정 동안 처음 만난 마을에 배를 댔다. 걸어서 마을로 가는 길에 유기물이 온 천지에 떨어져 있는 걸 눈여겨보았다. 특히 과일 먹고 남은 부분과 취사 연료에서 나온 숯과 재가 많았다. 그래서 이 마을의 흙이 주변 밀림에서 우리가 채취한 코어 시료의 흙보다 더 거무스름한 걸까?

　최초의 유럽 탐험가가 아마존에 들어왔을 때 원주민은 수가 많고 위협적이었다. 일부 지역에서는 수십만 명의 원주민이 강가에 늘어서서, 똑같이 호기심을 갖고 매우 예민해진 탐험가들을 멍하니 바라보았다. 수많은 원주민이 장기간 살아 왔다는 걸 확증하는 것이 아마존의 기름진 검은 흙 '테라프레타'(terra preta)[25]이다. 수천 년 동안 숯과 재, 뼈, 사람의 똥오줌 같은 유기물을 흙에 되돌려주는 관습 덕분에 대부분의 사람이 살았던 아마존 일부 지역에서 살진 흙이 만들어졌다.

　이 건강한 흙을 만드는 주요 성분은 바이오 숯이다. 불꽃 없이 서서히 타는 불에서 만들어진 숯이다. 이렇게 아마존 사람들은 영양분이 풍부한 흙을 마을 주변에 가꾸어 갔고, 그렇지 않았다면 그 환경에서 그런 흙이 생길 수 없었다. 토착 흙과 비교하면, 테라프레타는 유기물과 질소, 인 함량이 세 배나 된다. 오늘날 테라프레타에서 재배한 쌀과 콩 수확량은 인근 땅 수확량의 두 배나 된다. 일부 사업가 기질이 있는 브라질 사람들은 테라프레타를 퍼내 농부와 도시 원예가에게 판다. 그런 흙을 가꾸어 가는 관습은 남아메리카에만 있던 게 아니다. 최근 북부 독일에서 이루어진 고고학 발굴에서도 비슷한 방식으로 형성된 북유럽 검은 흙 퇴적지가 드러났다.

　그리고 현대판 테라프레타 생산 방법이 있다. 저산소 연소로 바이오 숯을 만들고 미생물 접종원(接種原)을 보태 주어 흙의 비옥함을 되살리는 것이다. 이 방법을 지지하는 이들은 바이오 숯이 흙 속의 미생물을 살리고, 온대와 열대지방에서 토질이 악화된 농지를 되살리는 데 도움이 된다고 본다.

바이오 숯

전부터 알고 지내 온 아트 도널리는 바이오 숯을 만들기 위해 청정 연소 저비용 취사도구를 설계한다. 그는 전 세계 농부들이 더 건강하고 탄소가 더 풍부한 흙을 만들어 가는 데 바이오 숯이 도움이 될 수 있다고 본다. 바이오 숯은 농부들이 스스로 만드는 비료와 개량재의 주요 성분이다. 도널리는 내 부탁을 수락하여 바이오 숯과 미생물을 이용하여 농토를 되살리고 있는 코스타리카 농부들을 소개해 주었다.

한낮의 먹구름이 머리 위에 모여들 때 부겐빌레아 꽃으로 뒤덮여 보랏빛으로 물든 언덕들이 고속도로 옆으로 휙휙 지나갔다. 산호세의 열대성 폭우에 대처하기 위해 건설된 도로 옆 깊은 수로의 경사면을 아름다운 덩굴이 타고 올랐다. 녹 같은 붉은 빛의 물결 모양 금속 지붕을 얹은 집들이 코스타리카의 옛 수도 카르타고로 향하는 길에 줄지어 서 있었다. 카르타고에서 우리는 왕복 4차로 팬아메리칸하이웨이를 벗어나 산으로 향하는 길로 접어들었다. 운무림(雲霧林) 속으로 들어가니 뭉게뭉게 피어오른 장막에 가려 산마루가 보이지 않았다. 우리는 가는 곳은 커피 산지였다.

거의 예순 살이 다 된 도널리는 흰 얼굴에 붉은 염소수염을 기르고 있었다. 30년 동안 그는 시애틀 지역의 레스토랑과 나이트클럽, 그리고 빌 게이츠와 하워드 슐츠 같은 상류층 고객에게 금속공예 작품을 주문받아 제작해 주었다. 2008년 금융위기 이후 사업이 위기를 맞자, 바이오 숯과 청정연소 취사도구를 주로 만드는 비영리사업을 돕기 시작했다. 차를 운전하면서 그는 바이오 숯에 관심을 갖게 된 계기, 중앙아메리카 커피 농부들이 세계 최대의 농약 사용자가 된 이야기를 들려주었다.

그가 취사도구와 바이오 숯에 관심을 갖게 된 건 파나마 연안의 산 블라스제도에 사는 원주민 쿠나족을 방문했을 때였다. 수백 년에 걸쳐 이 외딴 제도는 해적들의 은신처였다. 1903년 파나마가 독립했을 때, 쿠나족은 새 국가에 소속되고 싶지 않았다. 1925년의 봉기 이후, 그들은 준자치의 지위를 획득했다. 2007년에 도널리가 섬을 방문했을 때, 아이들 상당수가 호흡기 질환을 앓고 있는 것을 보고 충격을 받았다. 오두막 안에서 요리를 할 때 계속 연기를 피우는 불에 만성적으로 노출되었기 때문이다. 해안 가파른 언덕의 화전농업 탓에 침식된 흙이 떠내려가 산호초와 거기서 서식하는 어류를 폐사시키고 있는 모습도 목격했다. 어업과 농업이 망가지면서 쿠나족은 코코넛오일을 추출하는 데 사용되는 말린 코코넛 과육을 내주고 콜롬비아에서 통조림 식품을 받아 연명해야 했다. 도널리는 더 좋은 방법이 있어야 한다고 생각했다.

　처음으로 바이오 숯에 관한 글을 읽을 때 전구가 켜지듯 생각이 떠올랐다. 그는 청정 연소로 숯을 생산해 내는 취사도구가 파나마에서 토질이 악화된 흙을 되살리고 아이들의 폐에 그을음이 앉지 않도록 할 수 있을 거라고 생각했다. 스토브 설계를 고민하고 마침내 본품을 제작했다. 이 최초의 간단한 바이오 숯 스토브는 직접 바이오 숯을 만들고 싶어 하는 시애틀 원예가들 사이에 인기를 끌었다. 2009년 9월, 시애틀에서 열린 유기농 식품 페스티벌에 참가한 코스타리카의 커피 농부 아르투로 세구라에게 이 스토브 가운데 하나가 눈에 띄었다.

　그 무렵 코스타리카 유기농부들은 '보카시'라는 일본 퇴비를 사용하기 시작하고 있었다. 유기 폐기물에 숯 부스러기를 섞어서 만든 발효 퇴비이다. 그런데 불행히도 원시림을 베어 내 숯을 만들었다. 세구라는 도널리에게 코스타리카에 와서 커피 농부들이 농장에서 유기물로 바이오 숯을 직접 만들 수 있도록 방법을 알려 달라고 부탁했다. 세구라는 또 연기를 피우는 취사용 화력이 호흡기에 미치는 영향에 관해서도 도널리에게 알려 주었다. 그 문제는 커피콩을 수확하는 원주민들에게도 영향을 미치고 있었다. 2010년 1월, 도널리는 코스타리카로 갔고, 농장 스토브를 만드는, 5년간의 에스투파 핑카(Estufa Finca) 프로젝트를 시작했다.

도널리의 금속 가공 및 용접 경험이 도움이 되었다. 바이오 숯을 만드는 스토브의 기본 설계의 토대는, 연료실로 들어가는 공기의 흐름을 제어하여 스토브 안에 산소가 제한된 환경을 만드는 데 있다고 그는 말했다. 위쪽에서 불쏘시개에 불을 붙이면 땔감이 타면서 배출하는 가연성 기체(volatile)가 독립된 2차 공기 통기대(通氣帶)에서 연소한다. 가연성 기체가 다 타면 불이 꺼지고 탄화된 땔감 잔여물이 남는다. 스토브는 갖가지 마른 유기물을 사용하여 거의 연기가 나지 않는 취사용 화력과 청청한 숯을 만들어 낸다.

도널리는 스토브에 불을 붙여 한 번에 몇 시간씩 연기 없이 요리하는 모습을 사람들에게 보여 놀라게 하기 시작했다. 독자적인 배출가스 실험실이 스토브를 테스트한 뒤 일산화탄소를 거의 배출하지 않는다고 인정했다. 그의 청정 연소 스토브는 양질의 숯도 만들어 냈다.

온갖 요소가 바이오 숯의 품질에 영향을 미치는데, 특히 연소 온도와 유기물 착화재의 품질이 그렇다. 저온일수록 더 많은 바이오 숯이 만들어진다. 고온일수록 수소이온농도지수(pH)가 높고 양분 유효도(nutrient availability, 양이온교환능, 식물이 흡수해서 이용할 수 있는 형태의 양분을 토양이 공급하는 정도 또는 식물의 흡수 정도—옮긴이)가 높은 바이오 숯이 만들어진다. 하지만 너무 고온에서 태우면 공극이 붕괴되기 시작한다. 바이오 숯을 만드는 최적의 온도는 500°C이다. 도널리의 스토브는 바로 이 온도를 견디며 거의 모든 유기물을 숯으로 만들 수 있다. 한번은 그가 통째로 숯이 된 까만 장미를 보여 주었는데, 마치 팀 버튼의 영화에서 나온 것 같았다. 하지만 발전도상국의 소규모 농민들이 바이오 숯으로 만들기에 가장 구하기 쉬운 땔감은 작물 잔여물이다. 바이오 숯 화덕을 쓰면 작물 폐기물을 취사 연료로 사용하고 숯을 흙에 되돌려줄 수 있다.

바이오 숯은 흙에서 수백 년에서 수천 년까지 잔존할 수 있다. 그래서 고고학자들은 숯의 방사성탄소연대를 측정하여 고대 유적의 연대를 파악할 수 있다. 그런데 숯이 그토록 비활성적이어서 수천 년을 잔존할 수 있는 것이라면 어떻게 흙의 비옥함에 영향을 미치는 것일까? 숯의 높은 공극률 덕분에 흙의 보수력과 양이온교환능이 증대되고, 토양 pH를 높여 주는 능력 덕분에 이로운 미생물에게 유리한 수준으로 토양산도가 낮아지기 때문이다. 또한 유기물을 분해하고 재순환시키는 미생물에게 공극과 서식지를 제공한다.

수많은 연구는 바이오 숯이 미생물 활동과 작물 수확량을 북돋운다는 사실을 보여 준다. 그런 연구를 비춰 주는 작은 실험 경작지에서, 도널리는 척박한 흙에서 작물 수확이 30퍼센트 증가하고, 이미 건강한 흙에 바이오 숯을 보태 주었을 때는 수확이 증가하지 않는다는 사실을 확인했다. 탄소 함량이 낮은 아마존 흙에서 현장 실험한 결과, 숯을 보태 주면 작물 수확량이 곱절 이상으로 증가할 수 있다. 프랑스령 기아나에서 이루어진 연구에 따르면, 카사바 껍질과 숯을 섞어 주었을 때가 둘 가운데 하나만 사용했을 때보다 작물 수확량과 지렁이의 활동 모두 월등히 좋아졌다고 한다. 그러나 이미 기름진 흙에 바이오 숯을 보태 주면 실제로 수확이 감소할 수 있다고 보고하는 연구들도 있다.

산마루에서 큰 풍력발전 단지를 지나쳤다. 30여 미터 높이에 날개가 셋인 터빈이 로키산맥 분수계로 몰아쳐 오는 태평양의 바람 속에 돌아가고 있었다. 우리가 점점 구름 속으로 들어갈 때, 뿌예지는 초록빛과 덩굴이 칭칭 감고 있는 나무들은 산의 절단면에 노출된, 녹슨 듯한 붉은 흙과 뚜렷이 대비되었다. 우리는 엠팔메에서 2번 고속도로를 벗어나 서쪽으로 향했다. 좁고 구불거리고 매우 잘 관리된 도로는 코스타리카 커피 산지의 중심부인 로스산토스로 이어졌다.

비가 퍼부을 무렵 소도시 산타마리아데도타에 도착했다. 그림 같은 마을이 가파른 벽을 두른 듯 골짜기 아래에 자리 잡고 있었고, 커피 농장은 산비탈 아래쪽에, 그리고 저 위로 가파른 산등성이에 숲이 우거져 있었다. 산사태의 흔적이 골짜기 벽면 몇 군데에 남아 있었고, 흰색과 빨간색으로 칠해진 거대한 철제 마이크로파 송전탑 한 쌍이 마을에 높이 솟아 있었다. 현대적인 창고식 커피 협동조합이 전통적인 마을 광장에서 두 블록 떨어진 곳의 주요 도로에 자리 잡고 있었다. 정확히 오후 6시, 떨어지는 비와 함께 울리는 천둥소리가 열대의 일몰을 알렸다.

미생물 양조

이튿날 아침 해가 화사하게 빛날 때, 우리는 펠리시아 에체베리아를 만나기 위해 서쪽으로 몇 킬로미터 떨어진 산파블로의 작은 농장을 향해 출발했다. 가는 길 내내, 산의 절단면에는 잿빛 화산암 위로 주황빛이 도는 풍화암과 점토질의 밑흙이 노출되어 있었다. 또 겉흙은 거의 없고 지표에는 유기물층이 전혀 없었다. 어디에 눈을 돌려 봐도 맨흙뿐인 땅에는 벌건 흙만 보였다. 지난밤 내린 비 때문에 강물조차 주황빛이 감도는 흙빛으로 흐르고 있었다.

골짜기 건너편으로 키 작은 커피나무가 줄지어 선 모습이 언덕에 찍힌 점선처럼 보였다. 나무마다 사람 키 높이로 쳐내서 편하게 수확할 수 있게 했다. 커피 농부들은 비료를 그 어느 때보다 많이 주고 있는데도 수확량이 점점 줄어들고 있다고 불평하고 있다. 도널리는 그들도 농화학의 악순환에 갇혀 있음을 안다고 생각한다. "모두가 재난의 징조를 보고 있습니다. 모든 농부가 앞으로도 언제까지나 이렇게 계속할 수 없다는 것을 압니다."

산파블로에서 교회를 끼고 오른쪽으로 돌아 자동차가 겨우겨우 올라가는 좁은 포장도로에 들어선 뒤 나는 그 이유를 알 수 있었다. 모든 절단면이 똑같은 이야기를 들려주고 있었다. 한 군데에 멈춰 사진을 찍었다. 나는 산비탈에 농사를 지으며 겉흙을 침식시켰다는 고전적인 이야기를 도널리에게 해설해 주었다. 점토층인 불그스름한 밑흙 덩어리가 지표면까지 올라와 있었다. 겉흙이 전혀 없고 유기물층도 보이지 않았다. 따뜻한 빗물이 땅에 스며들어 유용한 양분은 다 침출되고, 남아 있는 불용성 철과 산화알루미늄만 풍부한 흙이었다. 여기 농부들에게 화학비료가 많이 필요한 건 놀라운 일이 아니다. 그들의 흙은 완전히 망가진 상태이다.

산등성이를 향해 3분의 1쯤 올랐을 때 포장도로가 끊겼다. 자동차는 흙길에서 덜컹거리며 숲 속 군데군데 있는 작은 농장들과 더 많은 커피 경작지를 지났다. 도널리는 에체베리아의 농장을 찾아가며 미끄러운 붉은 수프 같은 웅덩이에 빠지지 않으려 애썼다. 아직 조금 더 가야 한다고 생각하는 동안 우리는 산마루에 도착했다. 거기에 원시림의 일부가 보존되어 있었다. 병행 사선이 보이는, 60센티미터 높이의 절단면에 숲의 흙이 드러났다. 15~30센티미터에 이르는, 유기물이 풍부한 검은 겉흙이 벌건 밑흙 위에 있었다. 드디어 여기서 이 땅의 원래 흙과 같은 흙을 찾은 것이다. 처음 농지가 개간될 때 있었던 흙이다. 고슬고슬하고 잘 바스러지는, 유기물로 덮인 거무스름한 미사토. 이 손상되기 쉬운 층 바로 아래에 굳은 덩어리 같은 밑흙이 있었는데, 바로 이 밑흙이 지금은 골짜기에 있는 모든 농장의 지표면에 드러나 있다. 100년도 안 되는 커피 농사가 흙과 그곳 본연의 비옥함을 무너뜨려 온 것이다.

에체베리아의 농장을 이미 지나쳤음을 깨닫고 우리는 산을 다시 내려갔다. 내려가는 길에 깔끔하게 울타리를 두른 안쪽에서 손을 흔들며 신호를 보내는 여인을 발견했다. 그녀는 오래된 친구를 맞듯 도널리에게 인사를 건네고, 자그마한 단칸 목조 주택으로 우리를 데리고 들어갔다. 한쪽은 파란색과 노란색 타일을 붙인 부엌에 큰 금속 조리대가 있다. 그녀는 거기에서 샐러드드레싱을 만들어 팔아 생계를 이어 간다. 그녀의 농장은 이 벤처 사업의 재료가 되는 모든 허브와 그녀가 먹는 대부분의 먹을거리를 길러 낸다.

50대인 에체베리아는 마른 몸에 까만 곱슬머리를 땋아 머리에 한 바퀴 둘렀다. 청바지에 흰 셔츠를 입고 작업용 장화를 신은 그녀는 도널리보다 키가 조금 더 컸다. 발걸음이 가볍고 온화한 교양이 느껴졌는데, 자화상 속의 프리다 칼로를 떠올리게 하는 무언가가 있었다.

1999년부터 2006년까지 에체베리아는 코스타리카 농업부의 유기농업 교육을 이끌었다. 이혼한 뒤 4에이커짜리 농장을 구입했고, 집을 지을 만큼 돈을 모은 2010년에 이곳으로 이사 왔다. 그녀는 망가진 농장의 흙을 되살리고 싶었을 뿐 아니라, 50대의 독신 여성이 그 일을 할 수 있음을 농부들에게 보여 주어 그들 또한 그렇게 할 수 있다는 믿음을 주고 싶었다.

그녀가 우리에게 가장 먼저 보여 주고자 한 것은 건식 자연분해 변소였다. 용변을 보고 나서 딱 물 한 컵 정도만 사용하는 변기가 놓여 있다. 그녀는 중앙아메리카에서 사람 똥오줌 냄새를 풍기는 강과 호수가 너무 많다는 걸 알기에, 사람들이 볼일 보는 방식을 바꿔야 한다고 생각한다. 수조가 없는 그녀의 변기는 오물이 미끄러져 내려갈 수 있을 만큼의 물만 사용한다. 벽에 달린 짧은 호스에서 한 번만 물을 뿜으면 달라붙어 있는 어떤 오물도 물에 쓸려 내려간다. 지붕에서 흘러내리는 빗물을 모았다가 변기에 사용한다. 오물은 우드칩이 가득한 탱크로 배출되어 건더기가 모인다. 그녀는 한주에 한 번 이를 갈아 주고, 주기적으로 우드칩을 보충하다가 1년에 딱 한 번 전체를 비운다.

그리고 이 모든 것과 먹을거리에서 나오는 쓰레기를 섞어 두 달 동안 발효시켜 퇴비로 만든 뒤 바나나나무나 꽃에 준다. "나는 이걸 시비 방식이라고 생각하지 않습니다. 쓰레기를 재활용하는 방법이죠." 부엌과 변기를 거쳐 간 물은 지하의 여과 장치를 거친다. 돌과 흙으로 이루어진 여과 장치에서 걸러진 물은 비탈을 따라 흘러 내려가서 꽃밭을 적신다. "하지만 허브 밭으로 이어지진 않아요"라는 말을 빼놓지 않는다. 그녀는 최근에 완성된 퇴비 무더기를 보여 주었다. 냄새가 전혀 나지 않고 양분이 풍부한 흙처럼 보였다.

그녀의 허브 밭을 걸어갈 때, 크고 작은 벌새들이 주변에서 폴짝폴짝 날아다녔다. 언덕의 계단식 밭에는 딜, 레몬그라스, 로즈마리, 라벤더, 그리고 알 수 없는 허브들이 지천이었다.

에체베리아가 두 번째로 보여 주려고 한 것을 보러 우리는 다시 집으로 돌아왔다. 시멘트로 바닥을 바른 팔각형의 개방형 구조물이 옥외에 있었다. 그녀가 MM, 다시 말해 '산(山) 미생물'(microorganismos de montaña)을 이용해서 만드는 보카시 삼출액이 커다란 파란 통과 흰 통 안에 들어 있다. 발효종 같은 종균인 이 저기술 미생물 접종제는 균근균이 풍부한 생물비료(biofertilizer, 작물의 생장을 돕는 미생물을 사용한 제제—옮긴이)를 만든다. 먼저 에체베리아는 숲에서 유기물인 부엽토를 한 자루 가득 모으는데, 흰색 균사가 반드시 담기도록 한다. 그다음 큰 나뭇잎은 싹 골라내고, 나머지를 쌀겨와 당밀을 넣고 뒤섞는다. 그리고 돌려서 닫는 뚜껑이 달린 60리터들이 용기에 나눠 담고 비닐봉지로 덮은 뒤 한 달 반 동안 발효되도록 한다.

그녀가 조심스레 용기 뚜껑을 돌려 열어 보여 주었다. 안을 들여다보자니 달콤하게 톡 쏘는 듯한 냄새가 엷게 퍼져 코로 들어왔다. 이 결과물이 흙의 비옥함과 식물 성장과 건강을 북돋운다. 물론 잘 만들어졌을 때 그렇다.

고운 알갱이 같은 이 물질은 호기성 미생물액을 만드는 종균으로도 쓰인다. 미생물액을 만들기 위해 에체베리아는 이 물질 한 자루를 당밀을 섞은 물에 담근다. 2주 동안 담가 두면 물은 숲의 흙에서 길러진 유기물이 우러나고 균류가 풍부한 액체로 변한다. 그녀는 발효된 고체 알갱이를 모종과 묘상(苗床)에 주고, MM이 풍부한 용액은 옥수수, 콩, 감자, 유카, 토란, 마늘, 귀리 같은 작물에 분무하여 이로운 미생물이 작물에 접종되도록 한다.

"우리는 이걸 라틴아메리카 전역에서 사용해요. 값이 싸고 효과가 좋답니다" 하고 그녀는 말했다. 하지만 나쁜 MM을 신중하게 구별해 내야 한다고 곧바로 덧붙였다. 잘못된 균이 배양된 걸 사용하면 작물에 해를 입힐 수 있기 때문이다. 이를 강조하기 위해, 그녀는 균이 잘못 배양된 용기의 뚜껑을 열었다. 곧바로 가축 분뇨 같은 악취가 안에서부터 훅 끼쳐 왔다. 시험이라면 그게 상했을 때를 가려내는 건 일도 아닐 것 같다. 하지만 한 삽 분량의 숲 흙으로 시작되는 생화학적 과정을 표준화하기란 쉬운 일이 아니다. 언제나 같은 결과를 얻을 수 있는 게 아니다 보니, 그 효과에 대한 회의론이 과학자들 사이에 존재한다. 하지만 농부들은 경험을 통해서 그것이 효과가 있다는 걸, 어쨌거나 대부분 효과가 있다는 걸 안다.

그럼에도 불구하고 에체베리아는 내게 농업부 소책자를 보여 주었다. 이 방법을 이용하여 소 없이 두엄을 만드는 법을 자세히 정리해 놓은 책자이다. 모든 농부가 가축을 이용할 수 있는 건 아니지만 흙은 누구나 이용할 수 있다. 그녀의 경험에 따르면 MM을 만드는 방법은 쉽고 비용이 적게 들뿐 아니라, 흙의 생명력을 길러 준다. 208리터들이 드럼통 정도의 큰 통에 숲의 흙, 다시 말해 부엽토와 쌀겨를 6 대 4 비율로 채우고 약 3.8리터의 당밀을 넣어 모두 섞는다. 그리고 밀봉하여 공기를 차단한 채 발효시킨다. 제대로 발효되면 훌륭한 영양 공급원으로서, 닭과 소에게 이로운 미생물을 보태 주는 보조 사료 역할도 할 수 있다.

에체베리아는 10퍼센트 정도 바이오 숯을 함유하고 있는 발효 퇴비를 만든다. 보카시를 만들어 이로운 미생물을 배양하는 방법을 1990년대에 코스타리카에 도입한 이는 히가 테루오 박사의 제자였다. 히가 박사는 할머니한테서 배운 일본의 전통 방법을 개량한 사람이다. 보카시는 코스타리카 농부들에게 상당히 인기를 끌어 농업부는 그 제조 방법을 책으로 출간했다. 내용은 대강 이렇다. 닭똥, 사탕수수 잔여물, 액체 또는 고체 MM, 숯 또는 재, 당밀, 돌가루, 묵은 보카시를 섞는 것이다. 농업부는 특히 모종을 배양하는 데 사용하면 좋다고 설명한다.

나는 만능 살충제를 만드는 에체베리아의 레시피 또한 마음에 들었다. 이 홈메이드 살충제의 재료는, MM을 제외하고는 맛난 점심을 더욱 맛깔스럽게 할 만한 양념인 마늘, 핫칠리, 양파, 생강, 당밀, 식초, 알코올, 물이기 때문이다. 보름 동안 발효시킨 뒤 이 혼합액을 희석시켜 분무하면 곤충, 선충, 진균 같은 여러 해충을 방제할 수 있다. 재료만 보면 맛좋은 핫소스도 만들 수 있을 것 같다.

에체베리아는 스스로를 '생물 집약적'(biointensive) 농부라고 일컫는다. 자신과 흙이 먹는 데 필요한 모든 것을 스스로 재배하려고 하는 사람이기 때문이다. "생물 집약적이란 말은, 이상한 부분이 없는 생물역학 같은 것입니다. 훨씬 정상적이죠. 여기 농부들은 부두교 같은 걸 추종하지 않을 거예요." 그녀는 생명역동 농업의 영적이고 신비주의적인 측면과 그 농법에서 말하는 흙 속에 담긴 우주의 힘 같은 내용은 무시하고, 자신이 먹고 싶은 것을, 그리고 좋은 퇴비가 될 것을 심을 뿐이다.

우리는 그녀의 집 위쪽으로 나 있는 흙길을 수백 미터 걸어 그녀의 경작지로 향했다. 도중에 지나친 이웃의 관행적인 농장은 비료를 듬뿍 주는 곳이었는데, 커피나무가 자라난 흙은 껍질처럼 굳은 벌건 흙이었다. 함께 걸어가며 그녀는 자신의 생물 집약적 농업의 기초는 뿌리덮개, 혼합 피복작물, MM 용액을 이용하여 땅을 덮어 주는 것이라고 설명했다. 화학비료나 살충제는 사용하지 않는다. 새로운 묘상을 마련하기 위해 그녀는 60센티미터 깊이까지 땅을 파서 굳은 흙을 부순다. 파종한 뒤에는 흙을 교란시키지 않는다. 이는 벡, 보아, 브라운이 실천하는 보존농업 원리와 같은 결로 들린다. 미생물 접종원을 보태 주어 보이지 않는 가축인 미생물을 증식시키는 것 또한 마찬가지다.

에체베리아는 본디 흙이 몹시 굳어 있어 손도끼로 깨야 하고, 점토질이어서 그 흙으로 도기를 빚기도 한다고 말했다. 흙의 상태를 보여 주기 위해 그녀는 쇠스랑을 쥐고 경작지 끄트머리 빈 땅으로 갔다. 날을 땅에 대고 쇠스랑의 평평한 부분에 두 발로 폴짝 뛰어 올랐다. 쇠스랑은 꿈적도 하지 않았다. 뛰어 오르기를 여러 번 반복했으나 그래도 꿈적도 하지 않았다. 이전 소유주가 농장을 포기한 것도 놀라운 일이 아니었다.

그녀가 이 농지를 구입했을 때는 야생 블랙베리로 뒤덮인 땅에 나무 몇 그루가 베리 사이로 솟아 있었다. 지금은 과실나무 사이에 22개의 묘상이 자리 잡고 있다. 그녀는 질소를 고정하는 나무와, 잎사귀에 질소가 풍부해서 퇴비로 이상적인 갖가지 나무를 키운다.

처음에는 제대로 해내기가 어려웠다. 저축해 둔 돈이 첫해에 다 바닥나고, 신용카드 빚이 2천 달러까지 불어났다. 내다 팔 작물 수확은 고사하고 혼자 먹을 음식도 다 기르지 못하는 형편이었다. 토질 시험 결과를 받고서야 그 비생산적인 흙에 특히 칼슘과 붕소가 모자라다는 걸 알았다. 생물 집약적 농업에 관심 있는 토양과학자 친구가 돌가루와 미량영양소 용액, 돼지 똥거름, 같은 퇴비를 사용해 보라고 권했다.

몇 달 안에 흙은 많이 좋아졌다. 묘상에서 자란 옥수수는 키가 2미터를 넘었다. 그전에 처음 길렀던 옥수수와는 영 딴판이었다. 병들어 성장이 안 되어서 보라색 알이 붙어 있었다. 결국은 돌가루, 유기물, 그리고 그녀의 생각으로는 미생물까지 알맞게 혼합하여 무기물 영양소와 유기물 영양소를 충분히 공급하는 문제였다. 무엇보다도 무언가를 기르기 시작하자 토질이 하루가 다르게 좋아졌다. 성장이 더딘 첫 번째 당근을 뽑아냈을 때, 뽑아낸 자리 둘레를 후광처럼 거무스름한 흙이 에워싸고 있었다. 건강한 흙이 벌건 흙 속으로 야금야금 번지고 있었다.

우리는 허리를 굽혀 지금은 고슬고슬하고 빛깔이 짙어진 묘상의 흙 속에 손을 쑥 집어넣었다. 그녀는 여전히 흙의 변화를 눈으로 확인하며 건강한 작물인 오레가노, 로즈마리, 겨자씨 등으로 샐러드드레싱 사업을 할 수 있다는 사실이 놀랍기만 하다.

망가진 흙을 생산성 높은 흙으로 그토록 빨리 되살릴 수 있어 기뻤던 그녀는 퇴비와 MM을 농장 전체에 사용하기 시작했다. 옥수수, 토마토, 콩 말고도 구아바, 블랙베리, 복숭아, 아보카도, 레몬, 오렌지를 재배하고 있다. 내가 "슈퍼마켓을 차릴 만큼 심었네요" 하자, 그녀는 "맞아요. 그게 내 목표랍니다" 하고 대답했다.

그녀는 자신의 방법으로 2~3년 안에 땅심을 되살려 좋은 작물을 생산할 수 있다고 생각한다. 흙을 건강하게 가꾸며 생계를 이어 가는 방법을, 또한 땅이 얼마나 빨리 생산성을 회복하고 풍요의 땅이 되는지를 지역의 다른 농부들에게도 알려 주고 싶다. 그날 오후 늦게 비가 다시 내리기 시작할 때쯤 우리 셋은 자동차에 올라타 산을 내려왔다. 마찬가지로 흙을 되살리려 노력하고 있는 커피 농부 한 사람을 만나러 가기로 했다.

가는 길에 에체베리아는 지난 15년 동안 커피 수확량이 꾸준히 줄었다고 말했다. 과거에는, 화학농업이 토질을 악화시켜서 수확량이 감소한다고 얘기하는 건 말도 안 되는 주장이었다. 하지만 지금은 농부들 사이에서 보편적인 지식이라고 한다.

조금 일찍 도착했기에, 에체베리아는 우리를 농업부의 지역 담당자인 가브리엘 우마냐에게 데리고 갔다. 우리는 비를 피해 그의 단층짜리 파란색 사무실로 들어갔다. 와이셔츠 차림에 까맣고 굵은 테의 안경을 쓰고 회색 바지를 입은 그는 엔지니어처럼 보였다. 커피 농부 둘과 이야기를 나누던 중이었는데, 농부들은 토질 실험 방법에 관해 조언을 구하러 온 것이었다. 내 짧은 에스파냐어 수준으로도 과거보다 화학비료를 절반도 안 쓰고 있다는 한 농부의 말을 충분히 알아들었다. 다른 농부는 거의 4분의 3을 줄였다고 했다. 두 사람 다 토질을 더욱 개선하고 화학물질의 투입과 비용을 더 줄이는 방법을 알고자 했다.

에체베리아가 돌아가며 차례로 소개를 해준 뒤, 우마냐는 두 농부가 특별한 경우가 아니라고 우리에게 말했다. 여러 작은 농장에서 큰 변화를 일구기 시작했다. 햇빛을 가리는 나무를 더 많이 심고, 퇴비를 만들고, 살충제와 제초제를 거의 쓰지 않으려 하고 있다. 땅에 더 많은 유기물을 주는 이들이 있고, 마을의 커피 협동조합에서도 커피나무 펄프로 퇴비를 만들고 있다. 그런 변화에 대한 관심이 일어난 건 10년 전, 보건부가 커피 과육을 강에 무단 폐기하는 걸 단속하면서부터였다. 오늘날 협동조합은 퇴비화한 펄프를 조합원들에게 싼 값에 되팔아 밭에 주도록 한다.

농부들은 토양 유기물을 늘리고 토양 생물을 풍부하게 가꾸어 가는 과제를 기꺼이 수행하려 하고 있다. 유기물이 거의 없고 미생물이 거의 활동하지 않는 흙에서 자라난 질 낮은 커피와 작물이 질병에 더 취약하다는 점을 충분히 알고 있다. 건강하고 기름진 흙에서 우수한 커피가 나오고 화학물질에 드는 비용이 거의 없으며 질병 위험이 낮다는 걸 안다.

우마냐는 뿌리를 작물의 심장으로 여기라고 농부들에게 말한다. 그리고 뿌리는 이로운 미생물이 있어야 무기질을 전해 주고 유기물을 순환시킬 수 있다는 걸 알려 준다. 지나치게 많은 제초제와 비료를 주면 이로운 미생물이 모두 죽고 새로운 문제가 생겨날 것이라고 경고한다.

대부분의 농부는 미생물에 관해 아는 것이 거의 없지만, 무기질, 비료, 미생물 간의 관계를 이해하기 시작할 때에야 농부들이 비로소 흙의 건강을 관리하고 개선할 수 있다고 그는 생각한다. 그래서 그는 농부들을 교육하려고 노력한다.

우마냐는 무기질 분말, 유기물 퇴비, 미생물을 함께 사용하라고 권한다. 그것이 합성 화학비료보다 돈이 훨씬 적게 든다. 농약을 다량 구매할 여유가 있는 큰 농장은 커피 품질에 그다지 관심을 두지 않는다. 그들은 재배한 것을 언제든 판매할 수 있는데, 커피조합은 물량을 확보하기 위해 큰 농장에서 대량 구매할 필요가 있기 때문이다.

큰 농장을 변화시키는 게 왜 그리 어려운 걸까? 첫째, 대규모로 MM이나 보카시를 사용하는 농부들은 은행 대출을 얻을 수 없기 때문이라고 그는 말했다. 또 다른 장벽은 기업의 지원이 뒤따르지 않는 방식을 권장하는 일에는 제도권이 관심을 기울이지 않는 데 있다. 의심 많은 농부를 설득하여 어떤 기업도 보증하지 않는 제품을 쓰게 하는 일 또한 쉽지 않다. 현대의 농부들은 무언가를 스스로 만드는 걸 구식이고 비과학적이라고 여기는 경향이 있다. 우마냐는 자신이 농업부에서 특별한 경우라고 시인했다. 농업부는 주로 농부들에게 관행적인 화학적 농법을 권한다.

농부들이 자신의 농법이 거둔 결실을 확인하기까지는 어느 정도 시간이 걸린다. 그의 경험으로 보건대, 커피 농부들은 생물 집약적인 방식으로 전환하고 몇 년 뒤에야 수확량이 이전과 비슷해지는 것 알기 시작한다. 그러나 투입 비용이 상당히 낮아진 건 곧바로 알 수 있다. 많은 농부가 몇 해 안에 커피 품질이 좋아졌음을 확인하고, MM 덕분에 커피 열매가 동시에 익는다고 말한다. 이 덕분에 수송이라는 큰 문제가 해결된다. 커피콩은 익었을 때 팔아야 하기 때문이다. 가장 어려운 부분은 농부들이 처음 두 해 동안 생물 집약적인 농법을 포기하지 않고 이어 가도록 하는 것이라고 우마냐는 말했다. 두 해를 견디지 못하면 원래대로 돌아가고 만다.

다음 일정은 에체베리아의 친구 하비에르 메사를 만나는 일이었다. 그의 커피 농장은 골짜기 비탈면의 꽤 위쪽에 위치하여 산파블로가 한눈에 펼쳐졌다. 짧은 까만 머리에 야구 모자를 눌러 쓴 메사는 따뜻하게 우리를 맞이했다. 그는 그 농장에서 30년이 넘게 일해 왔다고 말했다. 몇 해 전 그는 농장의 흙이 "전혀 좋지 않다"는 걸 깨달았다. 수십 년 동안 관행적으로 커피를 재배한 뒤, 토질 시험 결과는 흙의 양분이 다 사라졌음을 알려 주었다. 경제적인 동기와 변화에 대한 갈망으로, 그는 우마냐의 도움을 받아 땅심을 돋우며 농장을 되살리고 있다.

우리는 서서 아래쪽 골짜기를 내려다보았다. 그러고 나서 나는 그의 흙을 바라보았다. 숯으로 변해 퇴비가 된 커피 펄프를 깔아 준 땅이다. 그는 이 까만 피복재 사이로 새로운 커피를 파종한다. 펄프를 흙에 되돌려줄 뿐 아니라 요새는 커피 떨기나무 사이에서 자라난 잡초와 풀을 벤 것도 그대로 썩게 내버려 둔다. 바나나나무를 심어 커피나무의 그늘도 만들어 준다.

미생물은 메사의 농법에 기초이다. 작물 둘레 흙에 '트리코데르마' (Trichoderma)를 접종하는데, 이는 흔한 균의 한 속(屬)으로 식물과 공생 관계를 형성하고 병원균을 억제한다고 알려져 있다. 또한 '고초균' (Baccilus subtilis)도 접종하는데, 흙에는 물론이고 흥미롭게도 사람의 소화기관에도 흔히 보이는 세균이다. 고초균은 흙에서 식물 성장을 촉진하고 황과 인을 용해시키며, 뿌리 병원균을 막아 낸다. 또한 나뭇잎과 흙에 MM 용액과, 붕소와 아연 같은 미량영양소 보조제를 주어 작물이 이용하도록 한다. MM 용액을 만들고 발효 생물비료를 주기 시작한 뒤 몇 달도 안 되어 작물 성장이 크게 좋아졌다. 그는 우리에게 생물비료 창고를 자랑스럽게 보여 주었다. 창고에는 200리터들이 고형 MM 통과 30리터들이 MM 용액 용기가 가득했다.

이 다양한 토양 개량재를 몇 년째 사용하며 무기질 비료와 함께 투여하니, 흙은 날이 갈수록 색이 더 짙어지고 질감도 고슬고슬해지고 있다. 생물비료를 만들면 관행농부가 구매하는 비료보다 훨씬 돈이 적게 든다. 현재 메사는 이전에 사용하던 비료의 4분의 1 정도만 주고 제초제는 전혀 쓰지 않는다. 유기농사를 짓는 건 아니지만 화학물질 투입이 대폭 줄었고 수확량은 전혀 줄어들지 않았다. 그는 농장의 수익성이 좋아진 것에 만족한다.

'트리코데르마' 종이나 애벌레를 죽이는 세균인 '바실루스 투린지엔시스(Bt) 같은 토양 미생물은 수십 년 동안 접종원으로 사용되어 왔다.[28] 미생물 접종원은 광범위한 농업 환경에서 사용되어 왔지만, 그 이로운 효과를 꾸준히 유지해야 하는 과제는 여전히 남아 있다. 전 세계 곳곳에서 나온 연구에서 시아노박테리아를 생물비료로 접종하면 작물 수확이 때로는 10퍼센트 넘게 증가한다고 밝히고 있다. 시아노박테리아는 작물이 인을 사용할 수 있도록 돕고, 식물 병원균을 막아 내는 생물적 방제 작용제로 기능할 수 있다. 마찬가지로 식물 성장을 촉진하는 근권균(根圈菌)을 농경지에 접종하면 작물 수확이 크게 증가하고 병충해가 예방된다고 알려져 왔다. 지력이 바닥난 스리랑카의 차 농장에서 미생물을 접종했더니 1년이 채 안 되어 수확량이 늘어나고 비료 사용이 절반으로 줄었다고 한다.

메사는 제초제 사용을 그만둔 뒤로 커피나무가 더 건강해졌다고 생각한다. 이 사실은 현재 그에게 특히 중요한데, 많은 커피 농부들이 '호하'(roja)라는 심각한 문제를 겪기 시작했기 때문이다. 균류가 일으키는 잎마름병인 호하가 수확을 몽땅 망치기도 한다. 메사는 관행적인 농장에서 여태까지 잎마름병에 주어 온 화학물질과 살진균제가 이웃의 커피나무에 해를 끼쳤을 거라고 생각한다. 중앙아메리카에서 점점 심각해지는 이 문제에 최상의 방어선을 형성해 주는 것은 바로 건강한 흙이라고 그는 믿는다. 그의 농장은 잎마름병을 겪은 적이 없다. 다 흙이 되살아나고 있는 덕분일 것이다.

전환점이 된 때는 8년 전, 지역의 커피 협동조합을 그만두고 손수 커피를 분쇄하면서부터였다. 작은 분쇄소를 운영하다 보니 그 부산물로 나오는 커피 껍질을 퇴비로 만들게 되었다. 그는 커피 껍질을 MM으로 처리한 뒤 자신의 경작지에 되돌려준다.[29] 그의 커피 작업실은 집 맞은편에 있다. 코스타리카를 상징하는 파란색과 황금색으로 칠해진 기계가 설치된 작은 건물이다.

건물 안에서 자동 건조기가 기화 장치식 화덕에서 커피콩 껍질을 태워 커피콩을 50~55°C로 가열한다. 분쇄소를 만들기 전에 그는 많은 나무를 때서 커피 건조기를 작동시켰다. 지금은 커피콩 껍질을 연료로 사용한다. 그리고 이 공정에서 생산되는 숯을 퇴비에 섞어 흙에 되돌려준다. 다음 계획은 지렁이를 이용하여 커피콩 껍질을 퇴비로 만들어 땅에 돌려주는 일이다. 또 그다음에는 지렁이를 이용하여 차 찌꺼기를 퇴비로 만들 것이다.

메사와 에체베리아는 흙의 건강을 되살리기 위해 노력하고 있다. 유기물을 흙에 돌려주고, 작물 사이사이에 피복작물을 기르고, 미생물을 이용하고 증식시킨다. 비료 사용량을 엄청나게 줄이고 제초제와 살충제를 전혀 사용하지 않게 되어 돈을 절약한다.

그날 밤 함께 에체베리아의 농장에서 즐거운 저녁식사를 나누며 이야기를 나눌 때, 나는 이 코스타리카 농부들이 내가 노스다코타와 사우스다코타에서 만난 북아메리카 농부들과, 그들이 짐작하는 것보다 상당히 많은 공통점이 있다는 걸 깨달았다.

채소와 과일이 지천으로 널린 곳

이튿날, 도널리와 나는 새벽에 일어나 카리브 해안 쪽으로 출발했다. 거기서 카카오 농부를 만나기로 했는데, 도널리 말로는 농장에서 특별한 초콜릿을 만드는 사람이라고 한다. 숲이 우거진 산을 넘은 뒤 강과 냇물의 빛깔을 감상하며 길을 가기 시작했다. 큰 강인 마드레데디오스 강과 온다 강의 맑은 물결은 산악의 보호림에 있는 발원지에서부터 어떤 침전물도 싣고 흐르지 않았다. 머리 위에 몰려드는 적란운이 날씨를 예고해 주었다. 숲에서 흘러나오는 작은 지류에서도 맑은 물이 흘렀지만, 파콰레 강과 합류하여 저지대 농촌을 지나면서 주황빛이 감도는 탁한 물결로 변했다. 칼립소 음악의 본고장인 푸에르토리몬의 남쪽으로 해안을 따라 자리 잡은 기업형 바나나 대농장들이 보일 때, 강물은 지저분한 초록색이 도는 흙빛으로 바뀌었다. 그 광경을 보면서 도널리는 지역 어업의 실태와 그 붕괴 과정을 얘기해 주었다. 바나나 플랜테이션에서 화학물질이 침출수로 흘러들어 산호초를 모조리 폐사시켜 버렸다는 것이다. 농장에서 유출된 다량의 토사 또한 문제가 아니었을지 나는 의심스러웠다.

하루 꼬박 차를 몰아 우리는 푸에르토비에호에 있는 숙소에 도착했다. 오래된 레스토랑을 새로 단장한 이 게스트하우스는 큰길에 위치해 있다. 마을은 파식대(波蝕臺, 암석 해안이 침식 작용을 받으면서 해식애 아래에 형성되는 평평한 침식 면—옮긴이)에 자리 잡고 있는데, 오늘날의 해안부터 내륙으로 첫 번째 산등성이, 그러니까 옛날 해식애(海蝕崖, 파도의 침식과 풍화 작용에 의해 해안에 생긴 낭떠러지—옮긴이)였던 곳까지가 지난날 해저였으나 지각변동으로 융기한 것이다. 푸에르토비에호는 조용한 마을이다. 말을 탄 멋진 레게 머리 사내들이 페전트스커트(peasant skirt, 유럽의 농민복풍으로 여성들이 입는 폭이 넓은 치마—옮긴이)를 입은 유럽의 배낭 여행객들에게 추파를 던지고 있다. 길을 오가는 사람들은 관광객, 외국인 거주민, 카리브 해 흑인, 원주민, 에스파냐 혈통의 주민이 섞여 있다.

공기는 숨 막히게 뜨겁고 얼마나 습한지, 물처럼 마셔도 될 듯했다. 우선 짐을 푼 뒤, 나는 바닷가로 가서 카리브 해의 일몰과 모래밭에 부서지는 파도를 감상했다. 해안을 따라 시선을 옮기니, 나무와 파도의 또렷한 선이 뻗어 가다가 멀리 푸릇푸릇한 산으로 이어졌다. 풍경은 시간을 뛰어넘어 과거에서 부쳐 온 살아 있는 엽서 같았다.

이튿날 아침, 우리는 피터 크링을 만나기 위해 숙소를 나섰다. 그는 1980년대에 이주해 온 미국인으로, 자연의 생태계를 모방한 농사인 영속농업(permaculture)과 그렇게 농사 시스템을 설계하는 일에 관심이 많다. 우리는 해식애 아래쪽에 자리 잡은 그의 농장에 도착하여, 걸어서 작은 다리를 건너 채소와 과일이 지천으로 열린 곳으로 들어갔다.

크링은 반바지에 헐렁한 셔츠를 입고 고무장화를 신은 모습으로 작은 묘목장 앞에서 우리를 맞았다. 농장 입구이기도 하고, 외국인 거주 민들에게 정원이나 실내용 화초를 공급하는 곳이기도 하다. 지난날 남 태평양을 항해한 끝에 크링은 코스타리카에 정착했다. 살면서 여러 가 지를 기르기에 알맞은 곳을 찾아 온 것이다. 세월은 순식간에 흘러갔나 보다. 반백의 머리칼과 짧고 희끗희끗한 턱수염과, 모기떼에도 아랑곳 않는 모습을 보면. 그는 곧바로 바이오 숯을 만드는 것에 관해 도널리와 이야기를 나누었다.

크링은 200리터가 넘게 들어가는 큰 통에서 한 번 다 태울 때마다 약 9킬로그램의 숯을 생산한다. 숯은 잘게 부수어 '젖산간균'과 '방선균' 이 풍부한, 시중에서 판매되는 미생물액에 적신다. 물, 당밀, 부식산(腐植酸)을 혼합한 양동이에 숯을 담근 뒤에, 이렇게 미생물을 머금은 숯 을 경작지에 뿌린다. 규제를 받지 않는 MM을 사용하지 않고 이렇게 하 는 이유는, 규제 받는 제품을 구매하는 값이 싸기 때문이다. "구태여 복 잡하게 할 일이 있습니까? 나는 일관된 결과를 얻고 시간을 절약한답 니다."

크링은 1986년에 코스타리카에 왔고, 그 이듬해에 버려진 카카오 농 장을 구입했다. 그 뒤 농장을 생산성이 높은 곳으로 탈바꿈시키는, 엄청 난 반전을 이루어 냈다. 오늘날 그는 무려 150여 종의 과일과 양념류를 농장에서 재배한다. 스물네 가지 작물을 판매하지만, 주요 환금작물은 여전히 카카오와 손수 만드는 초콜릿이다. 전체적으로 농장은 한 주에 평균 약 800달러어치의 과일과 초콜릿, 작물을 판매한다. 그는 비료, 수 입 퇴비, 제초제를 전혀 사용하지 않고, 부패하는 낙엽이 주를 이루는 바이오매스와 바이오 숯을 사용한다. 비료를 주지 않고 땅을 피복하고 작물을 다양하게 돌려짓기 하여 미생물과 흙의 건강을 증진하려고 애

쓴다. 듣기에 그가 하는 말은 보존농업의 본질이었다.

크링은 12년 동안 작물과 흙에 미생물을 접종해 왔고, 바이오 숯을 만든 건 3년이 되었다. 그는 토양 관리의 성스러운 삼위일체를 첫째 생체 촉매인 미생물, 둘째 먹을거리인 바이오매스, 그리고 셋째 서식지인 바이오 숯으로 꼽는다. 파종할 때 흙에 바이오 숯을 보태 주고 나중에 와서 더 보태 준다. 하지만 하룻밤 사이에 최고의 테라프레타를 만들면 좋지 않을까. 그러려면 1제곱미터당 3.8킬로미터 정도의 숯을 보태야 하는데, 그의 농장 45에이커 전체에 대입하면 수백 톤이라는 결과가 나온다. 그래서 크링은 유기물은 농지에서 산출되는 바이오매스를 이용하고, 바이오 숯은 흙을 건강하게 가꾸어 주는 미생물의 운반선으로 이용한다. 그는 등에 지는 분무기로 미생물 용액을 직접 분무한다.

카카오나무는 많은 바이오매스를 내놓으므로 그 아래 땅은 맨땅일 수가 없다. 카카오 밭을 걸어가 보니 발아래는 썩어 가는 낙엽이 두터운 층을 이루고 있었다. 크링은 걸음을 멈추고 허리를 굽혀 낙엽을 손으로 걸어 냈다. 썩어 가는 낙엽은 구멍이 송송 뚫려 있고 곰팡이의 흰 균사로 싸여 있었다. 작은 생물들이 부산하게 숨을 데를 찾아 움직였다. 일반적인 카카오 농부들은 낙엽을 싹 치운다고 한다. 하지만 크링은 그렇게 하지 않는다. "나는 맨땅이 싫습니다." 가나 쿠마시에서 농사짓는 코피 보아가 한 말과 같다.

크링을 따라 농장을 둘러보는 일은 열대림을 관찰하는 시간 같았다. 그는 거의 모든 관목과 나무 앞에 멈추어 그것이 내주는 먹을거리를 설명했다. 물론 거기서는 사실상 모든 나무가 먹을거리를 만든다. 하지만 나뭇가지들이 지붕처럼 맞닿아 있는 먹을거리의 숲에서도 나무 사이로 걸어갈 공간이 있었다. 쓰러져 있는 통나무나 나뭇가지들은 저마다 부패의 여러 단계에 속해 있는데, 크링은 그것들을 밟고 지나면서 나뭇잎이 지표면에서 완전히 썩는 데 반 년이 채 걸리지 않는다고 말했다.

농장 일부는 고대 해식애 아래의 해안단구에 속해 있다. 농장을 여러 구역으로 나누고, 끄트머리가 갈라진 서핑보드를 묘비처럼 땅에 꽂아서 경계를 표시해 놓았다. 각 구역은 미식축구장 넓이와 비슷했고, 12~24종류의 나무를 키우는데 모든 나무가 과실수이다. 자두, 아보카도, 콜라너트, 후추, 육두구, 잭푸르트, 가시야자 열매, 용과, 두리안에 이르기까지 다양하다. 죽어 쓰러져 있는 나무조차도 먹을거리를 만들어 낸다. 크링은 거기서 세 종류의 버섯을 수확한다. 모든 열매는 한두 달만 제철이기 때문에 다양한 작물 목록은 사시사철 수입을 보장하는 데 필수적이다.

그러나 화학물질 투입 비용이 부족하므로, 크링은 관행농부들이 수익을 내기 위해 기르는 만큼 많은 카카오를 재배할 필요가 없다. 그는 이웃들이 애써 수확하는 양의 5분의 1에도 못 미치는 정도로 돈을 번다. 그래서 이웃의 반만 수확하더라도 재정적으로 매우 탄탄하다. 일을 덜하고 결과가 더 좋으니 만족스럽다. 그 덕분에 여러 품종을 찾아 심고 실험하며 될 수 있으면 최상의 품질로 재배하는 데 집중할 수 있다.

여기서 이득을 보는 이는 크링만이 아니다. 야생동물 또한 이익을 누리는 듯하다. 그의 과수원을 걸어가던 중 한 곳에서 작고 빨간 개구리들이 땅을 덮고 있는 축축한 낙엽 위를 뛰어다녔다. 다음 구역을 걷다가 우리는 발걸음을 멈추어 그 구역 끄트머리에 흐르는 개울을 내려다보았다. 강에 사는 수달이 통나무 아래로 쏙 사라지는 게 아닌가. 방금 전 거길 지나간 큰 초록색 도마뱀을 좇는 것일까.

카카오와 바닐라를 재배하는 중심 구역은 언덕 위, 그러니까 고대 해식애 위쪽에 있었다. 우리는 원시적인 나무 계단을 오르기 시작했는데 경사가 가팔라서 카카오를 수확하여 나르기는 어려운 길이었다. 길은 구불구불 이어지며, 지름 90센티미터나 되는 나무들이 서 있는 곳을 지났다. 크링은 100년 가까이 된 나무들이라고 했다. 그곳에서 나무들은 빨리 성장하며, 그는 숲에서 나오는 부스러기들을 모아 흙에 준다. 숲에서 가장 높이 자라나는 나무는 목재로 쓴다. 농장의 모든 건축물은 이런 나무로 지은 것이다.

크링의 농장은 작물 종류만 다양한 게 아니다. 카카오 하나만 해도 여러 가지 품종을 기른다. 그가 접붙인 여덟 가지와 따로 구해 온 네 가지를 기른다. 카카오 숲의 땅은 부패 단계가 저마다 다른 카카오 낙엽층이 5~7.5센티미터 두께로 덮고 있다. 땅이 스펀지 같아 걸음을 옮길 때마다 주황색 낙엽층이 쑥쑥 눌려 들어간다.

나는 걸음을 멈추고 부엽토를 손으로 헤집어 보았다. 균사가 풍부했다. 실처럼 뻗어 있고 덩어리 진 균사가 부패하는 유기물과 무기질 흙에 엉겨 있었다. 겉흙은 솜털 같은 균사 천지였지만, 15센티미터 아래로는 굳은 점토질의 붉은 밑흙이 드러났다. 전체 숲의 비옥함을 지탱하고 있는 게 고작 그 사라지기 쉬운 얇은 층뿐이라고 생각하니 정신이 번쩍 들었다.

흙 살펴보고 나서 일어서는데, 15센티미터쯤 되는 실잠자리가 보였다. 빛깔이 유난히 파랗다. X자 모양으로 펼쳐진 두 쌍의 날개를 보니, 곤충과 스타워즈 저항군 전투기를 교배한 듯한 느낌이 들었다. 크링을 뒤쫓아 언덕을 내려가는 길에 또 걸음을 멈추고 2.5센티미터쯤 되는 현란한 빛깔의 독화살개구리 한 쌍이 카카오나무 아래에서 놀고 있는 모습을 관찰했다. 고함원숭이 세 마리가 카카오 밭 끄트머리에서 잔소리를 늘어놓기에, 나는 큰 달랑게가 파놓은 둥그런 굴을 조심조심 피해 지나쳤다.

조금 더 가니 고대 해식애 꼭대기의 카카오나무들 사이로 저 멀리 카리브 해가 보였다. 거기에 크렁의 나무 위 오두막이 기둥 위에 깃들어 있었다. 숲의 우듬지 틈을 자연의 창 삼아 바다를 내다볼 수 있게 자리를 잡은 곳이었다. 그 오두막에 서서 돈 주고도 못 볼 경치를 실컷 누리며 집에서 손수 만든 훌륭한 망고 브랜디를 마셨다. 그곳은 200년 전의 풍경과 달라진 게 별로 없을 거라는 생각이 들었다. 생산성이 아주 높은 농장 가운데 이런 곳이 얼마나 될까? 그는 채소와 과일을 지천으로 길러 상업적으로 성공한 농장을 일구어 나간다.

에체베리아의 농장과 메사의 커피 농장, 크렁의 카카오 숲을 되살아나게 한 농법의 공통된 줄기는, 한마디로 흙의 교란을 최소화하고 토양 유기물과 미생물을 풍부하게 가꾸는 농법의 실천이다. 열대지방의 흙에 양분이 많아지려면 미생물이 중개하는 생물량 회전율이 매우 높아야 한다. 하지만 열대지방은 생물량 생산율은 높으나 부패율 또한 최고이다. 그래서 유기물 함량을 높이기가 어렵다. 다시 말해 자연을 모방하여 농사를 지으려면 이로운 미생물이 땅속에서 왕성하게 활동하도록 해야하고, 그러려면 알맞은 먹이인 유기물과 알맞은 거처인 토양구조와 바이오 숯을 마련해 주어야 한다.

바이오 숯이 풍부한 흙 속의 세균 군집은 동일한 무기질 구성을 갖추되 숯이 없는 흙의 세균 군집과 종류가 다르고 훨씬 다양하다. 바이오 숯은 우리가 질소비료에 지나치게 의존한 결과 산성화된 흙의 pH를 개선함으로써 이로운 미생물 군집을 형성시키고 미생물 생물량을 증가시킨다. 또한 뿌리 질량을 증가시키고 균근균의 성장을 촉진하여 식물이 망간을 비롯한 미량원소와 인을 더 잘 흡수할 수 있다. 바이오 숯은 공극이 많으므로 점토질 흙에 조금만 보태 주어도 토성, 함수율, 양분 보유 능력이 더 나아진다. 바이오 숯은 또한 병해충에 대한 식물의 저항력을 높여 준다고 알려져 있는데, 다만 그 정도가 확실히 밝혀지지 않았을 뿐이다. 바이오 숯이 작물 수확에 얼마나 영향을 미치는지 파악하는 건 복잡한 문제이다. 그 원료 물질과 바이오 숯을 만드는 방식에 따라 pH, 수확량, 토양 생물이 달라지기 때문이다. 느린 속도로 썩기 때문에 바이오 숯은 장기간의 탄소 저장고가 될 뿐 아니라, 열대지방에서 특히 이로운 특성인 흙의 비옥함에 긍정적인 영향을 준다.

그러나 미생물 서식지로서 바이오 숯의 역할 또한 매우 중요하다. 바이오 숯이 땅속에 묻히면 토양 생물은 그것을 서식지로 삼는다. 마치 해양 생물이 산호초를 서식지로 삼는 것과 같다. 그리고 흙의 생태계와 건강에 미치는 영향력이 크기 때문에, 미생물은 토질이 나빠진 흙을 되살리는 데 필요한 최고의 생태공학자라 일컬어진다. 미생물의 세계에서도 공짜 집은 강력한 유인 도구이다.

에너지와 환경

바이오 숯은 탄소 순환을 돕고 공기 중에서 이산화탄소를 제거하는 확실한 방법이다. 식물은 성장하면서 잎사귀로 이산화탄소를 흡수하고 햇빛을 이용하여 생체 조직으로 변화시킨다. 유기물을 바이오 숯으로 변화시키면 포집된 탄소의 일부를 땅속에 오랫동안 저장하는 데 도움이 된다. 흙 속에서 숯의 반감기는 무려 1천 년을 넘기 때문이다. 바이오 숯을 만들 때 예상되는 전 세계 탄소 상쇄량은 한 해에 약 5억 톤에서 60억 톤, 또는 현재 화석연료에서 배출되는 양의 10퍼센트 미만에서부터 3분의 2에 이른다. 이 측정 범위의 낮은 수치만 되어도 우리는 새로운 에너지 자원과, 더 기후 친화적인 농업과 도시와 라이프스타일로 전환하는 데 필요한 시간을 벌 수 있을 것이다.

바이오 숯과 유기물은 또한 흙의 비옥함을 매우 빨리, 수백 년이 아니라 수년 안에 되살릴 수 있다. 침식되고 생명력과 양분이 없는 흙과, 이산화탄소가 과다 포함된 공기가 일으키는 많은 문제를 해결하기 위해, 이보다 더 좋은 완제품, 더 값싼 테크놀로지는 없다. 숯을 땅에 되돌려주는 것은 정말로 간단하고 경제적으로도 실행 가능한 방법으로서 대기 중의 이산화탄소를 줄이는 데 도움이 된다. 간단하고 경제적인 방법이라는 기준은 대체로 무시되는 일이 많다. 탄소 격리를 한답시고 기술적으로 복잡하고 비용도 많이 드는 아이디어를 추종하는 경우가 그렇다. 이산화탄소를 포집하여 비어 있는 유정(油井)에 주입하는 방법이 그 예이다.

에너지 생산과 바이오 숯이 연결될 가능성 또한 상당히 크다. 그 이유를 설명하면 이렇다. 바이오 숯을 만드는 원료는 음식 쓰레기부터 도시 조경에서 나온 폐기물, 농장의 작물과 비작물 찌꺼기, 목재 부스러기까지 무척 다양하다. 메사의 커피 건조기는 이런 재료를 이용하여 에너지를 생산하고 숯을 만들어 흙에 되돌려주는 좋은 본보기이다. 또 다른 예를 들자면, 덴마크의 상업적 발전소는 짚을 태워 바이오 숯을 만든다. 완전 생산 단계에 이르게 되면, 1년에 바이오 숯 1만 톤을 생산하고 이를 농지에 되돌려주어 흙을 살지게 가꾸어 갈 것이다. 광합성을 통해 원래 짚에 포집되어 있던 탄소의 약 절반은 바이오 숯에 보유된다. 그래서 발전소가 더 많은 에너지를 생산할수록 더 많은 탄소를 하늘에서 거둬들이는 셈이다. 현재 이곳은 에너지 생산 시스템으로서는 유일하게 탄소발자국이 마이너스로 기록된다.

그러나 이에 치르게 될 대가를 고민해야 한다. 여태까지 살펴보았듯이, 피복작물로부터 유기물을 얻는 일은 뿌리덮개와 무경운 농법에서 꼭 필요하다. 하지만 바이오연료 또는 바이오 숯을 생산하기 위해 모든 작물 잔여물을 꾸준히 걷어 낸다면 다시 토양 악화로 이어질 것이다. 마찬가지로 원시림을 베어 내 바이오 숯을 만든다는 건 말이 안 된다. 하지만 시골과 도시의 유기 폐기물을 이용하여 에너지를 생산하고 탄소를 격리하고 흙을 건강하게 가꾸어 갈 수 있다면 한번 해볼 만한 일이다. 바이오 숯이 수확량을 최대로 증가시킬 수 있는 곳은, 몹시 풍화되고 양분이 고갈된 열대지방의 흙이다.

테라프레타, 이를테면 아마존 유역의 마을 주변에서 발견되는 흙은, 유기물과 바이오 숯을 결합시킬 수 있는 곳이라면 어디에서든 흙을 기름지게 가꾸는 방법을 알려 주는 본보기이다. 가정이나 마을, 도시에서 나오는 유기 폐기물을 매립지에 버리는 것보다는 바이오 숯을 만드는 게 훨씬 합리적이다. 테라프레타의 형성을 돕는 원리들을 현대 농사 방법에 접목시키는 것 또한 흙이 농업 생산의 희생양이 아니라 결실이 되는 길이다.

좋은 거처를 마련한 미생물이라도 먹어야 산다. 바이오 숯은 흙을 건강하게 가꾸는 데 도움을 줄 수는 있지만, 농장에서 피복작물을 풋거름으로 재배해야 할 필요성까지 없애지는 못한다. 그래서 나는 미국의 중심부로 돌아갔다. 피복작물은 미국 농업을 변화시킬 수 있을까. 탄소

순환 농법은 농업 생산과 기후변화에 큰 영향을 미칠 수 있을까. 오하이오 주는 이를 확인시켜 줄 최적의 장소 가운데 한 곳이다.

11장

탄소순환 농법

나 흙으로 돌아가 내가 좋아하는 풀로 자라날 것이니,
그대여 나를 다시 보고 싶다면 발밑을 살펴봐 주오.
- 월트 휘트먼

워싱턴 DC에서 처음 만나고 7년 뒤, 나는 오하이오주립대학 라탄 랄
의 연구실에 앉아 있었다. 그가 장기적으로 진행하고 있는 실험을 보러
온 것인데, 땅을 갈지 않는 농업이 얼마나 많은 탄소를 땅에 되돌려줄
수 있는지에 관한 것이다. 적어도 나는 그 답을 알고 싶었다.

우리는 곧바로 이야기에 몰입하여, 장기적인 식량안보 문제, 토양 악
화를 유산으로 물려받은 곳에서 지역 갈등과 인도주의적 재난이 벌어
지고 있는 현실 등을 걱정했다. 앞날을 내다볼 때, 지구의 전체 경작지
면적인 15억 헥타르가 가능한 한 기름진 땅이어야만 우리는 21세기 후
반에 수십억 명이 더 늘어날 인구를 안정적으로 먹여 살릴 수 있을 것
이다.

일흔 나이에 여전히 팔팔한 랄은 뿌리덮개의 힘에 관해 이야기를 할
때 생기가 넘쳤다. 그는 책상 위 컴퓨터 모니터에 2012년 가뭄 때 찍은
오하이오 옥수수 경작지 두 곳의 사진을 띄웠다. 한 곳은 뿌리덮개가 덮

여 있고 다른 한 곳은 그렇지 않았다. 비교를 위해 키 190센티미터쯤 되는 학생이 두 사진 속에서 옥수수 사이에 서 있었다. 뿌리덮개가 없는 경작지의 옥수수는 학생의 허리띠까지 자랐다. 뿌리덮개를 한 경작지는 훨씬 푸른 옥수수가 그의 눈까지 올라왔다. 랄의 미소가 모든 걸 말해 주었다. 보라, 뿌리덮개의 힘을! 이런 사례를 통해 랄은 보존농업이 아프리카의 작물 수확량을 늘리고 전 세계에서 집약적인 농업을 지탱할 수 있다고 믿게 되었다.

대화가 랄의 초기 아프리카 경작지 실험 결과로 옮겨 갔을 때, 그가 왜 보존농업에 관해 깊고 폭넓은 지식을 갖춘 걸로 정평이 나 있는지 분명해졌다. 그는 현장에서 기초 연구만 수행한 것이 아니었다. 내 옆에 있는 큰 6단 책장에는 관련 주제에 관한 책이 빼곡히 꽂혀 있었다. 처음에는 몰랐는데, 그가 일어나 두꺼운 책 한 권을 꺼내 들고 직접 그린 그래프를 보여 줄 때에야, 그 모든 책의 공저자로 라탄 랄의 이름이 올라 있는 걸 알아보았다.

그는 1987년에 오하이오주립대학으로 돌아온 뒤 계속 바빴던 게 분명하다. 하지만 시중에서 판매되는 제품과 무관한 농법과 흙의 침식에 관한 기초 연구는 지원을 받기 어렵다는 걸 알게 된 뒤, 연구 주제를 바꾸었다. 그 뒤로 그의 실험 경작지는 10년 계획으로, 토양탄소를 축적하고 그로써 대기 중의 이산화탄소 양을 줄이는 농사 방법의 가능성을 연구해 왔다. 그 과정에서 그는 침식 문제를 완화시키고 가뭄 회복탄력성을 높이는 방법을 발견했다. 바로 흙을 교란시키지 않고, 작물에 뿌리 덮개를 해주고, 다양한 작물을 재배하는 것이다. 그리고 이 방법들이 결합되면 기후변화에 대처하는 강력한 방편이 된다는 걸 알아냈다.

농업이든 기후변화든 그 해법을 연구하는 동안, 그는 영향력 있는 과학자와 존경 받는 동료, 연구자들이 이미 효과가 입증된 농법들을 확산시키는 데 힘을 보태지 않고, 아직 더 개선되어야 할 테크놀로지를 도박하듯 지지하는 행태를 보고 실망했다.

정책 입안자와 과학자가 모두 특효책과 최첨단 해법에 관심을 갖는 것이 문제에 한몫했다. 이산화탄소를 땅속에 주입하여 기후변화에 대처한다든가 새로운 유전자를 작물에 접목하는 방식으로 농업의 대안을 마련하는 것이 그런 예이다. 요점을 알려 주기 위해 랄은 한 가지 사례를 들었다. 자기가 주요 연구자에 포함되는 큰 프로젝트에서 미국 에너지부가 토양탄소 격리 연구에 대한 지원을 중단한 이야기였다. 프로그램은 약 1억 달러의 지원금을 갖고 토양의 탄소 격리와 암반의 심부시추(深部試錐)를 연구하기 시작했다. 하지만 에너지부에서 원한 것은 대규모 프로젝트였다. 10만 헥타르의 농지 면적에 헥타르당 0.5톤을 격리하는 방법보다는 한 번 시추하여 탄소 5만 톤을 격리하는 게 더 큰 감명을 주지 않겠느냐는 식이었다. 그래서 랄은 프로젝트에서 손을 뗐고, 모든 지원금은 결국 석탄 화력발전소에서 깊은 저장소에 이산화탄소를 주입하는 연구로 돌아갔다. 그동안 농장에 탄소를 저장하는 랄의 저기술 접근법은 시들해졌다.

랄은 흙에 탄소를 격리할 가능성에 관해 이야기하고 싶어 하는 만큼 내게 직접 보여 주고자 했다. 그래서 그가 몸을 일으켜 국제토양학연합회 로고가 새겨진 챙이 넓은 중절모를 쓸 때 나는 같이 일어섰다. 그는 최근에 연합회의 새 회장으로 선출되었으므로 딱 맞는 옷차림이라 할수 있다. 그를 따라 주차장으로 나갔고, 두 명의 연구원인 캔자스주립대학 출신의 박사후연구원 호세 구스만과, 네팔의 전직 삼림관리국장 바산트 리말도 함께 나섰다.

우리는 은빛 포드 세단을 타고 학구적인 분위기와는 사뭇 다른 캠퍼스 끝자락의 전원적인 농장 쪽으로 출발했다. 다양한 작물들 사이의 울퉁불퉁한 흙길에서 차가 거의 움직이지 못하자, 낡은 트럭을 타고 왔어야 했다고 농담했다. 우리는 곧 그의 무경운 연구 경작지에 도착했다. 내가 지난 몇 달 동안 익히 보아 온 옥수수 밭들과 다를 바 없어 보였다. 다만 그 밭의 일부 옥수수 작물은 다른 옥수수보다 훨씬 키가 컸다.

오하이오주립대학 무경운 경작지는 현재진행형인 실험으로서, 1990년부터 특별한 세 가지 방침 속에 운영되고 있다. 처음부터 각 이랑에 지속적으로 질소를 투여해 왔는데, 동일한 양을 주되 근원이 서로 다른 질소이다. 몇 이랑은 화학비료를, 다른 몇 이랑은 퇴비를, 또 다른 몇 이랑은 젖소 두엄을 준 것이다. 따라서 작물 성장과 건강의 차이가 투여한 질소의 양이 아니라 투여하는 '방법'에서 비롯되게 한 것이다.

이런 방식으로 25년간 재배된 작물들의 차이가 한눈에 들어왔다. 두엄을 준 옥수수는 관행적으로 비료를 준 옥수수보다 3분의 1이 더 크고 색이 짙었다. 퇴비를 준 경작지의 옥수수는 색깔과 크기 모두에서 두 경작지의 중간이었다.

땅속의 차이는 훨씬 더 컸다. 구즈먼과 리말은 토양 시료 채취기를 박아 넣어 화학비료를 준 흙과 두엄을 준 흙의 코어 시료를 채취했다. 관행농업 옥수수 밑의 흙은 빛깔이 밝고, 조밀하고 점토질 느낌이었다. 두엄을 준 흙은 고슬고슬한 느낌이 들고, 식물 찌꺼기가 덮여 있었으며 거무스름한 색깔에 유기물이 섞여 있었다. 이 시료들을 나란히 비교하자니, 퇴비나 두엄을 주는 것이 토양구조를 개선하고 토양탄소를 증대시키는지 통계 검정을 통해 확인해 봐야겠다는 의심조차 들지 않았다.

그러나 탄소는 결코 시비(施肥) 계획의 전부가 아니다. 일반적으로 농부와 연구자는 질소, 인, 칼륨, 그리고 더 나아가 칼슘, 황, 또는 아연을 중하게 여긴다. 식물이 토양탄소를 직접 섭취하는 게 아니기 때문이다. 탄소는 근권에 사는 미생물 연금술사 집단인 미생물 군집의 먹이인데, 이 군집은 초목이 최초로 땅을 서식지로 삼은 이후 이처럼 식물과 협력 관계를 맺어 왔다. 그리고 부패하는 유기물에서 탄소를, 식물 뿌리에서 당분 삼출물을 충분히 공급받은 뿌리 부근의 미생물 군집은, 식물이 미량원소와 이로운 미생물 대사산물을 적절히 공급받고 흡수하도록 보장하는 열쇠이다. 자세한 내용은 3장에서 이미 서술했다.

랄이 그다음으로 내게 보여 주자 한 것은, 관행적인 비료와 퇴비를 비교하는 또 다른 실험이었다. 실험을 시작한 1994년에, 그는 나란히 놓인 두 경작지 구획에서 20센티미터 깊이의 겉흙을 모조리 파냈다. 그리고 두 구획의 밑흙에서 무경운 재배를 시작했다. 한 구획에는 화학비료를 주고, 다른 구획에는 동일한 양의 질소가 들어가도록 퇴비를 주었다.

구즈먼과 리말은 옥수숫대 사이로 들어가 시료 채취기를 땅에 꽂아 각 구획에서 시료를 채취했다. 화학비료를 준 경작지에는 2.5센티미터 깊이의 누런빛이 도는 겉흙이 있었다. 퇴비로 덮어 준 구획은 황갈색 밑흙 위로 거무스름한 겉흙이 15센티미터 깊이였다. 퇴비를 준 경작지에서 새로운 흙이 여섯 배나 빨리 만들어진 것인데, 한 해에 약 8밀리미터의 속도이다. 지질학자가 아닌 사람에게는 아마 느린 속도로 받아들여질 것이다. 하지만 그 속도라면 100년도 안 걸려서 60센티미터 깊이의 겉흙을 만들 수 있을 것이다. 세계 각국의 여러 장기적 연구 또한 두엄, 피복작물, 다양한 작부 체계가 토양 유기물을 늘려 준다고 밝혀 왔다. 겉흙을 되살리고, 토양 악화의 길로만 이어져 온 역사를, 놀랍도록 빠르게 역전시킬 방법이 바로 여기 있다.

내가 대화를 나누었던 다른 이들과 마찬가지로, 랄 또한 이 방법대로 농사를 지을 때, 관행농업에서 생산적인 저투입, 무경운 농업으로 전환하기까지 2~3년의 시간을 견뎌야 한다고 덧붙였다. 토양 유기물이 만들어지기 시작하기까지 시간이 걸린다. 자본을 많이 들인 농부들은 막대한 빚을 갚아야 하므로 이 시간을 견디는 게 어려울 수 있다. 몇 년 동안 생산량이 낮으면 심지어 농장을 잃을 수도 있기 때문이다.

탄소 저장고

랄의 경작지는 대체로 잘 다뤄지지 않고 인정되지 않는 흙의 역할 또한 알려 준다. 바로 공기 중의 탄소를 포집하고 모아 두는 저장고로서의 역할이다.

세계의 흙은 대기 중 탄소의 적어도 두 배를 이미 저장하고 있다. 3미터 깊이까지, 흙은 공기 중의 탄소와 지구상 모든 동식물이 갖고 있는 양을 합친 것보다 많은 탄소를 함유하고 있는 것으로 측정된다. 대부분의 토양탄소는 지표에 가까운 몇 십 센티미터 이내에 저장된다. 유기물이 지표에 쌓이고, 얕은 뿌리에서 탄소가 풍부한 삼출물을 흙으로 내보내기 때문이다. 바꿔 말하면, 겉흙의 유기물 함량 변화는 대기 중의 탄소량과, 그에 따른 지구의 기후에 상당한 영향을 미칠 수 있다.

우리가 땅을 갈 때마다 흙은 공기에 노출된다. 유기물의 분해가 가속화되고 탄소가 공기 중으로 방출된다. 결코 적은 양이 아니다. 기계화 농업이 시작된 뒤로, 북아메리카의 경운 농지는 본디 갖고 있던 토양 유기물의 40퍼센트 이상을 잃어버렸다. 1950년 이전에 미국 농장에서 경운이 미국 전체의 탄소 배출량에서 차지하는 정도는 다른 모든 요인을 합친 것보다 높았다. 20세기 끝 무렵, 산업혁명 이후 대기 중에 더해진 탄소의 4분의 1 내지 3분의 1이 경운에서 비롯된 것이었다. 뒤집어 생각해 본다면, 저명한 기후학자가 추론한 것처럼 농업에서 비롯된 토양 유기물 손실이 다음에 찾아올 빙하시대를 지연시키고 있는 것인지도 모른다.

오늘날 대부분의 경작지에서는 오랫동안 관행농사를 지어온 탓에 토양 유기물이 반 넘게 줄어들었다. 1999년의 연구에서, 라탄 랄은 세계 농토는 이미 660억~900억 톤의 탄소를 잃은 것으로 추정했는데, 주된 이유는 경운과 그에 따른 침식이다. 농업이 시작된 이래, 대부분의 농토는 본디 갖고 있던 토양탄소의 3분의 1 내지 3분의 2를 잃었을 거라고 한다. 따라서 토양탄소를 역사적 수준에 근접하게 되살리려면 농법의 근본적인 변화가 필요하다.

하지만 그것은 불가능한 일이 아니다. 인류가 토양 유기물을 풍성하게 가꾸면, 주는 만큼 받게 되어 있다. 결국 테라프레타를 만든 것도 사람이었으니까. 2005년 '세계 토지사용 영향평가'가 과학저널 《사이언스》에 실렸다. 그에 따르면 화학비료와 관행적인 곡물 생산이 토양탄소를 1년에 0.5~1퍼센트씩 감소시키는 반면, 피복작물과 두엄은 토양탄소를 1년에 0.2~0.4퍼센트씩 증가시킨다고 한다. 서로 다른 환경에서 보존농업이 격리할 수 있는 탄소량은 1년에 헥타르당 0.2~1.0톤으로 추산된다. 전 세계 농지에서 보존농업을 실천한다면 이 수치는 훨씬 높아진다. 1998년에 랄과 연구팀이 보수적으로 추정한 바에 따르면, 미국 농지에서 보존농업을 실천하면 미국 자동차의 절반이 내뿜는 양을 상쇄시키기에 충분한 탄소를 격리할 수 있다.

무경운 농사와 보존농업은 토양탄소를 늘릴 뿐 아니라, 화석연료에서 배출되는 탄소량이 관행농법보다 낮다. 2003년 평균 연료 소비를 비교한 결과, 땅을 갈지 않는 농사는 땅을 가는 농사보다 에너지를 3분의 1가량 덜 사용했다. 화석연료를 때는 농기계를 사용하는 횟수가 훨씬 적기 때문이다. 무경운 농법에 피복작물까지 재배하면 에너지 집약적인 비료 사용이 훨씬 줄어든다.

토양 유기물을 증가시킴으로써 얻는 이로움은 더 있다. 토양 유기물이 늘어나면 물리적·화학적·생물학적 장점이 늘어나 흙의 품질과 건강에 좋은 영향을 준다. 토양탄소를 가꾸어 가는 농법은 미생물 생물량을 증가시키고 양분 순환을 촉진하며, 토양구조, 토성, 입단 형성을 개선한다. 그리고 이 모든 것 덕분에 흙이 건강해진다. 결국 토양 유기물을 풍부하게 가꾸면 작물 수확량이 늘어난다.

또 토양수분 보유와 함수(含水) 능력은 기후변화 시대의 현대 농업에 점점 중요해질 것인데, 이 두 가지가 개선되어 가뭄 회복탄력성이 높아진다. 20세기에 많은 농장에서 흙의 유기물 함량이 4퍼센트에서 1퍼센트로 낮아졌다. 그러면 흙의 함수 능력은 절반쯤 낮아진다. 농경지에서 흙의 유기물이 점점 사라져 가면서 가뭄을 견디는 작물의 능력이 약해졌다. 이런 역사의 방향을 역전시키면 흙의 가용 보수력은 두 배가 되고, 가뭄에 견디는 힘이 상당히 커질 것이다. 이 책을 쓰기 위해 자료 조사를 하면서 만난 여러 농부들이 들려준 이야기에 따르면, 가문 해에 땅을 갈지 않는 농지의 수확량은 관행농지의 수확량을 늘 앞선다고 한다.

최대의 육상 탄소 저장소인 흙에 다시 탄소를 채워 넣으면, 전 세계 이산화탄소 배출량의 일부를 상쇄할 뿐 아니라 기후변화가 작물 수확에 미치는 악영향을 줄일 수 있다. 그런데 얼마나 많이 채워 넣어야 할까? 농토에 저장할 수 있는 탄소량 추정치는 다양하게 제시된다. 세계적인 메타분석에 따르면, 무경운 농법이 지속적으로 토양탄소 저장량을 늘려 가려면 생물량을 증가시키는 농법을 병행하고 해마다 다양한 작물을 재배해야 한다. 땅을 갈지 않는 농법이 토양탄소 격리에 미치는 영향은 작부 체계에 따라서, 또한 작물 잔여물 이용, 피복작물, 돌려짓기를 어떻게 결합하느냐에 따라 상당히 달라진다. 무경운만 실천하는 경우에는 토양탄소 증가에 거의 영향이 없을 수도 있다.

라탄 랄이 보수적으로 추산할 때, 보존농업의 세 가지 요소를 다 실천하면 전 세계적으로 화석연료가 배출하는 양의 5~15퍼센트를 상쇄할 만큼의 탄소를 흙에 되돌려줄 수 있다. 브라질 동료들은 랄의 추정치가 너무 낮다고 말한다. 다른 추정치는, 보존농업이 세계적인 탄소 배출량을 감소시킬 수 있는 범위가 1년에 12억~33억 미터톤, 그러니까 전체 배출량의 3분의 1까지로 본다. 그것으로 우리 지구의 탄소 문제를 해결하지는 못하겠지만, 추정치의 최저 수준만으로도 문제 해결로 나아가는 길에 제대로 접어들 수는 있다.

로데일연구소가 내놓은 더욱 후한 2014년 추정치는 흙의 탄소 격리 능력을 훨씬 크게 잡는다. 재생 유기농업에 관한 연구에서 보고된 비율을 전 세계 경작지 범위로 추정할 때, 로데일 연구자들은 2012년 온실가스 발생량을 토대로, 전 세계 온실가스 배출량의 4분의 1에서 약 절반을 탄소 격리로 상쇄할 수 있다고 추산했다. 또한 가능한 최대치를 적용한다면, 전 세계 방목장에서 재생농법으로 격리할 수 있는 연간 격리량으로 전 세계 배출량의 71퍼센트를 상쇄할 수 있다고 주장했다. 나는 크리스틴 니컬스에게 그녀와 랄의 추정치의 차이를 질문했다. 흙의 유기물 수준이 토착 생태계 수준을 넘어서지 않는다고 가정했을 거라고 그녀는 대답했다. 로데일에서는 토양 유기물이 30년 동안 2퍼센트 미만에서 5퍼센트 이상으로 증가했다. 지금은 토착 토양 기준선까지 회복했다. 랄의 추정에 따르면 그들은 할 일을 다 한 셈이다. 그러나 니컬스는 피복작물과 두엄으로 토양탄소를 더, 훨씬 높은 수준까지 늘릴 수 있다고 생각한다.

추정치는 다양하게 제시되지만, 농업은 전 세계 온실가스 배출량의 약 15퍼센트 언저리를 차지한다. 그러니 보존농법을 실천함으로써 비료와 경유 사용을 대폭 줄인다면, 농업 부문이 책임져야 할, 화석연료에서 배출되는 탄소량을 5~10퍼센트 정도 줄일 수 있을 것이다. 게다가 랄은 보수적으로 추정해서, 화석연료에서 배출되는 탄소량의 5~15퍼센트를 보존농업으로써 흙에 격리할 수 있다고 하지 않았던가. 둘만 합쳐도 전 세계 탄소 배출량의 10~20퍼센트를 감소 또는 상쇄시킬 수 있다고 대강 추정할 수 있다. 또한 바이오 숯의 탄소 격리 능력이 전 세계 배출량의 약 10퍼센트에서 절반을 훌쩍 넘어가는 것으로 추산된다. 이를 더하여 최저 수준으로만 추산해도, 흙을 살지게 가꾸어 가는 농법이 탄소를 격리할 수 있는 수준은 상당하고 이로써 실질적인 변화가 이루어질 수 있다. 다만 우리는 이를 상당한 면적의 농지에서 실천해야 한다.

지력이 바닥난 농토에서 탄소 함량을 늘려 가려면 어떻게 해야 하는가? 위에서부터 아래로 흙을 만들어 가야 한다. 흙을 암석 풍화의 산물로만 보는, 과거의 상향식 토양 형성 관점에서는 2.5센티미터 깊이의 흙이 만들어지는 데 수백 년 또는 더 긴 세월이 걸린다. 피복작물, 삼출물, 미생물, 토양 생물 등 생물학을 포함시키는 새로운 관점에서 보자면, 우리는 훨씬 빨리, 수백 년이 아니라 수십 년 안에 흙을 가꿀 수 있다.

흙에 쌓여 가는 탄소의 대부분은 뿌리 삼출물에서 비롯된다. 탄소를 생물 형태로 보관하면 공기 중으로 달아나지 않는다. 그래서 단기 순환 방목이 토양탄소를 축적하는 데 효과가 뛰어난 것이다. 다른 무엇과도 비교가 안 될 만큼 삼출물 생성을 자극하기 때문이다.

이 모든 것은 관행으로 이어 오는 곡물 단일경작에 큰 문제가 있음을 알려 준다. 작물이 자라나기 시작하면, 일정한 시간이 지난 뒤에야 식물이 광합성 탄소동화작용을 통해 삼출물을 생성할 수 있다. 그리고 작물이 번식할 때가 되면 뿌리 삼출물을 차단하고 모든 자원을 종자 생산에 집중시킨다. 따라서 곡물이 삼출물을 땅에 내놓는 건 4~5주의 기간뿐이다. 많은 탄소를 삼출시키기에는 충분한 시간이 아니다. 그래서 곡식 재배는 토양탄소를 풍부하게 가꾸는 데 크게 이바지하지 않는다. 토양탄소를 눈에 띄게 증가시키려면, 피복작물을 재배하여 연중 훨씬 많은 시간 동안 흙에 삼출물을 내놓도록 해야 한다.

하지만 흙의 탄소 저장 능력은 무제한이 아니다. 새로운 농법을 실천한 이후 수십 년 동안 탄소 저장 능력은 최대치를 향해 상승하다가 결국 안정세를 보이고 있다. 탄소 저장량을 더 늘리는 게 점점 어려워진다. 이런 의미에서 흙은 배터리와 같아서, 일단 완충 상태에 이르면 계속 충전을 하는 것이 무의미해진다. 그러나 농토는 앞으로도 수십 년 동안 상당량의 탄소를 더 저장할 수 있다. 연구자들의 측정에 따르면, 유럽 흙의 경우 보존농업을 실천한 뒤 토양탄소 수준이 최대치에 이르기까지 적어도 50년이 걸릴 것이다. 다시 말해, 흙을 비옥하게 가꾸어 가는 농업은 토양탄소 저장이 포화 상태에 이르기 전에 다른 에너지원 또는 탄소 격리 수단으로 이행하기 위한 시간을 벌어 줄 수 있다.

화석연료에서 배출되는 탄소량을 줄이기 위한 수많은 테크놀로지와는 달리, 흙의 생명력을 가꾸어 가는 농법은 저비용으로 당장 실천할 수 있다. 그리고 이들 농법은 대부분은 아니더라도 많은 농장에서 이미 경제적으로 수익을 내고 있기 때문에 받아들여지기도 쉬울 것이다. 물론 제대로 알려지고 권장되어야 한다. 누이 좋고 매부 좋은 경우가 얼마나 있겠느냐고? 실제로 누이도 매부도 좋은 일이고, 또는 우리가 바라기만 한다면 분명 그렇게 될 수 있을 것이다.

땅심을 돋우는 농법

흙에 어마어마한 양의 탄소를 포집해 두는 일은 얼마나 실행 가능한 것일까? 가축을 기르지 않는 일반적인 북아메리카 상품작물 농장에서도 효과가 있을 것인가? 오하이오에 오면 이런 질문을 던지고 싶었다. 게이브 브라운은 내게 오하이오 주 캐럴에 있는 데이비드 브랜트의 농장을 가 보라고 권했다. 사실은 나에게 '꼭 가야 된다'고 했다.

지난 40년 동안 브랜트는 농장 차원에서 장기간 토양 개량 실험을 이어 왔다. 농장의 탄소 격리 능력을 알아보려고 실험한 것이 아니다. 농장에서 지력을 키워 가는 것이 올바른 길이라 믿었기 때문에 실험한 것이다. 하지만 돌아보건대, 그는 농법을 바꾸어 수익을 내면서도 탄소 배출 상쇄라는 커다란 부수적인 이득을 거둘 수 있음을 보여 주었다.

콜럼버스에서부터 차를 몰고 끔찍한 교통 체증을 겪은 뒤, 랄과 나는 농지 사이로 난 긴 진입로를 지나 브랜트의 농장에 도착했다. 집 뒤의 바깥채 쪽으로 돌아가니 브랜트가 반갑게 맞아 주었다. 해병대 출신인 그는 베트남에서 돌아온 뒤 줄곧 땅을 갈지 않고 농사를 지었다. 손이 크고, 눌러쓴 야구모자가 둥근 얼굴에 그늘을 드리웠다. 흰 셔츠와 멜빵 달린 청바지를 입은 그는 자상한 농부 할아버지처럼 보였다.

브랜트는 결코 범상한 농부가 아니다. 일반적이지 않은 방식으로 옥수수와 콩을 생산하는 그는 땅 160에이커를 소유한 채 800에이커를 따로 임차하여 농사를 짓는다. 그는 피복작물 혁명의 지도자로 명성을 떨쳐 왔다. 주로 옥수수→대두→밀→피복작물 순서로 돌려짓기 해왔다. 피복작물은 밀을 수확하고 2~3주 뒤에 밀 그루터기 사이로 파종한다. 메밀 같은 피복작물 뿌리는 죽을 때 산을 배출하여 인과 다른 무기질 영양소의 용해를 돕는다. 피복작물을 죽이지 않으면 이 부가적인 이득을 얻지 못한다. 그래서 겨울이 먼저 피복작물을 죽이지 않으면, 브랜트는 제초제나 제프 모이어가 로데일에서 사용하는 것 같은 롤러를 사용하여 피복작물을 죽인다. 피복작물이 씨앗을 만들기 위해 흙에서 질소와 인을 끌어 쓰는 걸 막으려는 것이다. 또한 피복작물이 그 생물량에 보존된 양분을 흙에 다시 배출할 때 다음 작물이 그걸 이용할 수 있도록 피복작물의 생육 기간을 맞추려는 것이다.

이미 늦은 시간이었는데 브랜트는 우리에게 밭을 보여 주고 싶어 했다. 그래서 우리를 <u>사륜차로</u> 데리고 갔다. 양키라는 이름의 바이마라너 종인 그의 개도 차에 뛰어올라 함께 타고 즐겁게 밭으로 나갔다.

브랜트는 1978년에 피복작물을 심기 시작했다. 침식을 막기 위해 맨땅에 호밀을 파종했다. 지금 그의 경작지는 피복작물 군락이 뒤덮고 있는데, 한 번에 10종까지 서로 다른 종류를 경작지에 키운다. 그는 흙이 다양한 걸 맛보게 할 수 있어서 좋다. 그래서 콩과 식물과 무 위주로 피복작물을 섞어서 파종한다. 그리고 자라난 그 자리에서 죽고 썩게 하여 다음 환금작물에 양분을 공급한다.

처음 도착한 곳은 옥수수 작물 재배를 위한 준비로, 열 가지 피복작물 씨앗을 혼합해 파종해 놓은 경작지였다. 양키가 사륜차에서 뛰어내리더니 무언가 뒤쫓을 게 있는지 정찰했다. 내 눈에 그 밭은 다양한 들꽃을 심은 화단처럼 보였다. 농장에서 피복작물을 재배하는 면적의 비율이 얼마나 되느냐고 랄이 묻자 브랜트가 대답했다. "가을 수확기 즈음에는 100퍼센트입니다." 이 밭이 젖소에게는 풍성한 샐러드바처럼 보이겠다는 식으로 내가 혼잣말을 하자, 브랜트는 소를 하나도 키우지 않는다고 대답했다. 이 농장에서 가축은 모두 땅속에 있다.

그가 우리를 태우고 지나친 농지는 에이커당 밀 약 2,611킬로그램을 수확한 뒤 피복작물을 심어 놓은 곳이었다. 농지를 따라 긴 띠처럼 특정 부분이 더 푸르른 이유를 랄이 물었다. "고장 난 요소 살포기가 일부 이랑에 질소를 더 뿌렸거든요" 하고 브랜트가 대답했다. 다행히 과다 살포된 용량을 피복작물이 흡수하여 다음 작물이 사용할 수 있도록 농지를 관리하고 있는 것이었다. 땅을 간 농지라면 외부로 흘러나가 다른 곳을 오염시켰을 텐데 말이다.

다음으로 들른 곳은 멋진 실험장이었다. 브랜트의 농지와 그가 얼마 전에 구입한 81에이커의 농장이 나란히 이웃하여 비교가 되었다. 오래된 그의 농지 쪽은 40년 동안 땅을 갈지 않고 농사지은 곳이고, 이웃한 곳은 오래도록 규칙적으로 땅을 간 농지였다. 브랜트가 처음 이웃 농지에서 소작을 부치기 시작했을 때는 유기물 함량이 0.25퍼센트였다. 무경운과 피복작물로 2년을 농사지어 왔는데, 지금은 1.1퍼센트까지 늘었다. 1년에 거의 0.5퍼센트 넘게 증가한 것이다. 그의 목표는 7년 안에 이 새로 구입한 농지의 유기물 함량을 5퍼센트까지 높이는 것이다.

투자한 만큼 보상이 따른다는 당연한 진리를 경험이 알려 준다. 브랜트가 최근 구입한 농지의 피복작물 키는 무경운 농지 피복작물의 절반

밖에 안 된다. 자리를 옮기기 전에 그는 쪼그려 앉아 8센티미터 길이의 무를 뽑았다. 그 굵은 곧은뿌리에 흙덩이가 매달려 있었다. 흙은 누런빛이 돌고 마른 판때기 같았다.

그는 우리를 다시 사륜차에 태우고 44년 동안 땅을 갈지 않고 농사를 지은 농지로 갔다. 같은 때에 똑같은 혼합 피복작물 종자를 파종해 두었다. 여기서는 통통한 25센티미터짜리 무를 뽑아냈다. 흙은 거무스름하고, 손으로 비비니 고슬고슬 부서졌으며, 향긋한 흙냄새가 풍겼다.

1970년대에 브랜트가 농사를 시작한 경작지는 이웃의 농지처럼 탄소 함량이 0.5퍼센트도 되지 않았다. 피복작물을 기르기 시작하여 수십 년이 지난 뒤 8.5퍼센트까지 증가했다. 그의 조림지 토착 흙의 탄소 함량은 6퍼센트가 안 된다. 결국 농지의 유기물 수준을 토착 흙 수준 '이상으로' 높인 것이다. 로데일의 크리스틴 니컬스가 가능하다고 예상했던 것처럼 말이다. "앞으로 얼마까지 더 높아질까요?" 내가 그에게 물었다. "어느 수준에서 멈춘다고 해도 만족할 겁니다. 하지만 멈추는 일이 일어날 것 같지는 않군요" 하고 그가 대답했다.

그는 이런 변화가 상당 부분 무 덕분이라고 했다. 무는 하루가 다르게 농부들이 가장 좋아하는 피복작물이 되고 있다. 경험으로나 연구로나 무가 토질과 작물의 건강에 미치는 이로운 영향은 잘 알려져 있다. 무는 가을부터 이른 봄까지 겨울의 한해살이 잡초들을 효과적으로 억누르고, 두 달 동안 곧은뿌리를 90센티미터 깊이까지 내린다. 겨울 서리를 맞고 죽은 무가 썩게 되면, 그 큰 수직의 구멍은 흙의 투수성을 개선하고 압밀된 땅이 잘 부서지게 된다. 또한 뿌리가 낸 구멍 주위에는 식물이 이용할 수 있는 인이 증가한다고 알려져 있고, 여름작물 이후 흙의 질소를 저장해 두는 능력이 우수하다. 부패할 때는 질소와 다른 양분을 흙으로 빠르게 내보낸다. 이 모든 것의 결과는 어떠한가. 무 같은 덩이줄기 식물을 심은 브랜트의 농지를 분석한 결과, 에이커당 약 113킬로그램의 질소, 거의 비슷한 중량의 칼륨, 그리고 10킬로그램가량 의 인을 순환시켰다.

이 밖에도 피복작물들은 저마다 다른 목적에 이바지한다. 예를 들어 해바라기는 깊은 곳에서 아연을 찾아내서 겉흙까지 끌어올리는 능력이 우수하다. 브랜트가 해바라기를 심은 농지의 토질을 시험한 결과, 식물 이 이용할 수 있는 아연 수준이 높아졌음을 알 수 있다. 새완두와 오스 트리안 겨울완두는 에이커당 약 45~91킬로그램의 질소를 더해 주었다. 다양한 피복작물을 파종해 온 뒤로 비료 사용을 엄청나게 줄였는데도 식물이 이용할 수 있는 흙 속의 인과 칼륨이 증가한 것이다. 농학자가 이런 일은 불가능하다고 그에게 말했다고 한다.

옛 토지 경계선을 따라가면서, 브랜트는 낡은 울타리 너머 반대쪽의 옥수수와 비교해 주었다. 우리 오른쪽은 그가 2년 전에 구입한 농지였 다. 우리가 지나쳐 간 1.8미터 키의 옥수수는 대두와 함께 파종하고 제 초제를 전혀 쓰지 않았다. 그는 그 경작지에서 에이커당 3,556킬로그램 을 수확하리라 기대하고 있었다. 카운티 평균 옥수수 수확량인 에이커 당 3,683킬로그램에 조금 못 미치는 수준이다.

그다음 옥수수는 키가 90~120센티미터밖에 안 된다. 그가 말했다. "이 옥수수가 왜 이런지 아십니까? 대두가 다 떨어져서 파종을 못한 곳 이랍니다." 대신 거기서부터는 농지에 에이커당 약 73킬로그램의 질소 비료를 주고 제초제도 처방했다. 그 농지에서는 에이커당 2,540킬로그 램 정도만 수확해도 다행으로 여기고 있다. 우리는 굳은 흙을 삽으로 팠다. 흙빛이 옅고 건조하며 판때기 같았다.

"여기 좀 보십시오" 하고 말하며 브랜트는 길 건너편으로 옥수수 키가 그의 머리를 훌쩍 넘는 밭으로 들어갔다. 40년 동안 땅을 갈지 않고 농사지은 경작지이다. 그곳은 2년 동안 비료와 제초제를 전혀 쓰지 않았고, 9년 동안 살진균제나 살충제도 쓰지 않았다. 나는 몸을 굽혀 맨손으로 흙을 파 보았다. 거무스름하고 고슬고슬 촉촉하고 좋은 냄새가 났다.

브랜트는 그곳에서 에이커당 5,080킬로그램을 수확하리라 예상했다. 땅심을 돋우는 농법 덕분에 어떠한 화학물질도 투입하지 않고 그렇게 기대할 수 있다. 그해가 특별한 해여서가 아니다. 그의 옥수수와 대두 수확량은 대체로 카운티 평균보다 적어도 20퍼센트는 더 많다고 한다. 가문 해에는 훨씬 더 결과가 좋다.

특히 내게 인상적이었던 건 브랜트가 실험을 운영해 가는 방식이었다. 카운티 대부분의 농부들처럼, 그는 지난날 유전자 변형 옥수수와 많은 제초제를 함께 사용했다. 하지만 지금은 그 어느 쪽이든 정말로 필요한 것인지를 실험하고 있다.

그해에 그는 400미터 길이의 좁다란 땅에서 다양한 품종의 유기농 옥수수와 다양한 유전자 변형 옥수수를 비교하고 있었다. 작은 규모의 연구용 실험 구획이 아니었다. 그때까지 한 자루에 105달러를 주고 구매한 유기농 종자는 "무척 잘되고" 있었다. 그는 유기농 구획에 밤나방이 생길 것이라 예상했지만 그렇지 않았다. 한 자루에 160달러짜리 살충제 처리된 비유전자 변형 종자와 한 자루에 336달러짜리 비슷한 처리가 된 유전자 변형 옥수수를 실험하고 있었다. 구입 가격을 기준으로, 그가 세 종류의 옥수수별로 1,143, 1,524, 2,286킬로그램을 수확하게 되면 그저 본전치기를 하게 된다. 다시 말해, 유전자 변형 종자는 유기농 종자의 두 배를 생산해야 투자한 돈을 건질 수 있다.

또 그는 파종하고 2주 뒤에 토양 생물 연구를 수행했다. 그 결과 살충제 처리한 씨앗을 파종한 농지에는 토양 생물이 절반뿐이었다. "종자 처리제가 땅속 생물까지 죽인 걸까요?" 그가 물었다. "농지에 이걸 사용하면서 우리 스스로에게 해를 입히고 있는 것이죠?" 그런 의구심이 있기에 그가 흙을 건강하게 가꾸어 가는 농법을 실천하며 이로운 토양 생물을 키우고 있는 것이 아닐까.

그는 또한 카운티에서 일반적인 완전 경운을 적용하는 대비 구획을 운영하고 있다. 그곳에는 에이커당 약 91킬로그램의 질소, 인이 풍부한 더 많은 양의 시발비료(始發肥料, 작물의 초기 성장을 촉진시키기 위해 종자와 함께 또는 종자 부근에 소량으로 주는 비료—옮긴이), 그리고 라운드업 약 2.5리터를 주었다. 이 모든 걸 따져 보면 에이커당 502달러를 투자한 것이다. 그는 옥수수 2,540킬로그램을 채 수확하지 못할 것으로 예상한다. 그렇다면 부셸당(옥수수 1부셸은 25.4킬로그램—옮긴이) 5달러에 약간 못 미치는 정도의 순손실이 나는 셈이다. 최근에 옥수수가 4달러 아래로 판매되었다. 이런 방식으로는 더 많은 면적에 파종할수록 더 많이 손해를 보게 된다.

이와 대조적으로, 44년 동안 무경운 피복작물 방식으로 농사를 지은 농지에서는 에이커당 종자 옥수수에 137달러를 썼고, 킬로그램당 약 1.3달러의 질소 11킬로그램과 8달러어치의 라운드업을 주었다. 임차료 160달러까지 계산하면 에이커당 총비용은 320달러에 육박한다. 현재 부셸당 가격이 3.80달러이므로, 그의 예상대로 에이커당 약 4,623킬로그램을 수확한다면 에이커당 690달러가 조금 넘는 액수가 되고, 일한 시간, 피복작물, 농기계 비용을 일단 제외하고 순수익은 에이커당 약

370달러이다.

또한 브랜트는 경유에 소비되는 비용을 더 많이 절약했다. 그는 에이커당 7.5리터가 조금 넘는 양을 사용한 반면, 경운 관행농사를 짓는 이웃들은 에이커당 38리터에 육박하는 경유를 사용한다고 한다.

그러므로 브랜트는 제초제를 절반 미만, 경유를 약 5분의 1, 비료는 10분의 1을 사용하면서, 피복작물 없이 관행적인 경운 방식의 농사를 짓는 이웃들보다 많은 수확을 꾸준히 거두었다. 이웃의 많은 농장들과는 달리 브랜트의 농사 방식은 실제로 수익을, 그것도 상당한 수익을 거두고 있다.

예를 들어 도로 바로 맞은편의 농부와 비교해 보면 이렇다. 최근에 거의 500만 달러에 720에이커를 구입한 농부이다. 그 농장은 30년 동안 피복작물 없이 옥수수와 대두를 돌려짓기 하여 유기물이 몇 퍼센트밖에 안 남았을 만큼 지력이 바닥났다. 첫해에 새 소유주는 에이커당 100킬로그램 이상의 질소를 사용하고 제초제를 세 차례 살포했다. 브랜트의 추정에 따르면 "아마 그는 에이커당 560달러의 비용을 썼고, 토지 대출로 320달러를 낼 것입니다. 진짜 농사를 잘 지어서 에이커당 5,080킬로그램을 수확하면 에이커당 760달러가 생기겠죠. 경유비를 계산하기도 전에 이미 에이커당 120달러가 손해입니다. 그가 어떻게 계속 농사를 짓겠습니까?"

이것이 바로 많이 투입하는 농부들이 걸려드는 덫이다. 초반에 많은 비용을 지출하고, 비용과 소득의 차액이 아니라 수확량과 총소득만 따진다. 높은 투입 비용과 낮은 상품 가격은 농장이 망하는 지름길이다. 제2차 세계대전 이후 미국 가족농장이 되풀이해 온 전형적인 이야기이다.

브랜트는 유기물 함량이 8퍼센트에 이르면 농지에 질소를 보태 줄 필요가 없다는 걸 알아냈다. 그 수준에 이르면 피복작물이 동력을 제공하는 양분 순환은, 에이커당 연간 약 109킬로그램의 질소비료를 주는 것과 맞먹는다. 가뭄이 심한 해에도 그의 투입 비용은 낮고 수확량은 상당하며, 일상적인 해충이 작물에 문제가 되거나 작물을 위기로 내모는 일은 없다. 이것이야말로 회복탄력성 있고 지속 가능한 농사가 아닌가.

피복작물

이튿날, 브랜트는 빨간 도지램을 몰고 호텔로 와서 나를 태웠다. 도지램은 실용적이고 군더더기가 없는 픽업트럭이다. 오하이오 무경운협회의 현장활동 워크숍으로 가면서, 그는 관행농업이 흙을 대하는 방식을 우려했다. 흙이 어마어마한 재배 능력이 있는 줄 알고, 화학적 영양분만 주면 작물이 저절로 자라날 거라는 기대를 품는다는 것이다. 그는 모든 사람이 흙을 가꾸는 방법을 배우길 바란다. 그렇게 하지 않으면 우리 사회는 100년 뒤에 존속하지 못하기 때문이다.

경험은 훌륭한 스승이고 브랜트는 땜장이 같다. 늘 새로운 방식을 실험해 보고, 어떤 것이 더 효과가 있는지 관심을 갖는다. 그는 척척박사처럼 구는 이들의 코를 납작하게 해주고 싶다. 대학은 그런 사람들 천지라고 내가 말하자 그는 껄껄 웃었다. 학자들이 여덟 가지 혼합 피복작물에 관해 이야기하는 걸 처음 들었을 때, 그는 한 가지 피복작물만 심고 있었고 여덟 가지를 섞어서 파종하면 잡초 관리에 좋겠다고 단순히 생각했다. 1년 뒤 그는 흙의 긍정적인 변화를 알고 놀랐고, 혼합 피복작물 실험을 시작했다.

이제 브랜트는 피복작물을 자신이 기르는 미생물 가축을 살리는 보약으로 여긴다. 피복작물은 미생물의 먹이일 뿐 아니라, 토양온도를 조절하여 미생물이 그를 위해 일할 수 있게끔 돕는다. 가장 더운 여름 몇 달 동안, 이웃의 맨흙은 뙤약볕에 달구어져 43℃ 이상으로 올라간다. 하지만 그의 흙은 36℃ 넘게 올라가지 않는다. 거듭 말하지만, 이 문제가 중요한 이유는 38℃가 넘으면 미생물의 활동이 거의 멈추기 때문이다.

10년 전에 그는 흙 속에 가축이 있다는 사실을 알지 못했다. 적절한 양분을 공급하면 수확량이 늘어난다고만 배웠다. "지렁이가 잡초 씨앗을 먹고 겨울 동안 소화시켜서 우리 대신 잡초를 관리한다는 걸 몰랐습니다." 알고 난 뒤에는 땅속 가축을 먹여 살리는 법을 배워 왔다.

브랜트는 평생 농사를 지었다. 첫 번째 농장은 지금 농장에서 몇 킬로미터 떨어져 있다. 내가 방문하고 두 달 뒤에 그는 칠순 생일을 맞았다. 1971년에 땅을 갈지 않는 농사를 시작한 건 선택이 아니라 필요 때문이었다.

1966년에 결혼했는데, 바로 다음 날 징병위원회로부터 신체검사를 받으라는 통지를 받았다. 그리고 해병대 병장이 되었다. 이때까지도 그의 말투에는 "그렇습니드아"와 "아닙니드아"가 자주 뒤섞인다. 아마 그 시절이 남겨 준 습관일 것이다. 몇 년간의 베트남 복무를 마치고 고향에 돌아와 보니, 아버지는 유언 한마디 없이 세상을 떠났고 그의 가족은 농장을 팔아야 했다.

행운이 찾아오기 시작한 건 J. C. 페니, 그러니까 그 유명한 제이시페니 백화점 창업주 조카딸의 요청이 왔을 때였다. 그녀는 아이젠하워 정부에서 일한 경력이 있는 늙은 농장 관리자의 감독 아래 400에이커 면적에서 농사를 지을 소작인을 찾고 있었다. 그 관리자는 독립적으로 농사를 짓고 싶다면 무경운을 하면 된다고 브랜트에게 말했다.

브랜트가 경운 기계를 팔고 무경운 파종기를 구매하자, 여든여섯 살인 그의 할아버지는 크게 걱정했다. 젊은 시절에 노새 두 마리로 땅을 갈았던 이 노인은 손자가 최초의 무경운 경지에 파종하는 모습을 보고 큰 밀짚모자를 벗으며 외쳤다. "아니, 얘야, 뭘 하는 게냐?" 그해 옥수수는 에이커당 약 3,226킬로그램이 나왔다. 할아버지는 만족스러워했다. 브랜트도 마찬가지였다.

처음에는 괜찮았지만, 잔여물을 거의 남겨 두지 않은 땅에서 단일 작물을 재배하다 보니, 땅은 점점 굳어지고 수확량이 줄기 시작했다. 그래도 그는 경운으로 돌아가지 않았다. 1978년에는 새완두와 다양한 종류의 토끼풀을 피복작물로 파종했다. 새완두는 효과가 매우 좋았기에, 새완두를 꾸준히 재배하면서 20년 동안 피복작물 종류별로 구역을 만들어 실험해 왔다. 그리고 1997년에 완두콩과 무를 실험해 보기로 마음먹고, 한 이랑씩 번갈아 파종했다. 곧바로 흙이 훨씬 좋아졌다. 2001년 한 컨퍼런스의 현장 활동에 참가했다. 다섯, 여섯, 일곱 종류의 피복작물 혼합을 다룬 그 컨퍼런스 이후, 그는 여러 종류의 피복작물 재배를 결심했다. 곧이어 그는 무경운과 다양한 피복작물 혼합이 땅심을 돋우는 능력에 열광했다.

브랜트는 다양성을 성공의 열쇠로 꼽는다. 숙마(菽麻)는 비가 안 와도 잘 자라지만, 새완두는 비가 오면 견디지 못한다. 다양한 피복작물을 혼합하면, 무언가가 늘 무성하면서 시비 이후 남은 과다한 질소를 흡수할 수 있다. 더 나아가 피복작물과 함께 돌려짓기를 시작하면, 관행농법에서 전환하는 처음 몇 해 동안에도 수확량 감소를 겪지 않게 됨을 알았다.

특히 만족스러운 것은, 질소고정 피복작물을 재배하니 1년이 지난 뒤부터 질소 사용이 절반으로 줄어든 것이다. 비용을 절약해서 흡족할 뿐 아니라, 이것이 의미하는 오염 문제가 심각하다는 사실도 깨달았다. 미국 농부들이 흙에 보태 주는 질소비료의 거의 절반은 작물에 흡수되지 않고 유출되어 다른 곳에서 문제를 일으킨다. 내가 방문하기 직전에 콜럼버스 인근 지역에 아기와 임산부, 노인들을 대상으로 건강주의보가 내려졌다. 시의 상수원에서 아트라진과 질산염 수치가 높아졌기 때문이다.

농장이 규모가 더 크면 좋겠느냐고 묻자 브랜트는 빙그레 웃었다. "우리는 옥수수와 콩보다 더 많은 걸 기를 수 있습니다. 하지만 규모를 키우는 게 더 좋은 건 아닙니다." 사실 그는 1만 에이커의 농장을 구해 더 작은 농장으로 나누어 운영하면 좋겠다는 바람이 있다. 젊은 미래의 농부들에게 작은 농장을 맡기는 것이다. 게이브 브라운처럼, 그는 더 작고 더 수익성이 큰 농장들, 다시 말해 더 많은 사람이 농사짓는 것이 현대 농업의 많은 문제를 해결하는 길이라 여긴다. 오하이오의 낮은 언덕들 가운데 펼쳐진 옥수수와 대두의 바다 한가운데에서, 깔끔하게 관리된 하얀 2층 주택들이 길을 따라 늘어선 작은 마을들이 살아남으려 애쓰고 있다. 작은 농장이 되살아나면 미국의 작은 마을들이 되살아날 것이라고 상상하는 것이 여기서는 어렵지 않다.

"선생님 방법대로 농사짓는 법을 농부들에게 누가 가르치고 있습니까?" 하고 내가 물었다. 브랜트는 고개를 젓더니 잠시 아무 말 없이 차를 몰았다. 마침내 그는 미국농업교육진흥회(Future Farmers of America)에 자원하여 활동하고 있으며, 해마다 두 주씩 지역의 아이들에게 자신의 농법의 기초를 가르치는 걸 돕는다고 말했다. 보존농업의 성공은 우리가 청소년을 어떻게 가르치느냐에 달려 있다고 그는 생각한다. 그리고 미국은 젊은 농부와 연륜 있는 농부를 연결하는 프로그램 같은 것을 마련하여, 언젠가 농장을 물려주고 물려받을 수 있도록 해야 한다.

내가 이야기를 나누어 온 대부분의 농부들과 마찬가지로, 브랜트는 대부분의 대학 연구자들에게 불만을 갖고 있었다. "우리는 피복작물에 관해 더 알고 싶지만 무경운을 연구하는 데 관심이 있는 대학이 한 군데도 없습니다. 그래서 우리가 직접 실험을 해야 합니다. 대부분의 학자는 옥수수와 콩만 연구하더군요." 물론 학계의 관심이 부족한 건 그런 연구가 거의 지원을 받지 못하기 때문이기도 하다. 농화학제품 제조사는 자기가 생산한 제품의 사용을 줄이려는 연구를 지원하지 않는다. 그리고 정부 지원을 받는 연구는, 투입 비용과 투입에 대한 의존을 줄이기 위해 농부들이 이용하고 개선할 수 있는 농법을 연구하고 확산시켜야 하지만, 확실한 근거를 중시하고 재계와 협력 관계를 유지하려는 경향이 있다.

브랜트는 투입을 줄이고도 수확량을 유지 또는 증대시키는 데 성공한 농부들의 사례를 연구하는 대학 연구자들이 거의 없다고 한탄한다. "내가 볼 때, 대학은 우리보다 20년 뒤처져 있습니다." 내가 여행 내내 익히 들어 온 불평이다. 흙의 생명력을 되살려야 농업 문제들을 해결하고, 침식과 갑작스런 홍수를 중단시키며, 살충제 사용을 줄이고, 질산염과 인의 오염을 줄일 수 있다고 그는 확신한다. 모든 사람이 피복작물을 심는다면 더 이상 녹조현상은 일어나지 않을 것이다. 오하이오 주 콜럼버스는 해마다, 그리고 사시사철 깨끗한 식수를 공급할 수 있을 것이다.

은퇴에 관해 묻자 브랜트는 "아직 계획이 없습니다. 농사가 정말 즐거워서요" 라고 대답했다. 게다가 아직도 농법을 바꾸어야 할 농부들이 얼마든지 있다. 그는 나를 데리고 다니며 자신의 농지와 이웃의 관행농지를 비교해 보이는 것으로 이 사실을 충분히 알려 주었다. 아직 할 일이 많다.

우리는 이웃의 관행농지에 도착하여 갓길에 차를 댔는데, 그 옆으로 병든 듯한 대두가 누르스름하게 무릎 높이로 자라 있었다. 경작지의 4분의 1에서 3분의 1이 잡초였다. 제초제에 내성이 있는 쇠뜨기말과 단풍잎돼지풀이 콩 줄기 사이로 삐죽삐죽 솟아 있었다. 초목 사이로 그 밑의 마르고 갈라진 땅이 똑똑히 보였다.

브랜트는, 넉 달 전인 5월 1일에 파종하고 그 뒤 라운드업을 여러 번 살포한 경작지라고 했다. 한눈으로 훑어본 브랜트는 반세기의 경험을 살려 에이커당 680킬로그램이 나오겠다고 자신 있게 예측했다. "우리 밭은 지금 이 두 배는 됩니다" 하고 그가 덧붙였다. 그리고 우리는 차로 몇백 미터를 더 가서 '그의' 대두를 살펴보았다.

브랜트의 농지에는 허리 높이의 무성한 초록색 콩 줄기가 무성하게 우거져 있었다. 작물 사이로 흙을 볼 수 없을 정도였지만, 차에서 내려 밭으로 들어가니 촉촉하고 고슬고슬한 흙이었다. 이전 해에 그 밭은 에이커당 약 5,563킬로그램의 옥수수를 생산했고, 그 뒤에 호밀을 심었다. 브랜트가 파종한 대두가 자라고 있었는데, 이웃이 조금 전 병들어 보였던 누런 콩을 파종하고 3주쯤 '뒤'인 5월 25일에 심은 것이다. 늘 하던 대로 제초제를 살포하는 이웃의 경작지와 비교할 때, 제초제를 뿌리지 않은 브랜트의 경작지가 한눈에 봐도 잡초가 없었다. 내가 본 잡초라면 콩 줄기보다 위로 솟은, 마음껏 자라난 옥수숫대가 전부였다. 그리고 그는 그곳에 비료 또한 전혀 주지 않았다. 줄 필요가 없었다. "비가 더 오면 내 콩은 더 열릴 겁니다. 하지만 이웃의 콩은 다 끝났어요. 비가 더 와도 다시 잎이 돋지 않고 콩이 더 열리지도 않습니다." 그는 그 경작지에서 에이커당 1,904킬로그램을 수확할 수 있을 거라고 예측했다. 브랜트의 콩이 이웃 콩의 적어도 두 배는 열렸다는 걸 나도 알 수 있었다.

다음 경작지로 가면서 브랜트는 서른두 군데 서로 다른 곳에 따로따로 경작지를 두고 있다고 설명했다. 기억하기 어렵지 않습니까? "어렵죠." 경작지를 깜빡 잊기도 하나요? "전혀요."

다음으로 도착한 곳은 90에이커의 경작지로, 대두를 호밀 사이에 파종하고 제초제나 비료를 주지 않았다. 방금 전에 보고 온 곳처럼 작물이 무성했다. 이곳 또한 흐드러지게 우거진 잎과 줄기 때문에 밑의 흙이 보이지 않았고, 눈에 들어오는 잡초라곤 여기저기 콩 위로 솟아 제멋대로 자란 옥수숫대 몇 개뿐이었다. 5월 26일에 파종했고, 브랜트는 에이커당 1,768킬로그램을 수확할 것으로 예측했다. 도로 건너편으로 이웃의 시들어 가는 대두의 성근 이파리 사이로 바싹 마른 땅이 보였다. 브랜트가 그 콩은 에이커당 680킬로그램이 나올 '수도' 있겠다고 했다.

다시 브랜트의 농장에 도착했을 때, 제초제 내성 잡초의 인상적인 사례를 보았다. 그가 처음에 랄과 내게 무를 보여 주었던 농지에서 길 건너편으로 이웃의 경작지가 있었다. 시들어 가는 대두 밭이었는데 3분의 1쯤이 큰 초록색 잡초에 점령되었다. 바로 쇠뜨기말이었다. 브랜트는 그해에 벌써 세 번이나 제초제를 살포한 경작지라고 했다. 내가 본 거의 모든 잡초가 제초제를 뿌린 농지에서 자라난 것이라니, 이해하기 어려웠다.

텃밭에서 지구로

브랜트는 꾸밈없이 말하는 능력이 있고 허튼소리에 참는 성미가 아니다. 흙의 생명력에 대한 참된 열정이 있어, 자신이 한 일을 다른 사람들도 할 수 있도록 돕는다. 그의 표현대로 "마술 지팡이 따위는 없는데 모두가 그놈의 마술 지팡이를 찾고 있지만," 브랜트는 자신의 농사 체계를 뒷받침하는 원리는 어떤 농장에서나 조건에 맞게 적용될 수 있다고 믿는다.

"흙의 건강을 되살리자는 운동은 처음부터 반응이 좋습니까?" 내가 물었다. "정확한 지적입니다." 그의 대답은 모름지기 학자라면 들어서 기분 좋은 말이었다. "일찌감치 이런 농법으로 전환한 대부분의 농부는 경제적 위기가 그 자극제였습니다. 하지만 지금은 좋은 사례와 기회를 알고 따르기 시작하는 농부들이 있습니다. 이제 그들이 나서서 다른 농부들과 경험을 공유하고 있습니다. 헛소리를 지껄이는 게 아니라는 걸 아는 농부들이죠."

그러면 브랜트의 이웃들은 왜 브랜트의 농법을 따르지 않는가? 차를 타고 지나가면서 브랜트가 키워 낸 작물의 품질을 분명히 볼 텐데 말이다. 그 또한 내가 대화를 나눈 다른 많은 이들과 똑같이 작물보험을 원인으로 꼽았다. 보장된 수익이 뒷받침되므로, 농부들은 풍년일 때는 충분한 수익을 거두고 흉년일 때는 견디기만 하면 된다. 따라서 더욱 회복탄력성 있는 농법을 실천해야 할 동기가 없다.

왜 우리는 흙의 유기물을 고갈시키는 게 아니라 풍성하게 가꾸어 가며 경제적으로도 매력적인 농법을 장려하고 실천하게 만드는 농업정책을 마련하지 않는 걸까? 이런 의문은 드디어 미국은 물론 여러 나라 농부, 학자, 정부 관료의 관심을 끌기 시작하고 있다.

관심 있는 많은 방문객을 맞는 브랜트는 그 이유를 알고 있다. 이 피복작물의 권위자를, 찾아오겠다는 예고도 없이 불쑥 사람들이 찾아온다. 때로는 농부들이 자동차를 함께 타고 불시에 그의 농장에 나타난다. 미리 약속을 정하고 버스 한 대를 꽉 채워 오는 이들이 한 달에 한 번꼴이다. 강연을 해달라는 요청이 많아서 1년에 평균 60~70일은 집을 떠나 있다. "다행히 우리는 땅을 갈지 않는 농사를 짓기 때문에 시간이 납니다." 그는 자신의 아이디어와 방법에 결코 지적재산권을 주장하지 않고, 땅을 갈지 않기에 절약된 시간을 기꺼이 투자하여 다른 이들에게 농장을 변화시킬 방법에 관한 이야기를 들려준다.

내가 찾아오기 전 최근에 그를 찾아온 사람은 프랑스 농무부 장관 스테판 르폴이었다. 그는 농토에서 토양 유기물을 풍부히 가꾸어 가기 위한 자발적이고 전 지구적인 노력을 제안했는데, 그 방법으로 보존농업, 뿌리덮개 사용, 피복작물, 바이오 숯 같은 흙을 되살리는 토질 개선 농법을 실천하자고 했다. 그는 자신의 운동을 "1천분의 4"라고 일컫는데, 토양탄소를 매년 0.4퍼센트씩 증가시키는 것을 목표로 한다는 의미이다. 전 세계에서 목표가 달성되면, 연간 28억 미터톤이나 되는 탄소를 격리하게 된다. 농업 부문의 화석연료 사용 저감까지 감안하면, 현재 전 세계 탄소 배출량의 3분의 1을 상쇄하는 수준이다. 전 세계를 먹여 살리는 데, 그리고 농부의 은행 잔고를 늘리는 데 도움이 되는 일을 하는 동시에 기후 문제에 지대한 영향을 미치기에 충분하다.

르폴이 자신이 제안한 운동을 설명하자, 브랜트는 프랑스 장관에게 0.4퍼센트는 지나치게 낮은 목표라고 꼬집어 말했다. 피복작물 혼합 재배 이후 그는 농지의 토양탄소 함량을 해마다 0.5퍼센트 넘게 높여 왔다는 설명을 보탰다. 르폴은 브랜트와 하이파이브를 하다시피 했다. 프랑스에서 열리는 회의에서 연설해 달라고 장관이 브랜트에게 요청하자, 브랜트는 양복과 넥타이 대신 격식을 차려서 까만 멜빵바지를 입겠노라고 농담 삼아 말했다.

르폴은 또 이튿날 오하이오주립대학에서 예정된 점심 약속에 브랜트를 초청했다. 네 명의 농부와 작물보험 담당자 한 사람이 함께하는 자리였다. 그들이 작물보험 제도는 굉장히 훌륭하며, 살아남기 위해서는 작물보험이 필요하다는 이야기를 늘어놓을 때, 브랜트는 입을 다물고 있었다. 르폴이 작물보험에 관해 의견을 묻자, 브랜트는 1980년대에는 작물보험이 의무였기 때문에 2년 동안 가입한 적이 있으나 지금은 작물보험이 필요 없다고 대답했다. 농사에 실패한 적이 없기 때문이다. 또한 어떤 작물이 실패한다 해도, 파종할 다른 작물이 늘 있으며 빨리 자라나기 때문이다. 옥수수를 기를 수 없다면 수수를 기르면 그만이다. 수수를 파종할 수 없을 때는 카놀라를 파종한다. 하지만 작물보험에 가입한 사람은 첫 번째로 실패한 작물에 보험을 청구하여 보험금을 받는다. 브랜트는 "작물보험은 농부를 게으르게 만듭니다" 하고 일축했다. 그런 보험이 없다면 농부들은 회복탄력성이 더 큰 농법에 더 관심을 쏟을 것이다.

아연실색한 다른 농부들은 정신이 나간 것 같은 이단자를 노려보았다. 농장관리국 담당자는 어깨를 으쓱해 보이더니 오만하게 쏘아붙였다. "하지만 브랜트 씨는 분명 살아남지 못하겠군요." 그러나 그가 44년 동안 해온 일이 바로 살아남은 것이었다. 그는 고등학교 동급생 가운데 여전히 농사를 짓는 최후의 일인자다. 방문 이후 프랑스 장관 보좌관이 브랜트에게 연락을 해 왔다. 장관이 "미국 농부들에게 작물보험이 얼마나 중요한가를 알게 되어" 감사히 여긴다는 말을 전한 것이다. 물론 장관은 브랜트의 의도를 정확히 이해했다는 점을 분명히 했다.

석 달 뒤, 프랑스 정부는 2015년 파리에서 열린 기후변화에 관한 유엔기본협약에서 르폴의 "1천분의 4" 운동을 제안했다. 21년 만에 최초로, 농법의 변화로 토양탄소를 증가시킬 방법에 관해 협약에서 논의하게 된 것이었다. 불행하게도 최종 의정서에서는 언급조차 되지 않았지만.

아내의 텃밭 프로젝트

흙의 건강 상태를 정량화하여 하나의 수치로 표현하는 건 쉽지 않다. 그러나 유기물질이 많을수록 더 나은 흙이라는 등식이 성립한다는 기본적인 사고방식에는 타당한 근거가 있다. 내가 자문을 구한 모든 연구자와 농부는 한결같은 대답을 내놓았다. 딱 하나만 선택할 수 있다면 흙의 건강을 측정하기 위해 단 하나의 기준으로 무얼 선택하겠느냐고 질문했더니, 토양탄소라고 입을 모은 것이다. 그리고 흙의 유기물은 매우 측정하기 쉽다는 사실이 밝혀졌다. 누구나 집에서도 할 수 있다. 그렇게 전문적인 기술이 없어도 된다. 흙의 시료를 채취하고 무게를 잰 다음, 오븐에 넣고 탄소를 태운 뒤 다시 무게를 잰다. 줄어든 무게만큼이 바로 유기물이다. 가장 어려운 부분은 농장 전체에서 의미 있는 평균값을 얻는 일이다.

우리 집 정원사인 아내가 척박한 마당을 텃밭으로 바꾸는 프로젝트를 시작했을 때, 비료를 전혀 주지 않았다. 대신 아내는 유기물을 보태주어 미생물을 증식시키는 데 집중했다. 그러면 미생물이 양분과 미량

원소를 순환시키고, 그로써 생명의 한살이를 지속적으로 뒷받침해 줄 것이다. 우리 마당을 생명 넘치는 땅으로 되살리려는 아내 앤의 계획은 보존농업과 많이 닮았다. 흙을 최소한으로 교란하고 덮어 주는 것이다. 그래서 우리 흙은 얼마나 달라졌을까?

시애틀에서 2월 말에 화창한 날은 거의 없지만, 그날이 바로 그런 날 정오였다. 토양과학자인 동료 샐리 브라운이 산책하다가 우리 집 들머리까지 왔다. 나는 들어와서 앤과 내가 우리 마당에 얼마나 많은 탄소를 주차해 놓았는지 측정해 달라고 부탁했다. 샐리는 유기물을 보충해 주는 것이 토질에 어떤 영향을 미치는지 연구하고 있다.

그녀의 토양시료 채취기는 깊이 15센티미터, 지름 5센티미터의 금속 컵인데, 넣었다 뺐다 할 수 있는 놋쇠 링들이 시료 통 안에 들어 있다. 흙 채취의 첫 단계는 지표면을 덮고 있는 성근 유기물층을 쓸어내는 것이다. 샐리는 그 밑의 흙을 원한다. 시료를 채취하기 위해 무릎을 꿇고 채취기를 땅에 대고 슬라이딩 해머로 박아 넣는다. 슬라이딩 해머는 금속 덩어리가 금속 막대 위아래로 미끄러지듯 왕복하는 도구이다. 시료 통이 지표와 수평면이 되면, 시료 통 주변을 삽으로 퍼내고 채취기를 땅에서 뽑아낸다. 그다음 그녀는 채취기의 마개를 열어 안에 자리 잡고 있는 세 개의 놋쇠 고리를 꺼내 본체와 분리하고, 부엌칼을 날렵하게 움직여 중간 고리의 흙을 말끔하게 다듬는다.

이렇게 그녀는 정해진 부피의 시료를 얻는다. 시료를 종이봉투에 넣고 까만 마커펜으로 시료의 정보를 적는다. 그녀는 그걸 실험실에 갖고 가서 무게를 잴 것이다. 정해진 부피의 시료 무게를 재면 흙의 부피밀도와 단위부피당 무게를 계산할 수 있다. 그다음 시료를 가열하여 유기물을 연소시킬 것이다. 다시 무게를 재서 줄어든 무게를 파악하면 흙 속에 유기물이 얼마나 많은지 알 수 있다. "이건 간단하고 비용이 적게 들면서 금세 결과를 알 수 있는 방법이지요" 하고 그녀가 말했다.

우리가 주택을 구입했을 때 마당은 오래된 볼품없는 잔디로 덮여 있었다. 생명이 없는 누르스름한 흙 위로 풀뿌리가 얽혀 있는데 지렁이 한 마리 보이지 않았다. 우리, 아니 실제로는 앤의 고된 노동 덕분에 토양 시료 사이에 뚜렷한 대비가 확인되었다. 샐리는 여러 곳에서 시료를 채취했다. 우리가 피복을 하거나 무엇을 심은 적이 없는 차고 뒤쪽 땅은, 원래 흙의 대리인 같은 대조표본이 될 것이다. 그녀가 거기에 채취기를 박을 때 주변의 누런빛이 도는 흙이 갈라지며 아치 모양을 이루었다. 삽으로 땅속의 채취기를 파낼 때 땅은 다시 갈라졌다. 뿌리덮개로 피복된 묘상과 잔디밭에서도 시료를 채취했다. 잔디를 깎은 뒤 남은 풀을 그대로 두어 지렁이들이 그 찌꺼기를 굴로 갖고 들어가도록 내버려 둔 곳이다. 마침내 그녀는 채소밭의 흙을 채취했다. 앤이 음식 찌꺼기를 먹이로 준 지렁이가 만든 퇴비의 대부분과 가끔 약간의 바이오 숯을 주는 곳이다.

잔디밭 시료는 단단한 마개 같았지만 거무스름했다. 묘상의 흙은 그보다는 잘 으스러지고 색이 훨씬 짙었다. 채소밭의 흙은 무척 부드러워서 슬라이딩 해머가 필요 없이 샐리가 맨손으로 채취기를 밀어 넣었다. 흙은 검고 고슬고슬하고 잘 바스러졌다.

몇 주 뒤 그녀는 결과가 담긴 스프레드시트 파일을 우리에게 이메일로 보내 주었다. 시간이 흐른 만큼 우리 마당에는 큰 변화가 있었다. 대조표본은 탄소가 1퍼센트 조금 넘는, 토질이 악화된 농토의 표준에 가까웠다. 잔디밭 흙은 4퍼센트로, 상당한 증가량을 보여 주었는데도 그렇게 크게 느껴지지 않는 것이, 뿌리덮개로 피복한 묘상의 토양탄소 수치가 거의 9퍼센트에 육박했기 때문이다. 10년 남짓 세월 동안 뿌리덮개를 하고 퇴비를 준 덕분에 토양탄소 함량이 급격히 높아졌고, 이는 44년 동안 땅을 갈지 않고 농사를 지은 데이비드 브랜트의 농지에 맞먹는 수준이었다. 그리고 우리 채소밭은 거의 테라프레타에 근접하여, 토양탄소 함량이 15퍼센트나 된다. 브랜트의 농지처럼 우리 흙의 유기물은 해마다 약 0.5퍼센트라는 빠른 속도로 증가하고 있었다. 피복한 묘상의 증가 속도가 르폴 장관의 목표치보다 훨씬 빠르다. 이것이 지니는 함의는 심오한 만큼이나 명백했다. 모든 사람이, 즉 농부와 도시 거주자 모두가 이런 방식으로 흙의 유기물 함량을 늘린다면, 탄소 저장 측면에서 큰 변화를 이루어 낼 수 있고, 다음 반세기 동안 다양한 이로움이 그 보상으로 돌아올 것이다.

토양탄소는 식물의 양분이 아니다. 그것은 직접 식물을 먹이지 않고, 그 자체로 식물 성장에 필수적인 것이 아니다. 그러나 토양 유기물과 작물 수확량 사이에는 밀접한 관계가 있다. 토양 유기물을 증가시키면 비료를 거의 쓰지 않고도 작물 수확량이 같은 수준으로 유지된다. 2006년, 라탄 랄은 밀, 쌀, 옥수수 수확량의 증가가 근권의 토양유기탄소 함량과 어떤 관계가 있는지를 분석한 논문을 발표했다. 각 작물과의 관계를 토대로 측정한 결론에 따르면, 헥타르당 연간 1미터톤씩, 또는 에이커당 0.25~0.5미국톤(U.S. ton, 약 907.2킬로그램—옮긴이)씩 토양유기탄소를 늘리면 발전도상국의 곡물 생산량을 해마다 2,400만~3,900만 미터톤씩 증가시킬 수 있다. 이는 앞으로 요구되는 연간 식량 생산 증가량인 3,100만 미터톤의 4분의 3에서 전체 3,100만 미터톤을 넘어서는 충분한 양이다. 앞으로 수십 년 동안 인구 증가와 식단의 변화가 예상되므로 이에 맞게 발전도상국을 먹여 살리려면 그만큼 식량 생산이 증가되어야 한다. 전 세계를 먹여 살리기 위한 노력이 정말로 효과가 있으려면, 토양 유기물을 증가시키는 농법을 권장해야 한다.

다시 1938년으로 거슬러 올라가자면, 토양학자 윌리엄 앨브레히트는 미국 농무부 《농업연감》에 "토양 유기물을 관리하는 것은 마땅히 국가적 책무로 삼아야 할 것"이라고 썼다. 오늘날 우리가 사는 시대에는 앨브레히트의 명언을 세계적 책무로 고쳐 써야 한다. 우리는 토양탄소를 사회적 투자 자금, 인류 행성에 저축해 놓은 자금으로 보아야 한다. 우리가 지금 그걸 되살린다면 우리 후손이 영구히 배당금을 받을 수 있기 때문이다. 하지만 불행하게도 우리는 여전히 토양 유기물을 물 쓰듯 낭비하고 있다.

12장

선순환 고리

만물은 흙에서 태어나고 마지막에는 흙이 된다.
- 크세노파네스

독일 화학자 유스투스 폰 리비히는 질소, 인, 칼륨 세 가지 가장 널리 알려진 화학비료가 작물 성장에 미치는 효험에 관한 선구적인 연구로 유명하다. 1840년의 독창적인 책《농업에서 유기화학의 응용과 생리학》(Organic Chemistry in Its Application to Agriculture and Physiology)은 식물 영양에 관해 당시 널리 알려져 있던 부식설에 의문을 제기했다. 부식설(腐植說)이란 식물이 부패해 가는 토양 유기물을 직접 섭취한다는 이론이다. 그의 책은 두엄 같은 전통적인 유기비료를 화학비료가 대체하도록 문을 열어 주었다.

그래서 1863년의 책《농사의 자연법칙》(The Natural Laws of Husbandry)을 읽었을 때, 몇 가지 주요 물질을 흙에 보태 주면 흙의 건강이 유지될 수 있다는 관점을 리비히가 노골적으로 반박하는 것에 놀랐다. 그의 마지막 주요 저술인 이 책에서, 리비히는 유기물을 농지에 돌려주어 작물에 양분을 완전히 보충해 주라고 권했다. 화학비료의 수호

성인은 흙의 유기물이 문명을 존속시키는 열쇠라고 생각한 것이다.

무엇이 그를 변화시켰을까? 리비히는 결국 토양 유기물이 식물에 양분을 공급하는 데 중요한 역할을 한다는 사실을 깨달은 것이다. 부패해 가는 유기물 속의 탄소는 식물의 먹이가 되지는 않지만, 유기물에는 식물이 필요로 하는 다른 원소들이 들어 있다. 화학비료를 통해 한두 가지의 이 원소를 보태 준다고 해도 다른 필수 영양소의 결핍을 채워 주지는 못한다. 리비히는 무기질 양분을 고갈시키고 완전히 보충해 주지 않는 농사 방식을 오래도록 이어 가면 결국 흙이 망가진다고 주장했다.

리비히는 우리 현대사회가 화학비료에 의지하는 걸 정말로 못마땅하게 여겼을까? 그랬을 것이다. 정말 놀랍게도, 그는 화학적 분석으로 흙의 비옥함을 평가하기는 어렵다고 주장했다. 물리적인 상태에서 식물이 바로 이용할 수 있는 상태로 흙 속에 존재하는 원소는 극히 일부이기 때문이다. 비옥도를 정의하는 건, 어떤 화학 성분들이 흙을 구성하고 있느냐가 아니라 그것들을 식물이 이용할 수 있느냐이다.

리비히는 토양 생물이 무기질 원소를 집결시켜 식물이 이용할 수 있게 한다는 사실은 알지 못했다. 하지만 광물의 풍화는 더디게 진행되고 원소들은 암석에 갇혀 있으며, 토양 무기질을 곧바로 식물이 이용할 수 없다는 사실을 알았다. 두엄과 썩어 가는 식물성 물질이야말로 흙의 비옥함을 유지하도록 돕는 원소들의 이용 가능한 저장소라고 인식했다. 지속적으로 작물을 재배하면서 유기물을 보충해 주지 않은 농지는 결국 토질이 악화된다고 그는 주장했다. 그리고 이는 역사를 통해 되풀이하여 일어난 일이다. 그는 흙을 망가뜨린 서양 사회와, 똑같은 농지에서 수천 년 동안 농사를 지어 온 동양 사회 간 농사 방식의 차이를 가리켰다. 서양에서 농업이 지속되려면 바뀌어야 한다.

그는 수백 년 동안 수많은 인구를 먹여 살린 중국과 일본의 농업을 예로 들었다. 성공의 비결은 무엇인가? 이들 문화는 일상적으로 사람과 가축의 분뇨를 땅에 되돌려준다. 농지의 두엄이 흙의 생명력을 되살리는 힘은 "1천 년의 경험"[31]에서 확립된 것이라고 리비히는 말했다. 그는 농지에 다량의 유기물을 되돌려주자고 주창했는데, "유기물이 모자란 흙은 유기물이 넉넉한 흙보다 틀림없이 생산성이 낮기"[32] 때문이다.

1863년의 책에서 리비히는, 사료작물을 심어 토양입자로부터 원소를 얻어내 생물학적 순환으로 끌어들이는 것이 무기질 양분을 흙에 되돌려주는 가장 좋은 방법이라고 썼다. 순무처럼 깊이 뿌리를 내리는 식물이 특히 효과적인데, 밑흙에서부터 원소들을 끌어올렸다가 부패하면서 그것들을 겉흙에 되돌려주기 때문이다. 잡초 또한 헐벗은 땅에 식물이 우거지게 하는 가치를 지닌다고 했다. 잡초는 흙에서 원소들을 천천히 추출하여 축적해 놓았다가 썩어 가면서 식물이 사용할 수 있는 상태로 되돌려준다. 이와 같은 방식으로 잡초는 세대를 이어 가며 흙을 살지게 만들고, 무기질 양분을 성장과 부패의 사이클 속으로 순환시킨다. 이것이 바로 자연이 흙을 건강하게 가꾸는 방법이다. 작물을 돌려짓기 하면 자연이 혼자 할 때보다 더 빨리 땅심을 되살릴 수 있다. 순무와 토끼풀 같은 사료작물을 재배하고 그걸 먹은 가축의 똥거름을 되돌려주면, 흙은 나날이 양분이 풍요로워지고 침식이 예방되며 꾸준히 많은 수확을 할 수 있다.

리비히는 재생농업을 옹호할 것이라고 내가 결코 생각해 본 적이 없는 사람이다. 그러나 피복작물, 돌려짓기, 그리고 흙의 유기물을 가꾸어 가는 일, 그가 권한 이 모든 내용은 보존농업에 훨씬 가깝다. 또한 그는 농부들에게 소규모 실험을 해보면서 흙에 가장 효과가 있는 방법을 알아내라고 권했다. 흙이 무척 다양하다는 점을 잘 알고 있기에 모든 농장에서 똑같은 기법을 적용하지 말라고 경고했다. 흙에 대한 단순한 화학적 분석을 맹신하는 태도 또한 꾸짖었는데, 오늘날의 농부들도 여전히 귀담아 들어야 한다.

리비히는, 흙의 무기질을 계속 소모하는 것이 은행에서 돈을 인출해서 생활비로 써 대면서 계좌에 더 많은 돈을 입금하지 않는 것과 같다고 했다. 그가 볼 때, 땅에 양분을 되돌려주는 최선의 방법은 가축과 사람의 분뇨인 두엄과 인분이다.

후자의 예로, 그는 인분으로 만든 거름인 푸드렛(poudrette)에 얽힌 바이에른 사람들의 경험을 들려주었다. 라드슈타트 요새에 주둔한 군대는 옥외 변소를 지어 사용했다. 수레에 고정되어 있는 빈 통으로 배설물이 떨어지게 만든 것이다. 이는 배설물을 치우는 편리한 방법이었다. 하지만 리비히는 또 다른 이점이 있다고 밝혔다. 이 덕분에 농지의 비옥함이 유지되어 병사들을 제대로 먹일 수 있었다는 말이다. 처음에는 배설물을 받아들이기 꺼림칙했던 주변 시골의 농부들도 흙을 기름지게 만드는 힘이 있음을 안 뒤에는 줄을 서서 그 건조 분뇨를 사 갔다.

1865년, 잉글랜드 의회는 리비히를 초청하여 도시의 오물을 농지에 되돌려줄 방법에 관해 자문을 구했다. 1858년 뜨거운 여름, 런던의 진동하는 악취 탓에 정부는 대책 마련에 박차를 가했다. 시민들은 구역질을 하며, 아무 처리도 하지 않은 악취 풍기는 사람의 배설물을 템스 강에 그대로 투기하기 때문에 콜레라가 창궐한다고 비난했다. 리비히는 런던이 유럽 도시 가운데 날마다 오물로 배출되는 모든 거름을 잘 이용하는 본보기가 되기를 바랐다. 그의 아이디어는 그리스 고전기까지 거슬러 올라가는 여러 선행 연구에 바탕을 둔 것이었다. 하지만 그런 맥락이 있다 해도 다시 대중화되지는 못했다. 대신 옥내 화장실이 선풍을 일으키며 사회를 다른 길로 접어들게 했다. 이제 도시는 머나먼 강어귀까지 이어지는 하수 체계를 건설하기 시작했다.

유기물을 땅에 되돌려준다는 리비히의 목표는 자기 제자들이 수용한 농화학적 철학이 성공하는 데 희생양이 되었다. 제자들은 리비히가 말하는 보상의 법칙에서 핵심을 비료라고 보았다. 리비히가 말한 법칙이란, 작물을 기르는 밭에서 소모되는 양분을 보충해 주어야 한다는 말이었다. 그러나 영속적으로 농업을 이어 갈 수 있으려면 반드시 모든 종류의 양분을 되돌려주어야 한다는 사실을 리비히는 알았다. 수십 년 뒤, 앨버트 하워드 경은 퇴비를 주는 자신의 농법과 리비히의 유명한 돌려줌의 법칙에 근거하여 흙에 유기물을 돌려주어야 한다고 비슷한 주장을 펼쳤다. 그러나 하워드의 견해는 리비히의 제자들이 수용한 비료에 대한 의존을 직접적으로 반박하고자 한 것이었다. 비료의 선구자와 유기농업의 선구자 모두 유기물을 땅에 되돌려주는 일이 흙의 장기적인 생명력을 지탱하는 데 필수적이라 여기다니, 참으로 공교롭다고 나는 생각했다.

동아시아의 농사 방식

그들만이 아니다. 프랭클린 H. 킹의 고전인 1911년의 책 《4천 년의 농부》(Farmers of Forty Centuries)는 유기물을 경작지에 되돌려준 것이 아시아의 집약적인 농업을 수천 년 동안 지탱해 왔으며, 영속적으로 농업을 이어 가기 위해서 필수적인 일이라고 주장했다. 킹은 토양물리학의 아버지라 일컬어져 왔지만, 아마도 아시아의 경작지가 수천 년 동안 왜 변함없이 비옥한가를 연구한 것으로 가장 명성을 얻었을 것이다. 지금은 익히 알려진 이야기인데, 그의 이런 관심은 어느 정도 인간적인 불화에서 비롯되었다. 미국 농무부에 일하던 중 상급자와 심한 견해 차이를 겪은 일이 동력이 되었다.

위스콘신 주의 농장에서 자란 킹은 지식의 실제적 응용에 관심이 있었다. 코넬대학에서 수학한 뒤, 10년 동안 위스콘신대학 리버폴스 캠퍼스에서 학생들에게 자연과학을 가르치며 교직 경력을 쌓았다. 그 뒤 1888년, 킹은 위스콘신대학 매디슨 캠퍼스에 농업물리학 교수로 임용되었다. 대학에서 그는 곡물 저장고를 직사각형 형태에서 원기둥 모양으로 바꾸면 부패가 줄어든다는 걸 입증했다. 이렇게 기하학적 형태만 바꾸었을 뿐인데 귀퉁이를 청소하는 어려움이 사라지고 곰팡이가 핀 곡물을 저장할 가능성이 줄어들었다. 원기둥형 저장고는 고원의 바람에도 더 잘 견뎠기에 이 디자인은 빠른 속도로 확산되어 오늘에 이르고 있다.

과학계에서 킹의 이름이 알려지게 된 계기는 지하수의 이동에 관한 연구였다. 흙을 가득 채운, 일부는 길이가 3미터에 이르는 유리관을 사용하여, 그는 흙 입자의 크기가 흙 속을 흐르는 물의 속도에 영향을 준다는 걸 알아냈다. 토양수에 칼륨을 용해시키면 작물 수확량이 증가할 수 있음을 보여 주는 연구를 알게 되면서 흙의 비옥함에 관심이 생겼다.

1902년에 킹은 워싱턴 DC에 있는 미국 농무부 토양국 토질관리부 부장으로 임명되었다. 새로운 직책을 맡은 킹은, 작물 수확량과 관계가 있는 것은 흙 자체의 총 화학적 구조라기보다 토양수의 양분 농도라는 사실을 연구를 통해 밝히기 시작했다. 뿌리는 물속에 용해되어 있는 양분을 흡수하는데, 용해되어 있는 양분은 흙 속에 들어 있는 총량의 극히 일부에 지나지 않는다. 그리고 이는, 식물이 이용할 수 있는 양분을 농사로 다 끌어다 쓰고 보충해 주지 않는다면, 지력 또한 바닥날 수 있음을 의미한다고 결론지었다.

이 견해는 킹의 상급자인 토양국장 밀턴 휘트니와 대립했다. 그는 흙의 총 화학적 구조에 기초하여 보면 식물의 먹을거리는 사실상 바닥날 수 없다고 믿었다. 그는 흙의 화학적 구성이 작물 생산에 별로 중요하지 않다고 보았다. 체서피크 만 인근의 기름진 흙과 비생산적인 흙 모두에서 식물의 영양 공급에 필수적인 원소들의 총량은 거의 차이가 없었기 때문이다. 휘트니는 흙의 비옥함은 일차적으로 토양수분과 토성의 반영이라는 입장이었다. 비료는 흙의 물리적 속성에 영향을 끼치기 때문에 수확량을 북돋운다고 주장했다. 그의 관점에서 볼 때, 모든 흙은 식물의 먹을거리를 충분히 갖추고 있어 꾸준히 작물을 길러 낼 수 있다. 있는 그대로 말하자면, 이 관점은 논란에 불을 지폈다. 1903년 가을 미국 농무부 토양국 공보가 발간되었을 때였다. 휘트니의 주장은 부분적으로 킹이 수행한 실험 데이터를 선택적으로 사용한 데서 비롯되었다. 킹은 상급자의 편견 섞인 해석에 이의를 제기하고 자신의 이름을 저자 명단에서 빼 달라고 요구했다.

킹은 상급자가 자신의 연구를 도용하고 곡해한다는 생각에 좌절감이 들었다. 킹은 여섯 편의 원고를 완성했는데, 세 편은 공보 22호에 수록된 휘트니의 결론과 모순되는 데이터가 포함된 것이었다. 휘트니는 논문 세 편의 공표를 승인했으나 보증(endorsement)하지 않았고, 자신의 생각이 심각하게 평가절하된 나머지 논문들을 토양국에서 간행하는 것을 거부했다. 그리고 킹이 토양국에서 사직하도록 하여, 킹과 킹의 관점 모두를 이 신생 부처에서 몰아냈다. 그 과정에서 휘트니는 미국 농업을 화학비료의 길로 몰아가는 데 한몫했다.

1904년에 킹은 위스콘신으로 돌아왔다. 휘트니가 거부한 논문들을 펴낸 뒤, 그는 동아시아 농부들이 수천 년 동안 농지를 생명력 넘치게 가꾸어 온 방법에 관심이 점점 커졌다.

아시아 농사 방식을 향한 호기심의 뿌리는 미국의 안전한 미래에 대한 걱정에 닿아 있었다. 킹이 보기에, 미국이 풍요로움은 적은 인구에 비해 기름진 흙이 매우 풍부한 데서 비롯되었다. 번영이 지속되려면 땅심을 지켜 내야 하는데, 그즈음 미국의 토양이 악화되었음은 공공연한 사실이었다. 구아노와 무기질 비료를 수입하여 작물 수확량을 떠받치고 있었다. 1800년대 초, 유럽의 식민지 개척자들이 처음 북아메리카 농지를 경작하기 시작한 뒤 200년도 안 되었을 때, 남동부의 흙은 이미 몹시 악화되어서 농부들은 우르르 애팔래치아산맥을 넘어갔다. 쟁기를 한 번도 보지 못한 새 흙이 산맥 너머에서 유혹하고 있었기 때문이다.

미국의 농사 방식이 흙의 생명력을 갉아 먹은 사실을 익히 알고 있는 킹은 비료 사용이 일시적인 해결책일 뿐이라 믿었다. 아마 아시아의 농법에는 영구적인 농업을 확립할 열쇠가 있을 것이라고 확신했다. 1909년에 그는 생명보험을 해약하여 9개월 동안의 아시아 여행 경비를 마련했다.

1909년 2월, 킹은 아내 캐리와 함께 극동 지역 여행의 대장정에 올랐다. 그 지역 농업 지속성의 비밀을 캐기 위해서였다. 아이러니하게도 킹이 동양 여행길에 오른 그해 하버와 보슈는 합성 질소비료를 제조하는 방법을 개발했다.

중국에는 평방마일(1평방마일은 약 2.6평방킬로미터—옮긴이)당 평균적으로 사람이 거의 2천 명, 젖소 수백 마리, 그리고 그 두 배만큼의 돼지가 살고 있었다. 그 밀도라면, 대부분의 미국 농부들이 한 가족이 먹고 사는 데도 너무 작다고 여기는 40에이커의 농장에서, 한 마을이랄 수 있는 240명의 사람과 수십 마리의 젖소와 그보다 많은 돼지를 먹여 살리는 셈이었다. 계산해 보면 일인당 3분의 1에이커의 농지만 있으면 된다. 수천 년 동안은 둘째 치고, 아시아 농부들은 어떻게 이렇게 할 수 있었던 것일까?

2월 19일, 몇 주 동안 잿빛 하늘과 거친 파도를 겪은 끝에, 킹과 아내는 일본의 요코하마 항구에 내렸다. 이튿날 아침 도쿄로 가는 길은 사람과 말, 분뇨를 싣고 경작지로 가는 황소의 행렬이 끊임없었다. 사내들이 끌고 가는 수레에는 단단히 밀봉한 나무통이 여섯 통에서 열 통쯤 실려 있었는데, 각각 23킬로그램 무게는 되어 보였다. 오물을 강이나 하수관으로 버려 바다로 내보내는 것이 더 값싸고 효율적인 방법일 텐데, 시 당국에서 왜 그렇게 하지 않느냐고 킹이 통역인에게 물었다. 통역인은 그토록 소중한 것을 내다버리는 건 낭비라고 대답했다. 해마다 일본 농부들은 일본의 경작지 전체에 에이커당 거의 2톤을 돌려주고 있었다.

아시아 농지에 되돌려주는 유기물은 인분만이 아니었다. 한 과수원을 방문한 동안, 킹은 볏짚을 뿌리덮개로 삼아 나무 사이의 땅을 피복한 덕분에 잡초가 하나도 없는 걸 확인했다. 일본 농부들은 볏짚을 채소밭의 뿌리덮개로도 쓰고 있었다. 짚을 흙 위에 깔고 그 위에 흙을 조금 덮은 뒤 물을 뿌려 두면, 물이 금세 스며들어 짚이 땅에 잘 달라붙기 때문에 지표면의 증발이 줄어든다. 짚이 썩기 시작하면 뿌리덮개는 퇴비가 된다. 퇴비와 뿌리덮개가 일본 농사의 기초인 것이다. 일본 사람들이 농지에 되돌려주는 질소, 인, 칼륨의 양을 킹이 계산해 보니, 작물을 재배하면서 소모한 만큼 보태고 있었다. 그들은 선순환 고리를 완성하여 흙에서 작물과 사람으로, 그리고 다시 흙으로 양분을 순환시켰다. 이것이 바로 수천 년 동안 농업을 지속시켜 온 열쇠였다.

킹의 배가 홍콩에 도착한 건 3월 7일 일요일이었다. 인근 시골을 둘러보니, 사람들이 수고스럽게 유기 폐기물을 모아 퇴비 만드는 곳으로 보내고 있었다. 재, 인분, 가축 분뇨를 모두 알뜰하게 모아 퇴비로 만들어 다시 작물에 주는 것이다. 돌로 깔끔하게 깔아 놓은 돼지우리 바닥을 말끔히 씻어 낸 뒤에, 그 더러운 물을 모아서 거름으로 주는 모습은 특히 인상적이었다. 강가에서는 배에 한가득 실어 온 2톤 정도의 인분을 부려 신중히 물을 부어 희석한 뒤 부추 밭에 뿌리고 있었다. 남자들은 어깨로 양쪽의 균형을 맞추며 두 개씩 들통을 날라다가, 자루가 긴 똥바가지로 이 누런 보물을 퍼내 흙에 주었다.

극동 지역을 여행하며 킹이 계산해 보니, 해마다 사람들이 농지에 주는 인분이 1억8천200만 톤으로 질소 100만 톤 이상, 칼륨 약 37만6천 톤, 인 15만 톤이 들어 있는 양이었다. 미국 농지는 어마어마한 양의 무기질 비료를 지속적으로 소비하는 반면, 아시아 농업은 무기질 비료가 부족했다. 한쪽의 농사 방식은 토질을 악화시켰고 한두 세기 안에 수확량이 감소하고 있었다. 다른 한쪽의 농사 방식은 수천 년 동안 높은 수확량을 유지해 나갔다.

이 차이를 불러온 원인은 킹이 보기에 명확했다. 해마다 미국과 유럽은 1인당 질소 2~5킬로그램, 칼륨 1~1.8킬로그램, 그리고 인 0.5~1.4킬로그램을 바다에 버렸다. 어떻게 된 일인지 이렇듯 비옥함의 원천을 송두리째 버리는 일이 문명의 위대한 성취 가운데 하나로 여겨진다고 그는 날카롭게 지적했다. 그가 보기에는 아시아의 농사 방식이 훨씬 알맞다.

비결은 분뇨의 선순환 고리를 연결하는 것만이 아니었다. 오랜 경험을 통해 아시아 농부들은 콩과 작물을 포함하여 돌려짓기를 하면 흙을 더욱 튼실하게 가꿀 수 있다는 점을 알았다. 농부들은 벼를 수확하기 직전이나 직후에 토끼풀을 파종한다. 나중에 토끼풀을 쓰러뜨리거나 뽑은 채로 농수로 진흙을 갖다 덮는다. 그러면 몇 주 동안 토끼풀이 흙과 섞여 퇴비가 되거나 발효된다. 하지만 유기물은 언제나 농지로 되돌아간다.

곧 수확할 작물이 한창인 이랑과 이랑 사이에 다음 작물을 파종하는 것도 흔한 일이었다. 새 작물은 기존 작물을 수확하기 전에 먼저 자라기 시작한다. 킹은 1에이커의 오이 밭에서 걸음을 멈추고 농부에게 궁금한 걸 물어보았다. 인분을 거름으로 주는 그 밭은 미국 농법으로 예상할 수 있는 수확량의 네 배를 생산하고 있었다. 또한 이듬해 오이 농사 전까지 계절마다 푸른 잎채소를 두 종류씩 재배했다. 에이커당 작물 총생산량은 미국 농장과 비교가 안 될 만큼 많았다.

일본 농림수산성의 추정에 따르면, 1908년에 거의 2,400만 톤의 가축 분뇨와 인분을 두엄으로 농지에 주었다. 그해 상하이 시는 공원과 관저에서 나오는 인분을 운반할 권리를 총 3만1천 달러라는 엄청난 금액에 팔았다. 상하이 위생관인 아서 스탠리 박사는 퇴비로 만드는 분뇨와 가정용 쓰레기를 정화하는 효과적인 방법이 세균에 의한 분해라고 킹에게 확인해 주었다. 그런 물질을 강에 버리면 상수원이 오염되지만, 퇴비로 만들면 그 영양분을 재활용할 수 있다.

증기선을 타고 강을 거슬러 산둥 성의 가파른 언덕 지형의 시골로 간 킹은, 부유한 시골 마을을 찾아가서 그들이 퇴비를 만드는 방법을 살펴보았다. 마을 집집마다 집 앞에 깔끔하게 퇴비 더미가 쌓여 있고, 큰 길을 따라서 수십 명의 사내가 분뇨, 생활 쓰레기, 작물 잔여물을 뒤섞고 휘젓기를 반복하며 혼합물에 공기가 들어가도록 했다. 주기적으로 퇴비에 물을 부어 발효 속도를 조절한다. 유기물이 분해되면 퇴비에 새 흙과 재를 섞고 건조시킨 뒤 손으로 부수거나 가축이 끄는 돌 굴림대로 빻는다. 완성된 퇴비는 농지로 가져가 흙에 주어 다음 파종을 준비한다.

킹의 눈길을 사로잡은 게 또 있었다. 땅에 목화씨를 뿌리고 열흘이나 보름 뒤에 밀을 수확하는 방법이었다. 목화씨를 뿌린 뒤 밀 이랑 사이 고랑 흙을 퍼서 목화씨를 덮어 준다. 이 흙 뿌리덮개는 흙의 수분을 유지하여 발아를 촉진한다. 이 깊고 고슬고슬한 흙에는 쟁기가 필요 없다. 밀을 수확할 무렵에 목화는 이미 흙과 작물 잔여물을 뚫고 싹이 올라오고 있고, 더 성장할 수 있는 몇 주의 시간을 벌어 놓았다. 여기에 잡초 방제의 열쇠가 있다. 다음 작물을 심은 직후에 이전 작물을 수확하면, 다음 작물이 유리한 출발을 하여 잡초를 몰아낼 수 있다.

킹은 고향인 위스콘신 주가 산둥 성의 가장 생산적인 땅과 똑같은 밀도의 마을을 먹인다고 가정해 보았는데, 사람 8천600만 명과 그만큼의 돼지, 2천백만 마리의 젖소를 먹일 수 있다는 계산이 나왔다. 이는 당시 미국 전체 인구에 맞먹는 수치였다.

킹은 같은 농지에서 여러 가지 작물을 재배하는 것이 중국 농부들의 일반적인 방식이라는 데 깜짝 놀랐다. 성장 단계가 서로 다른 여러 작물을 하나의 농지에서 길러 낼 수 있다는 사실이 감탄스러웠다. 수확이 가까워진 겨울밀은 반쯤 익은 콩과 막 싹을 틔운 목화를 보호할 수 있다. 작물 돌려짓기로 콩과 식물을 밀이나 목화와 교대로 재배한다. 다양한 작물 재배는 예외가 아니라 규범이었다. 나는 이런 내용을 읽으면서, 오늘날의 보존농업과 같은 맥락이라는 데 놀랐다.

킹의 기록에 따르면, 일본의 나라(奈良) 실험장에서는 보리를 심은 이 랑과 이랑 사이에 대두를 심어 풋거름으로 삼았다. 오늘날 우리가 알고 있듯이 이는 보리에 질소를 공급한다. 보리를 수확하고 한 주 뒤에 대 두를 수확하고, 그다음 벼를 심는다. 이 농부들은 보리, 쌀, 수박을 비롯 한 갖가지 채소를 4년 동안 돌려짓기 한 뒤 다시 보리와 쌀 순서로 돌 아간다. 한국에서 농부들은 옥수수나 수수 두 이랑, 대두 한 이랑을 교 대로 심는다. 킹은 미국 농부들도 이처럼 돌려짓기나 사이짓기를 못할 이유가 없다고 생각했다.

그렇다고 킹은 단순히 아시아의 농법을 베껴 쓰자고 주장하지 않았 다. 아시아 농법은 다만 서양 농업에 중요한 교훈을 준다고 보았다. 나는 킹처럼 날카로운 관찰자가 아시아 농부들로부터 작물 병해충에 관한 걱정을 들었다는 식의 말을 한마디도 하지 않았음을 의미심장하게 받 아들였다.

1911년 8월 4일, 안타깝게도 킹은 책을 완성하기도 전에 숨을 거두 었다. 그의 아내는 원고를 검토하고 위스콘신에서 사비를 들여 출간했 는데, 킹이 계획했던 결론 부분이 미완성이었기 때문이다. 책은 별 반응 을 얻지 못하다가 1927년에 런던의 한 출판사에서 출판되었고, 앨버트 하워드 경이 이후 유기농업에 관한 기초 저작물들에서 킹을 인용했다. 그리고 1940년대에 제롬 로데일이 재출간했다. 거의 읽히지 않은 고전 인 킹의 책은 동양 농업의 기본 농법을 정리해 놓았는데, 선견지명을 드 러내듯 이는 보존농업의 원리들과 궤를 같이한다.

바이오솔리드

오늘날 도시 중심부에서 농지로 유기물을 보내려는 노력은 대규모의 양분 재활용에 대한 리비히와 킹의 관점을 새로이 재해석한 것이다. 지자체들은 날이 갈수록 음식물 쓰레기나 가정과 텃밭에서 나온 찌꺼기로 만든 퇴비와, 미생물이 소화시킨 인분인 바이오솔리드를 주어 숲과 농장, 공동체 텃밭의 흙을 기름지게 가꾸고 있다.

결코 새로운 발상이 아니다. 위스콘신 주 밀워키는 개별 포장된 바이오솔리드 제품인 밀오거나이트(Milorganite)를 원예가와 농부에게 판매해 온 지 거의 100년이 되었다. 덴마크도 하수 슬러지를 땅에 주는 오랜 전통을 이어 오고 있는데, 사람들이 만들어 내는 슬러지의 반 이상을 재활용한다. 캐나다는 하수의 약 5분의 1을 땅에 돌려주고, 영국은 5분의 2를 돌려준다. 그리고 내가 사는 시애틀의 바로 남쪽에서도 이렇게 하고 있다.

시애틀에서 역대로 가장 더웠던 여름철, 햇볕이 따가운 어느 8월의 오전 11시, 샐리 브라운과 나는 타코마 시 하수처리장에 있는 댄 에버하트의 사무실에 도착했다. 에버하트는 하수를 타그로(TAGRO)로 변화시키는 일을 감독한다. 타그로는 미생물이 소화시킨 비료인데, 시의 가정 원예가들에게 매우 인기가 있다. 시장도 무척 좋아하는 제품이다. 타그로가 돈이 되어 하수처리장의 한 해 예산 150만 달러 가운데 절반가량을 회수하기 때문이다.

에버하트는 오폐수를 금으로 바꾸는 지자체의 연금술사라기보다는 오토바이를 고치는 사람처럼 보인다. 은빛이 감도는 염소수염을 기르고 문신이 뒤덮은 팔뚝은 굵다. 다이아몬드 모양의 단추형 귀고리 세 개가 왼쪽 귀를 장식하고, 링 귀고리가 오른쪽 귀에서 달랑거렸다. 사무실 벽면을 가득 채운 커다란 할리 데이비슨 로고가 조금 위압적으로 느껴지는 것쯤은 신경 쓰지 않을 사람 같았다. 하지만 떠나갈 듯한 너털웃음은 따뜻하고 탁 트여 있었다. 그 소리에 나는 금세 편안해졌다.

대부분의 폐수처리장은 일반인 출입을 금지한다. 타코마 시 하수처리장은 방문객을 받아들일 뿐 아니라 빈손으로 보내지 않는다. 시장은 도시의 빈 땅에 도시농업을 권장하고 70군데가 넘는 공동체 텃밭에 무료로 타그로를 제공한다. 이 비료는 상당히 인기가 있어서 공급이 달릴 정도이다. 한 해 전 여름에는 6월에 벌써 동이 날 지경이었다. 에버하트는 타그로를 "더 나은 텃밭 농사로 이어지는 초기 약물(gateway drug, 중독성이 강한 다른 마약으로 이어질 가능성이 있는 약한 약물—옮긴이)"이라고 일컫는다.

타그로는 바이오솔리드와 톱밥, 모래의 혼합물이다. 샐리는 이를 궁극의 화분용 영양토라 묘사하고, 이 하수처리장을 '흙 공장'이라 일컫는다. 나로서는 산업화된 거대한 젖소랄까, 가공된 인분두엄(humanure)을 생산하는, 되새김위를 장착한 지자체라고 생각되었다.

누구나 짐작할 수 있듯이, 타그로 같은 바이오솔리드의 안전성에 관한 논쟁과 우려의 초점은, 지자체 슬러지와 오폐수에 중금속, 병원균, 약제, 항생제, 미용 및 위생 제품의 성분이 들어 있지 않느냐는 것이다. 타그로에 있어 그것은 대단한 문제가 아니라고 에버하트는 말한다. 카드뮴이나 크롬 같은 중금속 대부분은 타코마 시의 산업 기반이 미약해지고 해외로 이전하면서 사라졌다. 그리고 처리 과정에서 미생물이 소화를 시켜 병원균과 대부분의 오염물질이 사라진다. 결국 처리장에서 나오는 결과물은 일차적으로는 죽은 미생물, 그리고 수없이 소화된 원료이다. 처리되지 않거나 오염된 오폐수를 땅에 주는 것이라면 분명히 걱정할 만하겠지만, 올바르게 처리되고 가공되는 바이오솔리드는 완벽하게 안전하다고 에버하트와 브라운 모두 입을 모은다. 미국환경보호청(EPA)도 마찬가지로, 타그로가 원예가와 어린이 놀이터에 적합하다고 여긴다.

도시 폐수 실험실은 타그로와 타그로를 준 도시 텃밭의 흙을 여전히 정기적으로 검사한다. 타그로 같은 A등급 바이오솔리드는 완전한 병원균 멸균과 중금속에 관해 검증받으며, 정해진 조건에 부합해야 한다. 그렇게 되면 제한 없이 가정 원예가들에게 판매될 수 있다. B등급 바이오솔리드는 완전한 멸균이 요구되지 않고 숲과 농지에 뿌리거나 매립지에 폐기된다. 흙에 뿌리면, 미생물이 병원균을 먹고 또 햇빛과 산소가 병원균 살균에 도움이 된다. 우리 몸 안에 있는 병원균이 그렇듯, 병원균은 어둡고 산소가 없는 환경에 적응되어 있기 때문이다.

에버하트는 우리를 이끌고 사무실에서 나와 까만 타그로가 큰 무더기로 쌓여 있는 개방형 창고로 향했다. 창고 앞에는 세제곱야드(1세제곱야드는 약 0.77세제곱미터—옮긴이)당 10달러의 가격에 원하는 만큼 살 수 있다는 안내판이 있었다. 한 노인 부부가 19리터들이 들통 여러 개를 깔끔한 승용차 트렁크에 싣고 있었다. 뒤이어 야구 모자를 쓰고 빨간 민소매 티를 입은 남자가 차를 타고 왔다. 문신한 팔을 커다란 흰색 트럭의 창밖으로 걸치고 있었다. "이 좋은 게 단돈 10달러라니" 하고 말하며 삽으로 타그로를 퍼서 픽업트럭 짐칸에 담았다. "놀라운 물건입니다. 잔디밭에 주었더니 풀이 엄청 잘 자라요. 마음에 듭니다"라며, 우리가 청하지도 않은 증언을 그가 쏟아 놓자 에버하트는 활짝 웃었다. 타그로가 널리 알려지는 비결이 바로 저런 입소문이라고 에버하트는 말한다. 써 본 사람은 텃밭과 뜰에서 확인한 효과에 만족한다. 그들이 주변에 알려 주고 더 사러 온다.

에버하트는 처리장에서 생산한 바이오솔리드를 "죽은 미생물, 무더기 사체"라 표현한다. 그것이 그토록 좋은 비료인 이유의 핵심이다. 특히 세균은 질소와 인이 풍부하므로, 타그로로 생산되는 바이오솔리드는 약 6퍼센트의 질소와 2퍼센트의 인을 함유한다. 톱밥과 모래와 혼합되면 비율이 낮아져서 질소 함량은 1퍼센트이다. 그래도 여전히 많은 양이다. 질소는 식물에 스테로이드처럼 작용한다.

폐수 공장까지 짧은 거리를 걸어가며, 브라운은 지자체들이 바이오솔리드를 자원으로 바라보고, 폐수처리장을 자원재생 시설로 생각하기 시작했다고 말했다. 다음 한 시간 동안 나는 혼자서 시설을 둘러볼 수 있었다. 매혹적이기는 고사하고 흥미로울 거라는 예상도 안 했지만 예상과 전혀 다른 시간이었다.

날것 그대로의 폐수가 지름 1.2미터의 관을 통해 처리장에 도착하면서 큰 철망을 통해 걸러진다. 관으로 쉴 새 없이 흘러드는 하수에서 세로 5센티미터 가로 10센티미터의 규격목재, 휴대폰, 아이들 장난감 등 온갖 잡동사니가 가려지고 폐기물 처리장으로 집하된다. 다음 단계에서 미사토와 고운 모래로 이루어진 그릿(grit)을 뚜껑이 없는 수집조에 붓는다. 그다음 거품, 윤활유, 기름기를 표면에서 걷어내고, 고형의 슬러지와 액체를 따로 처리하기 위해 분리한다. 고형의 슬러지는 가열하여 저온살균하며 미생물과 병원균을 죽인다. 뒤이어 산소를 주입하여 호기성 미생물의 성장을 촉진하면 이 미생물이 저온살균된 슬러지를 소화시킨다. 호기성 소화 이후에 슬러지는 여러 단계의 메탄 발효 과정을 거친다. 이 과정에서 혐기성 세균은 호기성 수집조에서 번식된 미생물의 사체를 먹어 치운다. 여기서 발생하는 메탄가스는 열교환기의 전력 공급과 처리장 가동을 돕는다. 호기성과 혐기성 소화를 결합하여 대부분의 유기 오염물을 분해하며 어떤 오염원도 남아 있을 가능성이 없도록 처리한다.

사람들이 바이오솔리드에 대해 어떤 느낌을 갖든, 타코마 하수처리장은 정말로 좋은 비즈니스 모델이다. 브라운과 내가 승용차로 돌아가는 길에, 더 많은 사람이 트렁크와 트럭에 타그로를 싣고 있었다. 먼저 시에 돈을 내고 치워 달라고 했던 것을 되사고 있는 것이다.

양분인가 독소인가?

타그로는 바이오솔리드의 금본위일 수 있으나, 바이오솔리드를 땅에 되돌려준다는 생각에 모두가 동의하는 건 아니다. 연구들은 일반적으로 심각한 문제의 근거를 보고하지 않는데도, 의문과 우려는 여전히 남는다. 연구자가 바이오솔리드에서 다양한 화학물질을 발견하더라도 대체로 그 농도는 낮다. 하지만 바이오솔리드에서 발견되는 모든 물질이 검증되고 추적된 건 아니다. 프탈레이트, 가소제, 계면활성제 같은 일부 유기화학물질은 분해되지 않고 축적될 수 있다. 오랜 시간에 걸쳐 이런 물질에 노출되었을 때, 또는 다른 독성 물질과의 결합 가능성의 영향 등을 우리가 살면서 겪을 수 있다는 것이 반대자들이 지적하는 점이다.

바이오솔리드에 무엇이 들어 있느냐는 문제 말고도, 땅의 어디에 어떻게 주느냐도 문제이다. 워싱턴 주의 삼림지에 바이오솔리드가 몇 십 센티미터 깊이로 살포된 걸 보았다는 등산객들의 이야기를 들은 적이 있다. 캐나다 브리티시컬럼비아와 다른 곳에서 바이오솔리드를 반복적으로 상당량 준 뒤 건강상 문제가 생겼다는 불만이 제기된 이후 바이오솔리드를 주는 문제를 둘러싸고 격론이 벌어진다.

1970~1980년대에 오폐수를 그대로 땅에 주는 문제를 둘러싸고, 특히 중금속과 병원균과 관련된 우려가 확산되었다. 그러나 발생원 통제 활동으로 바이오솔리드의 중금속 농도는 상당히 줄어들었다. 예를 들어 오리건 주 포틀랜드는 1981년부터 2005년까지 2분의 1에서 10분의 1로 줄였다. 온갖 약제 화합물이 오폐수에서 발견되기는 하지만, 혐기성 소화와 호기성 퇴비화를 적절한 생명활동과 결합시켜, 어쨌거나 그 대부분을 분해시킨다.

바이오솔리드를 땅에 주는 데서 비롯되는 흙의 오염원 농도는 여전히 원료 폐수의 농도, 바이오솔리드가 제조되는 방법, 투여율과 지역의 농사 관행을 반영한다. 물론 폐수를 그대로 쓰거나, 저급하게 만들어거나 오염된 바이오솔리드를 쓰면 심각한 건강 문제가 나타날 수 있다. 하지만 발표된 연구 가운데, 제대로 만들어진 바이오솔리드가 심각하게 건강을 위협한다는 뚜렷한 증거를 제시한 논문은 아직 없다. 예를 들어 2014년 이탈리아 연구자들이 분석한 바에 따르면, 약제와 미용 및 위생 제품 성분을 기준으로 볼 때, 바이오솔리드를 땅에 주는 데서 비롯되는 위험은 매우 낮다. 바이오솔리드 옹호자들은 2002년 미국 국립연구회의의 바이오솔리드 보고서를 제시한다. 그 보고서는 바이오솔리드를 농업에 이용하여 보건위생에 부정적인 영향을 끼쳤다는 과학적 근거를 제시한 기록은 전혀 찾을 수 없었다고 밝혔기 때문이다. 비판하는 입장 또한 똑같은 미국 국립연구회의 보고서를 근거로 제시한다. 보고서는 기준을 감정하고, 오염원과 병원균 수준을 문서화하며, 리스크 기반 평가(risk-based assessment)를 발전시키기 위해 심층 연구가 필요하다고 한 것이다.

반대의 목소리에도 불구하고 바이오솔리드 생산은 위축되지 않았다. 2014년, 캘리포니아는 68만8천 드라이미터톤의 바이오솔리드를 생산했는데, 미국 전체 생산량의 약 10퍼센트에 해당한다. 시카고는 한 해에 20만 톤의 바이오솔리드를 생산하며 현재 채소밭에 주는 걸 허가하고 있다. 바이오솔리드는 침식을 줄이고 수질을 개선하며 화재 피해를 입은 땅의 토질을 되살리는 데 사용되어 왔다. 또한 슈퍼펀드 대상지(super fund site, 슈퍼펀드는 미국 연방정부 지원금으로, 유해물질 등에 오염된 대상지를 지정하여 복구한다—옮긴이), 광산, 오염되어 버려진 산업 부지, 지나친 방목으로 훼손된 방목장의 흙을 복원하는 데 사용되어 왔다. 미국에서 생산된 바이오솔리드의 약 절반이 땅에, 주로 농토에 사용된다. 나머지 절반은 소각하거나 매립지에 파묻는다. 그래도 바이오솔리드를 주는 미국 농지는 1퍼센트도 안 된다.

그러나 바이오솔리드가 좋은 비료인지에 관해서는 논란이 없다. 바이오솔리드의 주성분은 60~80퍼센트가 수분이고 4~10퍼센트가 탄소로 이루어져 있지만, 질소가 2~6퍼센트, 인이 1~3퍼센트, 황이 1~3퍼센트로 풍부한 편이다. 또한 식물에게 필요한 열여덟 가지 이상의 미량 원소를 극소량 함유하고 있는데, 붕소, 칼슘, 염소, 코발트, 구리, 철, 마그네슘, 망간, 아연 등이 그것이다. 2015년, 북서부 바이오솔리드에 함유된 질소와 인의 순비료값만 따져도 1드라이톤당 40달러가 넘었다. 에이커당 몇 톤만 주어도 토질이 가장 악화된 흙을 튼실하게 되살리기에 충분한 질소와 인을 공급할 수 있다. 질소의 대부분이 유기물 안에 갇혀 있기 때문에 시간을 두고 천천히 작물에 사용된다. 다시 말해, 수용성 화학비료와 달리, 바이오솔리드 안의 질소는 흙에 잔존하며 흙의 생명력을 뒷받침할 수 있다.

워싱턴주립대학에서 나온 한 연구는 동부 워싱턴 건조지역의 농지에서 화학비료를 준 곳과 바이오솔리드를 준 곳의 수확량 차이가 없다고 밝혔다. 이들 농지는 모두 관행농사를 지은 100년 동안 토양탄소의 절반을 잃은 곳이었다. 그러나 바이오솔리드를 준 농지에서는 토양탄소 함량이 1년에 0.4~0.5퍼센트 증가했으며, 이는 르폴 장관이 벌이고 있는 운동의 목표치를 정확히 달성한 것이다. 워싱턴, 일리노이, 버지니아에서 바이오솔리드 사용에 관한 장기간의 연구 논문들은 이와 비슷하게, 바이오솔리드를 보충한 흙의 탄소 함량이 상당히 증가했다고 보고했다. 이들 연구는 퇴비와 바이오솔리드 사용 모두 흙에서 질소와 인의 함량, 미생물 생물량, 보수력을 증가시켰음을 알아냈다. 다시 말해, 일단 오염물질 문제를 빼놓고, 바이오솔리드는 흙을 건강하게 가꾸어 가는 데 도움이 된다.

그러나 바이오솔리드 옹호자들도 바이오솔리드의 전국 공급량으로는 미국 농지의 극히 일부에만 사용할 수 있다고 지적한다. 따라서 바이오솔리드와 음식물 쓰레기로 만든 퇴비를 도시농업에 사용할 때 기본적으로 지역에서 생산된 것을 비료로 주어야 하며, 응당 적절한 관리를 통해 폐기물 순환 과정에서 오염물질을 줄이고, 철저한 호기성 및 혐기성 미생물 소화와 퇴비화 처리를 해야 한다.

도시 농장은 음식 쓰레기, 텃밭 찌꺼기, 더 나아가 인분에 이르기까지 도시 유기 폐기물을 그것이 배출된 곳 가까이에서 재활용할 수 있다. 이는 완전히 새로운 아이디어가 아니다. 도시농업은 19세기 파리와 20세기 아바나에 싱싱한 채소를 공급했다. 런던은 제2차 세계대전 기간에 이와 같은 방식으로 먹을거리를 공급했고, 미국 또한 빅토리가든(Victory Garden, 미국, 영국, 캐나다, 오스트레일리아, 독일에서 제1차, 제2차 세계대전 때 개인주택 마당과 공원에서 채소, 과일, 허브를 길러 공급한 텃밭—옮긴이)에서 전시에 미국인이 먹은 채소의 거의 절반을 길렀다. 오늘날 도시 텃밭이 다시 인기를 끌어 영국의 주말농장, 스위스의 슈레버 텃밭, 그리고 미국의 피패치(P-Patch) 공동체 텃밭은 대기자가 많다. 로스앤젤레스에서 디트로이트에 이르기까지, 미국 곳곳의 도시 중심부에서 매우 생산적인 농장이 솟아나고 있다. 2009년 현재, 인류는 공식적으로 도시 서식종이고, 인류의 절반 이상이 도시에 살고 있다. 농지를 포장하여 도시를 건설하고, 원료를 먼 거리에서부터 수송하는 비용이 에너지 비용을 따라 상승하면서, 대규모 도시 인구를 먹여 살리는 일은 나날이 힘겨워지고 있다.

유기물을 농지에 되돌려주는 걸 고민해야 하는 중요한 이유는 무기질 비료, 특히 인의 공급량이 무궁무진하지 않기 때문이다. 대부분의 암석이 이 원소를 함유하고 있는 양에 비해 작물은 더 많은 양을 필요로 하고, 광상(鑛床)은 균일하게 분포해 있지 않다. 그리고 우리는 최고급 암석을 가장 먼저 사용하기 때문에, 우리가 더 사용할수록 남은 암석의 질은 점점 떨어진다. 미국의 매장량은 급속히 줄어들고 있고, 중국이 오늘날 세계 인 생산의 거의 절반을 차지한다. 또 세계 인광(燐鑛)의 4분의 3이 모로코에 매장되어 있다. 그러나 인산염 비료에 대한 수요는 앞으로 수십 년 동안 더 늘어날 것으로 예상된다. 동시에 오늘날 농장과 축사, 하수처리장에서 유출되는 초과분의 인이 수질과 수중 생태계를 악화시킨다.

유기물을 재활용하여 인에 대한 수요를 충족시키고 환경을 보호하는 것이 합리적이지만, 바이오솔리드만으로는 문제가 해결되지 않는다. 최근의 연구에 따르면, 사람의 분뇨를 재활용할 때 전 세계 인 수요의 거의 4분의 1 가까이 충족시킬 수 있다.

하지만 우리는 가축의 분뇨에서 훨씬 많은 마일리지를 쌓을 수 있다. 2012년에 나온 분석에 따르면, 미국 가축의 배설물에 들어 있는 인으로 작물이 흡수한 인의 85퍼센트 이상을 보충할 수 있는데, 단 가축 배설물 전부를 재사용하는 경우에 그렇다. 하지만 오늘날 많은 가축을 기르는 농장은 거의 없으니 똥거름이 고르게 분포하지 않는다. 비좁은 축사 시설의 거대한 오물 구덩이에 쌓일 뿐이다. 2011년 잉글랜드의 연간 인 예산에 관한 연구가 밝히고 있듯, 잉글랜드 전역에서 인 수요와 공급을 충족시키기 위해 280만 톤의 똥거름을 운반한다. 물론 수요와 공급을 맞추는 효율적인 방법은 가축과 농지를 같은 곳에 두고, 소가 작물 그루터기를 먹게 하는 것이다. 이것이 소가 축사에 갇혀 곡물을 먹는 것보다 생명활동에 더 알맞은 방법이다.

미국에서 2016년에 발표된 한 연구는 2002년 인구통계 조사와 농업 총조사 자료를 활용하여 인의 재활용에 관해 검토했다. 각 카운티에서 생산된 가축 분뇨와 인분, 음식물 쓰레기가 인의 재활용에서 얼마나 담당할 수 있는지를 확인한 것이다. 당시 세계적인 연구자들로 구성된 연구팀은 재활용 가능성이 있는 인의 양을 옥수수에 시비하는 데 사용되는 인의 양과 비교했다. 놀랍게도, 이 세 가지 원천은 미국 옥수수 밭의 연간 인산비료 수요의 2.5배 이상을 공급할 수 있었다. 가축 분뇨가 공급의 90퍼센트를 차지하고, 전체 수요의 4분의 3이 카운티 내에서 충족된다. 물론 이는 다른 쟁점들을 불러일으킨다. 가축 분뇨를 준 결과 흙에서 특히 항생제 같은 동물용 약제가 검출되었다는 문제가 그 하나이다.

가축이 생산하는 똥거름의 3분의 1 이상만 재활용해도 여전히 우리는 옥수수 밭에 필요한 인산비료의 국내 수요를 완전히 충족시킬 수 있다. 그러나 현재 두엄을 주는 미국 경작지는 5퍼센트뿐이다. 대신 우리는 인을 강과 호수, 바다로 물을 내리듯 흘려보낸다. 미니애폴리스-세인트폴의 인 예산에 관한 한 연구는, 도시에 들어온 인의 96퍼센트가 쓰레기로 버려진다고 밝혔다. 그것을 되찾는다면, 도시 먹을거리를 재배하는 농지의 절반에 비료로 줄 수 있을 것이다.

되살리고 또 되살리기

유스투스 폰 리비히의 궁극적인 뜻을 실현하려면, 우리가 땅을 어떻게 관리하는가, 무엇을 기르는가, 유기 폐기물을 어떻게 처리하는가의 관점에서 농사 체계를 근본적으로 새롭게 생각해야 할 것이다. 국가 수준에서 이 새로운 체계란, 시골에서 흙을 비옥하게 가꾸어 가는 농법을 받아들이고, 도시 유기 폐기물을 재활용하여 도시 농장과 시골 농장으로 유기물을 되돌려주는 일을 포함한다.

한걸음 더 나아간다면, 먹을거리(food), 섬유(fiber), 연료(fuel), 사료 작물(fodder)의 4F를 생산하는 작물 돌려짓기를 중심으로 우리 농업 체계를 재구성할 가능성을 상상해야 한다. 공업 제품의 기본 구성 요소들이 생분해되는 것이라면 사회가 생산하는 폐기물, 이를테면 식품 찌꺼기, 바이오솔리드, 의류, 소비재 모두 퇴비화하여 농지에 비료로 줄 수 있다. 옥수수를 원료로 만들어진 생분해 플라스틱이 이미 존재한다. 식물 섬유로 만든 의류와 소비재는 퇴비로 만들어 땅에 돌려줄 수 있다. 작물의 혼합 방식은 지역 기후와 토양형(土壤型)에 따라 달라지고, 먹을거리, 재료, 에너지, 의류가 다양한 돌려짓기에 통합적으로 반영될 것이다. 이에 포함될 수 있는 먹을거리 작물로는 옥수수, 밀, 대두가 있고, 피복작물을 함께 심어 지력을 북돋우고 사료작물로도 사용되게 한다. 방직 섬유로 목화, 대마, 아마(린넨)를 심어 의복을 만들고, 카놀라, 해바라기, 그 밖에 빨리 성장하는 바이오매스 작물을 재배하여 오일과 바이오디젤 같은 연료를 얻는다. 먹을거리, 섬유, 연료를 가득 실은 기차가 도시로 들어오고 퇴비, 바이오 숯, 바이오솔리드를 가득 싣고 나가서, 우리가 농지에서 얻어온 것을 농지에 되돌려준다고 상상해 보라. 도시로 흘러 들어오고 다시 농지로 돌아가는 끝없는 순환이 이어지는 것이다.

이게 과연 유토피아적 판타지이거나 예언자적 시각일까? 둘 다일지도 모른다. 그런 전망을 실현하기 위해 우리는 인센티브와 시장과 기반시설을 개발하여 농부들이 이런 작물과 농법을 상업적인 활동 속에 끌어들일 수 있게끔 해야 한다. 이는 다양하고 회복탄력적인 농업, 흙의 건강을 유지하고 높은 밀도의 인구를 먹여 살릴 수 있는 농업의 청사진에 지나지 않을 것이다.

이 모든 것의 토대는 흙을 가꾸어 가는 것이다. 이미 정평이 나 있는 레시피는 토양 유기물을 증대시키는 일이다. 그것이 효과가 있다는 걸 우리는 잘 안다. 바로 그 레시피로 테라프레타를 만든다. 그러니 도시의 유기 폐기물 재활용을 추진하는 현대적 운동을 상상해 보자. 지금부터 100년 뒤에 우리는 유기물이 풍부한 기름진 땅에서 초목과 과일과 채소를 도시 안과 도시 주변에서 길러 낼 수 있다. 농장에서 식탁까지 원거리 식품 수송은 사라진다. 도시에서 유기 폐기물을 혐기성 발효를 시키거나 숯으로 만들게 된다면, 숯과 퇴비를 농지로 수송하는 데 필요한 에너지를 생산할 수 있다.

해마다 미국의 보통 사람은 거의 23킬로그램의 바이오솔리드, 79킬로그램의 음식물 쓰레기, 91킬로그램의 원예 찌꺼기를 만들어 낸다. 바이오솔리드와 원예 찌꺼기의 거의 절반은 매립된다. 음식물 쓰레기는 거의 전부 매립된다. 적절하게 처리되고 퇴비나 숯이 된다면, 이 원료의 대부분이 재활용되어 토질이 악화된 농장 흙을 되살려내고 도시 흙을 생명 넘치게 가꾸는 데 사용될 수 있다. 하지만 우리는 이 모든 걸 먼지처럼 쓸어내고 있다.

아무리 완벽하게 처리한 물질이라고 해도 오폐수를 농장에 되돌려주어 먹을거리를 길러 낸다는 생각에 저항감이 드는 건 이해할 수 있다. 그러나 앞으로 100년 동안 오늘 우리가 상상할 수 없었던 방식으로 안전하게 폐기물 순환 과정을 재설계할 수 있을 거라고 생각하는 건 특별한 게 아니다. 150년 전만 해도 옥내 화장실이 없었다는 사실을 떠올려 보라.

우리의 근시안에 대해 리비히는 어떤 생각을 할까? 양분 순환과 관련하여 우리가 전반적인 문제를 안고 있다고 말할 것 같다. 선순환 고리를 완성하기보다 우리는 농지에 비료를 줄 뿐, 두엄이 생겨난 곳으로 되돌려 주지는 않는다. 소가 농지에 없기 때문이고, 오물을 운반할 돈이 없기 때문이다. 참으로 훌륭한 방식이다. 오로지 비료를 파는 사람에게만.

13장

다섯 번째 혁명

> 농업이 진보하는 데 가장 큰 장벽은 바로 관념이다.
> - 크리스틴 니컬스

이 책에 담길 내용 구상에 착수할 무렵, 아내 앤과 나는 남부 잉글랜드의 에덴 프로젝트를 방문했다. 이곳은 세계 최대의 온실로, 고령토 폐광의 노출된 구덩이에 세운 거대한 지오데식 돔들로 이루어져 있다. 한 전시물은 6미터 높이의 호두까기 기계로, 그 설계자는 산업화의 부조리를 풍자하려 했다. 고철 도르래, 체인, 크랭크, 레버들이 큰 쇠구슬들을 트랙을 따라 이동시켜 기어를 회전시키면, 기어가 둥그런 쇳덩이를 천천히 공중으로 들어 올렸다가 세심하게 자리를 잡은 개암 위로 떨어뜨린다. 아이들이 동력을 공급하겠다고 앞 다투어 나서서, 전시물 울타리 한쪽에 달린 크랭크를 돌린다. 우리는 넋을 잃은 관객들 틈에 끼어, 개암을 깨는 문제를 해결하기 위해 설계된 갖가지 부품들의 춤을 추는 듯한 복잡한 동작을 지켜보았다.

전시관을 나서자마자 앤은 주변에 한가득 깔린, 나무랄 데 없이 훌륭한 수많은 바위를 가리켰다. 호두까기쯤은 순식간에 아무 힘 안 들이고

347

도 할 수 있는 바위들이었다. 그 전시물의 더 폭넓은 가르침이 바로 거기 있었다. 솔직한 마음으로 단순한 해결책을 찾을 수 있는데도, 복잡한 해법만이 우리의 관심과 흥미를 끄는 건 아닌지.

그러나 문제를 해결하는 단순한 아이디어가 인기를 끌고 있다. 세계 곳곳에서 재생농업 방식으로 훌륭하게 농사짓는 농부들을 방문하면서, 나는 흙을 건강하게 되살리는 일이, 토질이 악화된 땅을 다시 살려 내고 작물 수확량을 유지 또는 증가시키면서도 원유와 농화학제품을 거의 쓰지 않는, 실용적이고도 비용효율적인 방식임을 확신하게 되었다. 이 혁신적인 농부들이 자신의 흙을, 농장을, 그리고 은행 잔고를 복구해 내는 모습을 보면, 과거 문명들의 파국을 우리는 피할 수 있음을 믿을 수 있다. 그것은 우리가 할 수 있느냐의 문제가 아니라 할 것이냐의 문제이다.

흙의 양분은 재생시킬 수도 보충해 줄 수도 없다는 것이 통설이다. 하지만 그건 사실이 아니다. 피복작물을 재배하고 유기물을 땅에 주면 빠른 속도로 비옥해질 수 있다. 흙을 살지게 가꾸어 가는 건 생명활동을 촉진하고 무기질의 이용 가능성을 높이며 '또한' 유기물의 적절한 균형을 갖추는 일이다. 그렇게 생명의 바퀴와 함께 굴러가야지, 거기에 맞서며 악화시켜서는 안 된다.

여태까지 살펴 본 것처럼, 세계 경작지를 생명력 넘치게 되살리는 일은 현대 테크놀로지와 시간이 검증해 준 전통 사이에서 하나를 고르는 문제가 아니다. 우리는 전통적인 지혜를 최신화하고 '또한' 새로운 농경 과학과 테크놀로지를 받아들일 수 있다. 토양 악화 문제를 해결하는 건 농법의 관점에서 보자면 정말로 간단하다. 정치적 자원을 집결시켜 관행농업에 보조금을 지급하는 걸 중단하고 흙을 건강하게 가꾸어 가는 농업을 권장하게끔 하는 게 어려운 문제이다.

보존농업의 원리는 흙의 건강을 되살리고, 미래 세대를 먹여 살리며, 농부들이 환경을 훼손하지 않고도 생계를 유지할 수 있도록 유연하고 맞춤화된 지침을 알려 준다. 열대지방부터 대초원에 이르기까지 내가 방문한 모든 곳에서, 농부들은 흙의 교란을 최소화하고 흙의 유기물을 늘리고 이로운 미생물을 풍성하게 가꾸는 농법을 받아들여 관행농장, 유기농장 할 것 없이 땅심을 돋우어 왔다. 물론 구체적인 방법은 저마다 다르다. 모든 농장은 어느 정도 독특한 면이 있다. 온대의 초지에서 효과적인 방식은 열대림에서 그다지 효과가 없을 수도 있다. 우리는 땅에 맞게 농법을 맞춤화하고, 지리적·사회적 환경을 중시해야 한다. 그래야만 땅과 노동력, 화학물질과 유기물질의 투입, 농기계의 사용을 맞춤화하여 농장 수익성은 물론 흙의 건강까지 증대시킬 수 있다.

이런 과제를 해결하기 위해서, 농부들이 세 가지 원리 모두를 포괄하는 농법을 받아들여 농장에서 스스로 변화를 일으키도록 설득하는 방법을 찾아야 한다. 최소한의 토양 교란, 피복작물 재배, 복합적인 돌려짓기의 세 원리 모두를 받아들여야 하나의 농사 체계로서 작동하기 때문이다. 한 조각이라도 떨어져 나가면 애초에 기대한 효과가 나타나지 않는다. 다리 세 개가 모두 붙어 있어야 스툴이 똑바로 서 있지 않겠는가.

내가 만난 농부들이 발상의 전환을 이야기하는 것은 다른 농부들에게 무언가를 팔거나, 다음 보조금을 타내거나, 재선 자금을 마련하거나, 후원자나 고용주를 기쁘게 하기 위해서가 아니다. 그들은 깊은 공동체 의식을 지니고, 자신에게 효과가 있고 다른 이들에게도 효과가 있을 농사 체계에 대한 지식을 전하고자 하는 것이다. 경험을 통해서 이런 관점에 스스로 이르게 되었지만, 그들은 더 이상 혼자가 아니다.

유엔식량농업기구와 세계은행 모두, 보존농업의 이 세 가지 요소를 발전도상국의 작은 농장을 위한 지속 가능한 발전의 핵심으로 권고한다. 세계은행은 이들 원리를 작물 수확을 증대시키고, 온실가스 배출을 줄이며, 흙에 탄소를 저장하고, 농업의 기후변화 회복탄력성을 북돋는, '기후대응 스마트'(climate-smart) 농업의 기반이라고 홍보한다. 농화학 공룡기업인 몬산토조차 요즘 흙의 건강이 농업 미래의 핵심이라고 광고한다. 이데올로기, 정치, 산업계 스펙트럼상의 다양한 조직이 흙의 건강을 뒷받침하는 농법을 채택해야 한다고 입을 모은다. 왜 우리는 사회의 정책 도구함에 들어 있는 모든 수단을 사용하여 이를 권장하지 않는 것일까?

그와 같은 농업의 기본적인 재정비는 전반적인 큰 변화를 의미한다. 그래서 지지자와 반대자가 생길 것이다. 잃을 것이 가장 많은 자는 누구인가? 오늘날 관행농업이 의지하고 있는 농화학제품을 제조하고 판매하는 자들이다.

보존농업

흥미롭게도 흙의 건강이라는 렌즈를 통해 바라보면, 관행농업이냐 유기농업이냐를 둘러싼 논쟁의 많은 부분이 해체된다. 흙의 건강을 북돋우는 농법을 실천하는 유기농장은 생산력이 높아지고, 관행농장은 수익이 더 커진다. 영양학 연구 논문들에 관한 최근의 검토서는, 유기농 식품이 살충제 잔여량이 낮을 뿐 아니라, 식물생리활성영양소, 항산화제, 미량원소 농도 또한 높다고 보고한다. 완전한 유기농업이 아니더라도,

비료와 살충제 최소한으로 줄여 이런 건강상의 이로움을 얻을 수 있다면 괜찮지 않을까? 보존농업은 그런 가능성을 제공한다.

관행농업을 저투입 농법으로 전환하면 흙의 침식, 수분 보유력, 에너지 사용, 질산염과 인산염과 살충제 오염의 문제를 해결하는 데 도움이 될 것이다. 한결 건강해진 흙이 농업 생산의 결실로 따라온다면, 이는 농업의 케케묵은 문제를 해결할 뿐 아니라 인류가 오늘날 맞닥뜨리고 있는 가장 긴급한 문제들의 일부를 해결하는 데 보탬이 된다.

흙을 되살리면 사회적 편익을 3중으로 거두는 동시에 농장 수익성이 개선될 수 있기 때문이다. 흙을 기름지게 가꾸면 세계 인구를 먹일 수 있고 식품의 질도 좋아진다. 토양탄소를 저장할 수 있어 기후변화 속도를 늦추고 농업의 기후변화 회복탄력성을 북돋울 수 있다. 그리고 농지에서 생물다양성을 보존할 수 있다. 줄어든 보조금 덕분에 납세자들의 돈을 절약하는 것은 덤이다.

세계에서 토질이 악화된 농지의 흙을 건강하게 되살리면 에너지 집약적인 농법에 대한 의존이 줄어들고 포스트오일 시대에도 높은 수확량을 유지하는 데 도움이 된다. 내가 방문한 농장들은 완벽하게 확립된 보존농업 방식으로 농사를 지어 관행농업 수확량과 비슷하거나 더 많아지는 결실을 증명했다. 전환기 몇 년을 거친 뒤에야 수확량이 비슷해질 수는 있지만, 긴 안목으로 보면 훨씬 더 합리적이다.

2006년에 나온 한 연구는 라틴아메리카, 아프리카, 아시아 57개국 저투입 자원보존 농법 286개 개발 프로젝트를 평가했다. 이들 프로젝트는 피복작물을 심어 질소를 고정하고 침식을 관리했으며, 다양한 작물 재배와 돌려짓기가 해충 관리에 효과가 없을 때에만 살충제를 주었고, 가축을 농사 체계에 포함시켰다. 농사 방식과 작물 종류는 다양했는데, 수확량의 평균 증가율이 79퍼센트로 두 배가 되기에는 모자라지만, 전 세계에서 이를 실천하면 내일의 지구를 먹여 살리는 데는 충분하다. 살충제 사용에 관한 데이터를 추적할 수 있는 프로젝트의 경우, 수확량은 42퍼센트 증가했지만 살충제 사용은 71퍼센트 줄었다. 이런 변화의 많은 부분을 가능하게 한 것은, 토질과 작물 건강을 증진하고, 따라서 최소한의 살충제 사용으로도 효과적으로 해충을 관리하는 농법이었다. 이는 더욱 다각화된 저투입 농사가 많은 자급농에게 효과가 있음을 입증해 준다.

일반적으로 생태학자들은 다양성이 풍부할수록 회복탄력성이 크다고 말한다. 단일경작은 자연에 거의 존재하지 않는다. 그런 일이 생긴다 해도, 단일 우세종이 점령한 생태계는 영속하지 못한다. 농장의 단일경작은 불안정하고 해충과 병원균에 취약할 뿐이다. 하지만 농장에서 생물다양성을 높이는 일은 해충과 병원균에 대한 회복탄력성을 기르는 방법이고, 자연은 억겁의 세월 동안 땅에서 이를 검증해 왔다.

정부는 규제를 통해 기업이 강과 냇물을 오염시키지 못하게 막는다. 농부 또한 그래야 한다. 수질을 저하시키고 수로를 오염시키는 농법에 만족할 사람은 아무도 없으며 특히 농부가 그래서는 안 된다. 비료를 거의 사용하지 않는 건 오염 문제를 해결하는 데 큰 도움이 된다. 한 예로, 도시의 식수를 공급하는 디모인 수자원공사는 최근에 아이오와 주의 농업 지역인 카운티 세 곳에 소송을 걸었는데, 상수원이 질산염으로 오염된 것이 이유였다. 사람들이 먹을 식량을 기르는 농부를 상대로 물을 오염시켰다며 이웃이 집단적으로 소송을 건다면, 그 농사 체계가 무언가 문제가 있는 것이라고 말하는 게 안전하겠다. 보존농업이 널리 받아들여진다면 큰 규모든 작은 규모든, 농장 우물의 오염을 둘러싼 개인

갈등이든 멕시코만 거대한 죽음의 해역 문제든, 토양의 질산염, 인산염, 살충제 오염 문제를 해결하는 데 도움이 될 것이다.

토양의 생물다양성이 인간의 건강에 가져다주는 이루 헤아릴 수 없는 소중함을 떠올려야 한다. 더구나 오늘날 대부분의 항생제는 흙에 서식하는 미생물로부터 비롯된 것이 아닌가. 우리는 토착 흙에 서식하는 미생물 군집을 결코 다 알고 있지 못하다. 차후 농업 또는 의약품에 어떤 미생물이 변화를 몰고 올 것인지 누가 알겠는가? 우리는 자연의 저장고를 거덜 내는 집중적인 비료 사용과 경운에 대한 의존을 중단해야 한다. 비료 사용과 경운에 뒤따르는 토양 생물상의 변화는 생물다양성을 감소시키고, 세균류와 진균류 군집의 풍부함과 구성 상태를 변화시킨다. 유기물을 흙에 되돌려주고, 물리적으로나 화학적으로 흙을 교란시키지 않는 농법으로 이런 문제를 돌파할 수 있다.

땅 위에서나 땅속에서나 생명을 땅에 되돌려주고 생물다양성을 뒷받침하는 보존농업의 힘은 환경보호론자와 농부 모두의 마음을 사로잡는다. 좋든 싫든, 자연의 많은 부분이 농장에서 생존하는 것들이 될 것이다. 오늘날 우리는 지구에서 결빙되지 않는 육지 면적의 3분의 1 이상을 경작과 가축 사육에 사용하고 있기 때문이다.

그러나 토질이 악화된 땅을 빠른 시간에 되살릴 수 '있다'고 해서 우리가 꼭 그렇게 한다는 법은 없다. 보존농업을 실천하는 농부 개개인은 이따금 단기 이익을 우선할 것인가 아니면 장기적으로 흙을 보존하고 비옥하게 가꿀 것인가를 놓고 저울질하곤 한다. 현실적으로 볼 때, 경제적인 생존 능력을 희생한 채 보존농업을 할 수는 없다. 진실로 지속 가능한 농업은 두 가지를 모두 필요로 한다. 농경 체계로서 보존농업의 세 요소 모두를 실천할 때 가장 확실한 점은, 관행농부가 시간과 돈을 절약할 수 있다는 것이다.

정부기관과 기업 연구를 통해 하향식으로 개발된, 비료를 많이 쓰는 녹색혁명 농법과 달리, 보존농업은 대체로 농부가 주도적으로 이끄는 상향식으로 발전되고 확산된다. 왜냐고? 그 핵심적인 장점은 투입 비용을 줄임으로써 농부의 최종 수익을 높이는 데 있기 때문이다.

그렇다고 농부만 관심을 보이는 건 아니다. 수많은 유명 재단이 흙의 건강을 재단 활동의 중심 테마로 잡고 있다. 그 가운데 주요 재단으로 일리노이 주의 하워드버핏재단, 오클라호마의 노블재단, 캘리포니아의 재생농업재단이 있다. 그리고 오늘날 전 세계에서 수십 군데의 비영리조직이 흙의 건강과 복원을 내세우고 있는데, 최근에 설립된 노스캐롤라이나의 흙건강연구소가 그 하나이다. 거대기업 쉘오일도 방목지 흙에서 대규모 탄소 격리가 가능한지를 평가하는 주요 검증 작업을 지원하고 있다.

변화의 걸림돌

가장 뒤처지는 곳은 어디인가? 제3자의 위치에서 조망할 때, 나는 미국 농무부를 꼽을 수밖에 없다. 흙의 건강 운동을 이끄는 진정한 지도자로서 조직 안에서 영향력 있는 목소리가 존재하지만, 조직 전체로 볼 때는 흙의 비옥함을 미국의 미래 초석으로 재건해 내는 농법을 활발히 연구하거나 촉진하지 못하고 있다.

희망적인 건, 그래도 막 시작을 했다는 사실이다. 2012년 미국 자연자원보호청은 전국 토양건강 프로그램을 시작했다. 무경운, 피복작물,

다양한 돌려짓기 같은 농법이 토양탄소와 미생물 활동을 풍성히 가꾸어 더 높은 수익과 수확량을 뒷받침한다는 지식을 확산시키기 위해서였다. 이런 움직임은 파급력 크고 환영할 만한 발전이다. 하지만 나는 대화를 나눈 농부들로부터, 농무부 프로그램이 전반적으로 흙의 건강을 증진하고 되살리는 농법의 권위를 훼손하며, 일부는 보존농업 방식의 채택을 에둘러 단념시키고 있다는 인상을 받았다. 관행농업을 변화시키기 위해서는 아직 많은 관성을 극복해야 한다. 그런데 내가 이 책을 마무리하고 있을 즈음, 백악관 과학기술정책실은 국가적인 행동 지침을 발표했다. 미국의 흙을 보호하기 위해 공공과 민간의 노력을 요구한 것이다. 다행히 흐름이 바뀌고 있다. 국가적인 흙 건강 정책은 편파적인 쟁점이어서는 안 되기 때문이다.

여전히 대부분의 농업 관련 학문 연구는 현재의 방법과 관행을 개선하는 데 초점을 맞출 뿐 대안적인 시스템의 가능성을 파고들지는 않는다. 흙의 건강과 보존농업 체계에 관한 연구는 미국에서 농업 연구비 지원금의 2퍼센트 미만을, 세계적으로는 1퍼센트 미만을 받은 것으로 추산된다. 2014년 농무부가 후원한 2억9천400만 달러의 연구, 교육활동 프로그램 예산에서 284개 프로젝트를 분석한 결과, 해충 방제나 토양개량을 위한 피복작물 재배를 포함한 프로젝트는 6퍼센트를 지원받았고, 복합적인 작물 돌려짓기와 관련된 프로젝트는 3퍼센트를 지원받았다. 순환방목 또는 재생방목은 1퍼센트 미만을, 작물과 가축 통합 시스템에 관한 연구도 1퍼센트 미만을 지원받았다.

지원금의 상당 부분은 관행농법의 점진적 교정을 뒷받침하는 연구로 흘러갔다. 대부분의 농업 연구는 여전히 관행농법 안에서 신제품과 기술 진보를 검증 또는 개발하는 데 초점을 맞춘다. 농부들이 수없이 내게 강조하길, 우리의 공적 연구 시스템은 거꾸로 재생농업을 희생시키고 상업적 제품에 초점을 맞추고 있다고 했다. 그러나 진실로 변화를 일으킬 수 있는 것은 농법의 변화라고 말이다.

보존농업과 재생농업 방식이 더 광범위하게 받아들여지도록 하는, 더 큰 정책 지원은 왜 존재하지 않는가? 이 질문을 하고 나는 농부들에게 한바탕 다양한 이야기를 들었다. 그들이 꼽은 한 가지 요소는, 그 유명한 회전문 인사 관행이다. 기업의 임원이 정치적 피임명자가 되어 정부기관을 운영하고, 또 공직자가 다시 기업의 임원이 되는 일이다. 그리고 직업 공무원은 정치 판도가 바뀌기도 전에 변화를 지지하고 나설 만큼 어리석지 않다. 내가 농무부 고위 공무원에게 보존농업을 실천하는 농부에게만 작물보험을 허용하거나, 또는 작물보험 자체를 완전히 없애버리는 것에 대해 어떻게 생각하느냐고 물었을 때, 그의 얼굴에 스쳐간 표정 속에서 나도 그런 분위기를 눈치 챘다.

당연히 가장 큰 걸림돌은, 생물학적 문제에 화학적인 해법을 내놓는, 농업 관련 산업 로비스트들의 영향력이다. 보존농업 실천에 힘을 실어주는 연방정부의 지원이 비교적 거의 없는 이유를 내가 농부들에게 물었을 때, 대부분은 '돈의 힘'이라는 쪽으로 대답했다. 돈을 가진 주요 기업들이 의회와 규제 기관에 영향을 미치고 있는 것이다. 대부분의 농부는 변화의 가장 큰 장애물로 여기는 것을 거침없이 밝혔다. 관행농업을 보호하는 정부 지원 정책과 상업적 이권들이 보여 주기식 정책이나 내놓는다는 것이다.

변화는 쉽게 오지 않는다. 오늘날 농업 관련 산업이 농부들에게 제품을 판매하는 규모는 농부들이 수확물을 파는 만큼에 육박한다. 내가 이 책을 쓰기 위해 인터뷰한 이가 들려준 이야기가 있다. 그의 대학원생

제자 한 명이 여름방학 때 가족농장으로 귀향했다. 그 학생이 계산해 보니, 높아진 투입 비용과 낮아진 작물 가격 탓에, 그의 아버지와 형제들이 이전 해에 수확한 결과 에이커당 순이익이 50센트뿐이라는 것이다. 호박 씨앗 한 포대만 사서 손으로 심어 투입 비용을 없앴다면 형편이 훨씬 나았을 것이다. 에이커당 수확할 호박이 딱 하나만 남아 있다고 가정해도, 그들은 실제로 벌어들인 돈의 여섯 배 가격에 그 호박을 팔수 있었을 것이다. 그러면 땅을 갈고 비료를 주고 수확하는 그 모든 노동을 하지 않아도 되었을 것이다. 이 이야기는, 농사를 지어 생기는 돈의 대부분을 버는 사람이 농부가 아님을 알려 준다. 현재의 시스템에서 성공하고 있는 이들은 농부에게 제품을 파는 이들이다. 관행농업이 의지하고 있는 제품을 파는 기업들이다.

오늘날 농장을 잃느냐 계속 농사를 짓느냐의 차이는 대부분의 농부들에게 종이 한 장 차이이다. 농부는 자기가 돈 주고 사는 비료, 경유, 그리고 다른 모든 투입물의 가격을 선택할 수 없다. 또한 자신이 기른 옥수수, 밀, 또는 대두 가격을 정할 수 없다. 하지만 그들은 농법을 바꾸어 투입물의 필요성과 소비되는 비용을 줄일 수는 있다. 이 마지막 장을 쓰고 있는 동안 나는 연구 결과 하나를 발견했다. 2015년 아이오와 주에서 줄뿌림 작물 경작지의 27퍼센트는 에이커당 100달러 이상 손해 볼 것으로 예상하며, 높은 투입 비용과 곡물 가격의 하락을 그 원인으로 꼽은 연구였다. 고된 노동을 한 아이오와 농부들이 세계 최고의 농토로 꼽히는 땅에서 작물을 재배하고도 농사로 돈을 벌지 못한다면, 우리 농업 체계에 무언가 심각한 문제가 있는 것이다.

그러나 보존농업이 더 수익이 나는데도, 왜 대다수의 농부는 여전히 규칙적으로 땅을 갈며 고투입 농사를 짓는 것인가? 크고 작은 장벽이 있다. 많은 지역에서 보존농업 방식을 지역 조건에 맞게 맞춤화하는 방법에 관한 지식이 부족하고, 작물은 그 맞춤화에 있어 늘 주요 장애물이다. 2012년 유엔식량농업기구(FAO)의 보고서에 따르면, 보존농업으로 전환하고 있는 농부들에게 중요한 것은 시범농장 전체 규모에서 성공적으로 농사를 짓는 지역적 본보기를 제공해 주는 것이다. 그리고 초기 전환자들에게 훈련과 기술 지원을 함께 제공하는 것이다. 물론 또 다른 장벽은 전환기 동안 경제적 타격을 입을 가능성이다.

보존농업을 받아들인다는 것은 오래도록 이어져 온 경작 방식의 변화와 마음가짐의 변화를 수반하는 일이다. 그것은 새로운 농사 체계를 나타내며, 그 성공은 높은 수준의 투입이 아니라 농부들이 무엇을 하느냐에 달려 있다. 지난 10년 동안, 보존농업은 소규모 자작농들 사이에 널리 권장되어 왔다. 그러나 이 세 가지 요소 모두를 실천하는 비율은 여전히 낮다. 전 세계에서 실천 비율은 몇 퍼센트뿐이다.

보존농업을 둘러싼 논쟁의 상당 부분은 그 원리가 잘 작동하느냐가 아니라 전 세계에서 소규모 자영농의 상당수가 앞으로 보존농업을 받아들일 것이냐에 관한 것이다. 상업적 방목, 작물 잔여물을 걷어다가 소 사료로 주는 일, 가축 분뇨를 취사 연료로 사용하는 일 모두 아프리카와 아시아에서 보존농업을 받아들이기 어렵게 만든다. 이런 방식 탓에 작물 잔여물을 농지에 남겨 두기 어렵고, 따라서 전체 체계의 가능성을 인식하기 힘들어진다. 또 피복작물과 다양한 돌려짓기라는 나머지 두 요소를 빼고 무경운으로 전환하면 수확량이 '줄어들' 수도 있다.

자본과 신용을 이용하기 어려운 이유 또한 농부들을 제약한다. 이는 최소한의 투입, 작물 다각화와 돌려짓기에 필요한 씨앗 구입을 가로막는다. 저출력 장비와 함께 사용하도록 고안된 파종기를 구하기 어려운

점 또한 문제일 것이다. 이렇듯 농장 수준에 존재하는 사회경제적 제약 탓에 아프리카에서는 보존농업을 받아들일 때 종종 세 가지 가운데 한두 개 요소만 받아들이게 된다. 보존농업을 실천하는 곳이 확대되려면 이런 문제들과 그 밖의 사회적 걸림돌에 대처해야 할 것이다.

선진국에 존재하는 장벽으로는, 관행적 농법과 관점으로 교육받고 세례받은 농업 권위자들의 잘못된 이해, 그리고 변화에 대한 농부들의 저항, 더 나아가 전통적 또는 관행적 방식에 대한 편애를 꼽을 수 있다. 또한 상품 기반 보조금과 가격 지원책이 단일경작 또는 단순한 돌려짓기를 부채질하고, 작물보험 정책은 농부들한테서 피복작물을 재배할 동기를 빼앗는다.

보존농업이 기계화, 높은 투입 수준, 제초제 내성 작물에 의존한다는 관점을 포기하지 않는 농학자가 많은 듯하다. 반면에 내가 만나 본 농부들은 실상은 그렇지 않다는 걸 보여 주었다. 흙의 건강을 개선한다는 일반적인 목표에 따라 농법을 맞춤화하는 방법은 상당히 다양하다. 이런 점에서 어쩌면 보존농업이라는 이름표는 그 실제 적용보다 훨씬 오랫동안 알려져 왔다. 더욱 일반적인 목표는 흙의 건강을 북돋우고 수확량을 증대시키는 농법을 발전시키는 일이다. 이는 크고 작은 농장에서, 부유하고 가난한 농장에서, 관행농장과 유기농장에서 할 수 있는 일이고, 나는 그렇게 하는 농장을 많이 보았다.

그러나 여태까지는 아래에서부터 위로 올라가는 혁명이었다. 투입 비용과 어찌해 볼 수 없는 상품 가격 사이에서 쩔쩔매다가, 더 나은 수익을 찾아 나선 농부 개인들이 앞장서 왔다. 나는 농부들이 위로부터 내려오는 도움을 바랄 거라고 짐작했다. 그랬기에 농업 생산의 자연스런 결실로 흙을 되살아나게 하는 일에 정부 보조금은 필요 없다는 주장을 들었을 때 적이 놀랐다. 내가 이야기를 나눈 거의 모든 농부는, 정부가 보조금 사업을 포기하기만 하면 유기농업과 보존농업 농장이 관행농업 농장을 앞지를 거라고 말했다. 지금 우리는 흙의 건강을 갉아먹는 농법에 보조금을 주고 그런 농법을 장려하고 있기 때문이다.

작물보험과 식량안보를 위한 정부 지원 정책이 시작된 건 대공황 시대였다. 농부를 보호하고 안정적인 식량 공급을 보장하기 위해서였다. 오늘날에도 저열한 농법의 쓰라린 결과를 쉽게 타개하는 방법으로 농부들에게 작용하는 경우가 너무 많다. 농장에서 스스로 문제를 해결하는 능력이 돋보이는 농부가 많더라도 혁신 같은 걸 고민할 필요가 없어진다. 작물보험 제도가 보존농업을 장려한다면 농법은 급격하게 변화할 것이라고 농부들은 한결같이 입을 모았다.

농업 보조금 폐지가 재앙을 일으키지 않는다는 걸 이미 뉴질랜드가 보여 주었다. 1984년에 농업 보조금을 폐지한다고 정부가 결정을 내렸을 때 농부들은 거세게 저항했다. 보조금은 총 농가소득에서 3분의 1 이상을 차지했던 것이다. 농부들이 예측한 재앙은 결코 일어나지 않았다. 20년 뒤 뉴질랜드농민연합(Federated Farmers of New Zealand)은 회고하는 보고서를 발간했는데, 정책의 변화는 결국 상당한 생산성 증대, 더욱 다각화된 토지 사용, 상당히 줄어든 투입, 특히 비료의 더욱 효율적인 사용, 그리고 그로 인한 생산비 절감으로 귀결되었다고 결론지었다. 농부들은 어떤 경우에도 더 이상 보조금을 원하거나 최대의 수확량을 추구하지 않았다. 보조금이 폐지되고 20년 뒤, 이전의 보조금 제도가 농업의 혁신과 생산성을 제약했다고 농부들 스스로 결론을 내린 것이다.

현재 미국의 보조금 제도는 거꾸로 가고 있다. 작물보험 제도와 보조금을 변화시켜 흙의 건강을 가꾸도록 촉진하면, 농부들의 단기적 이익과 사회의 장기적 이익 모두 개선될 수 있다. 전환기의 처음 2년 동안 농부들을 경제적으로 지원하면 어떨까? 적어도 흙을 가꾸어 가는 농법은 자동 실격이 아니라 더 나은 배당금을 받아야 한다고, 내가 이야기를 나눈 농부들은 거듭 피력했다. 상품 지원 정책을 고쳐서 피복작물과 다양한 돌려짓기를, 비록 강제하지는 않더라도 권장하는 일은 흙의 건강을 개선하는 농법을 향해 나아가는 또 다른 방법이다. 사회적인 관점에서 보자면, 농업 보조금을 재편성하여 흙의 생명력을 가꾸어 가는 농민에게 보상하는 것이 합리적이다. 그 반대의 농법에 계속 보조금을 지급하는 건 얼토당토않다.

어떤 하나의 기준도 흙의 복잡한 측면을 다 드러내지는 못하지만, 토양탄소는 흙의 건강을 판별하고 측정하는 기본적이고 간단한 방법을 제공한다. 토양 유기물을 증대시킨 농부들이 탄소배출권(carbon credit)을 적립할 수 있도록 하면, 흙을 되살리는 데 투자하도록 인센티브를 제공할 수 있다. 탄소배출권은 탄소 격리, 수질 오염 저하, 흙의 비옥함과 꽃가루 매개자 군집 관리에 대한 사회적 가치 평가를 토대로 농부들의 수입원이 될 수 있다. 2015년 유럽 연구자 컨소시엄이 펴낸 보고서에 따르면, 평균적으로 토양 유기탄소가 1퍼센트 사라지면 사회적 자연자본 손실은 에이커당 66달러에 이른다. 라탄 랄은 탄소의 사회적 가치를 톤당 120달러로 측정했다. 농부들이 해마다 에이커당 그만큼의 돈을 벌 수 있다면 너도나도 흙을 비옥하게 가꾸는 농사를 짓지 않을까.

학계와 농무부 같은 정부기관의 생각이 크게 바뀌게 된 계기는, 은퇴한 이들이 나가고 다르게 훈련받고 다른 생각을 지닌 새 사람들이 들어오게 되면서이다. 교수, 노령의 과학자, 전문가 같은 권위자들이 수십 년 동안 자신이 가르쳐 온 내용이 기껏해야 이야기의 일부에 지나지 않는다는 사실을 받아들이기는 어렵다. 최근 미국자연자원보호청은 흙의 건강을 조화로운 농사와 국가적 이익 모두의 기초라고 홍보하기 시작했는데, 이는 계속 이어져야 할 뿐 아니라 더 큰 지원을 받아야 할 일이다.

캔자스에서 나와 함께 차를 타고 갈 때, 가이 스완슨은 무경운 농법이 더 널리 받아들여지는 데 있어 그 열쇠는 땅을 갈아야 한다는 걸 이미 믿지 않는 젊은 농부들로부터 시작하는 것이라 생각한다고 말했다. 관행농법에 대해 환경이나 경제적으로 이로운 대안인, 자립적인 농사 시스템으로서 보존농업 방식에 관한 교수와 연구를 농학 커리큘럼에 포함시키는 것도 좋은 방법일 것이다. 이와 함께 보존농업에 관한 교육 자료를 개발하여 전 세계의 농부, 농업대학, 학교에 보급해야 한다.

또한 청년들을 땅으로 돌아오게 하는, 그리고 흙을 살지게 가꾸어 갈 때 보상해 주는 지원 정책이 필요하다. 미국 농부의 평균 연령은 약 60세이다. 현 농부 세대가 은퇴하고 있으므로, 우리는 새로운 세대가 땅으로 돌아가도록 격려해야 한다. 그리고 재생농법을 실천하도록 훈련하고 준비시켜야 한다.

앤과 내가 잉글랜드에 머물 때, 우리는 가족 농장을 되살리고 새로운 세대를 땅에 정착시키기 위한 새로운 지원 정책을 알게 되었다. 이 프로그램은 가족 가운데 농장을 물려받을 뜻이 있는 사람이 하나도 없는, 은퇴가 가까운 농부들과, 농부가 되고자 하나 농장을 살 여력이 부족한 청년을 연결해 준다. 나이 든 농부는 젊은 농부를 교육하고, 젊은 농부는 노동을 통해 지분을 늘려 가다가 마침내 은퇴자 멘토의 농장을 구입할 수 있다.

그런 지원 정책의 북아메리카 버전은 21세기 자영농지법쯤 되지 않을까. 담보로 잡힌 농장과 농토를 관리하는 공공 토지은행을 설립하여 청년들이 장기적으로 노동을 투자하여 농장을 구입할 수 있도록 지원하는 방안도 생각할 수 있다. 이렇게 새로이 등장한 정착민 농부가 20년 동안 토질을 개선하는 경우 농장을 소유할 수 있게 해 주는 방안은 또 어떠한가. 그런 정책으로 도시 근교의 건강한 농토를 충분히 보존하여 미래 시대까지 도시 인구를 먹여 살릴 수 있다면 이야말로 모두에게 이로운 일이 아닐까.

수백 년 동안 효과가 뛰어났던 농법을 최신화하고, 크고 작은 농장에서 작물 재배와 가축 사육을 재통합하는 방안도 있다. 특히 이는 분뇨를 해로운 축사 폐기물이 아니라 흙을 건강하게 만들어 주는 소중한 도구로 변화시키는 중요한 계기이다. 이 경우에 농도는 실제로 문제이고, 희석이 사실상 해법이다. '많은' 농장의 흙에 두엄을 주면, 집중화된 시설에 분뇨를 죄다 폐기하여 유해한 오물 웅덩이를 형성할 일이 없다.

물론 퇴비화한 두엄을 농지에 되돌려주려면 우리가 소에게 무얼 먹일지 다시 생각해 보아야 한다. 당장 할 수 있는 중요한 일은, 성장 촉진이나 본래의 취지와 다른 목적을 위해 사용하는 항생제 사용을 중단하는 것이다. 그리고 전 세계 인구를 먹여 살려야 하는 과제에 비추어 볼 때, 소를 방목하여 작물 잔여물을 먹이는 것이, 우리 인간이 먹어야 할 곡물을 먹여 키우는 것보다 분명히 훨씬 낫다.

작고 다각화된 농장에서 다시 가축을 키우게 하려면 탈중앙화된 기반시설을 재건해야 한다. 이를테면 소규모 도축 시설이 있어야 작은 농장에서 고기를 생산하고 가공할 수 있다. 작은 농장을 위한 간단한 허가와 규제 절차, 그리고 포장 시설이 도움이 될 것이다. 살모넬라의 대대적인 창궐은 대형 식육 가공업체에서 비롯되곤 한다고 게이브 브라운은 지적했다. 대형 업체의 쉼 없는 가동과 대규모 작업은 늘 청결의 걸림돌이라는 것이다. 이 분야에서 대형 업체보다 작은 시설을 장려해야 하는 이유는 바로 건강한 정책과 공공보건에서 비롯된다. 하지만 대형 포장업체는 작은 농장보다 돈과 로비스트가 훨씬 많다.

마지막으로 또 다른 장애물은, 현재 유기농 제품을 구매하는 것 말고는 소비자가 흙의 건강에 지원하라고 요구할 수 있는 길이 전혀 없다는 것이다. 하지만 유기농 제품 구매도 꼭 목적에 부합하는 건 아니다. 결국 유기농법 또한 반드시 흙의 건강을 개선하거나 유지하는 건 아니기 때문이다. 유기농부의 농사 방식, 특히 경운 여부에 따라 흙의 건강이 달라진다. 똑똑한 소비자는 시장경제에서 상업적인 다이얼을 돌려 방향을 설정할 수 있는 가장 좋고 가장 빠른 방법의 하나이다. 소비자가 좋든 싫든 자신의 건강이 흙의 품질과 비옥함과 밀접한 연관이 있음을 깨닫는다면, 더욱 지속 가능하고 유기농에 가까운 농법을 향해 관행농업이 변화해 가는 데 힘이 될 것이다. 그렇다면 우리는 어떻게 흙의 건강을 브랜드화하여, 소비자들이 제대로 된 선택을 하는 데 필요하고 또 응당 제공받아야 할 정보를 줄 수 있을 것인가? 토질을 재생하고 개량하는 농부들의 전국적인 협회에서 공인하는 '토양 안전'(soil safe) 인증 같은 것이 가장 좋은 방법일 거라 생각한다.

무엇을 할 것인가

흙 건강 혁명을 최고 수준으로 이루어 내려면 우리의 농업 테크놀로지 창고에 있는 모든 도구를 꺼내 써야 한다. 또한 열린 사고의 실험을 반복하여 보존농업의 일반적인 원리들을 특정 농장과 흙, 작물에 맞게 재단하고 수정해야 한다. 일반적으로 농부들은 처음보다 좋은 상태로 흙을 개선하고 싶다고 말하지만, 어떻게 시작해야 하는지는 잘 모른다. 미주리에서 효과가 뛰어난 돌려짓기 방식이 펜실베이니아나 동부 워싱턴에서 꼭 효과가 좋으라는 법은 없다. 그러나 어떤 식으로 보든 옥수수와 대두 돌려짓기는 복합적인 돌려짓기가 아니다. 그렇게 농사지어 왔다면, 그리고 작물 자문가가 해마다 그 두 작물을 재배하라고 권고했다면, 앞으로는 무엇을 길러야 하는가? 내가 방문했던 지역에서 보존농업을 성공적으로 받아들인 계기 가운데 하나는, 지역에서 시범농장을 성공적으로 운영한 덕분이었다.

다코타레이크스 같은 농장들과 코피 보아의 무경운센터는 어떻게 해야 농업 연구가 농부들의 요구에 더욱 부응할 수 있는지 보여 주는 본보기이다. 시범농장이 있기에 농부들은 자신의 농장으로 도박하지 않고도 새로운 농사 시스템을 이해할 수 있다. 흙의 건강을 중시하는 시범농장을 설립하는 가장 좋은 방법은 무엇인가? 다코타레이크스 같은 농민 소유의 협동조합 모델 말고도, 전국적인 보존지구(conservation district) 네트워크를 이용하는 방법이 있다. 미국의 거의 모든 카운티에는 주법에 따라 정해진 보전지구가 한 군데씩 있는데, 여러 주에서 서로 다른 명칭으로 일컬어진다. 노스다코타주 벌리 카운티의 메노큰 농장은 훌륭한 사례이다. 민간 부문의 모델, 이를테면 코피 보아의 무경운센터와 로데일연구소가 세 번째 모델이 될 것이고, 공적 지원을 받는 농장이 잠재적으로 네 번째 모델이 될 수 있다. 그런 농장을 설립해야 할 필요성은 보편적으로 인정된다. 세계적인 시범농장 네트워크가 앞장서서 재생농업의 지역적 맞춤화를 일구어 나가는 건, 인류가 미래를 위해 할 수 있는 최상의 투자 가운데 하나일 것이다.

여행길에서 숱하게 들은 말은, 현재 대부분의 농업 연구가 대체로 보존농업의 실천 또는 채택과 무관하다는 것이다. 학자들이 응용 연구를 피하거나, 새로운 지역 또는 환경에 방법을 맞춤화하지 않는다는 것이 공통된 불만이다. 소규모 연구용 실험 구획은 농부들을 설득하기 어렵다는 지적도 있었다. 또 농학계의 폐쇄적인 울타리가 보존농업의 근간을 이루는 통섭과 시스템 수준에서 고민하는 사고, 통찰, 연구를 방해한다고 한다. 토양생물학자, 곤충학자, 그 밖의 연구자와 함께 연구하는 농학자와 토양과학자가 많아져야 한다. 이 모든 것들을 시범농장이 촉진하고 잘해 낼 수 있다.

소비에트 서기장 니키타 흐루쇼프가 1959년 9월 15일 모스크바에서 워싱턴까지 직항으로 날아왔을 때 미국인들은 말문이 막혔다. 미국 비행기는 못하는 일을! 그날 저녁 만찬에서 흐루쇼프는 한술 더 떠서 아이젠하워 대통령에게 소비에트 달 탐사 로켓 루니크 2호 모형을 주었다. 대대적으로 알려졌듯이, 루니크 2호는 바로 전날 달에 착륙했다. 미국은 어떻게 다시 1등을 할 수 있을까? 3년 뒤, 케네디 대통령은 미국이 60년대 말까지 달에 사람을 보냈다가 지구에 무사히 귀환하도록 할 것이라고 발표했다.

내가 이 글을 쓰고 있는 지금, 우리는 아폴로 11호의 50주년을 앞두고 있고 1960년대의 열광이 재현되는 듯하다. 바로 그 열정과 집중력을 관행농업을 변화시키는 것과 관련된 일에 써야 하지 않겠는가.

혁명은 우리 발밑에서

어떻게 관행농업을 변화시킬 것인가? 흙을 튼실하게 가꾸어 가는 농법을 장려하는 정책을 채택해야 한다. 달 탐사 로켓처럼 흙의 건강을 목표로 하는 혁신적인 프로그램이 필요하다. 농업 분야 기업을 변화시키고, 이 행성에 사는 우리 미래의 삶의 기초를 마련하는 연구에 공적으로 투자하고 인센티브를 주는 시대를 열어야 한다. 분명히 민간 부문은 그런 노력에 함께하겠지만, 자신의 제품을 거의 소비하지 않을 농법의 연구를 지휘하거나 지원하지 않을 것이다. 그러나 우리는 흙의 건강을 새로운 렌즈로 삼아 그 렌즈를 통해 농업 과학, 농법, 테크놀로지를 평가해야 한다. 새로운 세대가 시스템 수준에서 고민하도록 훈련시키고 제품뿐 아니라 농법에 관한 연구를 지원해야 하며, 이와 함께 농부와의 전략적 제휴를 강조해야 한다. 우리의 먹을거리, 사료작물, 섬유를 실제로 길러 내는 이들이 바로 농부이기 때문이다.

세계와 흙에 대한 우리의 이해는 세월이 흐르면서 급격하게 바뀌어 왔고 앞으로도 그럴 수 있다. 농업의 여명기 이후 사람들은 흙을 작동시킬 수 있는 어떤 것으로 보아 왔다. 사람의 노동으로 자연을 통제하고 길들이는 무대였던 것이다. 세계 곳곳의 문명은 흙의 비옥함이라는 위대한 신비를 신의 선물로 상상했고, 수확은 신의 변덕이나 신에게 드리는 기도에 따라 달라졌다. 그리스의 데메테르, 로마의 케레스, 힌두의 락슈미가 다 그런 신이다. 그리고 오늘날 많은 사회는 그때와 마찬가지로 양분이 풍부한 흙을 여전히 생계의 열쇠로 여긴다.

르네상스 시대가 열리면서 흙의 신비를 해독하게 되었다. 이성의 힘으로 그 수수께끼를 이해할 수 있었다. 자연철학자들이 그 비밀을 탐구하기 시작했을 때, 레오나르도 다빈치는 널리 알려지게 될 문장을 썼다. "우리는 머리 위의 별에 관해 아는 것보다 발밑의 흙에 관해 아는 게 적다"고. 그의 말은 500년도 더 지난 오늘날까지도 사실로 다가온다.

초창기 농학자들이 흙의 비옥함과 관리를 연구하기 시작했을 때, 돌려짓기와 가축 두엄은 토질을 개선하고 건강한 흙을 만들어 가기 위해 중요해졌다. 그러나 이런 사고방식은 19세기에 화학비료가 생산되어 토질이 악화된 농토에서 수확량을 높이는 능력을 과시하자 그 빛을 잃었다. 이 새로운 화학 보조제의 기적에 가까운 효과로 인해 흙은 그저 농약을 담는 물리적인 그릇, 필요할 때 언제든지 뚜껑을 열어 꺼낼 수 있는 저장 용기나 가스탱크처럼 여겨지게 된다. 뒤이어 기계화가 농업을 재편성하면서 사람들은 갈수록 흙을 작물 생산에 투입되는 아주 값싼 것, 몹시 하찮은 것으로 바라보게 되었다. 그리고 우리가 익히 알고 있듯이, 이런 생각은 세계의 흙에, 그리고 문명의 토대에 극심한 해를 끼쳤다.

이제 흙의 비옥함을 바라보는 관점은 다시 한 번 변화하고 있다. 흙의 생명력은 토양화학과 토양물리학만큼이나 토양생물학에 바탕을 두고 있음을 우리가 이해하기 시작했기 때문이다. 우리에겐 아직 배워야 할 것이 많이 남아 있지만, 최근의 연구들은 토양생태학이 양분의 가용성과 순환에, 그리고 흙의 건강을 유지하는 데 열쇠를 쥐고 있다고 밝히고 있다. 오늘날 우리는 토양 생물이 중요한 역할을 한다는 걸 알고, 유기물이 풍부한 흙을 자연의 성장과 부패의 대순환에서 필수적인 부분으로 보아야 한다는 걸 안다.

아마 역사를 들여다보면 영감을 얻을 수 있을 것이다. 우리 농업의 선구자인 제퍼슨과 워싱턴은 보존농업의 세 가지 원리 가운데 두 가지를 따랐지만, 파종과 잡초 방제를 위해 경운에 의지했다. 그들은 거의 올바르게 했다. 오늘날에는 무경운 파종기와 다른 잡초 관리 도구가 있다. 농업이라는 스툴을 똑바로 서 있게 할 세 번째 다리까지 갖춘 것이다.

현재진행형인 이 새로운 혁명의 핵심은 복잡하지 않다. 건강한 흙! 딱 한마디로 요약된다. 현장에서 이는 토양 유기물을 풍부히 가꾸어 가는 농법을 우선순위로 삼는 걸 뜻한다. 그러나 농부들이 이끌어 가거나 뒷받침하기 위해 유기농법으로 전환할 필요는 없다. 화학비료는 지혜롭게 쓴다면 쓸모 있는 도구일 것이다. 하지만 화학비료에 의존하여 건강하고 비옥한 흙을 대체하는 건 "계속 더 많이"를 향해 가는 것이다. 우리는 흙의 생명력을 가꾸느냐 훼손하느냐를 기준으로 농법을 평가하는 새로운 철학을 받아들여야 한다.

수백 년 동안 토양을 악화시키면서 변함없이 생계를 유지해 온 우리는 가장 기본적인 자원에 재투자해야 한다. 그래야 우리 세계 문명은 이전의 지역 문명들이 겪은 파국을 피할 수 있다. 기초적인 수준에서는 너무도 간단한 문제로 들린다. 문제는 이 일을 국가 차원, 나아가 세계적 규모에서 실현해 내야 한다는 것이다. 그리고 이 때문에 우리에게는 새로운 농사 체계, 풍성한 수확량을 안겨 주면서도 흙을 나날이 살지게 가꾸어 가는 농업 체계가 필요하다.

지난날 녹색혁명이 큰 효과를 거두었던 이유의 일부는 우리가 흙의 비옥함을 이미 심각하게 훼손했기 때문이었다. 농기계로 흙을 교란시키고 화학물질을 투입함으로써 토양 생물을 살육했다. 그리고 비료와 살충제로 토양 생물을 대체하여 잃어버린 양분을 보상할 수 있었다. 이제는 관행농업의 새로운 철학이 필요하다. 우리 농사 방식을 뒷받침하는 기본 원리들을 근본적으로 다시 생각해 보아야 한다. 드웨인 벡의 더욱 은유적인 표현을 빌자면, 뇌의 이식이 필요하다. 새로운 테크놀로지를 필요로 하는 수준보다 많지는 않더라도, 비슷한 만큼이라도 농법의 변화가 필요하다. 물론 테크놀로지와 화학비료는 도움이 될 수 있지만, 그 도구의 결말은 좋은 농법이 될 수도 나쁜 농법이 될 수도 있다. 그리고 우리는 더 스마트하게 농사를 지을 수 있다. 내가 찾아 간 농부들은 이미 그렇게 하고 있다.

그들의 혁명적인 접근법을 가장 잘 요약한다면 이렇게 말할 수 있다. 쟁기를 버리고, 땅을 피복하고, 다양하게 재배한다. 이 재생농법은 최첨단의 테크놀로지를 필요로 하거나 새로운 것의 발명을 기다려야 하는 게 아니다. 재생농법은 작은 농장과 큰 농장 어디에든 맞춤화할 수 있고, 선진국과 발전도상국 어디에서든 기존의 테크놀로지를 이용하면 된다. 여태까지 살펴보았듯이, 이미 이들 원리를 실천하고 있는 혁신적인 농부들은 자신과 땅 모두에게 훨씬 나은 결실을 안겨 줄 수 있다는 사실을 입증한다.

새로운 과학, 낮아지는 자원 가용성, 늘어나는 인구가 결합되어 창조적인 해법을 요구한다. 다행스럽게도 보존농업은 작물 수확량을 증대시키는 방법을 이미 실증했으나 아직도 널리 확산되지는 못했다. 변화를 일으키는 그 힘은 기본적인 세 가지 원리를 모두 실천하고, 다양한 흙과 기후와 작물, 더 나아가 개별 농장에 맞춤화된 농법을 개발해야 할 필요성을 인식하는 데 있다. 흙의 건강은 결코 특효약은 아니지만 더 이상 비밀명기로 감추어져 있지는 않다. 관행농업에서 손을 떼고 재생농업을 시작한 농부들은 훨씬 적게 들이고도 더 많이 거둔다는 걸 경험하기 때문이다.

우리는 진실로 세계를 변화시키고, 오래된 이야기의 새로운 결말을 쓸 수 있다. 우리가 농사짓는 방식에 따라, 또는 그 결과로 비옥한 흙은 사라질 수 있기 때문이다. '부엽토'(humus)와 '인간'(human)의 라틴어 어원이 동일하다니 그럴 만하다고 생각된다. 전 세계의 농지에서 흙을 건강하게 되살리는 일이 우리가 인류의 미래에 할 수 있는 최상의 투자 가운데 하나이기 때문이다. 그러니 우리가 세계를 먹여 살리고, 지구를 식히고, 자연계의 손실을 막을 벅찬 문제들을 해결하고자 할 때, 단순한 진리를 놓쳐서는 안 된다. 때로 우리가 구하는 해답은 생각보다 가까이 있음을. 바로 우리 발밑에!

감사의 말

가장 먼저 농장 방문을 허락해 주고 넉넉하게 시간을 내주며 도움을 아끼지 않은 농부와 과학자들에게 감사를 전한다. 그 경험으로부터 나뿐 아니라 다른 이들도 배울 수 있게 해주었다. 레이 아출레타, 마이크와 앤 아널디, 허버트 바츠, 드웨인 벡, 알레한드로 비아몬테, 코피 보아, 데이비드 브랜트, 게이브와 폴 브라운, 샐리 브라운, 하워드 G. 버핏, 마이크 크로닌, 닐과 바버라 데니스, 롤프 더프시, 댄 에버하트, 펠리시아 에체베리아, 댄 포기, 제이 퓨어러, 래프와 베티 홀즈워스, 일레인 잉햄, 웨스 잭슨, 켄트 킨클러, 피터 크링, 라탄 랄, 알렉스와 릴라니 램버츠, 조녀선 런드그렌, 조엘 매클루어, 하비에르 메사, 제프 모이어, 크리스틴 니컬스, 이매뉴얼 오몬디, 던 라이코스키, 마브 슈마허, 가이 스완슨. 그들의 끈기와 환대와 지식이 없었다면, 나는 이 책을 결코 쓰지 못했을 것이다.

다시금 아내 앤에게 감사를 전한다. 또 한 권의 책을 쓰는 나를 견뎌

주었을 뿐 아니라, 초고를 발전시키고 간결하게 다듬도록 도와주었다. 언제나 그랬듯 그녀의 통찰력과 조언, 제안 덕분에 더 나은 최종 결과물이 완성되었다.

모름지기 저자라면 책 한 권을 만드는 데 팀이 필요하다는 걸 안다. 나는 운 좋게도 훌륭한 팀을 만났다. 내 에이전트인 엘리자베스 웨일스는 이 책의 관점의 틀을 잡고 올바른 방향을 안내했다. 걸 프라이데이 프로덕션의 잉그리드 에머릭과 애너 카츠가 원고에 집중하여 모양을 잡고 다듬는 걸 도와준 덕분에 꼴을 갖추었다. W. W. 노턴 출판사의 편집자 마리아 과나스첼리는 구상부터 완성까지 원고를 지지해 주었고, 너새니얼 데닛은 출판 과정을 순조롭게 이어 주었다. 뛰어난 교열 능력을 발휘한 프레드 위머에게도 감사를 전한다.

특별한 고마움을 전해야 할 이들이 있다. 샐리 브라운은 이 모든 일의 시동을 거는 데 도움을 주었다. 그녀가 '파헤쳐 보아요' 학술회의에 나를 추천한 덕분에 거기서 라탄 랄을 만나게 되었다. 아트 도널리는 내게 바이오 숯 제조에 관해 알려 주었고, 코스타리카에서는 듬직한 가이드이자 여행 동료였다. 비르기트 렌더링크는 친절하게도 산호세에서 비에 젖은 두 나그네를 재워 주었다. 하이디 피츠제럴드와 클린턴 케일리어는 타코마 시 폐수처리장 방문을 멋진 여행으로 만들어 주고, 그들이 거기서 날마다 하고 있는 지자체 수준의 연금술을 설명해 주었다. 덴마크 말뫼에서 열린 회의에서 카타리나 헤드룬드와 메리 숄스가 내게 알려 준 몇 가지 핵심 자료가 무척 도움이 되었다. 그리고 나를 데리고 돌아다니며 가나를 알게 해 준 크와시 보아와 카이아이 바푸어에게도 큰 감사를 전한다. 경제학자 제프리 삭스의 지속 가능한 개발에 관한 강연은 그 주제에 관한 내 생각에 큰 영향을 끼쳤다. 그리고 노스웨스트 바이오솔리드관리협회 회의에서 그레그 케스터, 쿨디프 쿠마르, 샐리 브라운, 로버타 킹, 이안 페퍼의 강연은 특히 유익했다.

힘을 보태 이 책을 함께 만들어 준 모든 분들에게 여전히 감사하다. 그분들이 제시한 좋은 아이디어를 소화한 덕분에 책이 나왔으니 나로서 큰 은혜를 입었다. 하지만 최종 산물에서 어떤 오류라도 발견된다면 그건 오로지 나의 책임이다.

더 깊이 파고들고자 하는 독자들을 위해 뒤쪽에 출처를 정리해 놓았다. 내가 원고를 쓸 때 의지하고 참고했던 자료들이다. 이 책에 언급된 연구 자료와 추가 연구 자료로서, 주요 내용을 알려 주거나 내가 방문한 농부들의 경험을 더욱 폭넓은 일반론으로 뒷받침해 줄 것이다.

옮긴이의 말

　지은이 데이비드 몽고메리는 스탠퍼드대학에서 지질학을 공부한 뒤 캘리포니아대학(버클리)에서 지형학 박사 학위를 받고, 현재 시애틀에 있는 워싱턴대학 지구우주과학부 지형학 교수이다. 지형의 변천과 지형학적인 변화가 생태계와 인간 사회에 미치는 영향 등을 연구한다. 세계적으로 인정받는 지질학자로서 동부 티베트, 남아메리카, 필리핀, 알래스카, 미국 태평양 연안 북서부 등지에서 현장 연구를 수행해 왔다. 텔레비전이나 라디오는 물론 다큐멘터리 같은 다양한 미디어에 출연하여 전문가로서 분석과 견해를 제시한다. 그런가 하면, 시애틀의 포크록 밴드 '빅 더트'(Big Dirt) 맴버로서 피아노와 기타까지 연주하고 있다.

　《흙: 문명이 앗아간 지구의 살갗》(삼천리, 2010)으로 2008년에 맥아더 펠로 상을 받았고, 그해 워싱턴 주 올해의 책 논픽션 부문 도서로 선정되었다. 존앤드캐서린 맥아더재단에서 수여하는 맥아더펠로 상은 일명 '천재상'으로 불리는데, 분야를 가리지 않고 "탁월한 독창성, 창조적인 목표에 쏟은 집중력, 뛰어난 자기 주도성"을 보인 이들을 해마다 선정하여 시상한다.

《흙》에서 몽고메리는 선사시대부터 오늘날에 이르기까지, 세계 전역에서 농업 테크놀로지의 발전과 그 결과로 나타난 흙의 침식을 자세히 드러낸 바 있다. 2007년 미국에서 출간되었을 당시, 바이오연료 공급원으로서 미국에서는 옥수수, 브라질에서는 사탕수수가 한창 대규모로 재배되고 있었다. 한마디로 농지와 얼마 안 남은 기름진 흙이라는, 세계적으로 유한한 자원을 차지하기 위해 에너지 부문과 식량 부문이 경쟁하는 새로운 시대가 시작된 것이다.

절체절명의 위기를 인식한 몽고메리는,《흙》을 저술하여 흙을 침식시킨 모든 문명은 결국 역사의 뒤안길로 사라졌음을 설득력 있게 증언했다. 우리 인류와 생태계와 문명의 존립이, 지구의 얇디얇은 살갗인 흙에 달려 있음을 웅변했다. 그리고 계단식 경작, 무경운 농법, 돌려짓기, 사이짓기를 하고 화학비료와 살충제 사용을 멈추거나 대폭 줄이며 유기물을 흙에 보태 줌으로써 흙의 생태계를 되살리고 흙을 지키며 더 나아가 흙을 만들어 가야 한다고 호소했다. 그가 'Soil'을 버리고 과감히 붙인 원제목 'Dirt'는, 오늘날에도 여전히 흙을 더럽고 하찮고 값싼 것으로 대하고 있지 않느냐는 "할(喝)!" 같은 꾸짖음이자 깨우침이다.

《흙》 말고도,《물고기의 왕》(King of Fish: The Thousand-year Run of Salmon)과《암석은 거짓말을 하지 않는다》(The Rocks Don't Lie: A Geologist Investigates Noah's Flood)가 각각 2004년과 2013년 워싱턴 주 올해의 책에 선정되었다. 2016년에 출간한《자연의 감추어진 절반》(The Hidden Half of Nature: The Microbial Roots of Life and Health) 은 생물학자이자 텃밭을 가꾸는 아내 앤 비클레이와 공동 저

술한 책이다. 미생물이 농업과 인간의 건강에 미치는 영향을 일깨운 이 책은《흙》에서《발밑의 혁명》으로 이어지는 연장선에 놓여 있다.

이렇듯 과학적인 주제를 대중적으로 흡입력 있게, 그리고 무엇보다 재미나게 쓸 줄 알며, 더 나아가 과감히 문제를 제기하는 한편 영감을 불러일으키는 데이비드 몽고메리가 새 책을 들고 돌아왔다. 이 책《발밑의 혁명》(Growing a Revolution: Bringing Our Soil Back to Life) 또한 2018년 PEN/에드워드 윌슨 과학저술상(PEN/E. O. Wilson Literary Science Writing Award) 후보작에 올랐다. 단독 저서가 다섯 권으로 그다지 많아 보이지 않는데도 단숨에 세계적인 저술가의 반열에 오른 필력과 문제의식을 짐작할 수 있다.

《흙》이 거의 아무도 관심을 갖지 않는 거시적이고도 긴급한 문제를 사이렌을 울리며 환기시켰다면,《발밑의 혁명》은 그 후속편으로서 세계 곳곳에서 실제로 흙을 되살리고 있는 이들의 분투기와 성장기를 들려주며 구체적인 해법을 제시한다.《흙》이 위기감을 불러일으키는 데 성공했다면,《발밑의 혁명》은 희망을 일구는 데 성공하고 있다. 기후변화와 환경적 재난, 생태 위기의 암울한 미래가 바로 눈앞에서 펼쳐지고 있는 오늘날, 환경과 생태에 관해 낙관과 희망을 샘솟게 하는 책, 저마다 영감을 얻어 당장 해보고 싶은 일과 할 수 있는 일을 분주히 머리에 그리게 하는 책이 있어 기쁘고 고맙다.

데이비드 몽고메리가 기름진 흙을 만들어 가야 한다고 역설하는 이유는, 미래 인류의 먹을거리와 번영의 열쇠가 바로 지금 우리 발밑의 흙에 달려 있기 때문이다. 20세기 들어 전 세계를 주름잡은 산업화된 기계식 농사는 화학비료와 살충제 등의 대량 투입을 필요로 하여 흙을 침식시키고 토질을 악화시키므로, 결국 점점 늘어나는 인구를 먹여 살릴 수 없다. 토양화학과 토양물리학에 좌우되어 온 농업을 되살리고 흙을 되살리는 길은 이제 '토양생물학'의 원리를 받아들이는 데 있다. 토착 초지나 원시림의 모습 그대로, 다시 말해 자연의 방식대로, 흙 위와 흙 속을 생명이 살아가는 곳으로 다시 가꾸어 가는 일이다.

데이비드 몽고메리는 아프리카, 북아메리카, 남아메리카의 여러 농장을 직접 찾아가서, 보존농업의 원리에 따라 농사지으며 비가 퍼붓든 가물든 흙의 생명력을 통해 꾸준히 수익을 거두고 있는 이들의 이야기를 전해 준다. 지역과 기후, 농장의 조건이 저마다 다른 그들이 오랜 경험을 통해 깨닫고 시행착오를 거쳐 얻어 낸 가르침은 놀랍게도 같은 줄기로 모여 흐른다. 무경운, 뿌리덮개나 피복작물로 흙을 늘 덮어 주는 일, 다양한 작물 돌려짓기가 바로 그것이다. 결국 보존농업 또는 재생농업은 어디에서나 누구나 할 수 있는 일이다. 흙을 살지게 가꾸어 간다는 핵심 논지를 포착한다면, 유기농업이나 관행농업이냐 하는 오랜 논쟁 구도조차 해체된다.

지은이의 말을 빌리면, 유사 이래 농업은 여태까지 네 차례의 혁명을 거쳤다. 첫 번째 혁명은 최초로 경작을 시작하고 쟁기와 가축 노동력을 도입한 것이다. 두 번째는 산업혁명 이전에 세계 곳곳에서 돌려짓기, 사이짓기, 뿌리덮개, 두엄 등으로 토질을 개선한 노력이다. 세 번째는 기계화와 산업화가 이루어져 농업이 값싼 화석연료와 비료를 많이 사용하게 된 것이다. 그리고 기술 진보를 배경으로 녹색혁명과 생명공학이 급성장하여 수확량이 증대되고 식품 산업에 대한 기업의 지배가 강화된 것이 네 번째 혁명이다.

데이비드 몽고메리는 이제 보존농업과 재생농업의 원리를 받아들여 세계적인 차원에서 흙을 기름지게 가꾸고 만들어 가는 '다섯 번째 혁명'이 필요하다고 말한다. 이번 혁명은 순서로 따지면 다섯 번째이지만, 지난 네 번의 혁명과는 획을 긋는, 질적으로 다른 혁명이 될 것이다. 앞의 혁명들은 모두 흙을 수단으로 바라보았지만, 다섯 번째 혁명은 흙과 농업에 관한 새로운 철학과 관점으로부터 시작하기 때문이다. 또한 세계적인 규모에서 자연의 속도보다 빠르게 지표면에서부터 겉흙의 깊이를 두텁게 만들어 가는, 유래 없는 일이기 때문이다. 농사를 지을수록 땅심이 더욱 길러지는 건 인간과 흙의 관계가 혁명적으로 바뀌는 것을 의미한다고 데이비드 몽고메리는 힘주어 말한다.

한 인터뷰에서, 이렇듯 농업을 지속 가능한 것으로 만드는 일에 누가 가장 큰 책임을 져야 하느냐는 질문을 받고 그는 '우리 모두'라고 대답했다. 개인부터 정책 수준까지 저마다 책임이 있다는 것이다. 개인 수준에서 소비자는 흙을 살지게 가꾸는 방법으로 재배된 작물을 선택해야 하고, 농부는 자신의 농지를 더 비옥하게 만들어야 한다. NGO는 사람들이 농사짓는 방식을 바꾸도록 뒷받침하는 데 큰 역할을 할 수 것이다. 그럼에도 가장 큰 관심이 집중되어야 하는 곳은 정책 수준이라고 그는 말했다. 토질을 건강하게 되살리도록 정부 차원에서 정책으로 권장해야 한다.

《발밑의 혁명》에 등장하는 세계 곳곳의 농부와 연구자들은 입을 모아 정책의 문제를 지적한다. 관행농업과 대기업의 틀에서 벗어나지 못하는 농촌진흥청과 작물보험, 그 밖의 정부 정책들이 근본적으로 바뀌거나 철폐된다면, 더 나아가 흙을 지키고 만들어 가는 농사를 권장하고 보상하는 정책이 만들어진다면, 농부들은 당연히 땅심을 돋우는 농사에 발 벗고 나서게 될 거라는 말은 이 책이 남기는 깊은 울림이다.

관행농부, 유기농부, 생명역동농부, 농촌진흥청 또는 농업 정책 관계자를 가릴 것 없이 이 책을 읽으면서 적어도 한두 번은 불편한 마음이 들 것이다. 하지만 사실은 우리 모두가 불편해지는 게 맞다. 흙을 침식시킨 책임, 흙에 생명을 되살리며 가꾸어 나갈 책임은 데이비드 몽고메리가 말했듯이 우리 모두에게 있기 때문이다. 이 책에 등장하는 농부와 연구자들과 데이비드 몽고메리의 관심은 오로지 흙을 되살리는 데 집중된다. 그 성공담을 공유하고 이것이 모든 곳에서 누구에게나 가능한 성공임을 알리고자 할 뿐이다. 그래서 이 책을 읽으면 불편함보다는 희망이, 미심쩍은 의심보다는 할 수 있다는 확신이 샘솟는다.

더 나아가 인구의 대다수가 도시에 거주하는 오늘날, 도시의 흙 또는 도시화에 대한 근본적인 질문이 필요하지 않을까. 흙을 더럽고 하찮은 것으로 여겨 눈에 보이는 땅을 모조리 포장해 가는 것이 도시화이자 개발의 상징이 되었다. 우리가 아스팔트와 콘크리트로 덮어 버린 흙은 비옥한 농지이거나 토착 초지이거나 삼림지이고 온갖 동식물과 미생물의 터전이었으며 거대한 탄소 저장고였다. 그것은 기업에는 수익으로, 정부에는 세수로, 토지 소유자에게는 두둑한 현금으로 바뀌었을 것이다. 그래서 지금 우리 삶에, 환경과 생태에, 미래에 어떤 일이 일어나고 있으며 무엇을 잃어 가고 있는지 깊이 생각해 볼 일이다. 이 문제를 고민하고 목소리를 내야 할 책임이 또한 도시 거주자들에게 있지 않을까. 《발밑의 혁명》은 그런 고민의 출발점에서 분명히 많은 영감을, 그리고 무엇보다 희망을 전해 줄 것이다.

2018년 6월
옮긴이 이수영

1) 토질이란 흙의 비활성 부분을 가리키지만 흙의 건강이란 흙의 생명 상태도 포함한다.

2) 미국 국립연구회의, 현대 농업 생산에서 대안 농법의 역할에 관한 위원회. 1989.《대안 농업》(Alternative Agriculture). Washington, D.C.: National Academy Press, p. 9.

3) '농약'은 살생물제를 총칭하는 말로, 제초제, 살충제, 살진균제, 그리고 해충을 박멸하는 목적의 여러 물질이 이에 포함된다.

4) 미국 국립연구회의, 유전자 조작 작물에 관한 위원회. 2016.《유전자 조작 작물: 경험과 전망》(Genetically Engineered Crops: Experiences and Prospects). Washington, D.C.: National Academy Press, p. 65.

5) Bt 옥수수는 유전자를 변형시켜 델타 내독소(內毒素)를 생성한다. 이는 토양 박테리아 바실루스 투린지엔시스에게서 빌려온 독소 단백질로 유럽옥수수좀과 왕담배밤나방의 유충을 죽인다. 이 독소는 광범위 살충제보다 선택적으로 작용하므로 다른 목(目)의 곤충에 유해하게 여겨지지 않는다.

6) A. Howard, 1940, An Agricultural Testment, London: Oxford University Press. P. 168; 한국어판 앨버트 하워드, 《농업성전》(한국유기농업보급회, 1994).

7) 플라톤, 《티마이오스와 크리티아스》(Timaeus and Critias). London: Penguin Books, 1977. *Critias*, 111, p. 134.

8) 카토(기원전 234~149), 바로(기원전 116~27), 콜루멜라(서기 4~70년경), 그리고 대(大) 플리니우스(서기 23~79)의 책들이다.

9) 조지 워싱턴, 1892, 《조지 워싱턴 전집》(The Writings of George Washington). W. C. Ford 엮음, 13권. New York: Putnam, pp. 328-329.

10) 용어를 정리해 둔다. '보존농업'이라는 용어를 저마다 다르게 사용하기에 보존농업이 하나의 농사 체계로서 유효한 것인가를 둘러싼 학문적 논쟁의 쟁점이 흐려진다. 예를 들어, 많은 연구는 무경운 농법을 3가지 원리로 구성되는 전체 체계 가운데 하나의 요소라기보다는 보존농법의 한 유형으로 다룬다. 나는 이 책 전체에서 '보존농업'을 다음 세 가지 원리를 모두 따르는 농업 방식을 일컫는 용어로 사용한다. ① 흙의 교란 최소화. ② 콩과 식물을 포함하여 피복작물 재배, ③ 다양한 돌려짓기. 그러나 흙의 교란 최소화와 다양한 돌려짓기를 실천하는 농법은 정확히 정의되지 않으며, 이는 보존농업의 유효성과 일반성에 관한 광범위한 분석에 혼란을 일으켜 왔다. 관련 용어인 '재생농업'은 작물 재

배 그리고/또는 축산의 결과로서 흙을 생성시키고 비옥함을 되살리는 농법을 가리킨다.

11) 1994년, 연방의회는 기구의 명칭을 자연자원보호청으로 바꾸었다.

12) 에드워드 포크너. 1943. 《밭갈이의 어리석음》(Plowman's Folly). Norman: University of Oklahoma Press, p. 128.

13) Lal, R., D. C. Reicosky, and J. D. Hanson. 2007. 〈1만 년 동안 경운의 진화와 무경운 농업의 근거〉(Evolution of the plow over 10,000 years and the rationale for no-till farming). *Soil & Tillage Research*, 93: p. 6.

14) Derpsch, R. 외. 2014. 〈왜 무경운 연구를 표준화해야 하는가?〉(Why do we need to standardize no-tillage research?). *Soil & Tillage Research*, 137: p. 20.

15) ALS 효소(아세토락테이트 합성효소)는 식물 성장에 필수적이다. ALS 억제제는 ALS 효소와 결합하여 효소를 비활성화하는 작용을 한다.

16) Green, J. M., and M. D. K. Owen. 2011. 〈제초제 내성 작물: 제초제 내성 잡초 관리의 유용성과 한계〉(Herbicide-resistant crops: Utilities and limitations for herbicide-resistant weed management). (*Journal of Agricultural and Food Chemistry*, 59: p. 5827.

17) 나처럼 벼과 식물인 테프(Eragrostis tef)가 낯선 독자를 위해 설명하자면, 에티오피아가 원산지인 한해살이풀로 식이섬유와 철분 함량이 높다. 인류 최초의 재배 식물 가운데 하나이고, 글루텐 섭취를 줄이려는 이들에게 알맞은 식품이다. 가축에게도 양질의 먹이이다.

18) 정확한 수치를 말하자면, 그해 땅을 갈지 않는 경작지의 침식률은 연간 헥타르당 77kg이었던 반면, 화전농업 경작지의 수치는 1787kg이었다.

19) Leighty, C. E. 1938. 〈작물 돌려짓기〉(Crop rotation). *Soils & Men, Yearbook of Agriculture 1938*. 제75대 국회 2회기, 국회 의사록 No. 398, 미국 농무부. Washington, D.C.: 미국 정부인쇄국, p. 417.

20) 같은 글, p. 411.

21) 암모니아와 질산암모늄은 비료로 사용되거나 고성능 폭약 생산에 사용될 수 있다.

22) 초기 디자인은 앨라배마의 미국 농무부 농업연구소에서 개발한 것이었으나, 가장 대중적인 오늘날의 디자인은 로데일 디자인을 바탕에 두고 있다.

23) Ponisio, L. C., 외. 2015, 〈다각화 농법에서 유기농업과 관행농업의 수확량 격차가 줄어든다〉(Diversification practices reduce organic to conventional yield gap). 《영국왕립학회회보 B》 282: 20141396, doi:10.1098/ rspb.2014.1396, p. 4.

24) Manson, M. 1899. 〈식생 황폐화에 관한 고찰-캘리포니아에 제안하는 대책〉(Observations on the denudation of vegetation-a suggested remedy for

California). *Sierra Club Bulletin* 2: p. 300.

25) 'Terra preta'는 포르투갈어로 '검은 흙'을 뜻한다.

26) '보카시'는 일본어로 '발효된 유기물'을 뜻한다.

27) 커피 펄프는 씨앗. 다른 말로 커피콩을 둘러싸고 있는 커피 과육 부분이다. 펄프는 커피 열매 무게의 약 40퍼센트를 차지한다.

28) 바실루스 투린지엔시스의 독소를 만들어 내는 유전자는 유전자 변형 Bt 작물의 토대이다.

29) 커피콩 껍질은 로스팅 공정에서 나오는 커피콩의 마른 껍질이다. 커피를 로스팅하는 이들은 쓸모없게 여기지만, 뿌리덮개, 퇴비, 닭장 깔개로 좋은 재료이다.

30) Albrecht, W. A. 1938. 〈토양 유기물의 소실과 그 회복〉(Loss of soil organic matter and its restoration). *Soils & Men, Yearbook of Agriculture 1938*. 제75대 국회 2회기, 국회 의사록 No. 398, 미국 농무부. Washington, D.C.: 미국 정부인쇄국, p. 355.

31) Liebig, J. V. 1863. 《농사의 자연법칙》(The Natural Laws of Husbandry). New York: Appleton, p. 181.

32) 같은 책, p. 182.

참고문헌

1장 옥토에서 폐허로

Alavanja, M. C. R., M. K. Ross, and M. R. Bonner, 2013. Increased Cancer Burden among pesticide Applicators and Others Due to Pesticide Exposure. CA: *A Cancer Journal for Clinicians* 63:120–142.

Alexander, E. B. 1988. Rates of soil formation: Implications for soil-loss tolerance. *Soil Science* 145:37–45.

Beard, J. D., et al. 2014. Pesticide exposure and depression among male private pesticide applicators in the Agricultural Health Study. *Environmental Health Perspectives* 122:984–991.

Brink, R. A., J. W. Densmore, and G.A. Hill, 1977. Soil deterioration and the growing world demand for food. Science 197:625–630.

Brown, L. R. 1981. World population growth, soil erosion, and food security. *Science* 214:995–1002.

Hooke, R. LeB. 2000. On the history of humans as geomorphic agents. *Geology* 28:43–46.

Intergovernmental Technical Panel on Soils, L. Montanarella, chair. 2015. *Status of the World's Soil Resources: Technical Summary.* Food and Agriculture Organization of the United Nations (FAO), Rome, 79 pp.

International Assessment of Agricultural Knowledge, Science and Technology for Development (IAASTD). Edited by B.D. McIntyre et al. 2009. *Agriculture at a Crossroads.* Washington, D.C.: Island Press, 590 pp.

Lal, R., and B.A. Stewart. 1992. Need for land restoration. In Soil Restoration. Edited by R. Lal and B. A. Stewart. *Advances in Soil Science*, vol. 17, pp. 1–11.

Larson, W. E., F. J. Pierce, and R. H. Dowdy. 1983. The threat of soil erosion to long-term crop production. *Science* 219:458–465.

Montgomery, D. R. 2007. Soil erosion and agricultural sustainability, *Proceedings of the National Academy of Sciences* 104:13,268–13,272.

Pimentel, D., et al. 1987. World agriculture and soil erosion. *BioScience* 37:277-283.

Pimentel, D., et al. 1995. Environmental and economic costs of soil erosion and conservation benefits. *Science* 267:1117-1123.

Wakatsuki, T., and A. Rasyidin. 1992. Rates of weathering and soil formation, *Geoderma* 52:51-63.

Wilkinson, B. H., and B. J. McElroy. 2006. The impact of humans on continental erosion and sedimentation. *Geological Society of America Bulletin* 119:140-156.

2장 현대 농업의 신화

Appenzeller, T. 2004. The end of cheap oil. *National Geographic* 205, no. 6:80-109.

Battisti, D. S., and R. L. Naylor. 2009. Historical warnings of future food insecurity with unprecedented seasonal heat. *Science* 323:240-244.

Benbrook, C. M. 2012. Impacts of genetically engineered crops on pesticide use in the U.S.—the first sixteen years. *Environmental Sciences Europe* 24:24.

Erdkamp, P. 2002. 'A starving mob has no respect': Urban markets and food riots in the Roman world, 100b.c.—400a.d. In L. de Blois and J. Rich eds. The *Transformation of Economic Life Under the Roman Empire*. Amsterdam: Geiben, pp. 93-115.

Fedoroff, N. V., et al. 2010. Radically rethinking agriculture for the 21st century, *Science* 327:833-834.

Foley, J. A., et al. 2005. Global consequences of land use. *Science* 309:570-574.

Foley, J. A., et al. 2011. Solutions for a cultivated planet. *Nature* 478:337-342.

Godfray, H. C. J., et al. 2010. Food security: The challenge of feeding 9 billion people. *Science* 327:812-818.

Lipinski, B., et al. 2013. *Reducing Food Loss and Waste*, World Resources Institute & United Nations Environment Program, 39 pp.

Lobell, D. B., and C. Tebaldi. 2014. Getting caught with our plants down: The risks of a global crop yield slowdown from climate trends in the next two decades. *Environmental Research Letters* 9:074003, doi:10.1088/1748-9326/9/7/074003.

McGlade, C., and P. Ekins. 2015. The geographical distribution of fossil fuels unused when limiting global warming to 2°C. *Nature* 517:187-190.

National Research Council, Committee on Genetically Engineered Crops. 2016. *Genetically Engineered Crops: Experiences and Prospects.* Washington, D.C.: National Academy Press, 388 pp.

National Research Council, Committee on the Role of Alternative Farming Methods in Modern Production Agriculture. 1989. *Alternative Agriculture.* Washington, D.C.: National Academy Press, 448 pp.

Pimentel, D., et al. 1976. Land degradation: Effects on food and energy resources. *Science* 194:149–155.

Ray, D. K. et al. 2012. Recent patterns of crop yield growth and stagnation. *Nature Communications* 3:1293, doi:10.1038/ncomms2296.

Ruttan, V. W. 1999. The transition to agricultural sustainability, *Proceedings of the National Academy of Sciences*, v. 96, pp. 5960–5967.

Scholes, M. C., and R. J. Scholes. 2013. Dust unto dust, *Science*, v. 342, pp. 565–566.

Tilman, D., et al. 2001. Forecasting agriculturally driven global environmental change, *Science*, v. 292, pp. 281–284.

Tilman, D., et al. 2002. Agricultural sustainability and intensive production practices. *Nature* 418:671–677.

3장 땅 밑 경제의 뿌리

Altieri, M. A., and C.I. Nicholls. 2003. Soil fertility management and insect pests: Harmonizing soil and plant health in agroecosystems. *Soil & Tillage Research* 72: 203–211.

Humphreys, C. P., et al. 2010. Mutualistic mycorrihiza-like symbiosis in the most ancient group of land plants. *Nature Communications* 1:103, doi:10/1038/ncomms1105.

Khan, S. A., et al. 2007. The myth of nitrogen fertilization for soil carbon sequestration. *Journal of Environmental Quality* 36:1821–1832.

Kimpinski, J., and A. V. Sturz. 2003. Managing crop root zone ecosystems for prevention of harful and encouragement of beneficial nematodes. *Soil & Tillage Research* 72:213–221.

Kremer, R. J., and J. Li. 2003. Developing weed-suppressive soils through improved soil quality management. *Soil & Tillage Research* 72:193–202.

Montgomery, D. R., and A. Biklé 2015. *The Hidden Half of Nature: The Microbial Roots of Life and Health.* New York: W. W. Norton 309 pp.

Mulvaney, R. L., S. A. Khan, and T. R. Ellsworth. 2009. Synthetic nitrogen fertilizers deplete soil nitrogen: A global dilemma for sustainable cereal production. *Journal of Environmental Quality* 38:2295−2314.

Tiessen, H., E. Cuevas, and P. Chacon. 1994. The role of soil organic matter in sustaining soil fertility. *Nature* 371:783−785.

Wallace, A. 1994. Soil acidification from use of too much fertilizer. *Communications in Soil Science and Plant Analysis* 25:87−92.

4장 흙의 침식과 문명의 파국

Betts, E. M., ed. 1953. *Thomas Jefferson's Farm Book.* Princeton: Princeton University Press, 552 pp.

Craven, A. O. 1925. *Soil Exhaustion as a Factor in the Agricultural History of Virginia and Maryland, 1606−1860.* University of Illinois Studies in the Social Sciences 13, no. 1. Urbana: University of Illinois.

Glenn, L. C. 1911. *Denudation and Erosion in the Southern Appalachian Region and the Monongahela Basin,* U. S. Geological Survey Professional Paper 72. Washington, D.C.: Government Printing Office.

Hughes, J. D., and J. V. Thirgood. 1982. Deforestation, erosion, and forest management in ancient Greece and Rome. *Journal of Forest History* 26:60−75.

Judson, S. 1963. Erosion and deposition of Italian stream valleys during historic time. *Science* 140:898−899.

Judson, S. 1968. Erosion rates near Rome, Italy. *Science* 160:1444−1446.

Lowdermilk, W. C. 1953. *Conquest of the Land Through 7,000 Years.* Agricultural Information Bulletin No. 99, U.S. Department of Agriculture, Soil Conservation Service. Washington D.C.: Government Printing Office, 30 pp.

Marsh, G. P. 1864. *Man and Nature; or, Physical Geography as Modified by Human Action.* New York: Scribner, 560 pp.

Meade, R. H. 1982. Sources, sinks, and storage of river sediment in the Atlantic drainage of the United States. *Journal of Geology* 90:235−252.

Montgomery, D. R. 2007. *Dirt: The Erosion of Civilizations.* Berkeley: University of

California Press, 285 pp.

Plato. *Timaeus and Critias*. London: Penguin Books, 1977.

Runnels, C. N. 1995. Environmental degradation in Ancient Greece. *Scientific American* 272:96–99.

Runnels, C. 2000. Anthropogenic soil erosion in prehistoric Greece: The contribution of regional surveys to the archaeology of environmental disruptions and human response. In *Environmental Disaster and the Archaeology of Human Response*. Edited by R. M. Reycraft and G. Bawen. Maxwell Museum of Anthropology, Anthropological Papers 7. Albuquerque: University of New Mexico, pp. 11–20.

Reusser, L., P. Bierman, and D. Rood, 2015. Quantifying human impacts on rates of erosion and sediment transport at a landscape scale. *Geology* 43:171–174.

Stuiver, M. 1978. Atmospheric carbon dioxide and carbon reservoir changes: Reduction in terrestrial carbon reservoirs since 1850 has resulted in atmospheric carbon dioxide increases. *Science* 199:253–58.

Trimble, S. W. 1977. The fallacy of stream equilibrium in contemporary denudation studies. *American Journal of Science* 277:876–887.

Van Andel, T. H., and C. Runnels. 1987. *Beyond the Acropolis: A Rural Greek Past*. Stanford, CA: Stanford University Press, 236 pp.

Van Andel, T. H., C. N. Runnels, and K. O. Pope. 1986. Five thousand years of land use and abuse in the Southern Argolid, Greece. *Hesperia* 55:103–128.

Van Andel, T. H., E. Zongger, and A. Demitrack. 1990. Land use and soil erosion in prehistoric and historical Greece. *Journal of Field Archaeology* 17:379–396.

Washington, G., 1892, *The Writings of George Washington*. Edited by W. C. Ford. Vol. 13. New York: Putnam.

5장 쟁기를 버려라

Baumhardt, R. L., B. A. Stewart, and U. M. Sainju. 2015. North American soil degradation: Processes, practices, and mitigating strategies. *Sustainability* 7:2936–2960.

Bennett, H. H., and W. R. Chapline. 1928. *Soil Erosion, A National Menace*. U.S. Department of Agriculture, Bureau of Chemistry and Soils and Forest

Service, Circular 3. Washington, D.C.: Government Printing Office.

Derpsch, R., et al. 2010. Current status of adoption of no-till farming in the world and some of its main benefits. *International Journal of Agricultural and Biological Engineering* 3:1--26.

Derpsch, R., et al. 2014. Why do we need to standardize no-tillage research? *Soil & Tillage Research* 137:16-22.

FAO. 1996 and 2000, *The Production Yearbook*. Rome.

Farooq, M., and K. H. M. Siddique. 2015. Conservation agriculture: Concepts, brief history, and impacts on agricultural systems. In M. Farooq, and K. H. M. Siddique, eds. *Conservation Agriculture*, Springer International Publishing, pp. 3-17.

Faulkner, E. 1943. *Plowman's Folly*. Norman: University of Oklahoma Press, 155pp.

Fisher, R. A., F. Santiveri, and I. R. Vidal. 2002. Crop rotation, tillage, and crop residue management for wheat and maize in the sub-humid tropical highlands, II. Maize and system performance. *Field Crops Research* 79:123-137.

Fukuoka, M. 1978. *The One-straw Revolution. Emmaus*, PA: Rodale Press, 181 pp.

Glover, J. D., et al. 2010. Increased food and ecosystem security via perennial grains. *Science* 328:1638-1639.

Greenland, D. J. 1975. Bringing the Green Revolution to the shifting cultivator. *Science* 190:841-844.

Greenland, D. J., and R. Lal, eds. 1977. *Soil Conservation and Management in the Humid Tropics*. Chichester, UK: John Wiley & Sons, 283 pp.

Hobbs, P. R., K. Sayre, and R. Gupta. 2008. The role of conservation agriculture in sustainable agriculture. *Philosophical Transactions of the Royal Society B* 363:543-555.

Jack, W. T. 1946. *The Furrow and Us*. Philadelphia: Dorrance and Co., 158 pp.

Jackson, W. 1980. *New Roots for Agriculture*. Lincoln: University of Nebraska Press, 151 pp.

Jackson, W. 2002. Natural systems agriculture: A truly radical alternative. *Agriculture, Ecosystems & Environment* 88:111-117.

Jat, R. A., K. L. Sahrawat, and A. H. Kassam, eds. 2014. *Conservation Agriculture: Global Prospects and Challenges*. Wallingford (UK) and Boston: CAB International, 393 pp.

Junior, R. C., A. G. de Araúo, and R. F. Llanillo. 2012. *No-Till Agriculture in Southern*

Brazil: Factors that Facilitated the Evolution of the System and the Development of the Mechanization of Conservation Farming. United Nations Food and Agriculture Organization and Agricultural Research Institute of ParanáState, 77 pp.

Kassam, A., R. Derpsch, and T. Friedrich. 2014. Global achievements in soil and water conservation: The case of Conservation Agriculture. *International Soil and Water Conservation Research* 2:5-13.

Kassam, A., and T. Friedrich. 2012. An ecologically sustainable approach to agricultural production intensification: Global perspectives and developments. *Field Actions Science Reports*, Special Issue 6: http://factsreports. revues.org/1382.

Kassam, A., et al. 2015. Overview of the worldwide spread of conservation agriculture, *Field Actions Science Reports* 8:http://factsreports.revues.org/3966.

Lal, R. 1976. No tillage effects on soil properties under different crops in western Nigeria. Soil Science Society of America Proceedings 7:762-768.

Lal, R. 1976. Soil erosion on alfisols in Western Nigeria, I: Effects of slope, crop rotation, and residue management. *Geoderma* 16:363-375.

Lal, R. 1976. Soil erosion on alfisols in Western Nigeria, II: Effect of mulch rate. *Geoderma* 16:377-387.

Lal, R. 2004. Historical development of no-till farming. In R. Lal, P. R. Hobbs, N. Uphoff, and D. O. Hansen, eds, *Sustainable Agriculture and the International Rice-Wheat System.* New York and Basel: Marcel Dekker, pp. 55-82.

Lal, R. 2009. The plow and agricultural sustainability. *Journal of Sustainable Agriculture* 33:66-84.

Lal, R., D. C. Reicosky, and J. D. Hanson. 2007. Evolution of the plow over 10,000 years and the rationale for no-till farming. *Soil & Tillage Research* 93:1-12.

Lal, R., P. A. Sanchez, and R. W. Cummings, Jr., eds. 1986. *Land Clearing and Development in the Tropics.* Rotterdam & Boston: A. A. Balkema, 450 pp.

Li, H. W., et al. 2007. Effects of 15 years of conservation tillage on soil structure and productivity of wheat cultivation in northern China. *Australian Journal of Soil Research* 45:344-350.

Pittelkow, C. M., et al. 2014. Productivity limits and potentials of the principles of conservation agriculture. *Nature* 517:365-368.

Reicosky, D., and C. Crovetto. 2014. No-till systems on the Chequen Farm in

Chile: A success story in bringing practice and science together. *International Soil and Water Conservation Research* 2:66–77.

Reicosky, D. C., and M. J. Lindstrom. 1993. Fall tillage method: Effect on short-term carbon dioxide flux from soil. *Agronomy Journal* 85:1237–1243.

Schlessinger, W. H. 1985. Changes in soil carbon storage and associated properties with disturbance and recovery. In J. R. Trabalha and D. E. Reichle, eds. *The Changing Carbon Cycle: A Global Analysis*. New York: Springer-Verlag, pp. 194–220.

Wood, A. 1950. *The Groundnut Affair*. London: Bodley Head, 264 pp.

Yoder, D. C., et al. 2005. No-till transplanting of vegetable and tobacco to reduce erosion and nutrient surface runoff. *Journal of Soil and Water Conservation* 60:68–72.

6장 풋거름

Anderson, R. L. 2000. A cultural systems approach eliminates the need for herbicides in semiarid proso millet. *Weed Technology* 14:602–607.

Anderson, R. L. 2003. An ecological approach to strengthen weed management in the semiarid Great Plains. *Advances in Agronomy* 80:33–62.

Anderson, R. L. 2004. Impact of subsurface tillage on weed dynamics in the Central Great Plains. *Weed Technology* 18:186–192.

Anderson, R. L. 2008. Diversity and no-till: Keys for pest management in the U.S. Great Plains. *Weed Science* 56:141–145.

Anderson, R. L., and D. L. Beck. 2007. Characterizing weed communities among various rotations in Central South Dakota. *Weed Technology* 21:76–79.

Beck, D. L., and R. Doerr. 1992. *No-till Guidelines for the Arid and Semi-aArid Prairies*. South Dakota State University, Agriculture Experiment Station, Bulletin 712, 30 pp.

Douglas, M. R., J. R. Rohr, and J. F. Tooker. 2015. Neonicotinoid insecticide travels through a soil food chain, disrupting biological control on non-target pests and decreasing soya bean yield. *Journal of Applied Ecology* 52:250–260.

Drinkwater, L. E., P. Wagoner, and M. Sarrantonio. 1998. Legume-based cropping systems have reduced carbon and nitrogen losses. *Nature* 396:262–265.

Furlan, L., and D. Kreutzweiser. 2015. Alternatives to neonicotinoid insecticides for pest control: Case studies in agriculture and forestry. *Environmental and Pollution Research* 22:135–147.

Gibbons, D., C. Morrissey, and P. Mineau. 2015. A review of the direct and indirect effects of neonicotinoids and fipronil on vertebrate wildlife. *Environmental and Pollution Research* 22:103–118.

Goulson, D., et al. 2015. Bee declines driven by combined stress from parasites, pesticides, and lack of flowers. *Science* 347:1435.

Hansen, N. C., et al. 2012. Research achievements and adoption of no-till, dryland cropping in the semi-arid U.S. Great Plains. *Field Crops Research* 132:196–203.

Hartwig, N. L., and H. U. Ammon. 2002. Cover crops and living mulches. *Weed Science* 50:688–699.

Hudson, B. D. 1994. Soil organic matter and available water capacity. *Journal of Soil and Water Conservation* 49:189–194.

Liebig, et al. 2002. Crop sequence and nitrogen fertilization effects on soil properties in western Corn Belt. *Soil Science Society of America Journal* 66:596–601.

Pisa, L. W., et al. 2015. Effects of neonicotinoids and fipronil on non-target invertebrates. *Environmental and Pollution Research* 22:68–102.

Razon, L. F. 2014. Life cycle analysis of an alternative to the Haber-Bosch process: Non-renewable energy usage and global warming potential of liquid ammonia from cyanobacteria. *Environmental Progress & Sustainable Energy* 33:618–624.

Tallaksen, J., et al. 2015. Nitrogen fertilizers manufactured using wind power: Greenhouse gas and energy balance of community-scale ammonia production. *Journal of Cleaner Production* 107:626–635.

Van der Sluijs, J. P., et al. 2015. Conclusions of the Worldwide Integrated Assessment on the risks of neonicotinoids and fipronil to biodiversity and ecosystem functioning. *Environmental Science and Pollution Research* 22:148–154.

Whitehorn, P. R., et al. 2012. Neonicotinoid pesticide reduces bumble bee colony growth and queen production. *Science* 336:351–352.

Wilhelm, W. W., et al. 2004. Crop and soil productivity response to corn residue removal: A literature review. *Agronomy Journal* 96:1–17.

Aune, J. B., and A. Coulibaly. 2015. Microdosing of mineral fertilizer and conservation agriculture for sustainable agricultural intensification in sub-Saharan Africa. In *Sustainable Intensification to Advance Food Security and Enhance Climate Resilience in Africa*. Edited by R. Lal et al., Cham, Switzerland: Springer International, pp. 223–234.

Bongaarts, J., and J. Casterline. 2013. Fertility transition: Is sub-Saharan Africa different? *Population and Development Review* 38, Supplement s1, p. 153–168.

Bonsu, M. 1981. Assessment of erosion under different cultural practices on a savanna soil in the northern region of Ghana. In *Soil Conservation: Problems and Prospects*. Edited by R. P. C. Morgan. Chichester, UK: John Wiley & Sons, pp. 247–253.

Buffett, H. G. 2013. *Forty Chances: Finding Hope in a Hungry World*. New York: Simon & Schuster, 443 pp.

Corbeels, M., et al. 2014. Meta-Analysis of Crop Responses to Conservation Agriculture in Sub-Saharan Africa. CGIAR Research Program on Climate Change, *Agriculture, and Food Security*, CCAFS Report No. 12, Copenhagen, 19 pp.

Corbeels, M., et al. 2014. Understanding the impact and adoption of conservation agriculture in Africa: A multi-scale analysis. *Agriculture, Ecosystems & Environment* 187:155–170.

Ekboir, J., K. Boa, and A. A. Dankyi, 2002. *Impact of No-Till Technologies in Ghana*. Economics Program Paper 02-01, International Maize and Wheat Improvement Center (CIMMYT), Mexico, D. F., 32 pp.

Giller, K., et al. 2011. A research agenda to explore the role of conservation agriculture in African smallholder farming systems. *Field Crops Research* 124:468–472.

Giller, K. E., et al. 2009. Conservation agriculture and smallholder farming in Africa: The heretics' view. *Field Crops Research* 114:23–34.

Knowler, D., and B. Bradshaw. 2007. Farmers' adoption of conservation agriculture: A review and synthesis of recent research. *Food Policy* 32:25–48.

Lal, R., et al., eds. 2015. *Sustainable Intensification to Advance Food Security and Enhance Climate Resilience in Africa*. Cham, Switzerland: Springer International, 665 pp.

Marongwe, L. S., et al. 2011. An African success: The case of conservation agriculture in Zimbabwe. *International Journal of Agricultural Sustainability* 9:153–161.

Ngwira, A. R., J. B. Aune, and S. Mkwinda. 2012. On-farm evaluation of yield and economic benefit of short-term maize legume intercropping systems under conservation agriculture in Malawi. *Field Crops Research* 132:149–157.

Ouéraogo, E., A. Mando, and L. Brussaard. 2008. Termites and mulch work together to rehabilitate soils. *LEISA Magazine* 24, no. 2:28.

Pannell, D. J., R. S. Llewellyn, and M. Corbeels. 2014. The farm-level economics of conservation agriculture for resource-poor farmers. Agriculture, *Ecosystems & Environment* 187:52–64.

Rusinamhodzi, L., et al. 2011. A meta-analysis of long-term effects of conservation agriculture on maize grain yield under rain-fed conditions. *Agronomy and Sustainable Development* 31:657–673.

Thierfelder, C., and P. C. Wall. 2009. Effects of conservation agriculture techniques on infiltration and soil water content in Zambia and Zimbabwe. *Soil and Tillage Research* 105:217–227.

Thierfelder, C., and P. C. Wall. 2010. Rotations in conservation agriculture systems of Zambia: Effects on soil quality and water relations. *Experimental Agriculture* 46:309–325.

Thomson, J. A. 2008. The role of biotechnology for agricultural sustainability in Africa. *Philosophical Transactions of the Royal Society B* 363:905–913.

United Nations, Department of Economic and Social Affairs, Population Division. 2013. *Fertility Levels and Trends as Assessed in the 2012 Revision of World Population Prospects.* United Nations Publication ST/ESA/SER.A/349, 20 pp.

8장 유기농업의 딜레마

Ashford, D. L., and D. W. Reeves. 2003. Use of a mechanical roller-crimper as an alternative kill method for cover crops. *American Journal of Alternative Agriculture* 18:37–45.

Bennett, H. H., and W. C. Lowdermilk. 1938. General aspects of the soil-erosion problem. In *Soils & Men, Yearbook of Agriculture 1938.* 75th Congress, 2nd Session, House Document No. 398, United States Department of Agriculture,

Washington, D.C.: Government Printing Office, pp. 581–608.

Cavigelli, M. A., et al. 2009. Long-term economic performance of organic and conventional field crops in the mid-Atlantic region. *Renewable Agriculture and Food Systems* 24:102–119.

Davis, A. S. 2010. Cover-crop roller-crimper contributes to weed management in no-till soybean. *Weed Science* 58:300–309.

Davis, A. S., et al. 2012. Increasing cropping system diversity balances productivity, profitability and environmental health. *PLoS ONE 7*, no. 10:e47149. doi: 10.1371/journal.pone.0047149.

Delate, K., et al. 2003. An economic comparison of organic and conventional grain crops in a long-term agroecological research (LTAR) site in Iowa. *American Journal of Alternative Agriculture* 18:59–69.

Delate, K., et al. 2013. The long-term agroecological research (LTAR) experiment supports organic yields, soil quality, and economic performance in Iowa. *Online, Crop Management*, doi:10.1094/CM-2013-0429-02-RS.

Delate, K., et al. 2015. A review of long-term organic comparison trials in the U.S. *Sustainable Agriculture Research* 4, no. 3:5–14.

Douds, D. D., Jr., et al. 1995. Effect of tillage and farming system upon populations and distribution of vesicular-arbuscular mycorrhizal fungi. *Agriculture, Ecosystems & Enviornment* 52:111–118.

Drinkwater, L. E., P. Wagoner, and M. Sarrantonio. 1998. Legume-based cropping systems have reduced carbon and nitrogen losses. *Nature* 396:262–265.

Green, J. M., and M. D. K. Owen. 2011. Herbicide-resistant crops: Utilities and limitations for herbicide-resistant weed management. *Journal of Agricultural and Food Chemistry* 59:5819–5829.

Leighty, C. E. 1938. Crop rotation. In *Soils & Men, Yearbook of Agriculture 1938*. 75th Congress, 2nd Session, House Document No. 398, United States Department of Agriculture. Washington, D.C.: Government Printing Office, pp. 406–430.

Letter, D. W., R. Seidel, and W. Liebhardt. 2003. The performance of organic and conventional cropping systems in an extreme climate year. *American Journal of Alternative Agriculture* 18:146–154.

Liebhardt, W. C., et al. 1989. Crop production during conversion from conventional to low-input methods. *Agronomy Journal* 81:150–159.

Liebig, M. A., and J. W. Doran. 1999. Impact of organic production practices on soil quality indicators, *Journal of Environmental Quality* 28:1601–1609.

Lockeretz, W., et al. 1978. Field crop production on organic farms in the Midwest. *Journal of Soil and Water Conservation* 33:130–134.

Mäer, P., et al. 2000. Arbuscular mycorrhizae in a long-term field trial comparing low-input (organic, biological) and high-input (conventional) farming systems. *Biology and Fertility of Soils* 31:150–156.

Mäer, P., et al. 2002. Soil fertility and biodiversity in organic farming. *Science* 296:1694–1697.

McGonigle, T. P., M. H. Miller, and D. Young. 1999. Mycorrhizae, crop growth, and crop phosphorus nutrition in maize-soybean rotations given various tillage treatments. *Plant and Soil* 210:33–42.

Mirsky, S. B., et al. 2012. Conservation tillage issues: Cover crop-based organic rotational no-till grain production in the mid-Atlantic region, USA. *Renewable Agriculture and Food Systems* 27:31–40.

Moyer, J. 2011. *Organic No-Till Farming*. Austin, TX: Acres U.S.A., 204 pp.

Moyer, J. 2013. Perspective on Rodale Institute's Farming Systems Trial. *Online. Crop Management* 12, doi:10.1094/CM-2013-0429-03-PS.

Pimentel, D., et al. 2005. Environmental, energetic, and economic comparisons of organic and conventional farming systems. *BioScience* 55:573–582.

Ponisio, L. C., et al. 2015. Diversification practices reduce organic to conventional yield gap. *Proceedings of the Royal Society B* 282: 20141396, doi:10.1098/rspb.2014.1396.

Posner, J. L., J. O. Baldock, and J. L. Hedtcke. 2008. Organic and conventional production systems in the Wisconsin Integrated Cropping Systems Trials: I. Productivity 1990–2002. *Agronomy Journal* 100:253–260.

Reganold, J. 1989. Farming's organic future. *New Scientist* 122:49–52.

Reganold, J. P., L. F. Elliott, and Y. L. Unger. 1987. Long-term effects of organic and conventional farming on soil erosion. *Nature* 330:370–372.

Reganold, J., P., et al. 1993. Soil quality and financial performance of biodynamic and conventional farms in New Zealand. *Science* 260:344–349.

Rillig, M. C. 2004. Arbuscular mycorrhizae, glomalin, and soil aggregation. *Canadian Journal of Soil Science* 84:355–363.

Ryan, G. F. 1970. Resistance of common groundsel to simazine and atrazine. *Weed Science* 18:614−616.

Ryan, M. R., et al. 2009. Weed-crop competition relationships differ between organic and conventional cropping systems. *Weed Research* 49:572−580.

Scow, K. M., et al. 1994. Transition from conventional to low-input agriculture changes soil fertility and biology. *California Agriculture* 48, no. 5:20−26.

Spargo, J. T., et al. 2011. Mineralizable soil nitrogen and labile soil organic matter in diverse long-term cropping systems. *Nutrient Cycling in Agroecosystems* 90:253−266.

Treseder, K. K., and K. M. Turner. 2007. Glomalin in ecosystems, *Soil Science Society of America Journal* 71:1257−1266.

Tu, C., et al. 2006. Responses of soil microbial biomass and N availability to transition strategies from conventional to organic farming systems. *Agriculture, Ecosystems & Environment* 113:206−215.

Tu, C., J. B. Ristaino, and S. Hu. 2006. Soil microbial biomass and activity in organic tomato farming systems: Effects of organic inputs and straw mulching. *Soil Biology & Biochemistry* 38:247−255.

Wright, S. F., and R. L. Anderson. 2000. Aggregate stability and glomalin in alternative crop rotations for the central Great Plains. *Biology and Fertility of Soils* 31:249−253.

Wright, S. F., J. L. Starr, and I. C. Paltineanu. 1999. Changes in aggregate stability and concentration of glomalin during tillage management. *Soil Science Society of America Journal* 63:1825−1829.

Wright, S. F., and A. Upadhyaya. 1996. Extraction of an abundant and unusual protein from soil and comparison with hyphal protein from arbuscular mycorrhizal fungi. *Soil Science* 161:575−586.

Wright, S. F., and A. Upadhyaya. 1998. A survey of soils for aggregate stability and glomalin, a glycoprotein produced by hyphae of arbuscular mycorrhizal fungi. *Plant and Soil* 198:97−107.

9장 고밀도 순환방목

Aase, J. K., and G. M. Schaefer. 1996. Economics of tillage practices and spring wheat and barley crop sequence in northern Great Plains. *Journal of Soil and Water Conservation* 51:167–170.

Baumhardt, R. L., et al. 2009. Cattle grazing effects on yield of dryland wheat and sorghum grown in rotation. *Agronomy Journal* 101:150–158.

Franzluebbers, A. J. 2007. Integrated crop-livestock systems in the southeastern USA. *Agronomy Journal* 99:361–372.

Franzluebbers, A. J., and J. A. Stuedemann. 2008. Early response of soil organic carbon fractions to tillage and integrated crop-livestock production. *Soil Science Society of America Journal* 72:613–625.

Gentry, L. E., et al. 2013. Apparent red clover nitrogen credit to corn: Evaluating cover crop introduction. *Agronomy Journal*, 105:1658–1664.

Herrero, M., et al. 2010. Smart investments in sustainable food production: Revisiting mixed crop-livestock systems. *Science* 327:822–825.

Janzen, H. H. 2001. Soil science on the Canadian prairies—peering into the future from a century ago. *Canadian Journal of Soil Science* 81:489–503.

Liebig, M. A., D. W. Archer, and D. L. Tanaka. 2014. Crop diversity effects on near-surface soil condition under dryland agriculture. *Applied and Environmental Soil Science* 2014, Article ID 703460, doi:10.1155/2014/703460.

Liebig, M. A., D. L. Tanaka, and B. J. Wienhold. 2004. Tillage and cropping effects on soil quality indicators in the northern Great Plains. *Soil & Tillage Research* 78:131–141.

Manson, M. 1899. Observations on the denudation of vegetation—a suggested remedy for California. *Sierra Club Bulletin* 2:295–311.

Montgomery, D. R. 1999. Erosional processes at an abrupt channel head: Implications for channel entrenchment and discontinuous gully formation. In *Incised River Channels*. Edited by S. Darby and A. Simon. Chichester (UK) and New York: John Wiley & Sons, pp. 247–276.

Peterson, G. A., et al. 1998. Reduced tillage and increasing cropping intensity in the Great Plains conserve soil carbon. *Soil Tillage Research* 47:207–218.

Retallack, G. J. 2001. Cenozoic expansion of grasslands and global cooling. *Journal of Geology* 109:407–426.

Retallack, G. J. 2013. Global cooling by grassland soils of the geological past and near future. *Annual Review of Earth and Planetary Sciences* 41:69–86.

Sainju, U. M., et al. 2010. Dryland soil carbon and nitrogen influenced by sheep grazing in the wheat-fallow system. *Agronomy Journal* 102:1553–1561.

Teague, W. R., et al. 2011. Grazing management impacts on vegetation, soil biota and soil chemical, physical and hydrological properties in tall grass prairie. *Agriculture, Ecosystems & Environment* 141:310–322.

Teague, W. R., et al. 2016. The role of ruminants in reducing agriculture's carbon footprint in North America. *Journal of Soil and Water Conservation* 71:156–164.

Van der Heijden, M. G. A., et al. 2006. The mycorrhizal contribution to plant productivity, plant nutrition and soil structure in experimental grassland. *New Phytologist* 172:739–752.

Van Pelt, R. S., et al. 2013. Field wind tunnel testing of two silt loam soils on the North American Central High Plains. *Journal of Aeolian Research* 10:53–59.

10장 보이지 않는 가축

Cavaglieri, L., et al. 2005. Biocontrol of Bacillus subtilis against Fusarium verticillioides in vitro and at the maize root level. *Research in Microbiology* 156:748–754.

Glaser, B. 2007. Prehistorically modified soils of central Amazonia: A model for sustainable agriculture in the twenty-first century. *Philosophical Transactions of the Royal Society B* 362:187–196.

Glaser, B., and J. J. Birk. 2012. State of the scientific knowledge on properties and genesis of Anthropogenic Dark Earths in central Amazonia (*terra preta de Ídio*). *Geochimica et Cosmochimica Acta* 82:39–51.

Glaser, B., J. Lehmann, and W. Zech. 2002. Ameliorating physical and chemical properties of highly weathered soils in the tropics with charcoal—a review. *Biology and Fertility of Soils* 35:219–230.

Goyal, S., et al. 1999. Influence of inorganic fertilizers and organic amendments on soil organic matter and soil microbial properties under tropical conditions. *Biology and Fertility of Soils* 29:196–200.

Hammer, E. C., et al. 2015. Biochar increases arbuscular mycorrhizal plant growth enhancement and ameliorates salinity stress. *Applied Soil Ecology* 96:114–121.

Hansen, V., et al. 2015. Gasification biochar as a valuable by-product for carbon sequestration and soil amendment. *Biomass and Bioenergy* 72:300–308.

Laird, D. A. 2008. The charcoal vision: A win-win-win scenario for simultaneously producing bioenergy, permanently sequestering carbon, while improving soil and water quality. Agronomy Journal 100:178–181.

Lehmann, J. 2007. Bio-energy in the black. *Frontiers in Ecology and the Environment* 5:381–387.

Lehmann, J., et al. 2003. Soil fertility and production potential. In *Amazonian Dark Earths: Origin, Properties, and Management*. Edited by J Lehmann, et al. Dordrecht, Netherlands: Springer, pp. 105–124.

Lehmann, J., J. Gaunt, and M. Rondon. 2006. Bio-char sequestration in terrestrial ecosystems—a review. *Mitigation and Adaptation Strategies for Global Change* 11:403–427.

Lehmann, J., et al. 2011. Biochar effects on soil biota—a review. *Soil Biology & Biochemistry* 43:1812–1836.

Liang, B., et al. 2006. Black carbon increases cation exchange capacity in soils. *Soil Science Society of America Journal* 70:1719–1730.

Medina, J. T. 1934. *The Discovery of the Amazon*. American Geographical Society, Special Publication No. 17, New York, 467 pp.

Mukherjee, A., and R. Lal. 2014. The biochar dilemma. *Soil Research* 52:217–230.

Pietikänen, J., O. Kiikkilä and H. Fritze. 2000. Charcoal as a habitat for microbes and its effects on the microbial community of the underlying humus. *Oikos* 89:231–242.

Seneviratne, G. 2011. Developed microbial films can restore deteriorated conventional agricultural soils, *Soil Biology & Biochemistry* 43:1059–1062.

Seneviratne, G., and S. A. Kulasooriya. 2013. Reinstating soil microbial diversity in agroecosystems: The need of the hour for sustainability and health. *Agriculture, Ecosystems & Environment* 164:181–182.

Singh, J. S. 2015. Microbes: The chief ecological engineers in reinstating equilibrium in degraded ecosystems. *Agriculture, Ecosystems and Environment* 203:80–82.

Singh, J. S., V. C. Pandey, and D. P. Singh. 2011. Efficient soil microorganisms: A new dimension for sustainable agriculture and environmental development.

Agriculture, Ecosystems & Environment 140:339–353.

Steinbeiss, S., G. Bleixner, and M. Antonietti. 2009. Effect of biochar amendment on soil carbon balance and soil microbial activity. *Soil Biology & Biochemistry* 41:1301–1310.

Swain, M. R., and R. C. Ray. 2009. Biocontrol and other beneficial activities of Bacillus subtilis isolated from cowdung microflora. *Microbiological Research* 164:121–130.

Swarnalakshmi, K., et al. 2013. Evaluating the influence of novel cyanobacterial biofilmed biofertizers on soil fertility and plant nutrition in wheat. *European Journal of Soil Biology* 55:107–116.

Topoliantz, S., J. -F. Ponge, and S. Ballof. 2005. Manioc peel and charcoal: A potential organic amendment for sustainable soil fertility in the tropics. *Biology and Fertility of Soils* 41:15–21.

Wiedner, K., et al. 2015. Anthropogenic dark earth in northern Germany—the Nordic analogue to *terra preta de Ídio* in Amazonia. Catena 132:114–125.

Woolf, D., et al. 2010. Sustainable biochar to mitigate global climate change. *Nature Communications* 1:56, doi:10.1038/ncomms1053.

11장 탄소순환 농법

Albrecht, W. A. 1938. Loss of soil organic matter and its restoration. In *Soils & Men, Yearbook of Agriculture 1938*. 75th Congress, 2nd Session, House Document No. 398, United States Department of Agriculture. Washington, D.C.: Government Printing Office, pp. 347–361.

Baumhardt, R. L., B. A. Stewart, and U. M. Sainju. 2015. North American soil degradation: Processes, practices, and mitigating strategies. *Sustainability* 7:2936–2960.

Chen, G., and R. R. Weil. 2010. Penetration of cover crop roots through compacted soils *Plant and Soil* 331:31–43.

Cole, C. V. et al. 1997. Global estimates of potential mitigation of greenhouse gas emissions by agriculture. *Nutrient Cycling in Agroecosystems* 49:221–228.

Dean, J. E., and R. R. Weil. 2009. Brassica cover crops for nitrogen retention in the Mid-Atlantic coastal plain. *Journal of Environmental Quality* 38:520–528.

Foley, J. A., et al. 2005. Global consequences of land use. *Science* 309:570-574.

Hudson, B. D. 1994. Soil organic matter and available water capacity. *Journal of Soil and Water Conservation* 49:189-194.

Jobbáy, E. G., and R. B. Jackson. 2000. The vertical distribution of soil organic carbon and its relation to climate and vegetation. *Ecological Applications* 10:423-436.

Köler, K. 2003. Techniques of soil tillage. In A. L. Titi, ed., *Soil Tillage in Agroecosystems.* Boca Raton, FL: CRC Press, pp. 1-25.

Lal, R. 1999. Soil management and restoration for carbon sequestration to mitigate the accelerated greenhouse effect. *Progress in Environmental Science* 1:307-326.

Lal, R. 2004. Soil carbon sequestration impacts on global climate change and food security. *Science* 304:1623-1627.

Lal, R. 2006. Enhancing crop yields in the developing countries through restoration of the soil organic carbon pool in agricultural lands. *Land Degradation & Development* 17:197-209.

Lal, R., 2008. Carbon sequestration. *Philosophical Transactions of the Royal Society B* 363:815-830.

Lal, R. 2010. Managing soils and ecosystems for mitigating anthropogenic carbon emissions and advancing global food security. *BioScience* 60:708-721.

Lal, R., et al. 1998. *The Potential of U.S. Cropland to Sequester Carbon and Mitigate the Greenhouse Effect.* Chelsea, MI: Sleeping Bear Press.

Lal, R., et al. 2004. Managing soil carbon. *Science* 304:39.

Lal, R., et al. 2007. Soil carbon sequestration to mitigate climate change and advance food security. *Soil Science* 172:943-956.

Lawley, Y. E., R. R. Weil, and J. R. Teasdale. 2011. Forage radish cover crop suppresses winter annual weeds in fall and before corn planting. *Agronomy Journal* 103:137-144.

Lehmann, J., J. Gaunt, and M. Rondon, 2006. Bio-char sequestration in terrestrial ecosystems—a review. *Mitigation and Adaptation Strategies for Global Change* 11:403-427.

Luo, Z., E. Wang, and O. J. Sun. 2010. Can no-tillage stimulate carbon sequestration in agricultural soils? A meta-analysis of paired experiments.

Agriculture, Ecosystems & Environment 139:224–231.

Post, W. M., et al. 2004. Enhancement of carbon sequestration in US soils. BioScience 54:895–908.

Reicosky, D. C., et al. 2005. Tillage-induced CO2 loss across an eroded landscape. *Soil and Tillage Research* 81:183–194.

Rodale Institute. 2014. *Regenerative Organic Agriculture and Climate Change.* Kutztown, . PA: Rodale Institute, 24 pp.

Ruddiman, W. F. 2005. *Plows, Plagues, and Petroleum: How Humans Took Control of Climate.* Princeton: Princeton University Press, 224 pp.

White, C. M., and R. R. Weil. 2011. Forage radish cover crops increase soil test P surrounding holes created by the radish taproots. *Soil Science Society of America Journal* 75:121–130.

12장 선순환 고리

Baker, L. A. 2011. Can urban P conservation help to prevent the brown devolution? *Chemosphere* 84:779–784.

Bateman, A., et al. 2011. Closing the phosphorus loop in England: The spatio-temporal balance of phosphorus capture from manure versus crop demand for fertilizer. *Resources, Conservation and Recycling* 55:1146–1153.

Bitton, G., et al., eds. 1980. *Sludge—Health Risks of Land Application.* Ann Arbor, MI: Ann Arbor Science, 367 pp.

Brown, S., and M. Cotton, M. 2011. Changes in soil properties and carbon content following compost application: Results of on-farm sampling. *Compost Science & Utilization* 19:88–97.

Brown, S., et al. 2011. Quantifying benefits associated with land application of organic residuals in Washington State. *Environmental Science & Technology* 45:7451–7458.

Carter, L. J., et al. 2015. Uptake of pharmaceuticals influences plant development and affects nutrient and hormone homeostates. *Environmental Science & Technology* 49:12,509–12,518.

Cogger, C. G., et al. 2013. Biosolids applications to tall fescue have long-term influence on soil nitrogen, carbon, and phosphorus. *Journal of Environmental*

Quality 42:516−522.

Cogger, C. G., et al. 2013. Long-term crop and soil response to biosolids applications in dryland wheat. *Journal of Environmental Quality* 42:1872−1880.

Jenny, H. 1961. E. W. *Hilgard and the Birth of Modern Soil Science.* Pisa: Collana Della Rivista "Agrochmica," 144 pp.

Hargreaves, J. C., M. S. Adl, and P. R. Warman. A review of the use of composted municipal solid waste in agriculture. *Agriculture, Ecosystems & Environment* 123:1−14.

Harrison, E. Z., et al. 2006. Organic chemicals in sewage sludges. *Science of the Total Environment* 367:481−497.

Khaleel, R., K. R. Reddy, and M. R. Overcash. 1981. Changes in soil physical properties due to organic waste applications: A review. *Journal of Environmental Quality* 10:133−141.

King, F. H. 1911. *Farmers of Forty Centuries, or Permanent Agriculture in China, Korea and Japan. Emmaus*, PA: Organic Gardening Press, 379 pp.

Kinney, C. A., et al. 2006. Survey of organic wastewater contaminants in biosolids destined for land application. *Environmental Science & Technology* 40:7207−7215.

Li, J., and G. K. Evanylo. 2013. The effects of long-term application of organic amendments on soil organic carbon accumulation. *Soil Science Society of America Journal* 77:964−973.

Liebig, J. V. 1863. *The Natural Laws of Husbandry.* New York: Appleton, 387 pp.

MacDonald, G., et al. 2011. Agronomic phosphorus imbalances across the world's croplands. *Proceedings of the National Academy of Sciences* 108:3086−3091.

Metson, G. S., et al. 2016. Feeding the Corn Belt: Opportunities for phosphorus recycling in U.S. agriculture. *Science of the Total Environment* 542:1117−1126.

Mihelcic, J. R., L. M. Fry, and R. Shaw. 2011. Global potential of phosphorus recovery from human urine and feces. *Chemosphere* 84:832−839.

National Research Council (NRC). 2002. *Biosolids Applied to Land: Advancing Standards and Practices.* Committee on Toxicants and Pathogens in Biosolids Applied to Land. Washington, D.C.: National Academies Press, 345 pp.

Paull, J. 2011. The making of an agricultural classic: Farmers of forty centuries or permanent agriculture in China, Korea and Japan 1911−2011, *Agricultural Sciences*

2:175–180.

Petersen, S. O., et al. 2003. Recycling of sewage sludge and household compost to arable land: Fate and effects of organic contaminants, and impact on soil fertility. *Soil & Tillage Research* 72:139–152.

Roccaro, P., and F. G. A. Vagliasindi. 2014. Risk assessment of the use of biosolids containing emerging organic contaminants in agriculture. *Chemical Engineering Transactions* 37:817–822.

Rogers, H. R. 1996. Sources, behavior and fate of organic contaminants during sewage treatment and in sewage sludges. *The Science of the Total Environment* 185:3–26.

Shenstone, W. A. 1905. *Justus von Liebig: His Life and Work (1803–1873)*, New York: Macmillan, 219 pp.

Song, W. L. 2010. Selected veterinary pharmaceuticals in agricultural water and soil from land application of animal manure. *Journal of Environmental Quality* 39:1211–1217.

Sullivan, D. M., C. G. Cogger, and A. I. Bary. 2007. *Fertilizing with Biosolids*. Pacific Northwest Extension publication 508-E, 15 pp.

Tanner, C. B., and R. W. Simonson. 1993. Franklin Hiram King–pioneer scientist. *Soil Science Society of America Journal* 57:286–292.

Tian, G., et al. 2009. Soil carbon sequestration resulting from long-term application of biosolids for land reclamation. *Journal of Environmental Quality* 38:61–74.

Trlica, A., and S. Brown. 2013. Greenhouse gas emissions and the interrelation of urban and forest sectors in reclaiming one hectare of land in the Pacific Northwest. *Environmental Science & Technology* 47:7250–7259.

Wu, C., et al. 2010. Uptake of pharmaceutical and personal care products by soybean plants from soils applied with biosolids and irrigated with contaminated water. *Environmental Science & Technology* 44:6157–6161.

13장 다섯 번째 혁명

Baranski, M., et al. 2014. Higher antioxidant and lower cadmium concentrations and lower incidence of pesticide residues in organically grown crops:

A systematic literature review and meta-analyses. *British Journal of Nutrition* 112:794-811.

Brady, M. V. 2015. Valuing supporting soil ecosystem services in agriculture: A natural capital approach. *Agronomy Journal* 107:1809-1821.

Brandes, E., et al. 2016. Subfield profitability analysis reveals an economic case for cropland diversification. *Environmental Research Letters* 11:014009, doi: 10 .1088/1748-9326/11/1/014009.

Brouder, S. M., and H. Gomez-Macpherson. 2014. The impact of conservation agriculture on smallholder agricultural yields: A scoping review of the evidence. *Agriculture, Ecosystems and Environment* 187:11-32.

Carlisle, L., and A. Miles. 2013. Closing the knowledge gap: How the USDA could tap the potential of biologically diversified farming systems. *Journal of Agriculture, Food Systems, and Community Development* 3:219-225.

Corsi, S., et al. 2012. *Soil Organic Carbon Accumulation and Greenhouse Gas Emission Reductions from Conservation Agriculture: A Literature Review*. Integrated Crop Management vol. 16-2012, Plant Production and Protection Division, Food and Agriculture Organization of the United Nations, Rome, 89 pp.

Crews, T. E., and M. B. Peoples. 2004. Legume versus fertilizer sources of nitrogen: Ecological tradeoffs and human needs. *Agriculture, Ecosystems & Environment* 102:279-297.

De Vries, F. T., et al. 2013. Soil food web properties explain ecosystem services across European land use systems. *Proceedings of the National Academy of Sciences* 110:14,296-14,301.

DeLonge, M. S., A. Miles, and L. Carlisle. 2016. Investing in the transition to sustainable agriculture. *Environmental Science & Policy* 55:266-273.

Federated Farmers of New Zealand. 2005. *Life After Subsidies: The New Zealand Farming Experience—20 Years Later*. Wellington: Federated Farmers of New Zealand, 4 pp.

Fierer, N. 2013. Reconstructing the microbial diversity and function of pre-agricultural tallgrass prairie soils in the United States. *Science* 342:621-624.

Giller, K. E. et al. 2015. Beyond conservation agriculture. Frontiers in Plant *Science* 6:870, doi:10.3389/fpls.2015.00870.

Kibblewhite, M. G., K. Ritz, and M. J. Swift. 2008. Soil health in agricultural systems. *Philosophical Transactions of the Royal Society B* 363:685-701.

Lal, R. 2014. Societal value of soil carbon. *Journal of Soil and Water Conservation* 69:186A–192A.

Lal, R. 2015. A system approach to conservation agriculture. *Journal of Soil and Water Conservation* 70:82A–88A.

Lal, R. 2015. Restoring soil quality to mitigate soil degradation. *Sustainability* 7:5875–5895.

Palm, C. et al. 2014. Consercvation agriculture and ecosystem services: An overview. *Agriculture, Ecosytems, and Environment* 187:87–105.

Pretty, J. N., et al. 2006. Resource-conserving agriculture increases yields in developing countries. *Environmental Science & Technology* 40:1114–1119.

Pretty, J. N., J. I. I. Morison, and R. E. Hine. 2003. Reducing food poverty by increasing agricultural sustainability in developing countries. *Agriculture, Ecosystems & Environment* 95:217–234.

Robertson, G. P., et al. 2014. Farming for ecosystem services: An ecological approach to production agriculture. *BioScience* 64:404–415.

Souza, R. C., et al. 2013. Soil metagenomics reveals differences under conventional and no-tillage with crop rotation or succession. *Applied Soil Ecology* 72:49–61.

Syers, J. K. 1997. Managing soils for long-term productivity. *Philosophical Transactions of the Royal Society of London B* 352:1011–1021.

Tsiafouli, M. A., et al. 2015. Intensive agriculture reduces soil biodiversity across Europe. *Global Change Biology* 21:973–985.

Wall, P. C. 2007. Tailoring conservation agriculture to the needs of small farmers in developing countries: An analysis of issues. *Journal of Crop Improvement* 19:137–155.

찾아보기